"十三五"普通高等教育本科系列教材

电工学

（下册 电子技术）

主　编　赵　莹
副主编　曲萍萍
编　写　李晓丽　李　辉　邵琳林
主　审　王建华

中国电力出版社
CHINA ELECTRIC POWER PRESS

内 容 提 要

本书特点是：加强了实践性和应用性的内容，使理论和实践联系更加紧密；增加了电子电路仿真软件 Multisim11 及其应用的介绍，部分章节最后安排了 Multisim11 仿真实例，使读者能够加深对理论知识的理解。

全书共分 9 章，包括半导体器件、基本放大电路、集成运算放大器、直流稳压电源、门电路与组合逻辑电路、双稳态触发器和时序逻辑电路、D/A 转换器和 A/D 转换器、半导体存储器和可编程逻辑器件、电子电路仿真软件 Multisim11 及其应用。章末有小结及习题，书后附有习题答案。本书内容丰富实用，有利于培养学生的技术应用能力。

本书可作为高等学校非电类专业本科教材，也可作为高职高专教育、成人教育、电大等相关专业的教学用书，同时可作为相关工程技术人员的参考书。

图书在版编目（CIP）数据

电工学：下册．电子技术/赵莹主编．—北京：中国电力出版社，2017.6（2023.1 重印）
“十三五”普通高等教育本科规划教材
ISBN 978-7-5198-0202-8

Ⅰ.①电… Ⅱ.①赵… Ⅲ.①电工学—高等学校—教材 ②电子技术—高等学校—教材 Ⅳ.①TM ②TN

中国版本图书馆 CIP 数据核字（2016）第 318917 号

出版发行：中国电力出版社
地　　址：北京市东城区北京站西街 19 号（邮政编码 100005）
网　　址：http：//www.cepp.sgcc.com.cn
责任编辑：陈　硕　孙世通（010－63412532）
责任校对：王开云
装帧设计：王英磊　张　娟
责任印制：吴　迪

印　　刷：三河市百盛印装有限公司
版　　次：2017 年 6 月第一版
印　　次：2023 年 1 月北京第六次印刷
开　　本：787 毫米×1092 毫米　16 开本
印　　张：19.5
字　　数：472 千字
定　　价：45.00 元

前　言

电子技术是电工电子学的重要组成部分，应用广泛，是本科工科非电类专业学生必须学习和掌握的技术基础课程。随着集成电路制造技术的迅速发展，中、大规模和超大规模数字集成电路在各个领域获得广泛应用，它已成为国民经济的强大推动力，这对高校相关专业的工程技术人才的培养提出了更高的要求。为了适应应用型本科高等学校培养面向应用的实用型高级人才的目标，使电子技术课程的教学内容和教学体系不断完善，并能及时反映日新月异的电子新技术、新器件、新应用，结合编者多年的实践教学经验，特编写了本教材。

本书教学时数为60～80学时，实验教学为20学时左右，各专业可根据专业需求合理安排讲授内容，书中打“*”号的章节为选讲内容。

本书在编写过程中注意了以下几点：

（1）侧重基本概念、基本理论、基本分析方法的论述，内容安排尽可能由浅入深，循序渐进，通俗易懂，便于自学。

（2）叙述尽可能做到概念准确、重点突出、文字简练、行文流畅。

（3）在理论阐述的基础上，加强了实践性和应用性的内容，把课程与工程实际联系起来，以便提高学生的学习兴趣和电路识图能力，为学生学习专业课程和从事相关工作打下坚实的基础。

（4）内容取舍上兼顾了经典电子技术理论与最新现代电子技术的结合，增加了电子电路仿真软件Multisim11及其应用的介绍，部分章节安排了Multisim11仿真实例，使读者能够加深对理论知识的理解。

（5）压缩了集成电路内部的烦琐分析，突出了集成电路器件的外部特性和应用。

（6）章末有小结及习题，书后附有习题答案，帮助读者消化理解所学内容。

本书由北华大学和东北电力大学教师合作编写，北华大学赵莹担任主编并编写第1、2章和习题答案，曲萍萍担任副主编并编写第3、7、8章；东北电力大学邵琳林编写第4、9章和附录，李辉编写第5章，李晓丽编写第6章。全书由赵莹统稿，由西安交通大学王建华教授担任主审。

全书编写过程中借鉴了许多参考资料，在此对参考资料的作者表示诚挚的感谢。

限于作者经验和水平，书中不足与疏漏在所难免，恳请广大读者提出宝贵意见。

编　者

2017年3月

目　录

第二篇　数字电子技术

第一篇　模拟电子技术

第 1 章　半导体器件

半导体是导电能力介于导体和绝缘体之间的物质。用半导体材料制成的电子器件，称为半导体器件（Semiconductor Device）。半导体器件是构成电子电路的基本元件，由于它具有体积小、重量轻、使用寿命长、输入功率小和功率转换效率高等优点而得到广泛的应用。PN 结则是构成各种半导体器件的共同基础，本章将从论述半导体的导电机理出发，阐述 PN 结的特性，在此基础上，将分别介绍二极管、双极型晶体管、场效应管和光电器件等常用的半导体器件。

1.1　半　导　体

自然界中的物质按照导电性能可分为导体、绝缘体和半导体。半导体的导电性能介于导体和绝缘体之间，常见的半导体有硅（Si）、锗（Ge）、硒（Se）和砷化镓（GaAs）及其他金属氧化物和硫化物。

物质的导电能力可以用电阻率 ρ 衡量，物质的导电能力越强，电阻率越小。金属导体的电阻率一般在 0.01～1Ω·m之间，绝缘体的电阻率一般大于 10^{14}Ω·m，半导体的电阻率在 10～10^{13}Ω·m 之间。就导电性能而言，导体和绝缘体相对比较稳定，而半导体则不同，其导电性能在不同条件下有很大差别。有些半导体对温度的变化非常敏感，环境温度升高时，电阻率下降，导电能力显著提高，利用这种特性可制成各种热敏电阻；又有些半导体受到光照时，导电能力提高，利用这种特性可制成各种光敏电阻。另外，如果在纯净的半导体中加入微量的某种杂质，其导电能力将增加几十万甚至几百万倍，利用这种特性可制成各种半导体器件，如二极管、双极型晶体管、场效应管和晶闸管等。

物质导电性能差异的根本原因在于物质内部结构的不同，以下将从论述半导体的内部结构开始，简单介绍半导体的导电机理。

1.1.1　本征半导体

最常用的半导体是硅和锗，图 1-1 所示为硅和锗的原子结构图，它们最外层轨道上均有四个价电子，都是四价元素。硅和锗的单晶体原子排列非常整齐，硅晶体的平面示意图如图 1-2 所示。

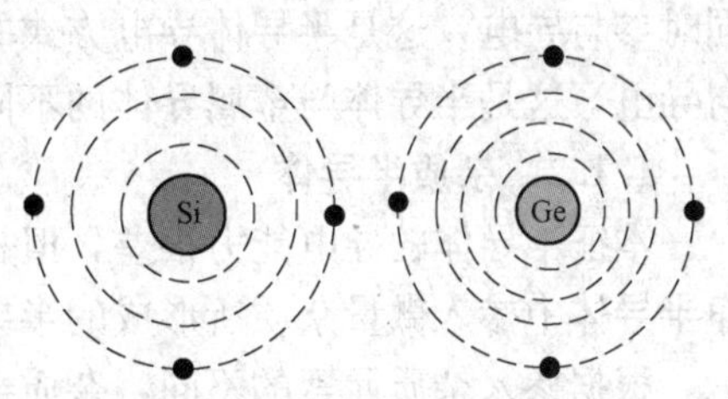

图 1-1　硅和锗的原子结构图

本征半导体（Intrinsic Semiconductor）是一种完全纯净的、晶体结构排列整齐的半导体晶体。

当把硅半导体材料制成晶体时，每一个原子与相邻的四个原子结合，每一原子的一个价电子与另一原子的一个价电子组成一个电子对，这对价电子被两个相邻的原子共用，形成了共价键（Covalent Bond）结构，每个原子都和周围的4个原子通过共价键的形式紧密联系在一起（见图1-2）。

虽然在共价键结构中，硅原子最外层电子共有8个电子，处于较稳定的状态，但不像绝缘体中的价电子所受束缚那样紧，如果从外界获得一定的能量（如光照、升温、电磁场激发等），共价键结构中的一些价电子就可能挣脱原子核的束缚而成为自由电子（Free Electron），这种物理现象称作为本征激发（见图1-3）。

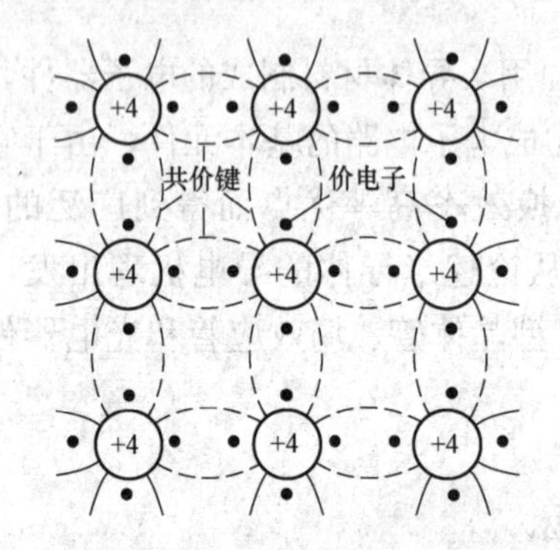

图1-2 硅晶体的平面示意图

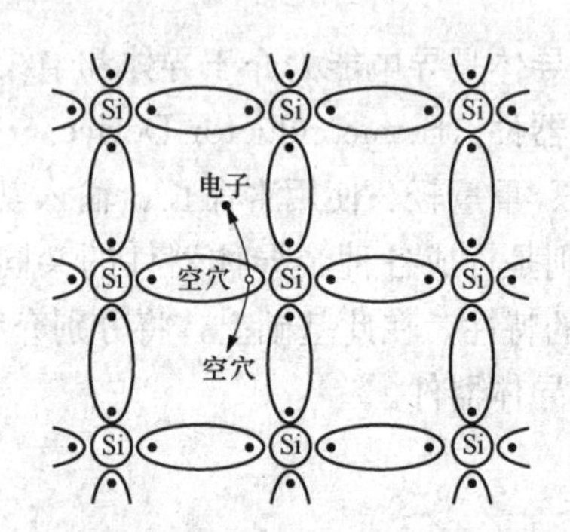

图1-3 空穴和自由电子的形成

当电子受激发挣脱共价键中的束缚成为自由电子后，在共价键中便留下了一个空位，称为空穴（Hole）。当空穴出现时，相邻原子的价电子比较容易离开它所在的共价键而填补到这个空穴中来，使该价电子原来所在共价键中出现一个新的空穴，这个空穴又可能被相邻原子的价电子填补，再出现新的空穴。价电子填补空穴的运动相当于带正电荷的空穴在运动，其运动方向与价电子运动方向相反，这种运动称为空穴运动，常把空穴看成是一种带正电荷的载流子（Carrier）。

在本征半导体内部，自由电子与空穴总是成对出现的，因此将它们称作为电子—空穴对。当自由电子在运动过程中遇到空穴时可能会填充进去从而恢复一个共价键，与此同时，消失一个电子—空穴对，这一过程称为复合。

在一定温度条件下，产生的电子—空穴对和复合的电子—空穴对数量相等时，形成相对平衡。这种相对平衡属于动态平衡。达到动态平衡时，电子—空穴对维持一定的数目。

可见，在半导体两端加上外电压时，半导体中将出现两种电流：一是自由电子定向运动所形成的电子电流；二是自由电子递补空穴所形成的空穴电流。自由电子和空穴两种载流子同时参与导电，这是半导体导电方式的最大特点，而金属导体中只有自由电子一种载流子参与导电，这是半导体与金属导体的不同之处。

1.1.2 杂质半导体

本征半导体的导电能力很差，但是在其中掺入微量杂质后，它的导电能力会增强。在纯净半导体中掺入微量杂质所形成的半导体，称为杂质半导体（Doped Semiconductor）。

根据掺入杂质元素的不同，杂质半导体可分为N型半导体和P型半导体两种。

1. N型半导体（N-type Semiconductor）

在本征半导体中掺入五价元素磷，可形成N型半导体。磷原子的最外层有五个价电子，其中只有四个价电子能与周围四个半导体原子中的价电子形成共价键，多余的一个价电子因无共价键束缚形成自由电子，在本征硅中掺入磷的原子结构如图 1-4（a）所示。

每掺入一个磷原子，就多了一个自由电子，那么掺入的磷原子越多，自由电子个数越多，结果使自由电子的数量大大增加，于是在 N 型半导体中自由电子成为多数载流子，简称多子（Majority Carrier），而空穴成为少数载流子，简称少子（Minority Carrier）。自由电子导电是这种半导体的主要方式，以自由电子为导电主体的半导体称为 N 型半导体或电子型半导体。

2. P 型半导体（P-type Semiconductor）

如果在本征半导体中掺入三价元素硼，就形成了 P 型半导体。硼原子的最外层有三个价电子，在与周围四个原子中的价电子形成共价键时，因缺少一个价电子而在共价键中留下一个空穴。在本征硅中掺入硼的原子结构如图 1-4（b）所示，每一个硼原子都能提供一个空穴，掺入的硼原子越多，产生的空穴越多，空穴是多数载流子，而自由电子成为少数载流子，导电的主体是空穴，以空穴为导电主体的半导体称为 P 型半导体或空穴型半导体。

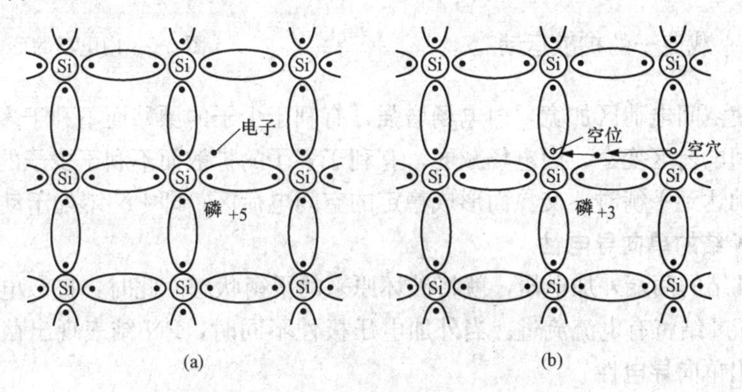

图 1-4 杂质半导体共价键结构示意图

（a）N 型半导体；（b）P 型半导体

注意，无论是 N 型半导体还是 P 型半导体，尽管都有一种载流子占多数，但整个晶体仍然是电中性的。

1.2 PN 结

1.2.1 PN 结的形成

虽然 P 型半导体和 N 型半导体的导电能力比本征半导体增强了许多，但并不能直接用来制造半导体器件。当用适当的工艺将 P 型半导体和 N 型半导体结合在同一基片上时，在交界面处就形成了 PN 结（PN Junction），PN 结是构成各种半导体器件的基础。

由于交界面处存在载流子浓度的差异，N 区中的电子要向 P 区扩散（载流子从浓度高的地方向浓度低的地方运动称为扩散），P 区中的空穴要向 N 区扩散。扩散的结果是破坏了 P 区和 N 区中原来的电中性。P 区一侧因失去空穴而留下不能移动的负离子，N 区一侧因失去电子而留下不能移动的正离子，如图 1-5 所示。这些不能移动的带电粒子通常称为空间电荷，它们集中在 P 区和 N 区交界面附近，形成了一个很薄的空间电荷区（Space-charge

Layer，也称耗尽层)，这就是 PN 结。在这个区域内，多数载流子已扩散到对方并复合掉了，或者说消耗尽了，因此空间电荷区也称为耗尽层，它的电阻率很高。扩散越强，空间电荷区越宽。

P 区一侧呈现负电荷，N 区一侧呈现正电荷，因此空间电荷区出现了方向由 N 区指向 P 区的电场，称为内电场（见图 1-6)。在内电场的作用下将使 P 区和 N 区的少子漂移到对方，使空间电荷区变窄（少数载流子在内电场的作用下有规则的运动称为漂移运动)。

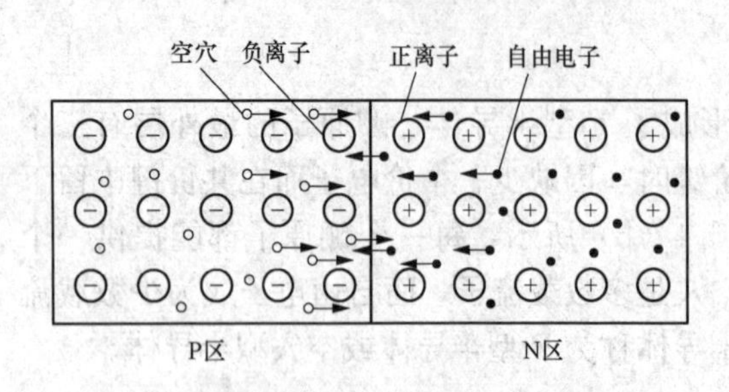

图 1-5 载流子的扩散运动

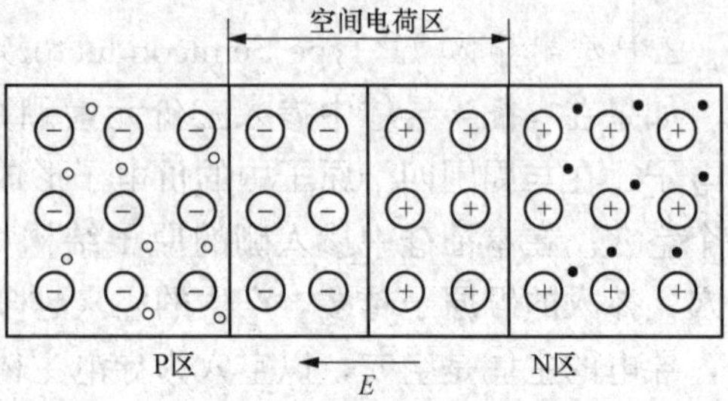

空间电荷区

P区 N区

E

图 1-6 内电场的形成

扩散运动使空间电荷区加宽，内电场增强，有利于少子的漂移而不利于多子的扩散；而漂移运动使空间电荷区变窄，内电场减弱，有利于多子的扩散而不利于少子的漂移。当扩散运动和漂移运动达到平衡时，交界面形成稳定的空间电荷区，即 PN 结处于动态平衡。

1.2.2 PN 结的单向导电性

如果在 PN 结的两端外加电压，就将破坏原来的平衡状态。此时，扩散电流不再等于漂移电流，因而 PN 结将有电流流过。当外加电压极性不同时，PN 结表现出截然不同的导电性能，即呈现出单向导电性。

1. 外加正向电压 PN 结导通

在 PN 结两端加正向电压，即 P 区接电源正极、N 区接电源负极，称为加正向电压，简称正向偏置或正偏（Forward Bias)，如图 1-7（a）所示。此时耗尽层变窄．有利于扩散运动的进行。多数载流子在外加电压作用下将越过 PN 结形成较大的正向电流 I_F，这时的 PN 结处于导通状态。

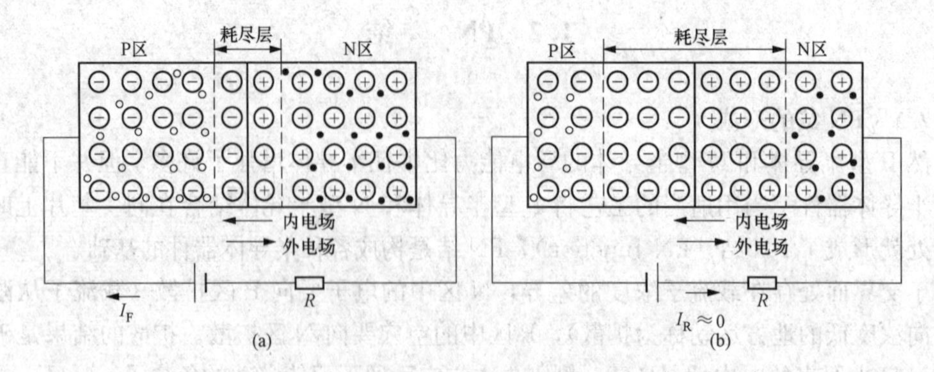

图 1-7 PN 结的单向导电性

(a) PN 结外加正向电压时；(b) PN 结外加反向电压时

2. 外加反向电压PN结截止

在PN结两端加反向电压，即P区接电源负极、N区接电源正极，称为加反向电压，简称反向偏置或反偏（Backward Bias），如图1-7（b）所示。在反向电压的作用下耗尽层将变宽，阻碍多数载流子的扩散运动。少数载流子仅仅形成很微弱的反向电流 I_R，由于电流很小，可忽略不计，此时称PN结处于截止状态。

综上所述，PN结具有正向导通、反向截止的导电特性，这种特性称为PN结的单向导电性。

1.3 半导体二极管

1.3.1 二极管的结构

将PN结用外壳封装起来，并加上电极引线就构成了半导体二极管（Diode），简称二极管。其内部结构示意图如图1-8（a）所示。从P区接出的引线称为二极管的阳极（Anode），从N区接出的引线称为二极管的阴极（Cathode）。二极管的电路符号如图1-8（b）所示，其中三角箭头表示二极管正向导通时电流的方向。

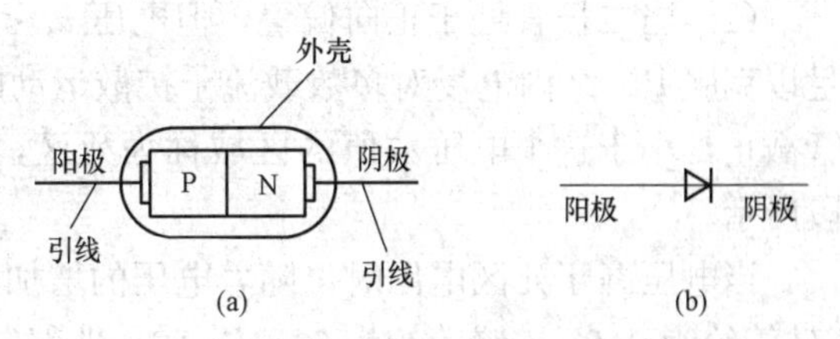

图1-8 二极管内部结构示意图和电路符号

（a）内部结构；（b）电路符号

半导体二极管按所用材料不同可分为硅管和锗管，按制造工艺不同可分为点接触型、面接触型和平面型。图1-9（a）所示的点接触型二极管，由一根金属丝经过特殊工艺与半导体表面连接，形成PN结，因而结面积小，不能通过较大的电流，但其结电容较小，一般在1pF以下，工作频率可达100MHz以上，因此适用于高频电路和小功率整流。图1-9（b）所示的面接触型二极管是采用合金法工艺制成的，结面积大，能够流过较大的电流，但其结电容大，因而只能在较低频率下工作，一般仅作为整流管。平面型二极管如图1-10所示，它是采用先进的集成电路工艺制成的，不仅能通过较大的电流，而且性能稳定可靠，多用于开关、脉冲及高频电路中。

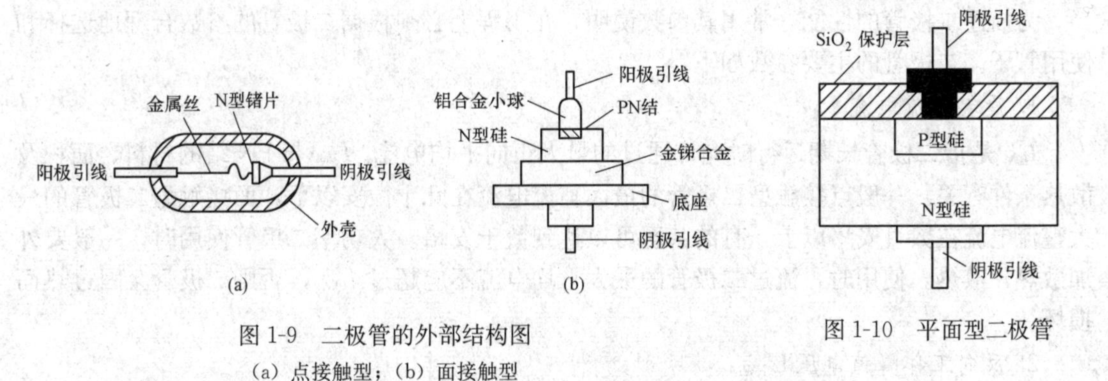

图1-9 二极管的外部结构图

（a）点接触型；（b）面接触型

图1-10 平面型二极管

1.3.2 二极管的伏安特性

电压和电流之间的关系曲线 $i_D = f(u_D)$ 称为伏安特性曲线（Volt-ampere Characteris-

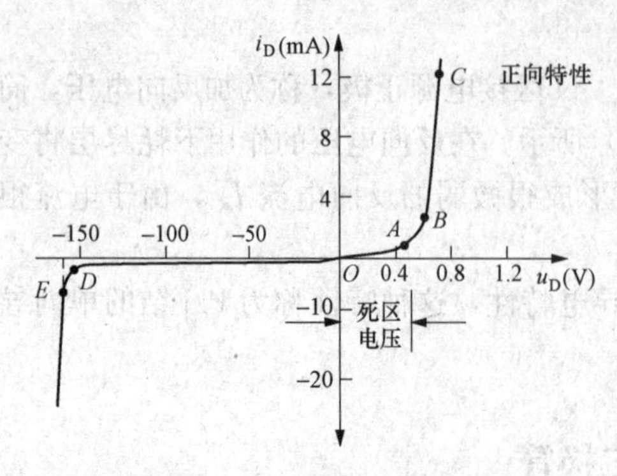

图 1-11 硅二极管的伏安特性

tics)。硅二极管的伏安特性如图 1-11 所示。

通过理论分析可知，PN 结两端所加电压与流过它的电流之间具有如下关系

$$i_D = I_S(e^{u_D/U_T} - 1) \tag{1-1}$$

其中，I_S 为反向饱和电流，对于分立器件，其典型值在 $10^{-14} \sim 10^{-8}$A 范围内，集成电路中的二极管 PN 结，其值更小；U_T 为温度的电压当量，$U_T = kT/q$，其中 k 为玻耳兹曼常量，T 为热力学温度，当 $T = 300$K 时，$U_T = 26$mV。由式（1-1）可以得出以下结论：

(1) 当二极管处于正向偏置，但电压 $u_D < 0.5$V（锗管小于 0.1V）时，由于外电场还不足以克服 PN 结内电场对多数载流子扩散运动的阻力，流过二极管的电流近似等于零，二极管截止，小于这个电压数值的区域称为死区，拐点的电压称为死区电压，如图 1-11 中 *OA* 段所示。

当电压高于死区电压时，随着电压的增加，正向电流将逐渐增大。当电压达到导通电压（硅管约为 0.6V，锗管约为 0.2V）时，曲线陡直上升，电压稍增大，电流将显著增加。这时的二极管才真正导通，如图 1-11 中 *BC* 段所示。*BC* 段所对应的电压称为二极管的正向压降或管压降，其值对于硅管为 0.6～0.7V，对于锗管为 0.2～0.3V。*BC* 段的特点是电流变化很快，但电压基本保持恒定不变。

(2) 反向偏置时，二极管将有微小电流通过，称为反向漏电流或反向饱和电流，如图 1-11 中 *OD* 段所示。可见，反向漏电流基本上不随反向电压的增加而变化。二极管呈现很高的反向电阻，处于截止状态。

(3) 在图 1-11 中，当由 *D* 点继续增加反向电压时，反向电流在 *E* 处急剧上升，这种现象称为反向击穿（Reverse Breakdown），发生击穿时的电压称为反向击穿电压 $U_{(BR)}$。普通二极管不允许反向击穿的情况发生，因为反向击穿发生后，很大的反向电流将会使二极管 PN 结过热而造成永久损坏。

1.3.3 二极管的主要参数

为描述二极管的性能，常用其参数说明，在工程上必须根据二极管的参数合理地选择和使用管子。二极管的主要参数如下：

1. 最大整流电流 I_{OM}

I_{OM} 是指二极管长期运行时允许通过的最大正向平均电流。I_{OM} 与 PN 结的材料、面积及散热条件有关。一般点接触型二极管的最大整流电流在几十微安以下，面接触型二极管的最大整流电流在数百安培以上，有的甚至可以达到数千安培。大功率二极管使用时，一般要外加散热片散热。使用时，流过二极管的最大平均电流不应超过 I_{OM}，否则二极管会因过热而损坏。

2. 反向工作峰值电压 U_{RWM}

U_{RWM} 是指二极管在使用时允许外加的最大反向峰值电压，也称最高反向工作电压，其值通常取二极管反向击穿电压的 1/2 或 2/3 左右。点接触型二极管的反向工作峰值电压一般为几十伏以下，面接触型二极管可达数百伏。实际使用时，二极管所承受的反向工作电压值

不应超过 U_{RWM}，以免发生反向击穿。

3. 最大反向电流 I_{RM}

I_{RM} 是指给二极管加反向工作峰值电压时的反向电流值。反向电流越大，说明管子的单向导电性能越差。硅管的反向电流一般在几个微安以下，锗管的反向电流较大，为硅管的几十到几百倍。

4. 最高工作频率 f_M

f_M 是二极管工作的上限频率。超过此值时，由于结电容的作用，二极管将不能很好地体现单向导电性。

应当指出，由于制造工艺所限，半导体器件参数具有分散性，同一型号管子的参数值会有相当大的差距，因而手册上往往给出的是参数的上限值、下限值或范围。此外，使用时应特别注意手册上每个参数的测试条件，当使用条件与测试条件不同时，参数也会发生变化。

其他参数，如二极管的最大整流电压下的管压降、反向恢复时间、结电容等，可在使用时查阅手册。

1.3.4 二极管的应用

二极管应用十分广泛，在模拟电子电路中主要用于整流、检波、限幅、元件保护和小电压稳压电路等，在数字电子电路中多用于开关电路。

1. 整流电路

利用二极管的单向导电性，可以将交流电加以整流变成脉动的直流，电路如图 1-12 所示。经变压器降压后的正弦电压 u_i 经二极管整流后，在负载 R 上得到了一个脉动的单方向变化的直流电压 u_o。

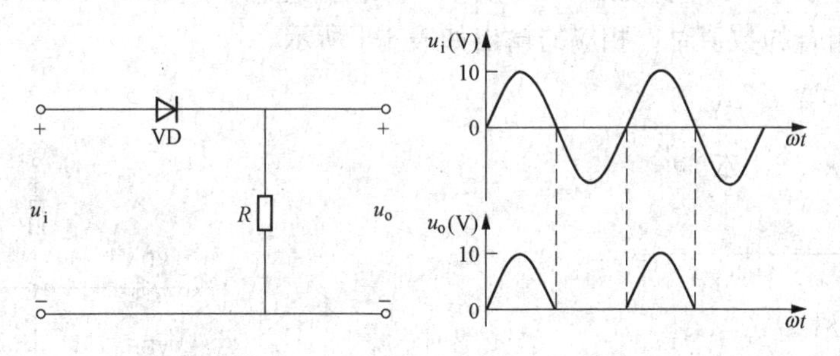

图 1-12 单向整流电路及其输入、输出电压波形

2. 限幅电路

在电子电路中，常用限幅电路对各种信号进行处理。它是让信号在预置的电平范围内，有选择地传输一部分。

【例 1-1】 单向限幅电路如图 1-13（a）所示，图 1-13（b）为输入电压 u_i 的波形。试画出输出电压 u_o 的波形（设 VD 为理想二极管）。

解 根据二极管的单向导电性，二极管导通或截止取决于它是正向偏置还是反向偏置，因此可从分析二极管两端的电压着手。

（1）当 $u_i < U_S$ 时，二极管截止，U_S 所在支路相当于断开，电路中电流为零，电阻 R 上的压降 $u_R=0$，输出电压随输入电压变化而变化，$u_o = u_i$。

（2）当 $u_i > U_S$ 时，二极管导通，理想二极管在导通时正向压降为零，$u_o=U_S$，输入电压正半周大于U_S的部分降在电阻R上，即$u_R=u_i-U_S$。输出电压u_o波形如图1-13（c）所示。

该电路使输出电压上半周的幅值被限制在U_S值，称为上限幅电路。如果在u_o端再增加一个二极管和一个直流电源（二极管和直流电压源均反向），则可以构成双向限幅电路。

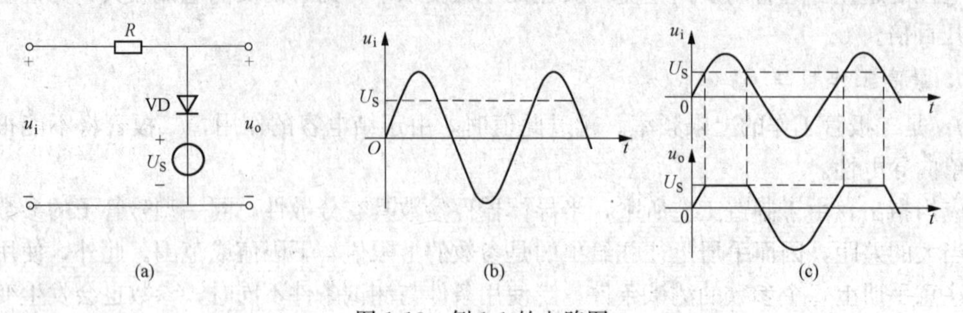

图1-13　例1-1的电路图

（a）单向限幅电路；（b）输入电压u_i和波形；（c）输出电压u_o的波形

3．钳位电路

钳位电路是利用二极管正向导通时正向压降相对稳定，且数值较小的特点来限制电路中某点的电位。在图1-14中，开关S断开时，二极管处于正偏导通，如果忽略管压降，则U_o将被钳制在5V；当开关S合上时，二极管截止，$U_o=0$。

4．开关电路

在开关电路中，利用二极管的单向导电性以接通或者断开电路，这在数字电路中得到广泛应用。二极管与门开关电路如图1-15所示，二极管理想，u_A和u_B可取0、5V电压值，当u_A和u_B取不同组合的数值时，相应的输出如表1-1所示。

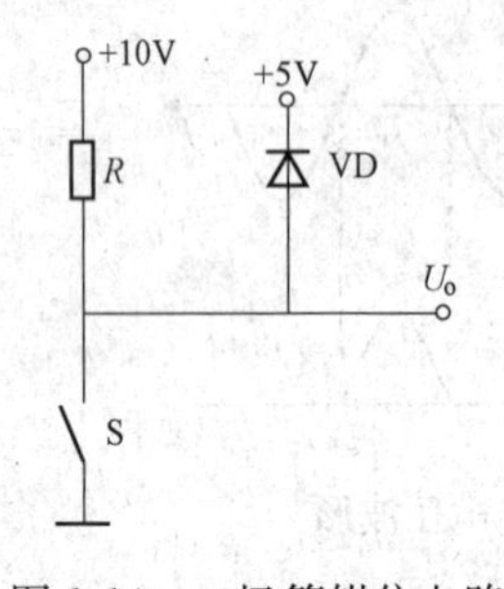

图1-14　二极管钳位电路

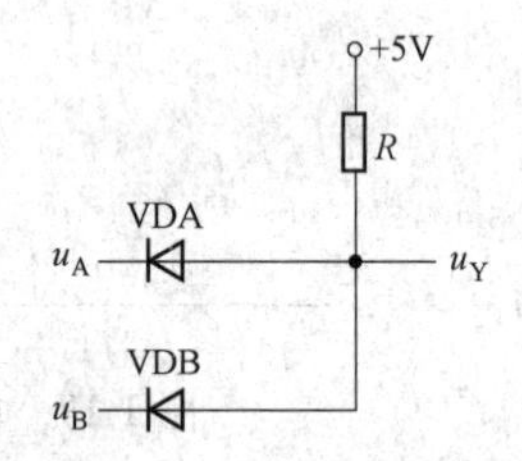

图1-15　二极管与门开关电路

表1-1　　**与门开关电路输入、输出表**　　单位：V

u_A	u_B	u_Y
0	0	0
0	5	0
5	0	0
5	5	5

1.3.5　稳压二极管

稳压二极管（Voltage Regulator Diode）简称稳压管，也称为齐纳二极管（Zener Diode)，它是一种特殊的面接触型二极管。稳压管在反向击穿时，在一定的电流范围内（或者说在一定的功率损耗范围内），端电压几乎不变，表现出稳压特性，因而广泛用于稳压电源与限幅电路之中。

与普通二极管不一样，稳压管的反向击穿是可逆的，当去掉反向电压后，稳压管又可恢复正常。但是如果反向电流超过允许范围，稳压二极管会发生热击穿而损坏。常用稳压二极管的外形图如图 1-16 所示，它的电路符号与伏安特性曲线如图 1-17 所示。

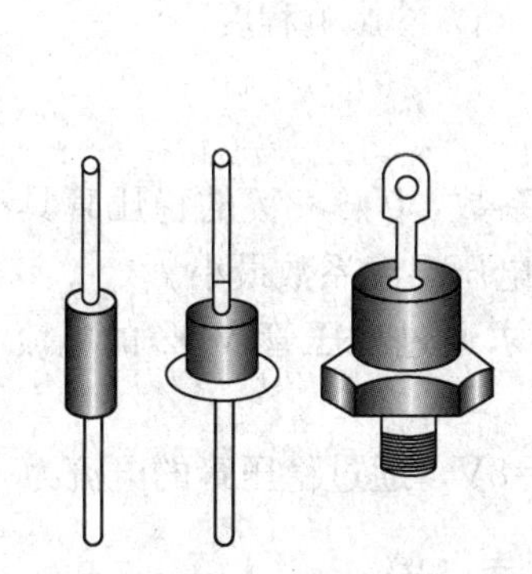

图 1-16　常用稳压二极管外形图

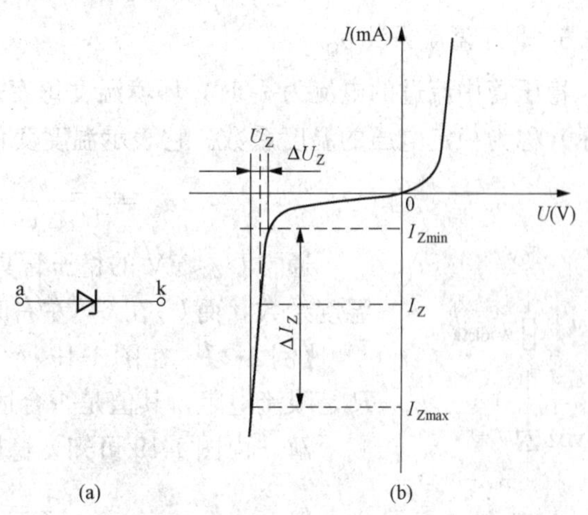

图 1-17　稳压二极管电路符号与伏安特性曲线
（a）电路符号；（b）伏安特性曲线

利用稳压管组成的简单稳压电路如图 1-18 所示。R 为限流电阻，与稳压管 VDZ 配合使用，用以限制流过稳压管的电流。输出电压 $U_o = U_Z$，电源电压 U_i 升高时，$U_o = U_Z$ 将随之升高，I_Z 显著增大，流过电阻 R 的电流（$I_o + I_Z$）增加，电阻 R 上的压降也增加，只要 $I_{Zmin} < I_Z < I_{Zmax}$，就可以认为 $U_o = U_Z$ 基本不变，U_i 升高的部分，则几乎全部降落在限流电阻 R 上；而当 U_i 下降或负载 R_L 有变化时，稳压管仍然可以起到稳压作用，其原理请读者自行分析。

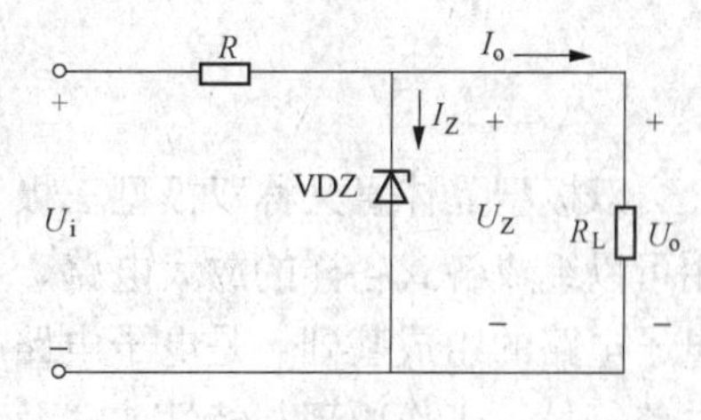

图 1-18　稳压管稳压电路

稳压二极管的主要参数有：

1. 稳定电压 U_Z

U_Z就是稳压管正常工作下管子两端的电压。手册中所列的都是在一定条件下的数值，即使是同一型号的稳压管，由于工艺和其他方面原因，稳压值也有一定的分散性。

2. 动态电阻 r_Z

r_Z为稳压管在稳压范围内，稳压管两端电压变化量 ΔU_Z与对应电流变化量 ΔI_Z之比，即

$$r_Z = \Delta U_Z / \Delta I_Z \tag{1-2}$$

稳压管的 r_Z越小，说明管子的反向击穿特性曲线越陡，稳压性能越好。

3. 稳定电流 I_Z和最大工作电流 I_{Zmax}

I_Z是指工作在稳压状态下的电流，由图 1-17 可知，I_Z应该大于最小稳定电流 I_{Zmin}（即保

证稳压管具有正常稳压性能的最小工作电流），稳压管工作电流低于此值时，稳压效果差或不能稳压。I_Z应该小于I_{Zmax}，否则管子将因温度过高而损坏。稳压管一般需配合限流电阻使用。

4. 最大耗散功率 P_{ZM}

P_{ZM}为稳压管不致发生热击穿的最大功耗，即

$$P_{ZM}=U_Z I_{Zmax} \tag{1-3}$$

5. 电压温度系数 α_U

稳压管中流过的电流为I_Z时，环境温度每变化1℃，稳定电压的相对变化量（用百分数表示）称为稳定电压的温度系数。它表示温度变化对稳定电压U_Z的影响程度。

$$\alpha_U=\frac{\Delta U_Z}{U_Z\Delta T}\times 100\% \tag{1-4}$$

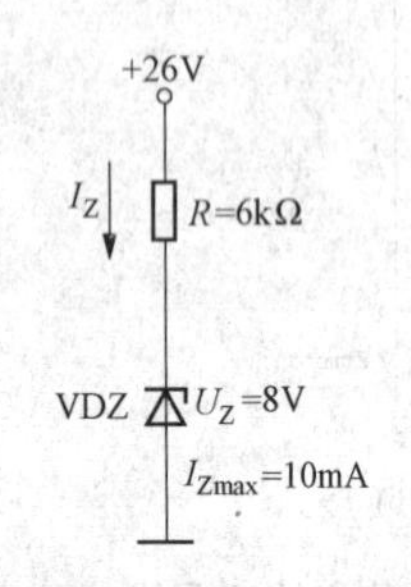

图 1-19　例 1-2 的图

通常U_Z<5V 的稳压管具有负温度系数，U_Z>8V 的稳压管具有正温度系数，而U_Z在 6V 左右时稳压管的电压温度系数最小。

【例 1-2】 在图 1-19 所示电路中，求通过稳压管 VDZ 的电流 I_Z，R是限流电阻，其值是否合适？

解　由图 1-19 可知，稳压管的U_Z=8V，通过稳压管的电流为

$$I_Z=\frac{26-8}{6}\text{mA}=3\text{mA}$$

故 $I_Z<I_{Zmax}=10\text{mA}$，说明所选用的电阻R值合适。

1.4　双极型晶体管

双极型晶体管又称双极型三极管，它是最重要的一种半导体器件，利用它的电流放大作用可以组成各式各样的放大电路，利用它的开关作用可以组成各种门电路。因此，晶体管是电子电路的组成基础，是电子电路中最基本的半导体元件。本节将重点介绍晶体管的结构、电路符号、工作原理、特性曲线及其主要参数等。

1.4.1　双极型晶体管的结构

根据不同的掺杂方式在同一个硅片上制造出三个掺杂区域，并形成两个 PN 结，就构成晶体管。晶体管按其结构可分为 NPN 型和 PNP 型两种类型。无论哪种类型都有三个区、三个极、两个 PN 结。它们依次分别是集电区、基区和发射区；集电极 C、基极 B 和发射极 E；基区与发射区之间的 PN 结称为发射结，基区与集电区之间的 PN 结称为集电结。

晶体管的内部结构及图形符号如图 1-20（a）所示，图形符号中的箭头方向表示发射结正偏时发射极电流的实际流向。晶体管在结构上的主要特点是：基区很薄且掺杂浓度低，发射区掺杂浓度高，集电区面积大。因此，在使用时晶体管的发射极 E 和集电极 C 不能互换。

晶体管的种类很多，分类方法各异。按结构可分为 NPN 型和 PNP 型；按工作频率可分为低频管和高频管；按功率可分为小功率管、中功率管和大功率管；按所用半导体材料可分为硅管和锗管；按用途可分为放大管和开关管等。图 1-20（b）为常见的几种晶体管的外形图。

NPN 型和 PNP 型晶体管的工作原理类似，只是使用时电源极性不同，各极电流方向不同。本书主要以 NPN 型晶体管为主分析讨论。

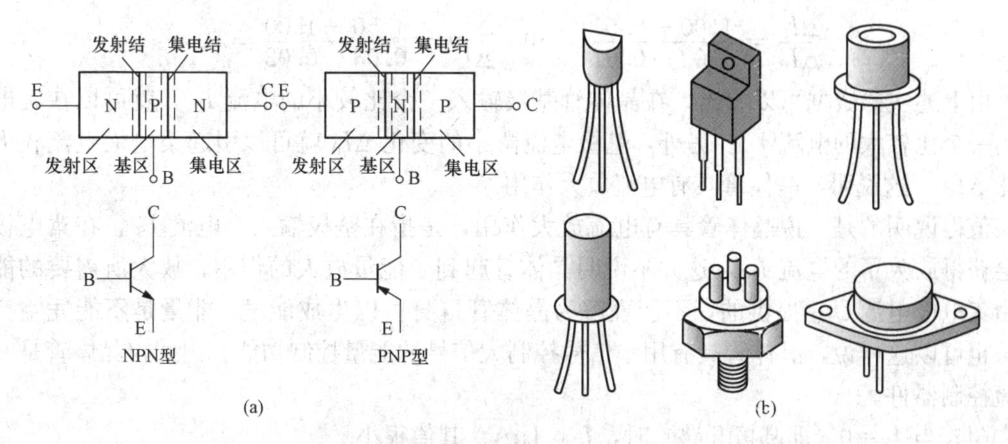

图 1-20　晶体管内部结构、图形符号及外形

(a) 晶体管的内部结构及图形符号；(b) 常见晶体管的外形图

1.4.2　晶体管的电流分配与放大原理

1. 晶体管实验电路的组成

为了了解晶体管的放大原理和其电流的分配，我们做一个实验，电路如图 1-21 所示。把晶体管接成两个电路：基极电路和集电极电路。发射极是输入输出的公共端，这种电路就称为共发射极电路(Common-emitter Configuration)。电路中，用三只电流表分别测量晶体管的集电极电流 I_C、基极电流 I_B和发射极电流 I_E，各电流的实际方向和其正方向相同，电路有两个电源 U_{BB}和 U_{CC}，设置成 $U_{BB} < U_{CC}$。

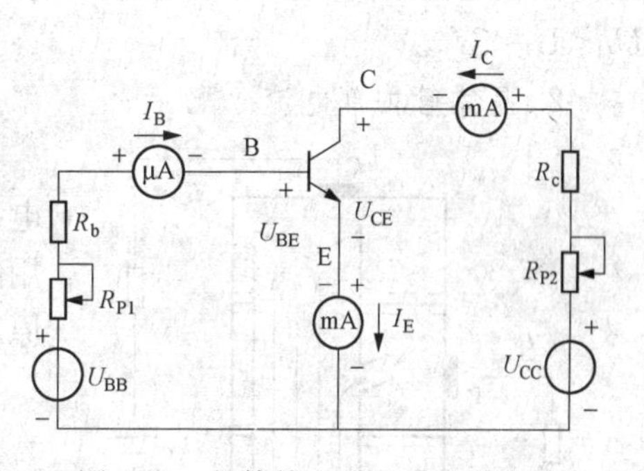

图 1-21　晶体管电流分配实验电路

通过调节电位器 R_{P1} 改变基极电流 I_B，则集电极电流 I_C、发射极电流 I_E 都会随之发生变化，测得的实验数据如表 1-2 所示。

表 1-2　　晶体管各电流测量数据　　单位：mA

I_B	0	0.01	0.02	0.03	0.04	0.05
I_C	<0.001	0.50	1.00	1.50	2.00	2.50
I_E	<0.001	0.51	1.02	1.53	2.04	2.55

分析表 1-2 中数据，可得出如下结论：

(1) 发射极电流等于基极电流与集电极电流之和，即

$$I_E = I_B + I_C \tag{1-5}$$

这个实验结果符合基尔霍夫定律。

(2) I_C远大于 I_B，从第三列和第四列的数据可知

$$\frac{I_C}{I_B} = \frac{1.00}{0.02} = 50 \quad , \frac{I_C}{I_B} = \frac{1.50}{0.03} = 50$$

（3）较小的基极电流 I_B 的变化 ΔI_B 会引起较大的集电极电流 I_C 的变化 ΔI_C。由第二～四列的数据可知

$$\frac{\Delta I_C}{\Delta I_B}=\frac{1.00-0.50}{0.02-0.01}=50\ ,\ \frac{\Delta I_C}{\Delta I_B}=\frac{1.50-1.00}{0.03-0.02}=50$$

由上述实验数据可以看出，在晶体管基极输入一个比较小的电流 I_B，就可以在集电极输出一个比较大的电流 I_C。另外，基极电流微小的变化 ΔI_B 就可以引起集电极电流较大的变化 ΔI_C。这说明，晶体管具有电流放大作用。

值得说明的是，说晶体管具有电流放大作用，是指在基极输入小电流 I_B，在集电极电路会获得放大了的电流 I_C，这并不说明晶体管起到了能量放大的作用，放大所需要的能量是由集电极电源 U_{CC} 提供的，不能理解为晶体管自身可以生成能量，能量是不能凭空产生的。也可以这样说，晶体管具有用小信号控制大信号的能量控制功能。因此，晶体管是一种电流控制器件。

（4）当 $I_B=0$（即基极开路）时，$I_C<1\mu A$，其值很小。

还要注意，放大电路中，要使晶体管具有放大作用，必须设置合适的偏置条件，即发射结正偏、集电结反偏。换句话说，对于 NPN 型晶体管，必须保证集电极电位高于基极电位，基极电位又高于发射极电位，即 $U_C>U_B>U_E$；而对于 PNP 型晶体管，则与之相反，$U_C<U_B<U_E$。

2. 晶体管内部电流分配

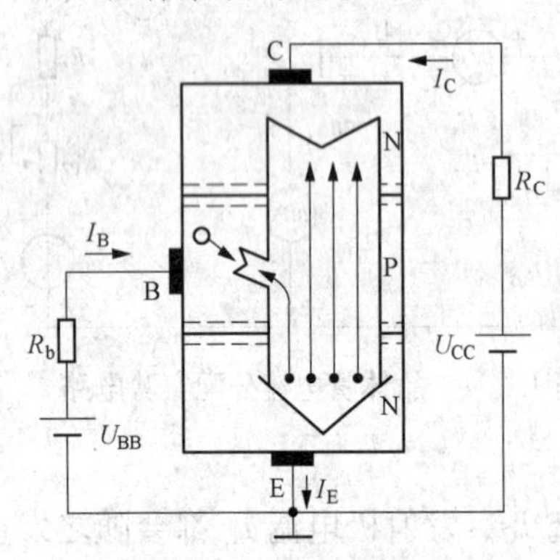

图 1-22 NPN 型晶体管内部电流分配

晶体管处于放大状态时，必须满足发射结正偏、集电结反偏，按此要求连接电路，如图 1-22 所示。下面用晶体管内部载流子运动的规律来解释晶体管放大的原理。

（1）发射区向基区扩散电子。对于 NPN 型管而言，因为发射区自由电子的浓度大，而基区自由电子的浓度小，所以自由电子要从浓度大的发射区向浓度小的基区扩散。由于发射结处于正向偏置，发射区自由电子的扩散运动加强，不断扩散到基区，并不断从电源补充进电子，形成发射极电流 I_E。

基区的多数载流子空穴也要向发射区扩散，但由于基区的空穴浓度比发射区电子的浓度小得多，故可以忽略不计。

（2）电子在基区的扩散与复合。从发射区扩散到基区的自由电子起初都聚集在发射结附近，因此电子将向集电结方向扩散。在扩散途中，有些电子与基区中的空穴相遇而复合，同时接在基区的电源 U_{BB} 不断地从基区拉走电子，不断地给基区提供空穴，从而保持基区空穴浓度的不变，形成基极电流 I_B。因为基区很窄且掺杂浓度低，所以在基区复合掉的电子数量很少，大部分的电子将扩散到集电结。

（3）集电极收集电子。因集电结反偏，将阻止多数载流子的扩散运动，而从发射区注入到基区的电子，通过基区时复合掉一小部分，绝大部分扩散到集电结的边缘。在集电结反偏电场作用下，迅速地漂移到集电区，最终被集电极收集，形成电流 I_C。另外，在内电场的作用下，将使基区的少数载流子（电子）和集电区的少数载流子（空穴）发生漂移运动，形

成电流 I_{CBO}，构成集电极电流和基极电流的一部分。

由以上分析可知，从发射区扩散到基区的电子中，只有少部分在基区复合掉，大部分都进入了集电区，故 I_B远小于 I_C。

1.4.3 晶体管的特性曲线

晶体管的特性曲线是用来表示该晶体管各极电压和电流之间相互关系的。它是晶体管内部特性的外部表现，晶体管的特性曲线是分析晶体管组成的放大电路和选择管子参数的重要依据。共发射极接法时，晶体管的特性曲线一般包括输入特性曲线和输出特性曲线两种。以 NPN 型晶体管 3DG4 为例，测试其特性曲线的实验电路如图 1-23 所示。

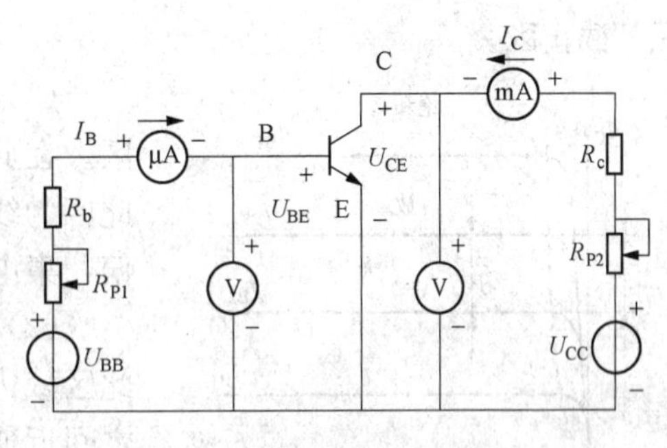

图 1-23 晶体管共射特性曲线测试电路

1. 输入特性曲线

晶体管的共射输入特性曲线是指当集电极—发射极电压 U_{CE} 为常数时，输入电路中的基极电流 I_B 与基极—发射极电压 U_{BE} 之间的关系曲线，即

$$I_B = f(U_{BE})\big|_{U_{CE}=\text{常数}} \tag{1-6}$$

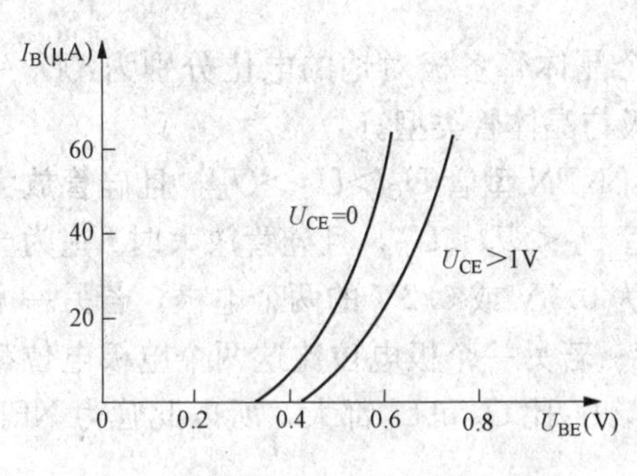

图 1-24 晶体管共射输入特性曲线

实验测得的曲线如图 1-24 所示，以下对输入特性做简要的分析。

(1) 当 $U_{CE}=0$ 时，晶体管集电极与发射极间相当于短路，晶体管相当于两个二极管并联，加在发射结上的电压即为加在两个并联二极管上的电压，所以晶体管的输入特性曲线与二极管伏安特性曲线的正向特性相似，U_{BE}与 I_B也是非线性关系，同样存在着死区，死区电压硅管约为 0.5V，锗管约为 0.1V。

(2) 当 $U_{CE}=1$V 时，相当于集电结加了反偏电压，管子处于放大状态，I_C增大，对应于相同的 U_{BE}，基极电流 I_B比原来 $U_{CE}=0$ 时减小，特性曲线也相应地向右移动。

(3) 当 $U_{CE}>1$V 时，集电结已经反偏，内电场已足够大，而基区又很薄，足以把从发射区扩散到基区的电子中的大部分电子拉入集电区。此时只要保持 U_{BE}不变，发射区扩散到基区的电子数就不变。U_{CE}再增加，I_B也不会明显减小。也就是说，$U_{CE}>1$V 时输入特性曲线与 $U_{CE}=1$V 时的特性曲线非常接近。由于实际管子放大时，U_{CE}总是大于 1V，通常就用 $U_{CE}=1$V 这条曲线来代表输入特性曲线。在正常工作时，发射结上的正偏压 U_{BE}基本上为定值，硅管为 0.7V 左右，锗管为 0.2V 左右。

2. 输出特性曲线

晶体管的共射输出特性曲线是指当晶体管的基极电流 I_B 为常数时，集电极电流 I_C 与集电极—发射极电压 U_{CE} 之间的关系曲线，即

$$I_C = f(U_{CE})\big|_{I_B=\text{常数}} \tag{1-7}$$

实验测得的曲线如图1-25所示。由图中可以看出，对应于不同的 I_B 下，可以绘出不同的曲线，故输出特性是一个曲线族。与输入特性一样，晶体管的输出特性也不是直线，说明晶体管是一种典型的非线性元件。通常把晶体管输出特性曲线分为三个区：放大区、饱和区、截止区。

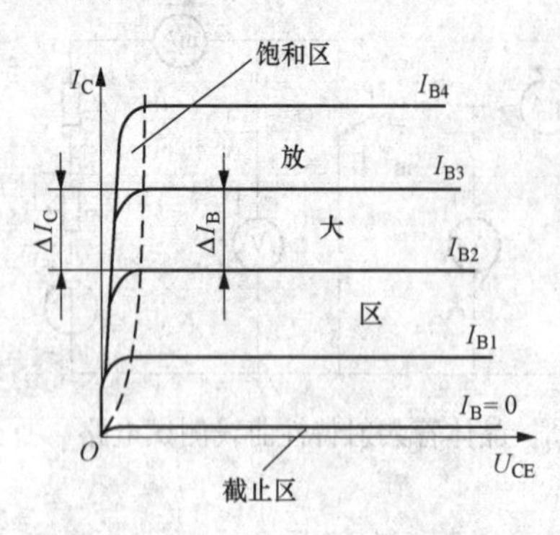

图1-25 晶体管的输出特性曲线

(1) 放大区。输出特性曲线近于水平的部分是放大区。在此区域内，I_B 控制 I_C，I_C 与 I_B 成正比关系，故也称此区为线性区。晶体管工作在放大区时，发射结必须正偏，集电结反偏。

(2) 截止区。截止区就是 $I_B=0$ 曲线以下的区域。在此区域内，晶体管各极电流接近或等于零，E、B、C极之间近似看作开路。晶体管工作在截止区时，发射结反偏，集电结也反偏。对NPN型硅管而言，$U_{BE}<0.5V$ 时即已开始截止，但为了截止可靠，常使 $U_{BE}\leqslant 0$。

(3) 饱和区。输出特性曲线中 $I_B>0$、$U_{CE}\leqslant 0.3V$ 的区域为饱和区。在此区域内，I_C 几乎不受 I_B 的控制，晶体管失去放大作用。晶体管工作在饱和区时，发射结和集电结均为正偏。当 $U_{CE}=U_{BE}$ 时，晶体管处于临界饱和状态。处于饱和状态的 U_{CE} 称为饱和压降。

【例1-3】 用直流电压表测得某放大电路中某个晶体管各极对地的电位分别为：$U_1=3V$，$U_2=6V$，$U_3=3.7V$，试判断晶体管各对应电极与晶体管类型。

解 晶体管能正常实现电流放大的电位关系是：NPN型管 $U_C>U_B>U_E$，且硅管放大时 U_{BE} 约为0.7V，锗管 U_{BE} 约为0.2V；而PNP型管 $U_C<U_B<U_E$，且硅管放大时 U_{BE} 为−0.7V，锗管 U_{BE} 为−0.2V。所以先找电位差绝对值为0.7V或0.2V的两个电极，若另一个极电位比这两个电极电位都大，则为NPN型晶体管；若另一个极电位比这两个电极电位都小，则为PNP型晶体管。本例中，U_3 比 U_1 大0.7V，U_2 比 U_3 和 U_1 都大，所以此管为NPN型硅管，3脚是基极，1脚是发射极，2脚是集电极。

1.4.4 晶体管的主要参数

晶体管的参数是表示器件性能和使用范围的一组数据，是设计电路和选用晶体管的主要依据。其主要参数有以下几个：

1. 共发射极电路电流放大系数

(1) 直流电流放大系数 $\bar{\beta}$。把晶体管接成共发射极电路时，在静态（无交流信号输入）时，晶体管集电极电流 I_C 与基极电流 I_B 的比值，称为直流（静态）电流放大系数，用 $\bar{\beta}$ 表示，即

$$\bar{\beta}=\frac{I_C}{I_B} \tag{1-8}$$

(2) 交流电流放大系数。当晶体管工作在动态（有信号输入）时，基极电流的变化量设为 ΔI_B，它引起集电极电流的变化量为 ΔI_C。ΔI_C 与 ΔI_B 的比值，称为交流（动态）电流放大系数，用 β 表示，即

$$\beta=\frac{\Delta I_C}{\Delta I_B} \tag{1-9}$$

一般$\bar{\beta}$与β数值相近，在实际应用中，可近似认为$\bar{\beta}=\beta$，本书将统一用β表示。

由于晶体管是非线性器件，只有在输出特性曲线的近似水平部分I_C才随I_B成正比变化，β值才可认为是恒定不变的，此外，由于制造工艺的原因，即使是同一型号的管子，β值相差也很大，常用晶体管的β值在20～200之间。

晶体管β值的大小会受温度的影响，温度升高，β值增大。

2. 极间反向电流

极间反向电流是由少数载流子形成的，而少数载流子是受热激发而产生的，故极间反向电流的大小表征了管子的温度特性。

（1）集电极—基极反向饱和电流I_{CBO}。I_{CBO}是发射极开路时，集电极和基极之间的反向电流值。室温下，小功率硅管的I_{CBO}在1μA以下，小功率锗管的I_{CBO}为几微安或几十微安。I_{CBO}越小越好，温度升高I_{CBO}会增大。测量I_{CBO}的电路如图1-26（a）所示。

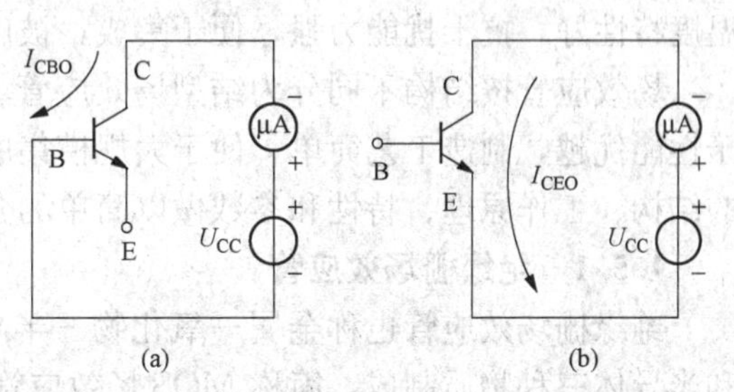

图1-26 极间反向电流的测量

（a）I_{CBO}测量电路；（b）I_{CEO}测量电路

（2）集电极—发射极反向饱和电流（穿透电流）I_{CEO}。I_{CEO}是晶体管基极开路时，集电极与发射极之间的电流，称为集射极之间的穿透电流。温度越高，I_{CEO}越大，所以晶体管的温度特性很差。其测量电路如图1-26（b）所示。可以证明，I_{CBO}与I_{CEO}的关系是

$$I_{CEO}=(1+\beta)I_{CBO} \tag{1-10}$$

及

$$I_C=\beta I_B+I_{CEO} \tag{1-11}$$

3. 极限参数

（1）集电极最大允许电流I_{CM}。当集电极电流I_C超过一定数值后，β值将明显下降。当β下降到正常值的2/3时的集电极电流称为集电极最大允许电流I_{CM}。可见，当工作电流超过I_{CM}时，管子不一定会损坏，但它将以降低β为代价。一般小功率管的I_{CM}约为几十毫安，大功率管可达几安。

（2）集电极—发射极反向击穿电压$U_{(BR)CEO}$。指基极开路时，集电极与发射极之间所能承受的最高反向电压。接成共射电路时超过此值，集电结发生反向击穿。温度升高，管子的反向击穿电压下降。

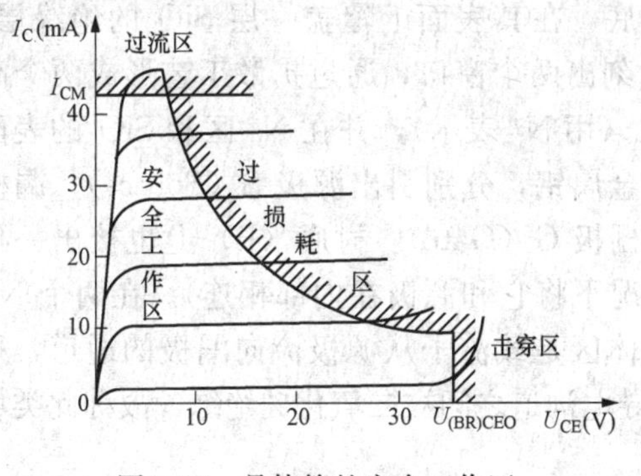

图1-27 晶体管的安全工作区

（3）集电极最大允许耗散功率P_{CM}。指集电结允许功率损耗的最大值，其大小主要取决于允许的集电结结温。一般硅管允许结温约为150℃，锗管约为70℃。显然，P_{CM}的大小与管子的散热条件及环境温度有关。

$$P_{CM}=I_CU_{CE} \tag{1-12}$$

综上所述，由P_{CM}、I_{CM}、$U_{(BR)CEO}$可画出管子的安全工作区，如图1-27所示。使用中，不允许超出安全工作区。

1.5 场效应管

场效应晶体管 FET（Field Effect Transistor）又称为单极晶体管，是一种较新型的半导体器件，其外形与双极型晶体管相似。与作为电流控制元件的双极型晶体管不同，它的导电途径为沟道（Channel），其工作原理是通过外加电场对沟道的厚度和形状进行控制，以改变沟道的电阻，从而改变电流的大小，它是电压控制器件。又由于场效应管工作时只有一种载流子参与导电，故称为单极晶体管或单极三极管。其特点是输入电阻高（可达 $10^9 \sim 10^{14}\,\Omega$），温度特性好，抗干扰能力强，便于集成，被广泛应用在放大电路和数字电路中。

场效应管按结构不同分为结型场效应管 JFET 和绝缘栅场效应管 IGFET 两种，后者由于性能优越，制造工艺简单，便于大规模集成，应用尤为广泛。本节将只对绝缘栅场效应管的结构、工作原理、特性和参数做以简单的介绍。

1.5.1 绝缘栅场效应管

绝缘栅场效应管也称金属—氧化物—半导体场效应管 MOSFET，因它由金属、氧化物和半导体三种物质制成，简称 MOS 场效应管。

绝缘栅场效应管按工作状态可分为增强型和耗尽型两类，每类按导电沟道形成的不同，又有 N 沟道和 P 沟道之分，故共有四种类型，它们的图形符号如图 1-28 所示。以下仅介绍 N 沟道增强型和耗尽型 MOS 管的工作原理。

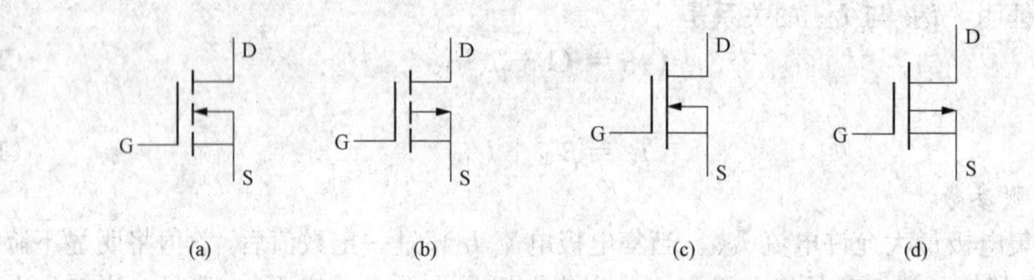

图 1-28 场效应管的图形符号

(a) N 沟道增强型；(b) P 沟道增强型；(c) N 沟道耗尽型；(d) P 沟道耗尽型

1. N 沟道增强型 MOS 管

(1) 结构。N 沟道增强型 MOS 管（MOSFET）的结构示意图如图 1-29 所示。以一块掺杂浓度较低的 P 型半导体作为衬底，在其表面上覆盖一层 SiO_2 的绝缘层，再在 SiO_2 层上刻出两个窗口，通过扩散工艺形成两个高掺杂的 N 型区（用 N^+ 表示），并在 N^+ 区和 SiO_2 的表面各自喷上一层金属铝，分别引出源极 S（Source）、漏极 D（Drain）和栅极 G（Gate）。衬底（B）上也接出一根引线（通常情况下将它和源极在内部相连）。在两个 N^+ 区之间的半导体区是载流子从源极流向漏极的通道，称为导电沟道（Conductive Channel）。由于栅极与导电沟道之间被二氧化硅绝缘，故称此类场效应管为绝缘栅型。

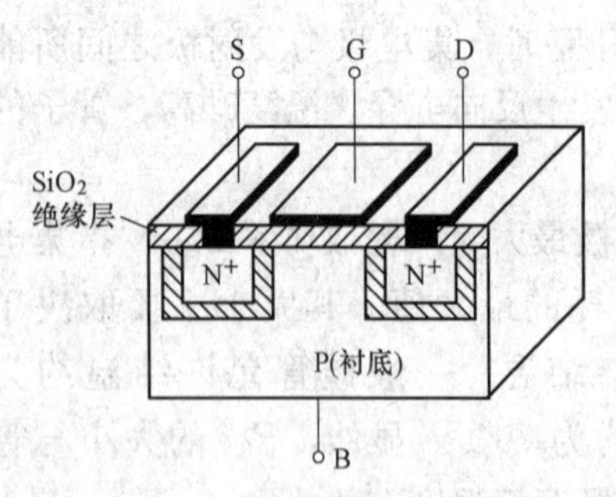

图 1-29 N 沟道增强型 MOS 管的结构示意图

（2）工作原理。当栅源电压 $U_{GS}=0$ 时，由于在漏极和源极的两个 N^+ 区之间是P型衬底，因此漏、源极之间相当于两个背靠背的PN结。无论漏、源极之间加上何种极性的电压，总是不导通的，即 $I_D=0$。

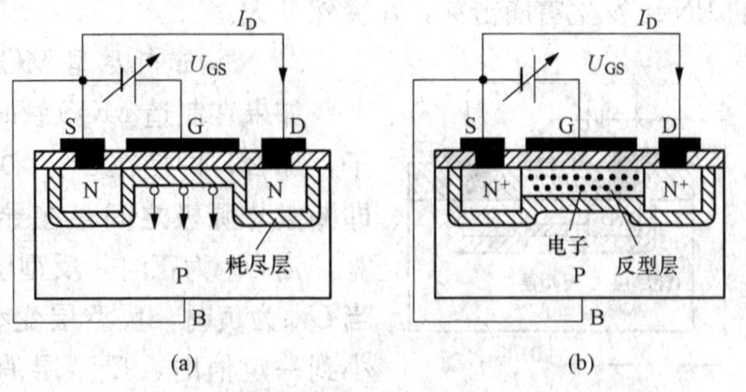

图1-30 N沟道增强型MOS管工作原理图

当 $U_{DS}=0$、$U_{GS}>0$ 时，因 SiO_2 绝缘层的存在，栅极电流为零，但却产生了一个垂直半导体表面、由栅极指向P型衬底的电场。这个电场排斥空穴，吸引电子，P型衬底中的电子受到电场力的吸引达到表层，填补空穴形成负离子的耗尽层，如图1-30（a）所示。当 U_{GS} 大于某一值 $U_{GS(th)}$ 时，形成了一层以电子为主的N型层，通常称为反型层，由于源极和漏极均为 N^+ 型，故此N型层在漏、源极间形成电子导电的沟道，称为N型沟道，如图1-30（b）所示。$U_{GS(th)}$ 称为开启电压。此时在漏、源极间加 U_{DS}，则形成电流 I_D。显然，此时改变 U_{GS} 则可改变沟道的宽窄，即改变沟道电阻大小，从而控制了漏极电流 I_D 的大小。由于这类场效应管在 $U_{GS}=0$ 时，$I_D=0$，只有在 $U_{GS}>U_{GS(th)}$ 后才出现沟道，形成电流，故称为增强型。

（3）特性曲线。场效应管的特性曲线是指 I_D、U_{GS}、U_{DS} 之间的关系曲线，N沟道增强型MOS管的特性曲线如图1-31所示。

特性曲线共有两条，其中，转移特性曲线表示在漏源电压 U_{DS} 一定时，输出电流 I_D 与输入电压 U_{GS} 的关系，如图1-31（a）所示，转移特性还可用公式表达为

$$I_D = I_{DO}\left(\frac{U_{GS}}{U_{GS(th)}}-1\right)^2 \qquad (U_{GS}>U_{GS(th)}) \tag{1-13}$$

式中：I_{DO} 为 $U_{GS}=2U_{GS(th)}$ 时的 I_D 值。曲线上，$I_D=0$ 处的 U_{GS} 就是开启电压 $U_{GS(th)}$。

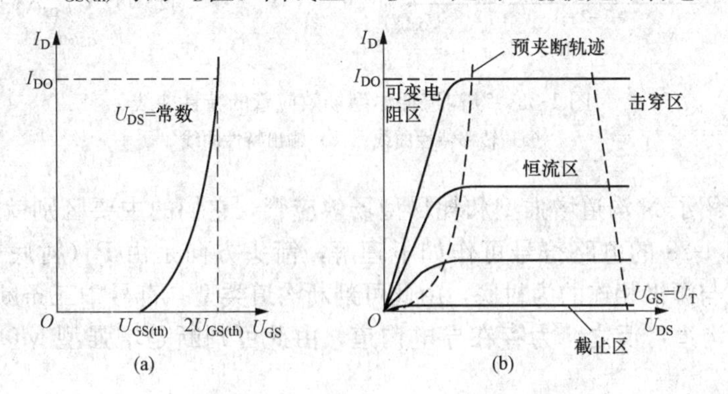

图1-31 N沟道增强型场效应管的特性曲线
（a）转移特性曲线；（b）输出特性曲线

输出特性曲线（也称漏极特性曲线）如图1-31（b）所示，它表示了在栅源电压 U_{GS} 一定时，输出电流 I_D 与漏源电压 U_{DS} 的关系曲线。与双极型晶体管类似，输出特性可分为4个区，分别是可变电阻区、恒流区（或线性放大区）、击穿区和截止区。可变电阻区：U_{GS} 不变时，I_D 随 U_{DS} 的增大而近于直线上升，MOS管相当于一个线性电阻；恒流区：I_D 基本不

随U_{DS}变化，仅取决于U_{GS}的大小，曲线近似为一组平行于横轴的平行线；截止区：U_{GS}小于$U_{GS(th)}$，导电沟道完全处于夹断状态，$I_D=0$；击穿区：当U_{DS}升高到一定程度时，反向偏置的PN结发生雪崩击穿，I_D突然变大。

2. N沟道耗尽型MOS管

如果在制造MOS管时，在SiO_2的绝缘层中掺入大量的正离子，那么，即使在$U_{GS}=0$时，在正离子的作用下也存在反型层，即漏极与源极之间存在导电沟道，如图1-32所示。若U_{DS}不为零，当U_{GS}为正时，反型层变宽，沟道电阻减小，I_D增大；反之，当U_{GS}为负时，反型层变窄，沟道电阻增大，I_D减小；当U_{GS}减小到一定值时，反型层消失，漏、源间导电沟道消失，$I_D=0$，此时的U_{GS}称为夹断电压（Pinch-off Voltage），用$U_{GS(off)}$表示。可见，这种MOS管通过外加U_{GS}既可使导电沟道变厚，也可使其变薄，直至耗尽为止，故称为N沟道耗尽型MOS管。

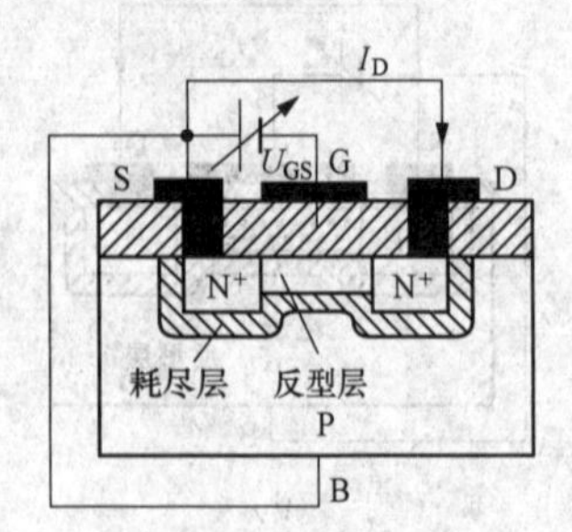

图1-32 N沟道耗尽型MOS管示意图

图1-33所示为N沟道耗尽型场效应管的特性曲线。从图中可以看出，N沟道耗尽型MOS管的U_{GS}可以在正负值的一定范围内实现对I_D的控制，其夹断电压$U_{GS(Off)}$为负值。

漏极电流与栅源电压间的数学表达式为

$$I_D = I_{DSS}\left(1-\frac{U_{GS}}{U_{GS(off)}}\right)^2 \tag{1-14}$$

式中：I_{DSS}为饱和漏极电流；$U_{GS(off)}$为夹断电压。

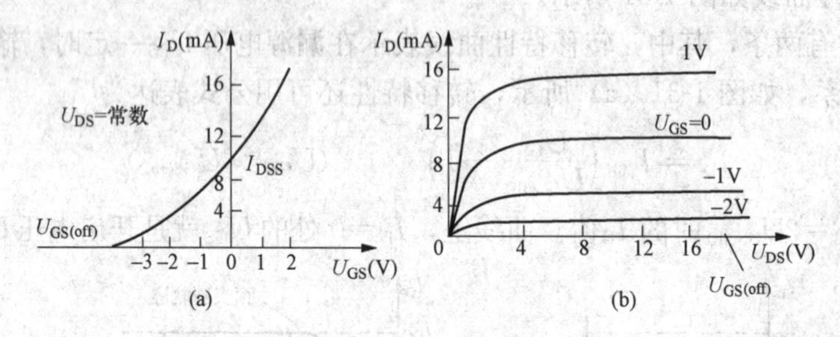

图1-33 N沟道耗尽型场效应管的特性曲线

（a）转移特性曲线；（b）输出特性曲线

以上分别介绍了N沟道增强型和耗尽型场效应管，它们的主要区别就是在于是否有原始导电沟道。图1-28的电路符号可作如下理解，箭头方向是由P（衬底或沟道）指向N（沟道或衬底），与源极相连的为衬底，由此可判断沟道类型。符号中三条断续线表示$U_{GS}=0$时不存在导电沟道，反之，为存在导电沟道，由此可判断是增强型MOS管还是耗尽型MOS管。

1.5.2 场效应管的主要参数

1. 夹断电压$U_{GS(off)}$

$U_{GS(off)}$是耗尽型和结型场效应管的重要参数，是指当U_{DS}一定时，使I_D减小到某一个微小电流（如1、50μA）时所需U_{GS}的值。

2. 开启电压$U_{GS(th)}$

$U_{GS(th)}$是增强型场效应管的重要参数，是指当U_{DS}一定时，漏极电流I_D达到某一微小数值（如 10μA）时所需加的 U_{GS} 值。

3. 饱和漏极电流 I_{DSS}

I_{DSS} 是耗尽型和结型场效应管的一个重要参数，是指在栅、源极之间的电压 $U_{GS}=0$，而漏、源极之间的电压 U_{DS} 大于夹断电压 $U_{GS(off)}$ 时对应的漏极电流。

4. 直流输入电阻 R_{GS}

R_{GS} 是栅、源之间所加电压与产生的栅极电流之比，由于栅极几乎不索取电流，因此输入电阻很高，结型的 R_{GS} 为 $10^6\Omega$ 以上，MOS 管 R_{GS} 可达 $10^{10}\Omega$ 以上。

5. 低频跨导 g_m

g_m 是表征场效应管放大能力的重要参数，反映了栅、源电压 U_{GS} 对漏极电流的控制作用，定义为当 U_{DS} 一定时，I_D 与 U_{GS} 的变化量之比，即

$$g_m=\left.\frac{\Delta I_D}{\Delta U_{GS}}\right|_{U_{DS}=常数} \tag{1-15}$$

跨导 g_m 的单位是西门子（S）。它的值可由转移特性或输出特性求得。

最后，为了方便比较，将四种绝缘栅型场效应管的特性曲线列于表 1-3 中。

表 1-3 绝缘栅型场效应管的特性曲线

绝缘栅型 N 沟道	增强型	G, D, S, I_D, 衬底	I_D, 0, $U_{GS(th)}$, U_{GS}	I_D, +5V, +4V, +3V, $U_{GS}=U_{GS(th)}$, 0, U_{DS}
	耗尽型	G, D, S, I_D, 衬底	I_D, I_{DSS}, $U_{GS(off)}$, 0, U_{GS}	I_D, +0.2V, $U_{GS}=0$, −0.2V, −0.4V, 0, U_{DS}
绝缘栅型 P 沟道	增强型	G, D, S, I_D, 衬底	U_{GS}, $U_{GS(th)}$, 0, I_D	I_D, −6V, −5V, −4V, $U_{GS}=U_{GS(th)}$, 0, $-U_{DS}$
	耗尽型	G, D, S, I_D, 衬底	$U_{GS(off)}$, 0, U_{GS}, I_{DDS}, I_D	−1V, I_D, $U_{GS}=0V$, +1V, +2V, 0, $-U_{DS}$

1.6 半导体光电器件

光信号和电信号的接口需要一些特殊的半导体光电器件。半导体光电器件是用于光、电

能量或信号转换的半导体器件，它们是一种较新型的半导体器件，种类繁多，如发光二极管、激光二极管、光电池、光敏电阻、光电二极管、光电晶体管、光耦合器等，通常可用于显示、报警、耦合和控制等场合。本节仅对其中的几种器件作简要介绍。

1.6.1　发光二极管

发光二极管简称为 LED（Light-emitting Diode），这种管子在通过电流时将发出光来，这是由于电子与空穴直接复合而放出能量的结果。发光二极管的发光颜色取决于所用材料，目前有红、黄、绿、橙等颜色。发光二极管的外形及图形符号如图 1-34 所示。

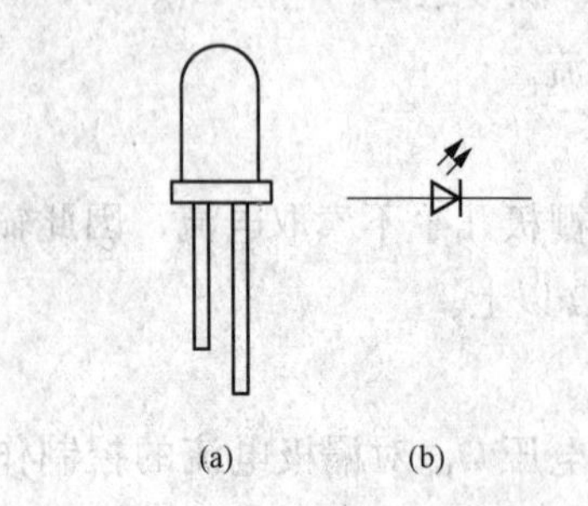

图 1-34　发光二极管外形及图形符号
(a) 外形；(b) 图形符号

LED 的开启电压比普通二极管大，红色的在 1.6～1.8V 之间，绿色的在 2V 左右，工作电流为几毫安至十几毫安，使用时必须串联限流电阻以控制通过管子的电流，通常正向电流越大，发光越强。

LED 有很多种类，可分为普通单色发光二极管、高亮度发光二极管、超高亮度发光二极管、变色发光二极管、闪烁发光二极管、电压控制型发光二极管、红外发光二极管和负阻发光二极管等。

LED 主要用作显示器件，如在电路及仪器中可作为指示灯，在电子设备中用作信号显示器，在光电控制设备中还可以用作光源。LED 除单个使用外，也常做成七段式或矩阵式器件。例如，很多大型显示屏都是由矩阵式发光二极管构成的。

1.6.2　光电二极管

光电二极管（Photo Diode）是一种利用 PN 结的光敏特性，将光信号变成电信号的半导体器件。其外形结构和普通二极管类型，不同的是，在光电二极管的外壳上，有一个透明的窗口用于接收光线照射，从而实现光电转换。它的核心部分也是一个 PN 结，和普通二极管相比，PN 结面积比较大，电极面积则比较小。

光电二极管是在反向电压作用之下工作的。使用时应反向接入电路，没有光照时，和普通二极管一样，其反向电流很小（一般小于 0.1μA），称为暗电流。当有光照时，所产生的电流叫光电流。光的强度越大，反向电流也越大。如果在外电路上接上负载，负载上就获得了电信号，而且这个电信号随着光的变化而相应变化。

光电二极管实际上是一种简易的光电传感器件，利用它可以测量光的强度。常用的光电二极管有 2AU 和 2CU 系列。光电二极管的外形、图形符号及伏安特性曲线如图 1-35 所示。

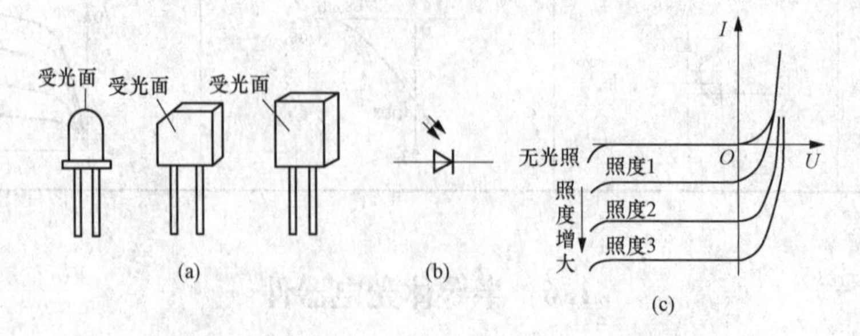

图 1-35　光电二极管的外形、图形符号及伏安特性曲线
(a) 外形；(b) 图形符号；(c) 伏安特性曲线

利用发光二极管和光电二极管可以构成光电传输系统，如图 1-36 所示。发光二极管发出的光信号通过光缆传输，然后再用光电二极管接收，在接收电路的输出端可以得到 0～5V 的数字信号。

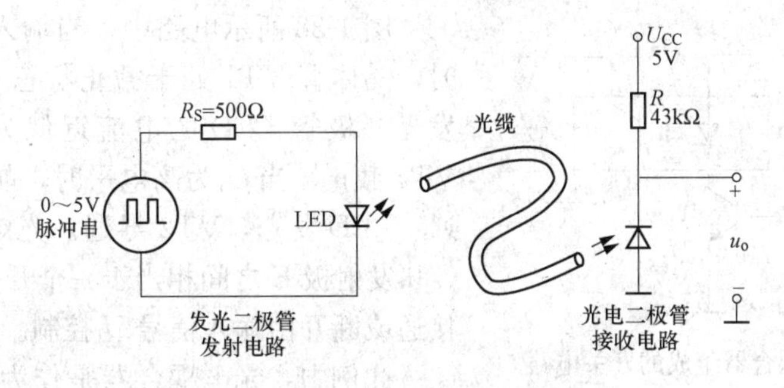

图 1-36 光电传输系统

1.6.3 光电晶体管

光电晶体管（Photo Transistor）依据光照的强度来控制集电极电流的大小，其功能可以等效为一只光电二极管和一只晶体管相连，并引出集电极与发射极，如图 1-37（a）所示。光电晶体管的图形符号、外形及输出特性曲线分别如图 1-37（b）、（c）、（d）所示。

与光电二极管不同，光电晶体管除了具有光电转换的功能外，还具有放大功能，它的输入信号为光信号，所以通常只有集电极和发射极两个引脚。同光电二极管一样，光电晶体管外壳也有一个透明窗口，以接收光线照射。

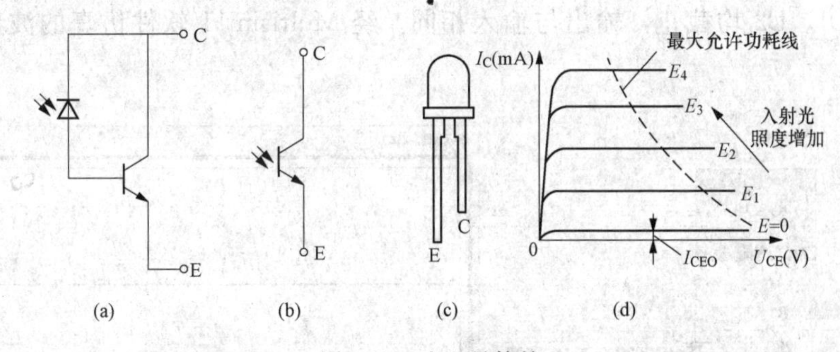

图 1-37 光电晶体管

（a）等效电路；（b）图形符号；（c）外形；（d）输出特性曲线

由输出特性曲线可以看出，光电晶体管的输出特性与双极晶体管相似，只是普通晶体管是基极电流控制集电极电流，而光电晶体管是通过光照强度 E 的强弱来控制集电极电流的，照度 E 越强，集电极电流 I_C 越大。当无光线照射时，集电极电流 I_{CEO} 会很小，也称为暗电流，当有光线照射时的集电极电流称为光电流，其值一般为零点几毫安到几毫安，应用时需要放大。

光电晶体管广泛应用于光控电路中，使用时要特别注意其反向击穿电压、最高工作电压和最大耗散功率等极限参数。

1.6.4 光电耦合器

光电耦合是以光信号为媒介来实现电信号的耦合和传递的，因其抗干扰能力强而得到越来越广泛的应用。光电耦合器（Photo Coupler）是实现光电耦合的基本器件，它将发光元件与光敏元件（光电二极管和光电晶体管）相互绝缘地组合在一起，以实现两部分电路的电气隔离。工程上常用光电耦合器件实现电—光—电的隔离。图 1-38 所示的电路就是应用光电耦合器的例子。

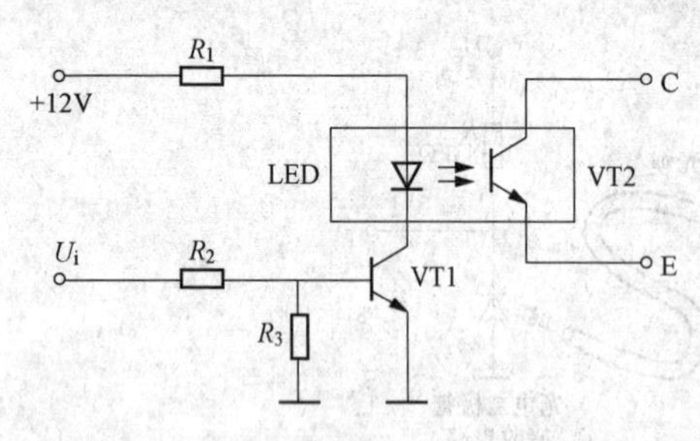

图 1-38 光电耦合器组成的开关电路

图 1-38 所示电路中，当输入信号 U_i 为低电平时，晶体管 VT1 处于截止状态，光电耦合器中的发光二极管 LED 的电流近似为零，光电晶体管 VT2 截止，当 U_i 为高电平时，晶体管 VT1 饱和导通，LED 发光，VT2 导通。光电晶体管的集电极 C 和发射极 E 之间相当于一个开关，而这个开关的接通或断开由输入信号 U_i 控制。

此例中，光电耦合器是作为光电开关使用的，这种光电开关不存在继电器中机械触点疲劳的问题，因此可靠性很高。

1.7 Multisim11 软件仿真举例

1.7.1 二极管构成的双向限幅电路

二极管构成的双向限幅电路如图 1-39（a）所示，输入为最大值 10V、频率 1kHz 的正弦交流信号。当输入值大于 3.7V 时，二极管 D1 导通，输出被限制为 3.7V；当输入值小于 −3.7V 时，二极管 D2 导通，输出被限制为 −3.7V；当输入值大于 −3.7V 而小于 3.7V 时，二极管 D1、D2 均截止，输出与输入相同。经 Multisim11 软件仿真的波形如图 1-39（b）所示。

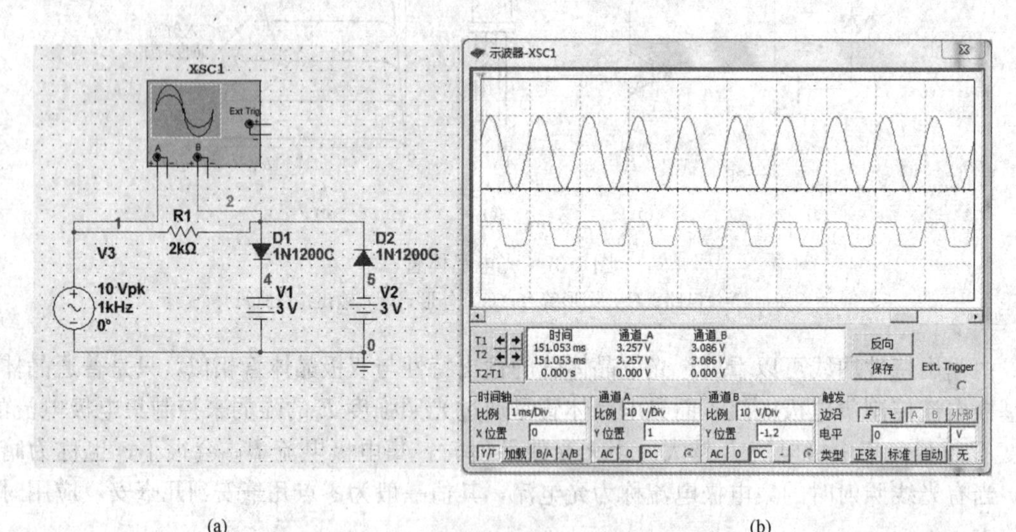

图 1-39 二极管构成的双向限幅电路及仿真波形
（a）双向限幅电路；（b）仿真波形

1.7.2 稳压管电路

稳压管实验电路如图 1-40 所示。其中，稳压管 D1 的稳压值为 4.7V，稳压电流的最小

值 $I_{Zmin}=5mA$，稳定电流的最大值 $I_{Zmax}=40mA$。实验中把 24V 直流电源串联一个 100 Ω 电位器来模拟输入电压及其变化，按下＜A＞键可以使输入电压在 20～24V 之间改变；稳压管限流电阻的取值为 400 Ω；负载电阻由 100 Ω 固定电阻和 500 Ω 电位器串联组成，按下＜B＞键可以模拟 100～600 Ω 的负载变化。为显示实验结果，还在电路的输入端、负载端和稳压管等支路设置了电压表和电流表。

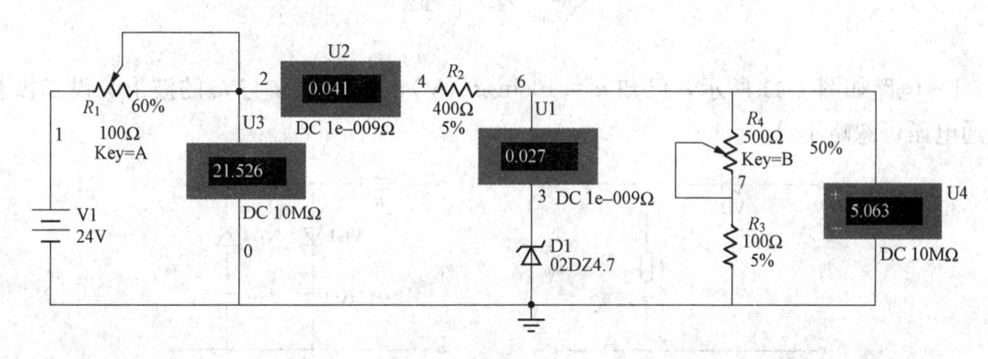

图 1-40　稳压管实验电路

在图 1-40 中，稳压管电流为 27mA，在稳定电流范围内，稳压管处于稳压状态，输出电压为 5.036V，近似于稳压管的稳压值。此时，若是按下＜A＞键，使输入电压在 20～24V 之间变化时，稳压管电流在 24～33mA 之间变化，没有超出稳压管的变化范围，稳压管仍处于稳压状态。同理，若按下＜B＞键，当负载电阻为 100 Ω 时，稳压管电流为 0.699mA，超出了稳定电流范围，稳压管处于反向截止状态，输出端电压变为 4.306V，电路已不能正常稳压。

小　结

1. 半导体器件是构成电子电路的基本元件，由于它具有体积小、重量轻、使用寿命长、输入功率小和功率转换效率高等优点而得到广泛应用。PN 结则是构成各种半导体器件的共同基础，PN 结具有正向导通、反向截止的导电特性，这种特性称为 PN 结的单向导电性。

2. 半导体二极管按所用材料不同可分为硅管和锗管，按制造工艺不同可分为点接触型、面接触型和平面型。在模拟电子电路中半导体二极管主要用于整流、检波、限幅、元件保护和小电压稳压电路等，在数字电子电路中多用于开关电路。

3. 双极型晶体管在结构上的主要特点是：基区很薄且掺杂浓度低，发射区掺杂浓度高，集电区面积大。双极型晶体管工作在放大状态的外部条件是发射极正偏、集电结反偏，它是电流控制型器件。

4. 场效应晶体管是一种较新型的半导体器件，它的导电途径为沟道，其工作原理是通过外加电场对沟道的厚度和形状进行控制，以改变沟道的电阻，从而改变电流的大小，它是电压控制型器件。其特点是输入电阻高，温度特性好，抗干扰能力强，便于集成，被广泛应用在放大电路和数字电路中。场效应管按结构不同分为结型场效应管和绝缘栅场效应管两种，后者由于性能优越，制造工艺简单，便于大规模集成，应用尤为广泛。

5. 光信号和电信号的接口需要一些特殊的半导体光电器件。半导体光电器件是用于光、电能量或信号转换的半导体器件，它们是一种较新型的半导体器件，种类繁多，如发光二极管、激光二极管、光电池、光敏电阻、光电二极管、光电晶体管、光耦合器等，通常可用于显示、报警、耦合和控制等场合。

1-1 电路如图 1-41 所示，已知 $u_i = 10\sin\omega t$（V），试画出 u_i 与 u_o 的波形。设二极管正向导通电压可忽略不计。

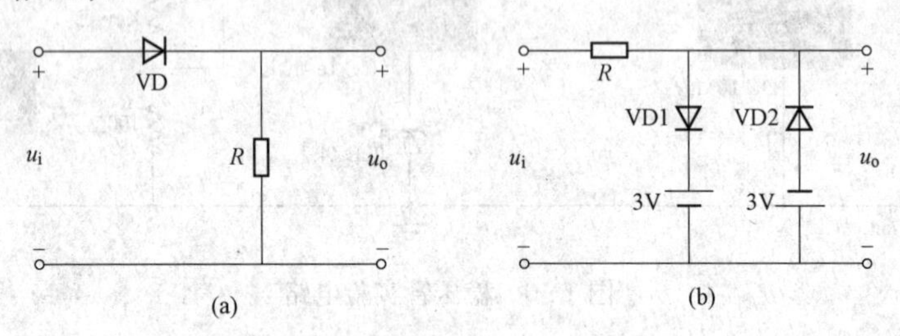

图 1-41 习题 1-1 的图

1-2 求图 1-42 所示各电路的输出电压值，设二极管正向压降 $U_D = 0.7$V。

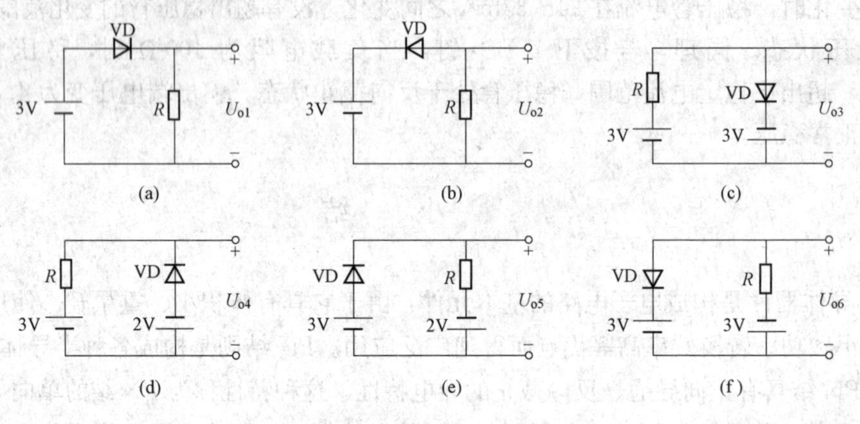

图 1-42 习题 1-2 的图

1-3 电路如图 1-43 所示，二极管理想，试判断二极管导通还是截止。

1-4 在图 1-44 所示电路中，已知 $U_Z = 6$V，最小稳定电流 $I_{Zmin} = 5$mA，最大稳定电流 $I_{Zmax} = 25$mA。

（1）分别计算 U_I 为 10、15、35V 三种情况下的输出电压 U_O。

（2）若 U_I 为 35V 时负载开路，会发生什么问题？为什么？

1-5 现有两只稳压管，它们的稳定电压分别为 5V 和 7V，正向导通电压为 0.7V。试问：

（1）若将它们串联相接，则可得到几种稳压值？各为多少？

（2）若将它们并联相接，则又可得到几种稳压值？各为多少？

并分别画出电路图。

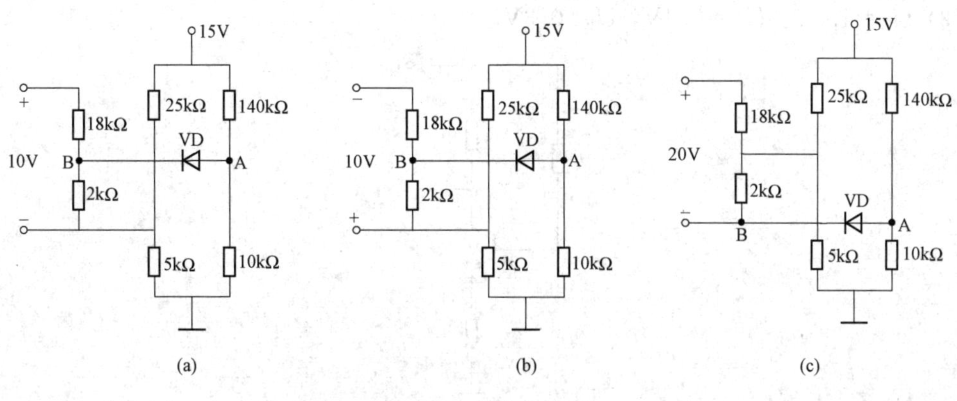

图 1-43 习题 1-3 的图

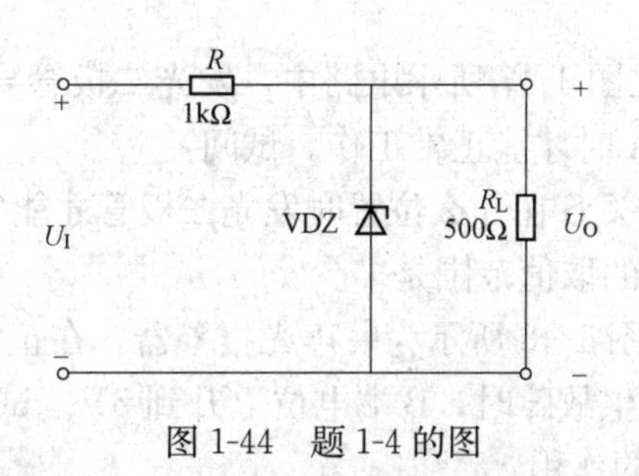

图 1-44 题 1-4 的图

1-6 现测得放大电路中两只管子两个电极的电流如图 1-45 所示，分别求另一个电极的电流，标出实际方向，并在圆圈中画出管子，且分别求其电流放大倍数 β。

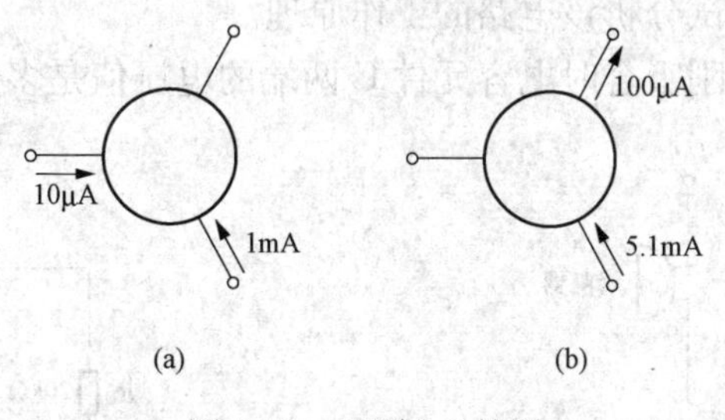

图 1-45 习题 1-6 的图

1-7 有两个晶体管分别接在电路中，今测得它们的管脚对地电位分别如下表所示，试确定晶体管的各管脚，并说明是硅管还是锗管？是 PNP 型还是 NPN 型？

晶体管 1			
管脚	1	2	3
电位（V）	3.7	12	4.4

晶体管 2			
管脚	1	2	3
电位（V）	−4	−7	−4.2

1-8 NPN 晶体管接成图 1-46 所示电路。用万用表测得 U_B、U_C、U_E的电位如下各组数据，试说明晶体管处于何种工作状态。

（1）U_B＝1.2V，U_C＝6.2V，U_E＝0.5V。

（2）U_B＝3.2V，U_C＝3.2V，U_E＝2.5V。

(3) $U_B=1.0V$，$U_C=0.4V$，$U_E=0.3V$。

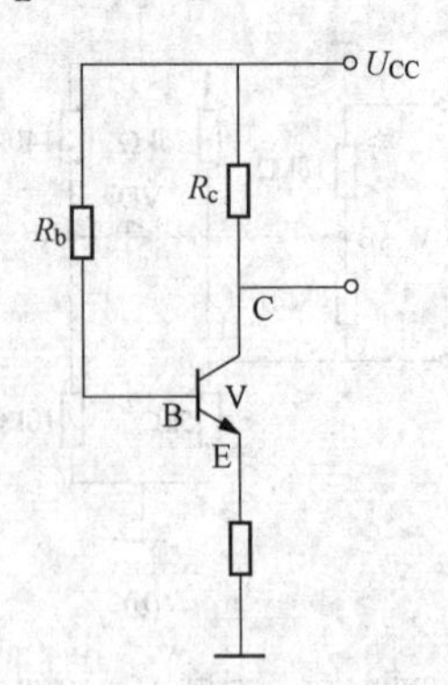

图 1-46 习题 1-8 的图

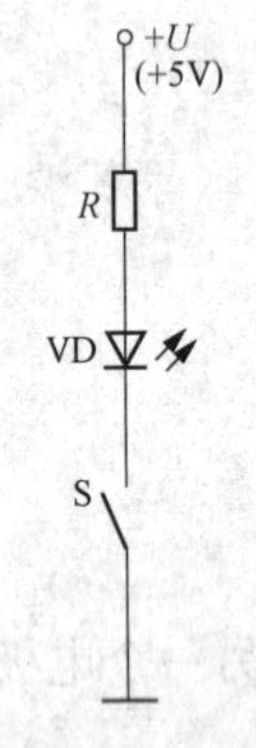

图 1-47 习题 1-9 的图

1-9 在图 1-47 所示电路中，发光二极管导通电压 $U_D=2V$，正向电流在 3～10mA 时才能正常工作。试问：

(1) 开关 S 在什么位置时发光二极管才能发光?

(2) R 的取值范围是多少?

1-10 图 1-48 所示为一声光报警器，在正常情况下，B 端电位为 0；若前接装置发生故障时，B 端电位上升到 5V。试分析声光报警原理，说明电阻 R_1 和 R_2 的作用。

1-11 图 1-49 所示为继电器延时吸合的电路，从开关 S 断开时计时，当集电极电流增加到 10mA 时，继电器 KA 吸合。

(1) 试分析该电路的工作原理。

(2) 刚吸合时电容元件 C 两端的电压值是多少?

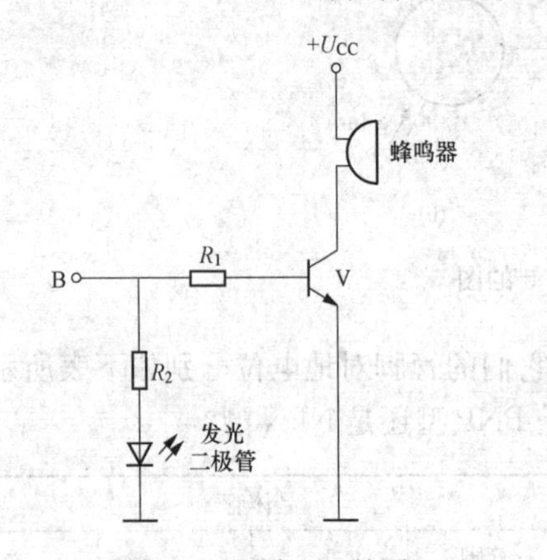

图 1-48 习题 1-10 的图

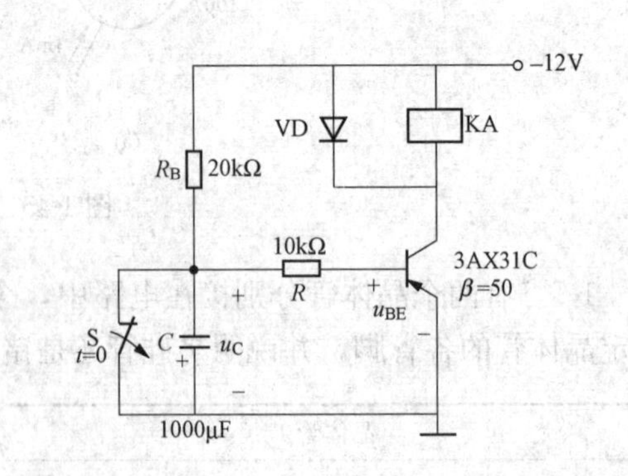

图 1-49 习题 1-11 的图

第 2 章　基本放大电路

晶体管的主要用途之一是利用其电流放大作用组成放大电路，放大电路的功能是把微弱的电信号放大成为负载（如扬声器、继电器、微电机、测量显示仪表等）所能接受和识别的信号。例如在自动控制机床上，需要将反映加工要求的控制信号加以放大，得到一定输出功率以推动执行元件。又例如在收音机和电视中，天线接收到的微弱电信号也必须经放大电路放大，才能推动扬声器和显像管工作。又如，在电动单元组合仪表中，首先将温度、压力、流量等非电量通过传感器转换成微弱的电信号，只有经过放大电路放大以后，才能从显示仪表上读出非电量的大小，或者去推动执行元件实现自动调节和控制。可见，放大电路是电子设备中的基本单元，在电子电路中应用十分广泛。

基本放大电路一般是指由电阻、电容等外围电路构成的，以一个以上晶体管为核心元件的放大电路，本章主要介绍由分立元件（Discrete Component）构成的基本放大电路，将讨论基本放大电路的结构、工作原理、分析方法、基本性能和应用。

2.1　基本放大电路概述

2.1.1　基本放大电路的组成

按输入输出信号与晶体管连接方式的不同，基本放大电路可以分为三种形式：共发射极放大电路、共基极放大电路和共集电极放大电路。其中，使用最为广泛的是共发射极放大电路，如图 2-1 所示。

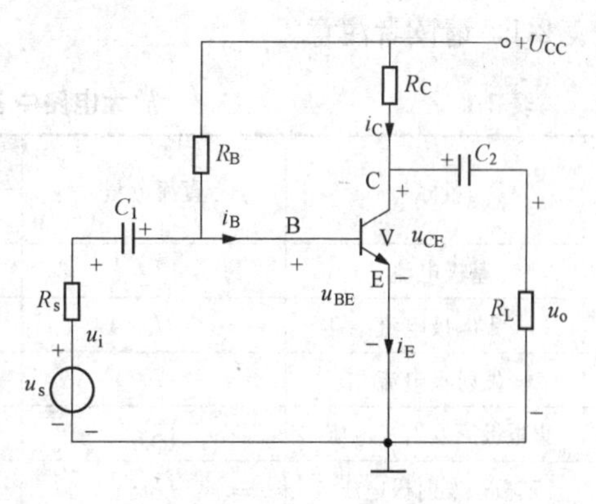

图 2-1　共发射极放大电路

该放大电路由 NPN 型晶体管 V、直流电源 U_{CC}、耦合电容 C_1 和 C_2、基极电阻 R_B、集电极电阻 R_C、负载电阻 R_L 构成。u_s 为待放大的信号源电压，R_s 为信号源的内阻。u_i 经 C_1 从晶体管的基极输入，放大后的信号电压 u_o 经 C_2 从集电极输出，发射极是输入输出的公共端，故为共发射极放大电路。电路中各元件的作用分述如下：

1. 晶体管 V

晶体管是放大电路中的放大元件，利用电流放大作用，用较小的基极电流 i_B，在集电极电路获得较大的集电极电流 i_C。从能量的观点来看，输入信号的能量较小，输出信号的能量较大，但能量是守恒的，输出的较大能量来自于直流电源。可见，放大电路放大的本质是能量的控制和转换，是在输入信号作用下，通过放大电路将直流电源的能量转换成负载所获得的能量。

2. 集电极电源 U_{CC}

U_{CC} 给晶体管和整个放大电路工作提供需要的能量，同时，它还使晶体管 V 的发射结正偏、集电结反偏，保证晶体管工作在放大状态。U_{CC} 一般为数伏到数十伏。

3. 基极电阻 R_B

基极电阻 R_B 又称为偏置电阻，它与直流电源 U_{CC} 共同为晶体管提供合适的基极电流 I_B（称为偏置电流或偏流），并使放大电路获得合适的工作点。所以该电路也称为固定偏置共发射极放大电路，R_B 的阻值一般为数十千欧到数百千欧。

4. 集电极负载电阻 R_C

集电极负载电阻简称集电极电阻，它为晶体管集电极电流提供回路，同时把集电极电流的变化转换成电压的变化输出，以实现电压放大。R_C的阻值一般为数千欧至数十千欧。

5. 耦合电容 C_1和 C_2

电容有隔离直流的作用，C_1、C_2分别将放大电路与信号源、负载隔离开来，以保证其直流工作状态独立，不受输入、输出的影响。电容 C_1、C_2的另一个作用是交流耦合，使交流信号能顺利通过，即所谓的“隔直通交”。为了减小输入、输出交流信号在电容上的压降，应使两电容的容抗尽可能的小，因此 C_1、C_2的电容值取得较大，一般采用几微法到几十微法的电解电容器。这种电容器是有极性的，在电路连接时要加以注意。

通过以上讨论看出，放大电路中既有直流电源 U_{CC}提供的直流电压电流量，也有信号源 u_s所提供的交流电压电流量（以后分析中还要用到交、直流的合成量）。电压、电流种类很多，为了分析问题的方便，避免引起混淆，有必要事先约定各电压、电流量的表示符号，见表 2-1，请读者注意。

表 2-1　放大电路中各电压和电流量的表示符号

名称	直流分量	交流分量		合成分量
		瞬时值	有效值	
基极电流	I_B	i_b	I_b	i_B
集电极电流	I_C	i_c	I_c	i_C
发射极电流	I_E	i_e	I_e	i_E
集电极—发射极电压	U_{CE}	u_{ce}	U_{ce}	u_{CE}
基极—发射极电压	U_{BE}	u_{be}	U_{be}	u_{BE}

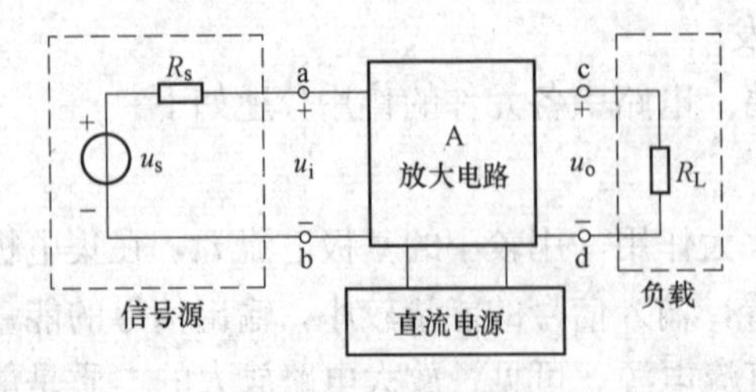

图 2-2　基本放大电路与输入、输出的关系框图

2.1.2　放大电路的性能指标

无论内部电压、电流关系如何，放大电路的输入、输出回路都各有两个端子，因此可以将放大电路看成一个双端口网络并用一个方框 A 表示，它和信号源（输入端 a、b）、负载（输出端 c、d）之间的关系框图如图 2-2 所示。

对放大电路的基本要求是不失真地放大信号，即只有在不失真的情况下放大才有意义。晶体管是放大电路的核心元件，只有它们工作在合适的区域（双极型晶体管工作在放大区，场效应管工作在恒流区），才能使输出量与输入量始终保持线性关系，即电路才不会失真。放大电路性能的优劣，需要用一些指标来评价，主要的技术指标有电压放大倍数 A_u 、输入电阻 R_i 和输出电阻 R_o 等。

假设输入为正弦信号，电路中各量均可以用相量表示，设 $\dot{U}_s$ 为信号源电压，R_s为信号源内阻，$\dot{U}_i$ 和 $\dot{I}_i$ 分别为输入电压和输入电流，$\dot{U}_o$ 和 $\dot{I}_o$ 分别为输出电压和输出电流，R_L为负载电阻。现对几个主要的技术指标介绍如下：

1. 电压放电倍数

(1) 电压放大倍数 A_u (Voltage Gain)，也称电压增益，表示输出电压 $\dot{U}_o$ 与输入电压 $\dot{U}_i$ 的比值，用来衡量放大电路的电压放大能力，即

$$A_u = \frac{\dot{U}_o}{\dot{U}_i} \tag{2-1}$$

式中：$\dot{U}_i$ 为输入电压，是直接加到放大电路输入端的电压。

(2) 源电压放大倍数 A_{us} (Source Voltage Gain)，表示输出电压与信号源电压的比值，是考虑了信号源内阻 R_s影响时的 Au ，即

$$A_{us} = \frac{\dot{U}_o}{\dot{U}_s} \tag{2-2}$$

2. 输入电阻

从输入端 a、b 看进去的放大电路的等效电阻 R_i，称为放大电路的输入电阻 (Input Resistance，见图 2-3)，数值上等于输入电压 $\dot{U}_i$ 与输入电流 $\dot{I}_i$ 的比值。它是信号源 $\dot{U}_s$ 的负载电阻，是表明放大电路从信号源吸取电流大小的参数，即

$$R_i = \frac{\dot{U}_i}{\dot{I}_i} \tag{2-3}$$

R_i 越大，放大电路从信号源取用的电流越小，信号源在其内阻 R_s上的压降越小，输入电压 U_i越高。这也可以从 $\dot{U}_i$ 与信号源电压 $\dot{U}_s$ 之间的分压关系看出

$$\dot{U}_i = \frac{R_i}{R_s + R_i}\dot{U}_s \tag{2-4}$$

通常希望输入电阻 R_i 高一些。但如果信号源内阻 R_s为常量，为使输入电流大一些，则应使 R_i 小一些。因此，放大电路输入电阻的大小要视需要而设计。

3. 输出电阻

将负载电阻 R_L 断开，从输出端 c、d 端看进去的等效电阻 R_o (见图 2-3)，称为放大电路的输出电阻 (Output Resistance)。从 c、d 端看，放大电路 A 是一个有源二端网络，因此可以用一个电势为 $\dot{U}'_o$ 、内阻为 R_o 串联的戴维南电路来等效，放大电路的输出电阻 R_o 实际上就是该戴维南等效电路的内阻，亦即将信号源短路、负载开路后，从输出端看入的等效电阻。

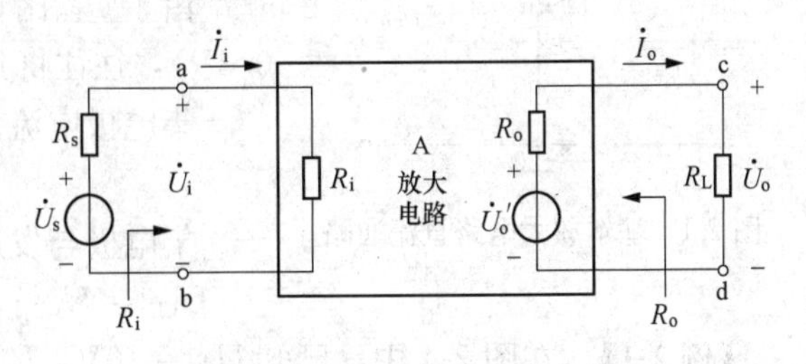

图 2-3　放大电路的输入输出电阻

输出电阻表明了放大电路带负载的能力。由电路理论可知，负载 R_L 变化时，R_o 越小，

输出电压波动就越小，放大电路带负载的能力（Load Capacity）越强。故通常希望放大电路的输出电阻 R_o 低一些。R_o 可通过实验的方法用下式求得

$$R_o=\frac{\dot{U}_o'-\dot{U}_o}{\dot{U}_o}R_L=\left(\frac{\dot{U}_o'}{\dot{U}_o}-1\right)R_L \tag{2-5}$$

式中：$\dot{U}_o'$ 为负载开路时放大电路的空载电压；$\dot{U}_o$ 为放大电路带上负载 R_L 时的输出电压。

需要注意的是，A_u、R_i、R_o 通常是放大电路工作在正弦信号下的交流参数，只有放大电路处于放大状态且输出不失真的前提下才有意义。除了 A_u、R_i、R_o 几个指标外，放大电路还有通频带、输出功率、效率等技术指标。

2.2 放大电路的静态分析

在放大电路中，既存在直流信号，也存在交流信号，即放大电路是交直流并存的，但对放大电路进行分析时，通常把直流和交流分开。只有直流工作的状态称为静态，静态分析的目的是计算放大电路的静态值，即直流值 I_B、I_C 和 U_{CE}，这样的一组数值，称为放大电路的静态工作点（Quiescent Operation Point，也称 Q 点）。静态工作点是放大电路能够正常工作的基础，它设置的合理与否将直接影响放大电路的工作状态及性能。

常用的静态分析法有直流通路（Direct Current Path）近似计算法（也称估算法）和图解分析法两种，首先介绍直流通路法。

2.2.1 直流通路法

直流通路是在直流电源作用下直流电流流经的通路。直流通路画法如下：

(1) 电容视为开路。

(2) 电感线圈视为短路。

(3) 信号源视为短路，但应保留其内阻。

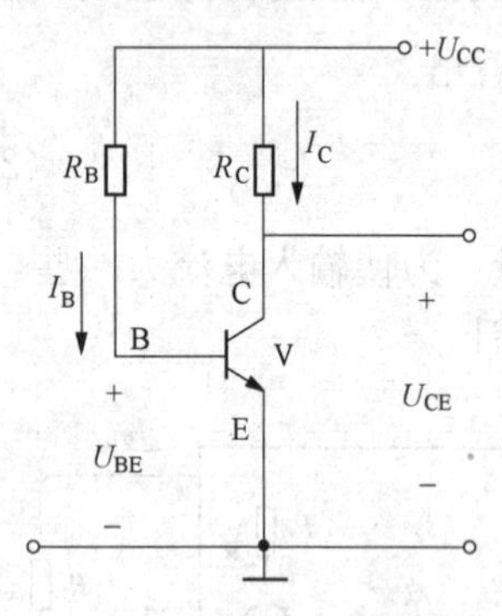

图 2-4 基本放大电路直流通路

根据直流通路的画法可以画出图 2-1 所示的放大电路的直流通路，如图 2-4 所示。

由图 2-4 可得静态基极电流为

$$I_B=\frac{U_{CC}-U_{BE}}{R_B}\approx\frac{U_{CC}}{R_B} \tag{2-6}$$

由于 U_{BE} 比 U_{CC} 小得多（硅管 U_{BE} 约为 0.7V，锗管约为 0.2V），往往将其忽略不计。

集电极电流为

$$I_C=\beta I_B \tag{2-7}$$

集电极与发射极间电压为

$$U_{CE}=U_{CC}-I_CR_C \tag{2-8}$$

【例 2-1】 在图 2-4 中，已知 $U_{CC}=10\text{V}$，$R_C=2\text{k}\Omega$，$R_B=200\text{k}\Omega$，$\beta=40$，试求放大电路的静态值。

解 $I_B\approx\frac{U_{CC}}{R_B}=\frac{10}{200}\text{mA}=0.05\text{mA}=50\mu\text{A}$

$$I_C=\beta I_B=40\times0.05\text{mA}=2\text{mA}$$

$$U_{CE}=U_{CC}-R_CI_C=(10-2\times2)\ V=6V$$

计算时，电压、电阻、电流的量纲分别依次采用V、kΩ和mA，这样比较方便。

2.2.2　图解法

利用晶体管的输入、输出特性曲线，通过作图来分析放大电路性能的方法称为图解法(Graphic Method)。静态值也可以用图解法来确定。

由式(2-8)解得集电极电流为

$$I_C=-\frac{1}{R_C}U_{CE}+\frac{U_{CC}}{R_C} \tag{2-9}$$

这表明集电极电流 I_C 与集电极—发射极电压 U_{CE} 的关系是一条直线，因为它是由直流通路得出的，又与集电极负载电阻 R_C 有关，故称为直流负载线。晶体管是非线性元件，其输出肯定要符合某条输出特性曲线，直流负载线与某条输出特性曲线的交点就是静态工作点Q，如图2-5所示。

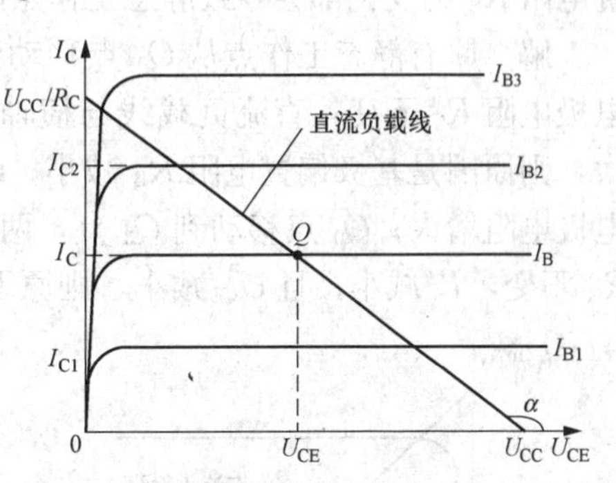

图2-5　图解法确定静态工作点

求静态工作点的一般步骤为：

(1) 绘出放大电路所用晶体管的输出特性曲线。

(2) 在输出特性曲线上做出直线 $I_C=-\frac{1}{R_C}U_{CE}+\frac{U_{CC}}{R_C}$，此直线与横轴的交点为 U_{CC}，与纵轴的交点为 U_{CC}/R_C，斜率为 $-1/R_C$。

(3) 估算 I_B，根据式(2-6)，有

$$I_B=\frac{U_{CC}-U_{BE}}{R_B}\approx\frac{U_{CC}}{R_B}$$

(4) 在输出特性曲线图上找到 I_B 所对应的曲线与直流负载线的交点，即为静态工作点Q。

(5) 静态工作点的纵坐标和横坐标即为 I_C 和 U_{CE}。

由图2-5可以看出，I_B 不同，静态工作点在直流负载线上的位置也不同，也就是说，工作点可以通过调节偏流 I_B 的大小来改变。调整 R_B 的阻值即可以调整偏流的大小，R_B 越大则 I_B 越小，静态工作点在直流负载线上的位置就越低，反之亦然。

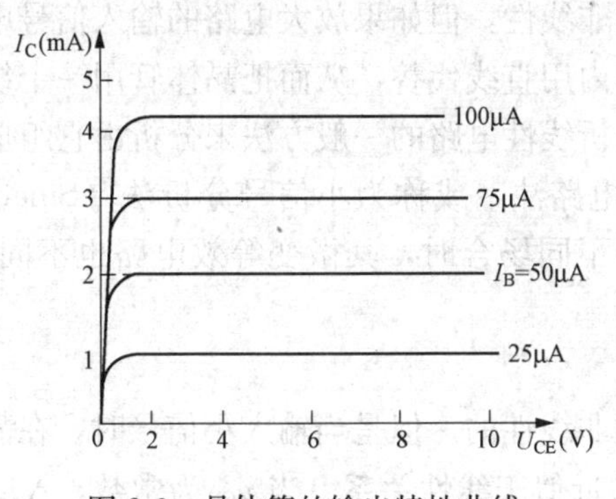

图2-6　晶体管的输出特性曲线

【例2-2】 在图2-4中，已知 $U_{CC}=10V$，$R_C=2k\Omega$，$R_B=200k\Omega$，晶体管的输出特性曲线如图2-6所示，用图解法求静态工作点。

解　根据式(2-9)

$$I_C=-\frac{1}{R_C}U_{CE}+\frac{U_{CC}}{R_C}$$

确定横轴截距：当 $I_C=0$ 时，$U_{CE}=U_{CC}=10V$。

确定纵轴截距：$U_{CE}=0$ 时，$I_C=U_{CC}/R_C=5mA$。

连接这两点可以做出直流负载线(如图2-7所示)。

根据式（2-6）有

$$I_B \approx U_{CC}/R_B = 50\mu A$$

由图 2-7 得出静态工作点 Q：

$$I_B = 50\mu A,\ I_C = 2mA,\ U_{CE} = 6V$$

与直流通路计算法的结果相符。

【例 2-3】 图 2-4 电路的静态工作点如图 2-8 所示，由于电路中的什么参数发生了改变导致静态工作点从 Q_0 分别移动到 Q_1、Q_2、Q_3？（提示：电源电压、集电极电阻 R_C、基极偏置电阻 R_B 的变化都会导致静态工作点的改变）

解 原有静态工作点从 Q_0 点移动到 Q_1 点，由于此两点在一条直流负载线上，因此集电极电阻 R_C 不变，直流负载线与横轴截距不变，说明电源电压 U_{CC} 不变，基极电流 I_B 增大，则原因是基极偏置电阻 R_B 减小；Q_0 点移动到 Q_2 点，I_B 不变，U_{CE} 减小，则原因是集电极电阻增大；Q_0 点移动到 Q_3 点，两点所在直流负载线平行，斜率不变，所以集电极电阻 R_C 不变，I_B 减小，且 U_{CE} 减小，则原因是电源电压 U_{CC} 减小。

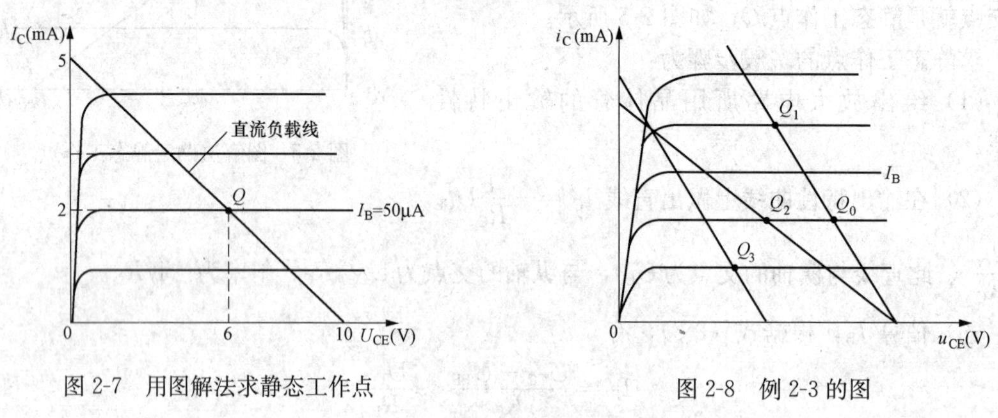

图 2-7 用图解法求静态工作点

图 2-8 例 2-3 的图

2.3 放大电路的动态分析

有交流信号工作的状态称为动态。动态分析主要用来计算放大电路的性能指标，如电压放大倍数 A_u 及输入输出电阻 R_i、R_o 等。常用的分析方法有微变等效电路法和图解法。

2.3.1 微变等效电路法

晶体管是一个非线性器件，表现为其特性曲线为非线性，但如果放大电路的输入信号电压很小，就可以考虑将晶体管的特性曲线在一定范围内用直线代替，从而把晶体管用一个线性电路来等效，即将晶体管线性化。然后就可以用分析线性电路的一般方法来分析由它组成的放大电路，这就是分析基本放大电路的微变等效电路法，或称为小信号分析法（Small-signal Equivalent Circuit Technique）。晶体管应用于不同场合时，其微变等效电路也不同，这里仅介绍应用于低频小信号时的等效电路模型。

1. 晶体管的微变等效电路

图 2-9（a）所示的是晶体管的输入特性曲线，是非线性的。但是当输入小信号时，在静态工作点 Q 附近的工作段可认为是直线，即 i_B 与 u_{BE} 近似于线性关系。当 u_{CE} 为常数，Δu_{BE} 与 Δi_B 之比称为晶体管的输入电阻，即

$$r_{be}=\frac{\Delta u_{BE}}{\Delta i_B}\bigg|_{u_{CE=C}}=\frac{u_{be}}{i_b}\bigg|_{u_{CE=C}} \tag{2-10}$$

由图 2-9（a）可知，若 Q 点不同，在相同的 Δu_{BE} 下有不同的 Δi_B，，可得出不同的 r_{be}，所以 r_{be} 的大小与静态工作点的设置有关。理论分析和实践证明，r_{be} 可用下式估算

$$r_{be}=200+(1+\beta)\frac{26(\text{mV})}{I_E(\text{mA})}\quad(\Omega) \tag{2-11}$$

式（2-11）中等号右边第一项称为晶体管的基体电阻（一般用 r'_{bb} 表示），取值为100～300Ω。r_{be} 一般为几百欧到几千欧，是放大电路动态情况下的等效电阻，在手册中常用 h_{ie} 表示。

图 2-9（b）所示的是晶体管的输出特性曲线，在放大区是一组近似等距离的平行直线，即 Δi_C 基本上取决于 Δi_B，而与 u_{CE} 无关，有

$$\beta=\frac{\Delta i_C}{\Delta i_B}=\frac{i_c}{i_b} \tag{2-12}$$

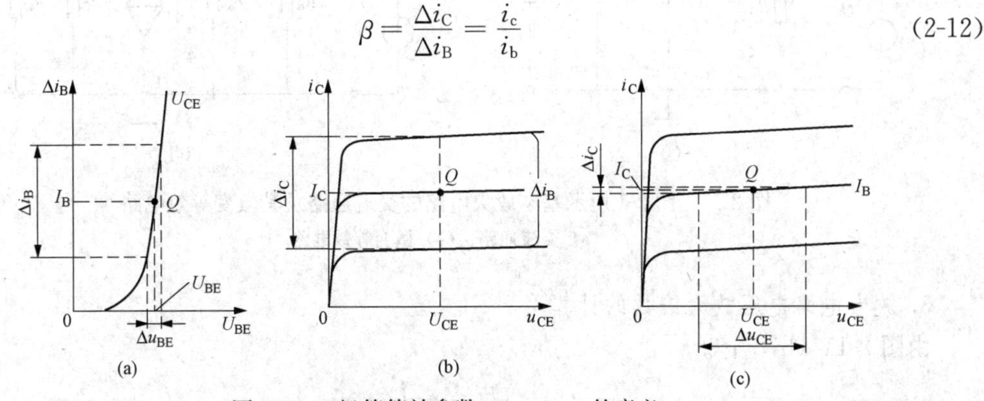

图 2-9　三极管等效参数 r_{be}、β、r_{ce} 的意义

说明在小信号情况下，晶体管的电流放大倍数 β 为一常量。因此，输出回路可以用一受控电流源 $i_c=\beta i_b$ 来等效。该电流源 i_c 受 i_b 控制（属于电流控制电流型受控源），其大小和方向由 i_b 决定。

实际上，晶体管的输出特性曲线并不是完全平坦的直线，由图 2-9（c）可见，在 i_B 恒定，Δu_{BE} 发生变化时，Δi_C 将有微小变化，有

$$r_{ce}=\frac{\Delta u_{CE}}{\Delta i_C}\bigg|_{i_{B=C}}=\frac{u_{ce}}{i_C}\bigg|_{i_{B=C}} \tag{2-13}$$

r_{ce} 称为晶体管的输出电阻，与受控源 $i_c=\beta i_b$ 并联，也就是受控源的内阻。由于 r_{ce} 很大，约为几十千欧到几百千欧，故在电路分析中往往不考虑其分流作用，在简化的微变等效电路中常将其忽略不画。晶体管的微变等效电路如图 2-10 所示。

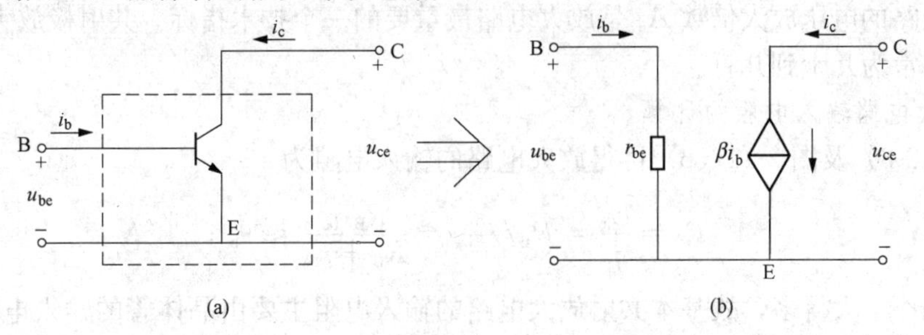

图 2-10　晶体管的微变等效电路

2. 放大电路的微变等效电路

微变等效电路是对交流信号而言的，只考虑交流信号源作用时的放大电路称为交流通路(Alternating Current Path)。设电路中的电压、电流都是正弦量，在图中均用相量表示。对交流而言，耦合电容 C_1、C_2 可视为短路，直流电源 U_{CC} 内阻很小，对交流信号影响很小，也可忽略不计，据此可以画出图 2-1 所示基本放大电路的交流通路及其微变等效电路，如图 2-11 所示。

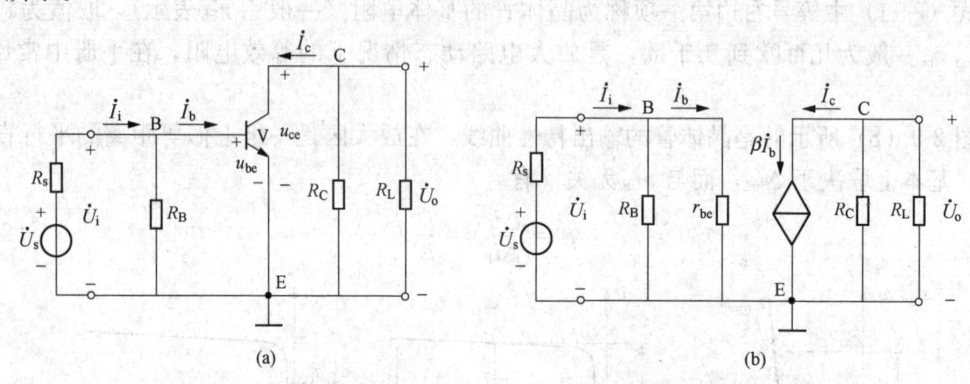

图 2-11 图 2-1 所示基本放大电路的交流通路及其微变等效电路

(a) 交流通路；(b) 微变等效电路

3. 放大电路电压放大倍数的计算

由图 2-11 (b) 可知

$$\dot{U}_i = r_{be}\dot{I}_b$$

$$\dot{U}_o = -\dot{I}_C R'_L = -\beta\dot{I}_b R'_L$$

其中 $R'_L = R_c//R_L$，称为交流负载电阻。

则电压放大倍数

$$A_u = \frac{\dot{U}_o}{\dot{U}_i} = \frac{-\beta\dot{I}_b R'_L}{r_{be}I_b} = -\beta\frac{R'_L}{r_{be}} \tag{2-14}$$

其中负号表示输出电压 $\dot{U}_o$ 与输入电压 $\dot{U}_i$ 反向。

当放大电路未接 R_L（即空载）时

$$A_u = -\beta\frac{R_C}{r_{be}} \tag{2-15}$$

可见，空载时电压放大倍数比接负载时要高。

放大电路的电压放大倍数 A_u 是放大电路最重要的一个技术指标，共射极放大电路的 A_u 值较大，通常为几十到几百。

4. 放大电路输入电阻的计算

由式 (2-3) 及图 2-11 (b) 可得放大电路的输入电阻为

$$R_i = \frac{\dot{U}_i}{\dot{I}_i} = R_B//r_{be} = \frac{R_B r_{be}}{R_B + r_{be}} \approx r_{be} \tag{2-16}$$

因 R_B 比 r_{be} 大得多，故基本共射放大电路的输入电阻主要由晶体管的输入电阻 r_{be} 决定，一般为几千欧。请读者不要混淆 R_i 和 r_{be}，前者是放大电路的输入电阻，后者是晶体管的输入电阻。

如果放大电路的输入电阻较小，第一，将从信号源取用较大的电流，从而增加信号源的负担；第二，经过信号源内阻 R_s 和 R_i 的分压，使加到放大电路的输入电压减小；第三，后级放大电路的输入电阻是前级放大电路的负载电阻，从而会降低前级放大电路的电压放大倍数。因此，通常希望放大电路的输入电阻高一些。

5. 放大电路输出电阻的计算

由式（2-5）对输出电阻的定义及对图 2-11（b）的分析，当 $u_S=0$ 时，$\dot{I}_b=0, \beta\dot{I}_b=0$，受控电流源相当于开路，所以

$$R_o \approx R_c \tag{2-17}$$

R_c 的阻值一般为几千欧，可见共射极放大电路的输出电阻较高。

【例 2-4】 共发射极晶体管放大电路如图 2-1 所示，已知，$U_{CC}=12\text{V}$，$\beta=40$，$R_B=240\text{k}\Omega$，$R_C=3\text{k}\Omega$，$R_L=6\text{k}\Omega$。

（1）静态值（I_B、I_C、U_{CE}）。

（2）画出微变等效电路。

（3）带负载电压放大倍数 A_u 和空载电压放大倍数 A'_u。

（4）估算输入、输出电阻 R_i、R_o。

解（1）静态工作点：

$$I_B \approx \frac{U_{CC}}{R_B} = \frac{12\text{V}}{240\text{k}\Omega} = 50\mu\text{A}$$

$$I_C = \beta I_B = 40\times 50\mu\text{A} = 2\text{mA}$$

$$I_E \approx I_C = 2\text{mA}$$

$$U_{CE} = U_{CC} - I_C R_C = 12\text{V} - 2\text{mA}\times 3\text{k}\Omega = 6\text{V}$$

（2）交流通路及其微变等效电路如图 2-12 所示。

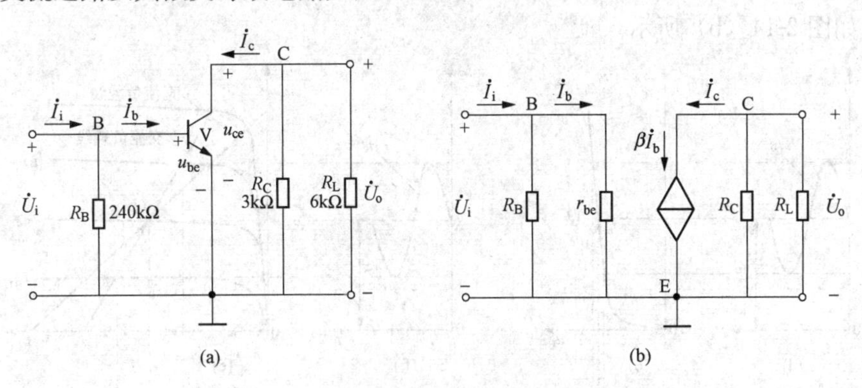

图 2-12　例 2-4 的交流通路及其微变等效电路

（a）交流通路；（b）微变等效电路

（3）带负载电压放大倍数：

$$r_{be} = 200 + (1+\beta)\frac{26(\text{mV})}{I_E(\text{mA})} = 200 + (1+40)\frac{26\text{mV}}{2\text{mA}} = 733\Omega$$

$$A_u = \frac{u_o}{u_i} = \frac{-\beta(R_C // R_L)i_b}{r_{be}i_b} = -\beta\frac{R'_L}{r_{be}} = -40\times\frac{3\text{k}\Omega // 6\text{k}\Omega}{733\Omega} = -109$$

空载电压放大倍数：

$$A_u' = \frac{u_o}{u_i} = -\beta\frac{R_C}{r_{be}} = -40 \times \frac{3k\Omega}{0.733k\Omega} = -163.7$$

可见，空载时电压放大倍数提高了。

（4）输入、输出电阻：

$$R_i = \frac{u_i}{i_i} = R_B // r_{be} = \frac{R_B r_{be}}{R_B + r_{be}} \approx r_{be} = 0.733k\Omega$$

$$R_o \approx R_C = 3k\Omega$$

2.3.2　图解法

放大电路的动态图解分析法是在静态分析的基础上，利用晶体管的输出特性曲线，根据已知的输入信号波形，用作图来分析各个电压和电流之间传输关系的一种方法。

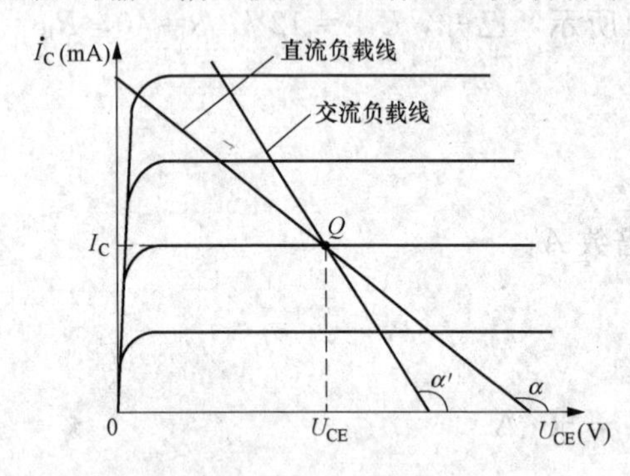

图 2-13　交流负载线与直流负载线的关系

由图 2-11（a）所示的交流通路可知，动态时 $u_{ce} = -i_c \cdot R_L'$。可见，u_{ce} 和 i_c 也是线性关系，其斜率为 $-\frac{1}{R_L'}$，这条由交流负载电阻 R_L' 确定的直线称为交流负载线。它是动态工作点随输入信号变化而移动的轨迹。显然，当输入信号为零时，动态工作点应与静态工作点重合，因此，交流负载线是经过 Q 点、斜率为 $-\frac{1}{R_L'}$ 的直线。因 R_L' 是 R_L 与 R_C 的并联值，故交流负载线比直流负载线陡些。图 2-13 所示为交流负载线与直流负载线的关系。

动态图解分析的过程如下：

（1）交流输入电压信号 u_i［见图 2-14（a）］与静态电压 U_{BE} 叠加，形成合成信号 $u_{BE} = U_{BE} + u_i$，如图 2-14（b）所示。

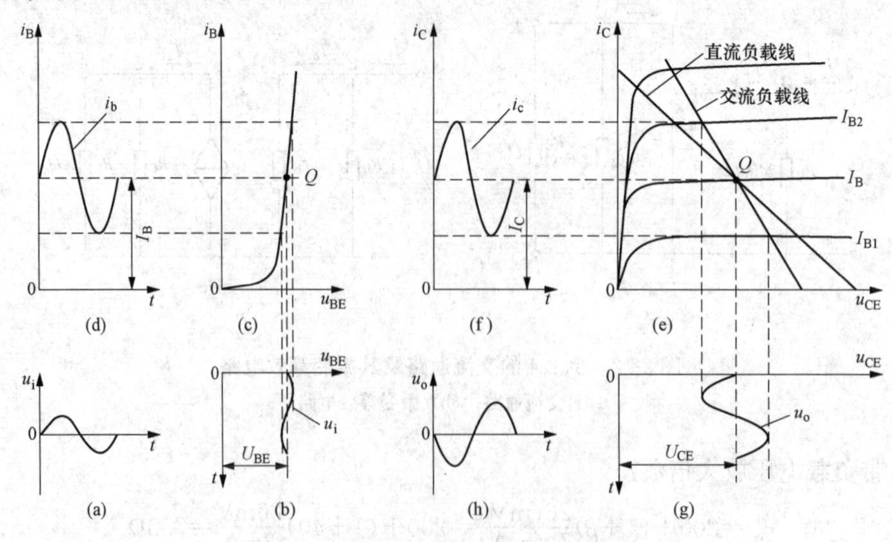

图 2-14　放大电路的动态图解分析

（2）由输入特性曲线［见图 2-14（c）］，再根据 u_{BE} 的变化可得出晶体管的基极电流 i_B

的变化曲线，如图 2-14（d）所示，$i_B = I_B + i_b$。

（3）由输出特性曲线［见图 2-14（e）］，再根据 i_B 的变化可得出集电极电流 i_C 的变化曲线，如图 2-14（f）所示，$i_C = I_C + i_c$。

（4）由晶体管的输出特性曲线及交流负载线［见图 2-14（e）］，再根据 i_C 的变化可得出晶体管的集电极—发射极电压 u_{CE} 的变化曲线，如图 2-14（g）所示，$u_{CE} = U_{CE} + u_{ce}$

（5）由于耦合电容 C_2 的隔直作用，输出电压 u_o 等于 u_{CE} 的交流分量 u_{ce}，如图 2-14（h）所示。

由图 2-14（h）、（a）可见输出电压 u_o 与输入电压 u_i 相位相反，故又称共射放大电路为倒相器或反向器（Inverter）。此外，由输入、输出电压信号的幅值也可以粗略地计算电压放大倍数。R_L 阻值越小，交流负载线越陡，电压放大倍数下降得越多。

需要指出，微变等效电路法是在将晶体管线性化的前提下进行的，故只适用于输入为低频小信号时的动态分析，通过对微变等效电路的计算，可以定量求出放大电路 A_u、R_i、R_o 的指标；而动态图解分析法可以比较直观地观察各电压、电流的大小和相位关系，在实际应用中多用于分析 Q 点的位置及估算放大电路的动态工作范围，但作图过程较烦锁，且易产生误差。

2.3.3 放大电路的非线性失真

对放大电路有一基本要求就是输出信号尽可能不失真。所谓失真就是输出信号的波形不像输入信号的波形，不能真实地反映输入信号的变化。产生失真的原因很多，其中最常见的原因就是静态工作点不合适或输入信号幅值过大，使放大电路的工作范围超出了晶体管特性曲线上的线性范围，这种失真称为非线性失真（Non-linear Distortion）。非线性失真有两种情况，一种是截止失真（Cut-off Distortion），一种是饱和失真（Saturation Distortion），分述如下。

1. 截止失真

由于静态工作点 Q 设置太低，如图 2-15 所示，在输入信号的负半周，u_{BE} 低于死区电压，晶体管不导通，使基极电流 i_B 波形的负半周被削去，产生了失真。因 i_B 的失真，导致 i_C、u_{CE} 和 u_o 的波形也都产生失真，这种失真是由于晶体管的截止引起的，故称为截止失真。

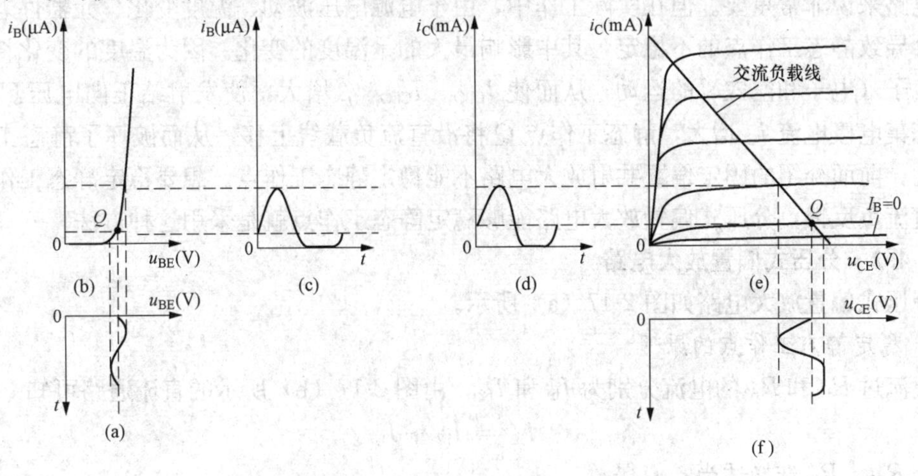

图 2-15 静态工作点 Q 设置太低引起的截止失真

2. 饱和失真

如果静态工作点 Q 设置太高，如图 2-16 所示，在输入信号的正半周，晶体管进入饱和区，虽然 i_B 的波形没有失真，但是 i_C 波形的正半周、u_{CE}和 u_o 的波形的负半周被削去，产生失真，这种失真是由于晶体管的饱和引起的，故称为饱和失真。

由此看出，放大电路必须设置合适的静态工作点才能不产生非线性失真，一般静态工作点应设置在交流负载线的中部。还要注意，如果输入信号幅值太大，也会同时产生截止失真和饱和失真。

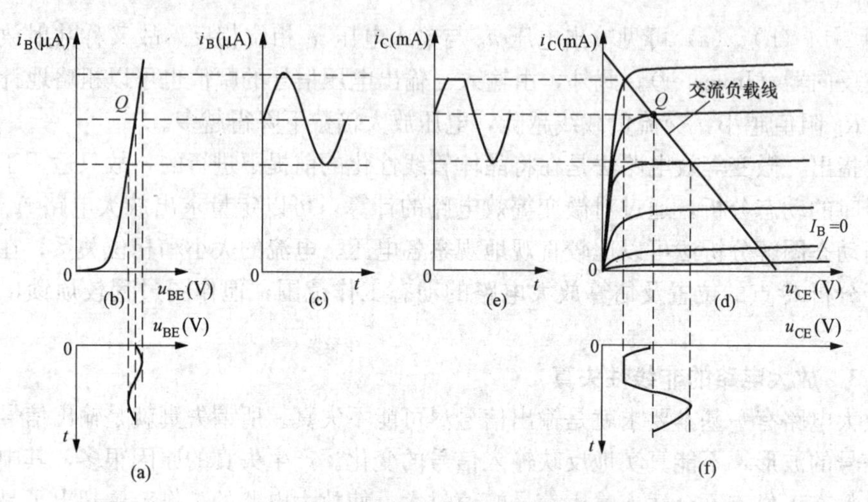

图 2-16 静态工作点 Q 设置太高引起的饱和失真

2.4 放大电路静态工作点的稳定

2.4.1 温度对静态工作点的影响

从前面的内容可知，静态工作点不但决定了电路是否会产生失真，还会影响放大电路的各项动态性能指标，例如电压放大倍数、输入电阻等。因此，设置一个合理的静态工作点对放大电路来说非常重要。但在实际工作中，由于电源电压波动、温度变化、元器件老化等原因都会导致静态工作点的不稳定，其中影响最大的是温度的变化。因为温度的变化将影响内部载流子（电子和空穴）的运动，从而使 I_{CBO}、I_{CEO}、β 增大，使发射结正向电压 U_{BE}减小，使静态集电极电流 I_C 增大，静态工作点 Q 将沿直流负载线上移，从而破坏了静态工作点的稳定性。前面介绍的固定偏置共射放大电路不能稳定静态工作点。想要稳定静态工作点，常引入直流负反馈，分压式偏置放大电路能够稳定静态工作点就是采用这种方法。

2.4.2 分压式偏置放大电路

分压式偏置放大电路如图 2-17（a）所示。

1. 稳定静态工作点的原理

设流过 R_{B1} 和 R_{B2} 的电流分别为 I_{b1} 和 I_{b2}，由图 2-17（b）所示的直流通路可知

$$I_{b1}=I_{b2}+I_B$$

若 R_{B1}、R_{B2} 选择适当，使得

$$I_{b2}\gg I_B$$

则有 $I_{b2} \approx I_{b1}$，而基极电位

$$U_B = \frac{R_{B2}}{R_{B1}+R_{B2}} U_{CC} \tag{2-18}$$

可见 U_B 仅由偏置电阻 R_{B1}、R_{B2} 和电源 U_{CC} 决定，不随温度变化，基本上保持稳定。

因为　$U_E = U_B - U_{BE}$

若使　$U_B \gg U_{BE}$

则　$U_E \approx U_B$

有

$$I_C \approx I_E = \frac{U_B - U_{BE}}{R_E} \approx \frac{U_B}{R_E} \tag{2-19}$$

所以在 U_B 稳定的前提下，I_C 也不受温度的影响。

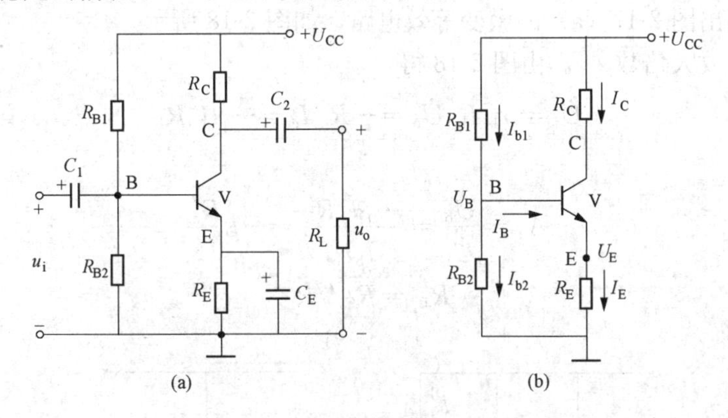

图 2-17　分压式偏置放大电路

分压式偏置放大电路稳定温度变化的物理过程可通过各电压、电流表示如下：

$$T\uparrow \rightarrow I_C\uparrow \rightarrow I_E\uparrow \rightarrow U_E\uparrow \rightarrow U_{BE}\downarrow \rightarrow I_B\downarrow$$
$$I_C\downarrow \leftarrow$$

温度 T 上升导致 I_C 上升，而 $I_E \approx I_C$ 也上升，I_E 上升导致电阻 R_E 上的压降 $R_E I_E$ 增大，U_E 上升，但 U_B 固定不变，所以 U_E 的上升使得 U_{BE} 下降，U_{BE} 的下降导致 I_B 下降，从而使 I_C 下降。最终使 I_C 趋于稳定，从而稳定了静态工作点。

不难看出，接入发射极电阻的 R_E 在稳定静态工作点过程中起着重要的作用（实际上是引入了电流负反馈减弱了温度对 I_C 的影响）。从理论上讲，R_E 越大，稳定效果越好。但 R_E 太大时将使 U_E 增高而使 U_{CE} 减小，有可能使晶体管进入饱和区。此外，发射极电流的交流分量 i_e 也会通过 R_E 产生交流压降，使 u_{BE} 减小，降低电压放大倍数。为此，可在 R_E 两端并联电容 C_E，只要 C_E 足够大，即可对交流分量视为短路，对交流信号不起负反馈作用，故 C_E 称为发射极交流旁路电容（Bypass Capacitor）。

由于要求满足 $I_{b2} \gg I_B$，似乎 I_{b2} 越大越好。其实不然，还要考虑到其他影响。I_{b2} 不能太大，否则 R_{B1} 和 R_{B2} 就要取得较小，这不但要增加功率损耗，而且将从信号源取用较大的电流，使信号源的内阻压降增加，加在放大器输入端的净输入电压 u_i 减小。一般 R_{B1} 和 R_{B2} 为几十千欧。

基极电位 U_B 也不能太高，否则 U_E 增高将使 U_{CE} 相应地减小（U_{CC} 一定），因而减小了放大电路输出电压的变化范围。一般硅管取 $I_{b2}=(5\sim10)I_B$，$U_B=(5\sim10)U_{BE}$。

2. 静态分析

由图 2-17（b）所示的直流通路可得

$$U_{\mathrm{B}} = \frac{R_{\mathrm{B2}}}{R_{\mathrm{B1}} + R_{\mathrm{B2}}} U_{\mathrm{CC}}$$

$$I_{\mathrm{C}} \approx I_{\mathrm{E}} = \frac{U_{\mathrm{B}} - U_{\mathrm{BE}}}{R_{\mathrm{E}}}$$

$$I_{\mathrm{B}} = \frac{I_{\mathrm{C}}}{\beta} \tag{2-20}$$

$$U_{\mathrm{CE}} = U_{\mathrm{CC}} - I_{\mathrm{C}} R_{\mathrm{C}} - I_{\mathrm{E}} R_{\mathrm{E}} = U_{\mathrm{CC}} - I_{\mathrm{C}} (R_{\mathrm{C}} + R_{\mathrm{E}}) \tag{2-21}$$

3. 动态分析

（1）首先画出图 2-17（a）的微变等效电路，如图 2-18 所示。

（2）求电压放大倍数 A_{u}。由图 2-18 得

$$\dot{U}_{\mathrm{i}} = r_{\mathrm{be}} \dot{I}_{\mathrm{b}}, \dot{U}_{\mathrm{o}} = -R'_{\mathrm{L}} \dot{I}_{\mathrm{c}} = -\beta \dot{I}_{\mathrm{b}} R'_{\mathrm{L}}$$

则

$$A_{\mathrm{u}} = \frac{\dot{U}_{\mathrm{o}}}{\dot{U}_{\mathrm{i}}} = \frac{-\beta \dot{I}_{\mathrm{b}} R'_{\mathrm{L}}}{\dot{I}_{\mathrm{b}} r_{\mathrm{be}}} = -\beta \frac{R'_{\mathrm{L}}}{r_{\mathrm{be}}} \tag{2-22}$$

其中

$$R'_{\mathrm{L}} = R_{\mathrm{C}} // R_{\mathrm{L}}$$

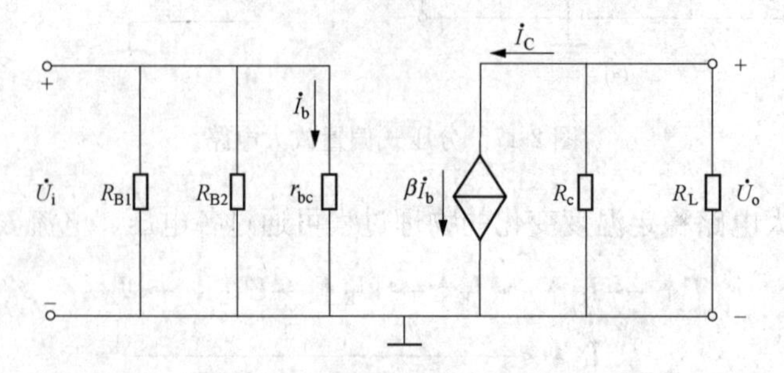

图 2-18 分压式偏置放大电路的微变等效电路

（3）求输入电阻 R_{i}。由图 2-18 得

$$R_{\mathrm{i}} = R_{\mathrm{B1}} // R_{\mathrm{B2}} // r_{\mathrm{be}} \tag{2-23}$$

（4）求输入电阻 R_{o}。由图 2-18 得

$$R_{\mathrm{c}} = R_{\mathrm{C}} \tag{2-24}$$

如果没有发射极交流旁路电容 C_{E}，则微变等效电路如图 2-19 所示。

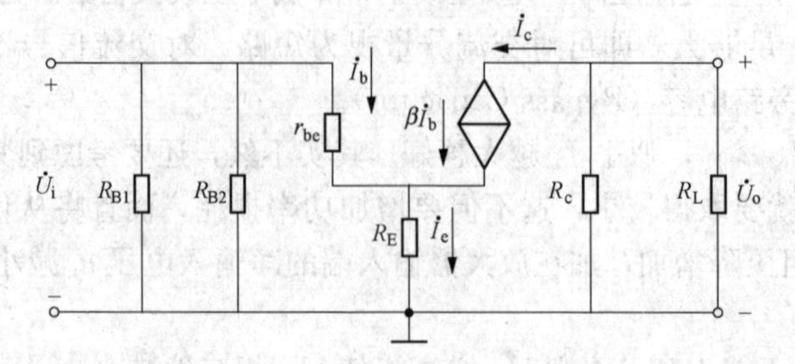

图 2-19 没有发射极交流旁路电容的微变等效电路

电压放大倍数 A_u 为

$$A_u = \frac{\dot{U}_o}{\dot{U}_i} = -\beta \frac{R'_L}{r_{be} + (1+\beta)R_E} \tag{2-25}$$

输入电阻为

$$R_i = R_{B1} // R_{B2} // [r_{be} + (1+\beta)R_E] \tag{2-26}$$

输出电阻 $R_c = R_C$，与接有发射极交流旁路电容 C_E 时相同。

【例 2-5】 分压式偏置放大电路如图 2-17 所示。已知：$U_{CC}=12V$，$R_{B1}=51k\Omega$，$R_{B2}=10k\Omega$，$R_c=3k\Omega$，$R_E=1k\Omega$，$\beta=80$，晶体管的发射结压降为 0.7V。试计算：

（1）放大电路的静态工作点。

（2）将晶体管 V 替换为 $\beta=100$ 的晶体管后，静态工作点有何变化？

（3）若要求 $I_C=1.8mA$，应如何调整 R_{B1}？

解 （1）放大电路的静态工作点：

$$U_B = \frac{R_{B2}}{R_{B1}+R_{B2}} U_{CC} = \frac{10}{51+10} \times 12V \approx 2V$$

$$I_C \approx I_E = \frac{U_B - U_{BE}}{R_E} = \frac{2V - 0.7V}{1k\Omega} = 1.3mA$$

$$I_B = \frac{I_C}{\beta} = \frac{1.3mA}{80} \approx 16\mu A$$

$$U_{CE} = U_{CC} - I_C R_c - I_E R_e = U_{CC} - I_C(R_c + R_E) = 12V - 1.3mA \times (3k\Omega + 1k\Omega) = 6.8V$$

（2）若 $\beta=100$，静态 I_C 和 U_{CE} 不会变化，即 $I_C \approx I_E = 1.3mA, U_{CE} = 6.8V$，$I_B$ 减小，$I_B = \frac{I_C}{\beta} = \frac{1.3mA}{100} = 13\mu A$。

（3）若要求 $I_C=1.8mA, I_C \approx I_E = \frac{U_B - u_{BE}}{R_E}$。

$$U_B = U_{BE} + I_C R_E = 0.7V + 1.8mA \times 1k\Omega = 2.5V$$

$$R_{B1} = \frac{R_{B2} U_{CC}}{U_B} - R_{B2} = \frac{10k\Omega \times 12V}{2.5V} - 10k\Omega = 38k\Omega$$

【例 2-6】 电路如图 2-20 所示，晶体管的 $\beta=100$，$U_{BE}=0.7V$。

（1）求电路的 Q 点、A_u、R_i 和 R_o。

（2）若电容 C_e 开路，则将引起电路的哪些动态参数发生变化？如何变化？

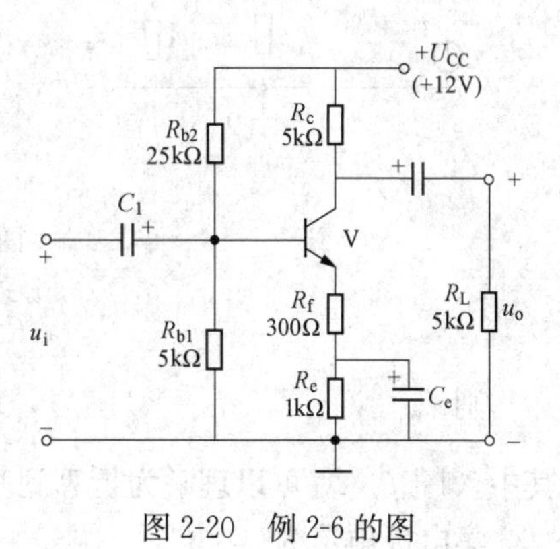

图 2-20　例 2-6 的图

解 （1）静态分析：

$$U_B \approx \frac{R_{b1}}{R_{b1}+R_{b2}} U_{CC} = 2V$$

$$I_C \approx I_E = \frac{U_B - U_{BE}}{R_f + R_e} \approx 1mA$$

$$I_B = \frac{I_{CQ}}{\beta} \approx 10\mu A$$

$$U_{CE} \approx U_{CC} - I_C(R_c + R_f + R_e) = 5.7V$$

动态分析：

$$r_{be}=r_{bb'}+(1+\beta)\frac{26mV}{I_{EQ}}\approx 2.83k\Omega$$

$$A_u=-\frac{\beta(R_c//R_L)}{r_{be}+(1+\beta)R_f}\approx -7.55$$

$$R_i=R_{b1}//R_{b2}//[r_{be}+(1+\beta)R_f]\approx 3.7k\Omega$$

$$R_o=R_c=5k\Omega$$

(2) R_i 增大，$R_i=R_{b1}//R_{b2}//[r_{be}+(1+\beta)(R_f+R_e)]\approx 4k\Omega$；；$|A_u|$ 减小，$A_u=\frac{-\beta(R_C//R_L)}{r_{be}+(1+\beta)(R_f+R_e)}\approx -1.86$。

2.5 共集电极放大电路

图 2-21（a）所示为共集电极放大电路原理图，由其对应的交流通路［见图 2-21（b）］可以看出，与共射极放大电路不同，这种接法的放大电路其输入信号是加在晶体管的基极和地即集电极之间，而输出信号从发射极和地两端取出，集电极是输入、输出回路的公共端。所以该电路称为共集电极放大电路（Common-collector Amplifier）。因为信号从发射极输出，所以共集电极放大电路又称射极输出器（Emitter-follower）。

2.5.1 静态分析

共集电极放大电路的直流通路如图 2-21（c）所示，电阻 R_E 对静态工作点有自动调节作用，使该电路的 Q 点基本稳定。由直流通路可得

$$U_{CC}=I_BR_B+U_{BE}+I_ER_E=I_BR_B+U_{BE}+(1+\beta)R_EI_B=[R_B+(1+\beta)R_E]I_B+U_{BE}$$

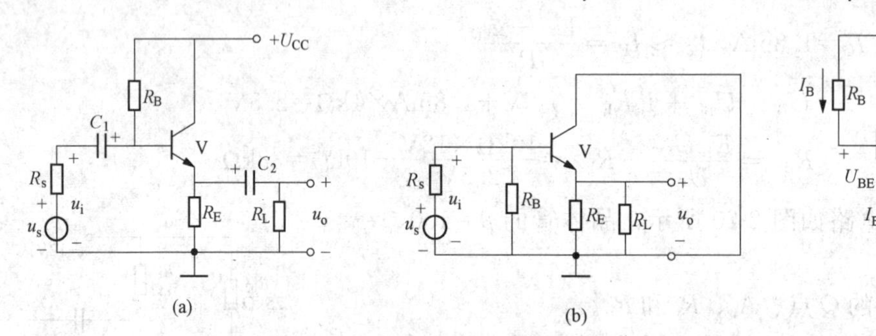

图 2-21 共集电极放大电路

（a）原理图；（b）交流通路；（c）直流通路

则
$$I_B=\frac{U_{CC}-U_{BE}}{R_B+(1+\beta)R_E} \tag{2-27}$$

其中（1+β）R_E 可以理解为折算到基极支路的发射极支路电阻。

集电极电流为

$$I_C=\beta I_B$$

发射极电流为

$$I_E=I_B+I_C=I_B+\beta I_B=(1+\beta)I_B$$

集电极—发射极电压为

$$U_{CE}=U_{CC}-R_EI_E=U_{CC}-(1+\beta)R_EI_B \tag{2-28}$$

2.5.2　动态分析

根据图 2-21（b）的交流通路可以画出图 2-22 所示的微变等效电路。

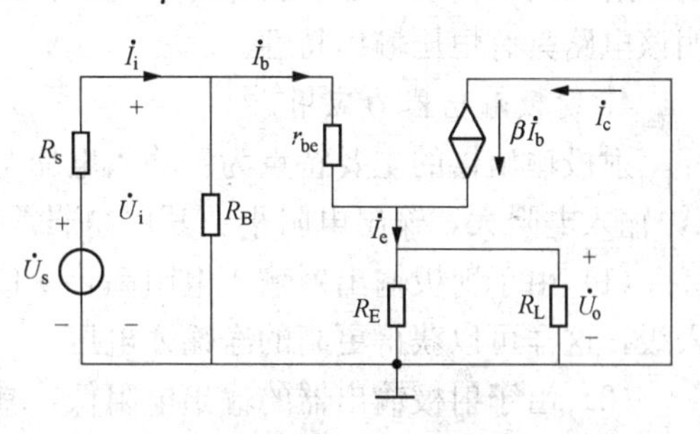

图 2-22　共集电极放大电路的微变等效电路

1. 电压放大倍数

由图 2-22 的微变等效电路可得

$$\dot{U}_i=\dot{I}_br_{be}+\dot{I}_eR'_L=\dot{I}_b[r_{be}+(1+\beta)R'_L]$$

其中 $R'_L=R_E//R_L$

$$\dot{U}_o=\dot{I}_eR'_L=(1+\beta)\dot{I}_bR'_L$$

故

$$A_u=\frac{\dot{U}_O}{\dot{U}_i}=\frac{(1+\beta)R'_L}{r_{be}+(1+\beta)R'_L} \tag{2-29}$$

由式（2-29）可见，$A_u<1$。但在一般情况下，$(1+\beta)R'_L\gg r_{be}$，所以有 $A_u\approx1$。该电路没有电压放大能力，但 $\dot{I}_e=(1+\beta)\dot{I}_b$，所以该电路有电流放大能力。

因 A_u为正数，说明输出电压与输入电压同相。

由于输出电压与输入电压大小近似相等、相位相同，因此射极输出器又叫电压跟随器（Voltage Follower）。

2. 输入电阻

由图 2-22 的微变等效电路通过计算可得

$$r_i=\frac{\dot{U}_i}{\dot{I}_i}=R_B//[r_{be}+(1+\beta)R'_L] \tag{2-30}$$

其中 $(1+\beta)R'_L$ 可以理解成折算到基极回路的发射极电阻，因发射极电流是基极电流的 $(1+\beta)$ 倍，所以发射极电阻折算到基极也应该是原来的 $(1+\beta)$ 倍。一般 R_B的阻值很大（几十千欧到几百千欧），且 $(1+\beta)$ R'_L也比共射放大电路的输入电阻（$R_i\approx r_{be}$）大得多，故射极输出器的输入电阻很高，可达几十千欧到几百千欧。

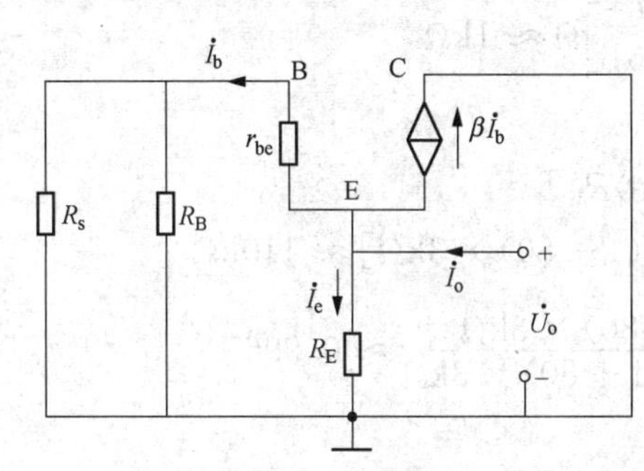

图 2-23　计算输出电阻的等效电路

3. 输出电阻

根据输出电阻的定义，将信号源 $\dot{U}_s$ 短路，保留内阻 R_s，去掉负载电阻 R_L，输出端外加电压 $\dot{U}_o$，产生电流 $\dot{I}_o$，并设 R_s 与 R_B 并联后的电阻为 R'_s，得到如图 2-23 所示的计算输出电阻的等效电路。

由图 2-23 可得

$$\dot{I}_o=\dot{I}_b+\beta\dot{I}_b+\dot{I}_e=\frac{\dot{U}_o}{r_{be}+R'_s}+\beta\frac{\dot{U}_o}{r_{be}+R'_s}+\frac{\dot{U}_o}{R_E}$$

整理后

$$r_o=\frac{\dot{U}_o}{\dot{I}_o}=\frac{1}{\frac{1+\beta}{r_{be}+R'_s}+\frac{1}{R_E}}=R_E//\frac{r_{be}+R'_s}{1+\beta} \tag{2-31}$$

射极输出器的输出电阻很低，一般为几十欧到几百欧，远小于共发射极电路的输出电阻。射极输出器接负载R_L后，由于输出电阻很低，即使R_L变化，输出电压也基本不变，说明该电路具有恒压输出特性。

4. 射极输出器的应用

射极输出器的主要特点为：输入电压与输出电压同相，电压放大倍数小于1且近似等于1，输入电阻大，输出电阻小。其用途非常广泛，主要应用在以下场合：

(1) 由于射极输出器输入电阻高，从信号源吸取的电流小，常被用于多级放大电路的输入级，这样可以获得更高的净输入电压。

(2) 由于射极输出器的输出电阻低，常被用于多级放大电路的输出级，以便保持输出电压的稳定，从而增大其带负载的能力。

(3) 射极输出器的高输入电阻、低输出电阻的特点，常作为多级放大电路的中间级，因为它的高输入电阻对前级影响较小，而它的低输出电阻带负载能力强，起到阻抗变换作用。

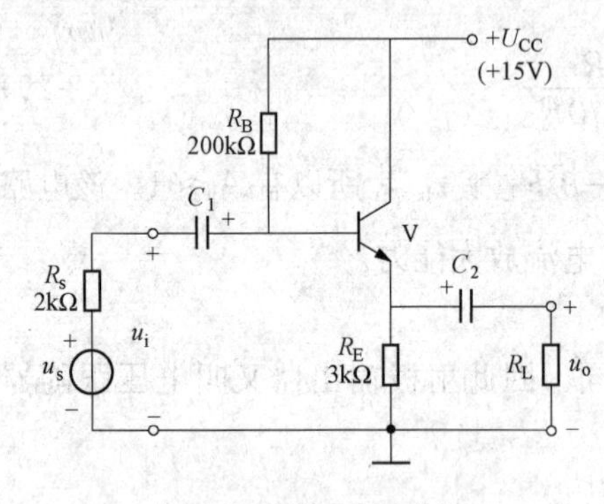

图 2-24 例 2-7 的电路

【例 2-7】 电路如图 2-24 所示，晶体管的$\beta=80$，$U_{BE}=0.7V$，$R_L=6k\Omega$。

(1) 求出静态工作点 Q。

(2) 分别求出 $R_L=\infty$和 $R_L=6k\Omega$ 时电路的 A_u 和 R_i。

(3) 求出R_o。

解 (1) 求解静态工作点 Q：

$$I_B=\frac{U_{CC}-U_{BE}}{R_B+(1+\beta)R_E}=\frac{15-0.7}{200+(1+80)\times 3}\text{mA}=0.032\,3\text{mA}=32.3\mu\text{A}$$

$$I_C=\beta I_B=80\times 0.032\,3\text{mA}=2.58\text{mA}$$

$$I_E=(1+\beta)I_B=(1+80)\times 0.032\,3\text{mA}=2.62\text{mA}$$

$$U_{CE}=U_{CC}-I_ER_E=(15-2.62\times 3)\text{V}=7.14\text{V}$$

(2) $r_{be}=200+(1+\beta)\dfrac{26}{I_E}=\left[200+(1+80)\dfrac{26}{2.61}\right]\Omega\approx 1k\Omega$

当$R_L=\infty$时

$$\begin{aligned}r_i&=R_B//[r_{be}+(1+\beta)R_E]\\&=200k\Omega//[1k\Omega+(1+80)\times 3k\Omega]\approx 110k\Omega\end{aligned}$$

$$A_u=\frac{\dot{U}_o}{\dot{U}_i}=\frac{(1+\beta)R_E}{r_{be}+(1+\beta)R_E}=\frac{(1+80)\times 3k\Omega}{1k\Omega+(1+80)\times 3k\Omega}\approx 0.996$$

当$R_L=6k\Omega$时

$$R_L'=\frac{R_ER_L}{R_E+R_L}=\frac{3\times 6}{3+6}k\Omega=2k\Omega$$

$$r_i=R_B//[r_{be}+(1+\beta)R_L']=200k\Omega//[1+(1+80)\times 2]k\Omega$$

$$=200k\Omega//163k\Omega=\frac{200\times 163}{200+163}k\Omega=89.8k\Omega$$

$$A_u = \frac{(1+\beta)R'_L}{r_{be}+(1+\beta)R'_L} = \frac{(1+80)\times 2}{1+(1+80)\times 2} = 0.994$$

(3) 求输出电阻：

$$R'_s = \frac{R_s R_B}{R_s + R_B} = \frac{2\times 200}{2+200}\text{k}\Omega = 1.98\text{k}\Omega$$

$$R_o = \frac{\dot{U}_o}{\dot{I}_o} = R_E // \frac{r_{be}+R'_s}{1+\beta} = 3\text{k}\Omega // \frac{1+1.98}{1+80}\text{k}\Omega \approx 36.3\Omega$$

*2.6　放大电路的频率特性

在前面的动态分析中我们忽略了晶体管的结电容的作用，同时又把耦合电容、旁路电容等视为短路，这样得到的电压放大倍数与频率无关。实际上，当输入信号频率变化时，电路中的电容所呈现的容抗将随之改变，从而引起电路中的电压、电流的变化。电路响应与频率的关系曲线，称为频率特性。在放大电路中，电压放大倍数 A_u 与输入信号频率之间的关系称为放大电路的频率特性。它实际上是一个复数，如果用极坐标形式表示，可写为

$$\dot{A}_u = \frac{\dot{U}_o}{\dot{U}_i} = \frac{U_o}{U_i}\angle(\varphi_o - \varphi_i)$$
$$= A_u\angle\varphi \tag{2-32}$$

式中：A_u 表示电压放大倍数的模与频率之间的关系，即幅频特性（Amplitude-Frequency Characteristic）；φ 表示输出电压与输入电压相位差与频率之间的关系，即相频特性（Phase-Frequency Characteristic）；$\varphi_o - \varphi_i$ 为输出、输入电压的相位差。

图 2-25 所示为共射放大电路的频率特性曲线。

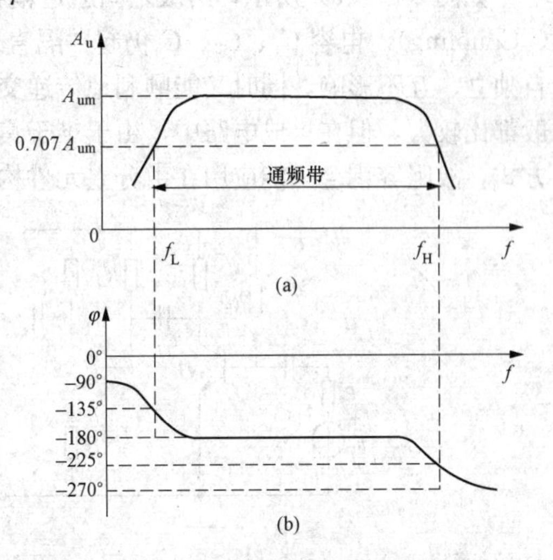

图 2-25　共射放大电路的频率特性曲线

(a) 辐频特性；(b) 相频特性

由图 2-25 可以看出，在放大电路的某一频率范围内，特性曲线趋于水平，电压放大倍数 $|A_u| = |A_{um}|$ 为常量，相位差 $\varphi_m = -180°$。这一区域称为特性曲线的中频区，电压放大倍数与频率无关，A_{um} 称为中频电压放大倍数。

随着频率的升高或降低，电压放大倍数都要减小，相位差也要发生变化。当放大倍数下降到 $|A_{um}|/\sqrt{2}$ 时所对应的两个频率 f_H 和 f_L 分别称为上限截止频率（Upper Cut-off Frequency）和下限截止频率（Lower Cut-off Frequency)。上限截止频率和下限截止频率之间的范围称为通频带或带宽（Band Pass)，用 BW 表示，即

$$BW = f_H - f_L \tag{2-33}$$

通频带是放大电路的重要指标，在通频带内 A_u 是常数，能对信号进行不失真地放大。

2.7　多级放大电路

只有一个晶体管构成的放大电路称为单级放大电路，其电压放大倍数一般只有数十倍。为了将微弱的输入信号电压放大到足够的幅值并能够提供给负载工作所需要的功率，往往需要将几个单级放大电路级联起来，构成多级放大电路（Multi-Amplifier）。多级放大电路一般由输入级、中间级、末前级和输出级（末级）组成。其中前若干级主要用于电压放大，末级主要用于功率放大，如图 2-26 所示。

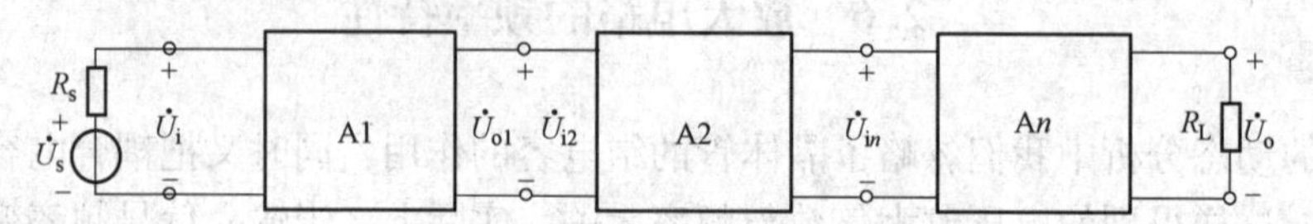

图 2-26　多级放大电路的组成框图

在多级放大电路中，前后两个单级放大电路之间的连接方式称为耦合（Coupling），耦合方式主要有四种：阻容耦合、直接耦合、变压器耦合、光电耦合。图 2-27 给出了采用阻容耦合和直接耦合的两级放大电路示意图。

2.7.1　阻容耦合

如图 2-27（a）所示，两级之间通过耦合电容及后级输入电阻连接，称为阻容耦合（R-C Coupling）。电容 C_1、C_2、C_s仍起"隔直通交"的作用，它既可使前后级的静态工作点各自独立、互不影响，同时又能顺利地传递交流信号。为了减少信号损失，耦合电容的容量一般都比较大，但在集成电路中，由于难于集成容量较大的电容，因而几乎无法采用这种耦合方式，故阻容耦合只能应用在由分立元件构成的电压放大电路中。

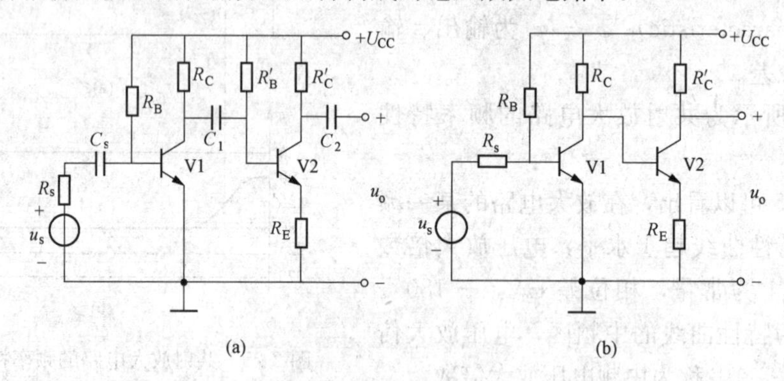

图 2-27　两级放大电路的阻容耦合和直接耦合

（a）阻容耦合；（b）直接耦合

在多级放大电路中，前一级的输出，即是后一级的输入，因此，多级放大电路的总放大倍数就等于各单级放大倍数的乘积，即

$$A_u = A_{u1}A_{u2}\cdots A_{u(n-1)}A_{un} \tag{2-34}$$

在多级放大电路中，前一级的输出电阻是带动后一级的等效信号源的内阻，后一级的输入电阻是前一级的负载电阻。

多级放大电路的输入电阻为第一级放大电路的输入电阻，$R_i = R_{i1}$；多级放大电路的输出电阻等于最末级放大电路的输出电阻，$R_o = R_{on}$。

2.7.2 直接耦合

把前级的输出端经导线直接接到后级的输入端，称为直接耦合（Direct Coupling），如图2-27（b）所示。这种耦合方式适用于放大缓慢变化的交流信号或直流信号。直接耦合不采用耦合电容，容易集成化，在集成放大电路中有广泛的应用。但直接耦合方式的缺陷也是显而易见的，一个是前后级静态工作点互相影响的问题，另一个是零点漂移问题。

1. 前级和后级静态工作点的相互影响

如果简单地将两级放大电路直接连接在一起，如图2-28（a）所示，前级的集电极电位恒等于后级的基极电位（0.7V左右），使得V1极易进入饱和状态，同时，V2的偏流 I_{B2} 将由 R_{B2} 和 R_{C1} 共同决定，也就是两级的静态工作点互相牵扯、互不独立。

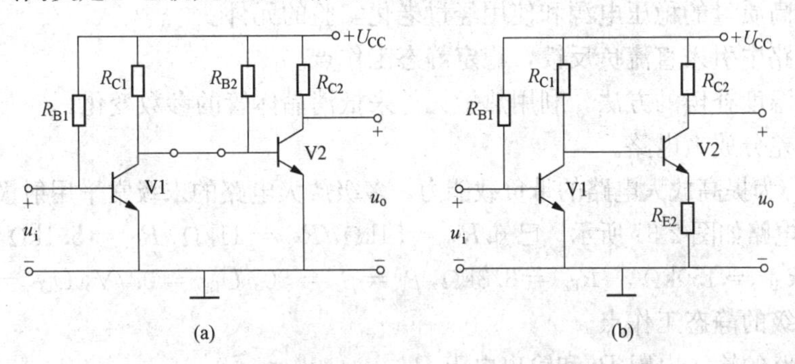

图2-28 两级直接耦合式放大电路及其改进电路
（a）直接耦合电路；（b）改进电路

因此，必须采取一定的措施，以保证既能有效地传递信号，又要使每一级有合适的静态工作点。常用的办法之一是提高后级的发射极电位。在图2-28（b）中，在后级发射极和地之间接一电阻 R_{E2}，这一方面能提高V1的集电极电位，增大其输出电压的幅度；另一方面又能使V2获得合适的工作点。但这个电阻却使第二级的电压放大倍数下降了。改进的措施就是用稳压管代替电阻，如图2-29所示，利用稳压管的压降 U_Z 来提高 U_{CE1}，此时 $U_{CE1} = U_Z + U_{BE2}$。稳压管的动态电阻较小，对第二级的电压放大倍数影响不大。

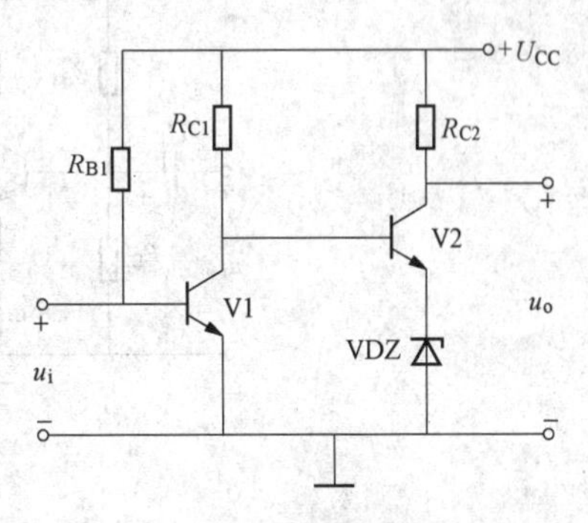

图2-29 后级发射极采用稳压管的直接耦合电路

2. 零点漂移

实验中发现，在直接耦合放大电路中，即使将输入端短路，用灵敏的直流表测量输出端，也会有变化缓慢的输出电压，如图2-30所示。这种输入电压为零而输出电压不为零（输出电压偏离初始值）的现象，称为零点漂移（Zero Drift）。

当放大电路输入信号后，这种漂移就伴随着信号共存于放大电路中，两种信号互相纠缠在一起，难于分辨。在直接耦合放大电路中，第一级的漂移影响最为严重，由于直接耦合，第一级的漂移会被逐级放大，以至影响到整个放大电路。

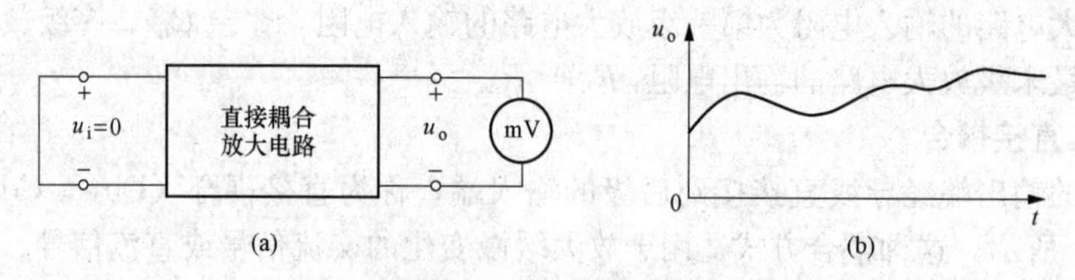

图 2-30 直接耦合放大电路的零点漂移现象

(a) 实验电路；(b) 输出电压的漂移

引起零点漂移的原因很多，如环境温度的变化、电源电压的波动、元器件的老化以及其参数的变化等，其中温度的影响最严重，因此零点漂移也称为温度漂移。抑制温度漂移的措施主要有：

(1) 采用高质量的稳压电源和使用经过老化实验的元件。

(2) 在电路中引入直流负反馈，稳定静态工作点。

(3) 采用温度补偿的方法，利用热敏元件来抵消晶体管的参数变化。

(4) 采用差分放大电路。

【例 2-8】 为提高放大电路的带负载能力，多级放大电路的末级常采用射极输出器，两级阻容耦合放大电路如图 2-31 所示。已知 $R_{B1}=51\text{k}\Omega$, $R_{B2}=11\text{k}\Omega$, $R_{C1}=5.1\text{k}\Omega$, $R_{E1}=5.1\text{k}\Omega$, $R'_{E1}=1\text{k}\Omega$, $R'_{B1}=150\text{k}\Omega$，$R_{E2}=3.3\text{k}\Omega$, $\beta_1=\beta_2=50$, $U_{BE}=0.7\text{V}$, $U_{CC}=12\text{V}$。

(1) 求各级的静态工作点。

(2) 求电路的输入电阻 R_i 和输出电阻 R_o。

(3) 计算电压放大倍数 A_u（$R_L=5.1\text{k}\Omega$）。

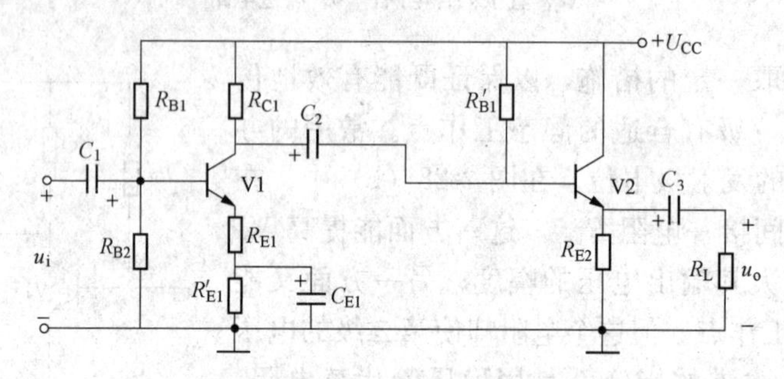

图 2-31 例 2-8 的图

解 (1) 第一级是分压式静态工作点稳定电路，所以先求 U_B。

$$U_B=\frac{R_{B2}}{R_{B1}+R_{B2}}U_{CC}=\frac{11}{51+11}\times 12\text{V}=2.13\text{V}$$

$$I_C\approx I_E=\frac{U_B-U_{BE}}{R_{E1}+R'_{E1}}=\frac{2.13\text{V}-0.7\text{V}}{5.1\text{k}\Omega+1\text{k}\Omega}=0.234\text{mA}$$

$$I_B=\frac{I_C}{\beta}=\frac{0.234\text{mA}}{50}=4.68\mu\text{A}$$

$$\begin{aligned}U_{CE}&=U_{CC}-I_CR_{c1}-I_E(R_{E1}+R'_{E1})=U_{CC}-I_C(R_{c1}+R_{E1}+R'_{E1})\\&=12\text{V}-0.234\text{mA}\times(5.1\text{k}\Omega+5.1\text{k}\Omega+1\text{k}\Omega)=9.38\text{V}\end{aligned}$$

第二级为射级输出器，静态工作点如下：

$$I'_B = \frac{U_{CC} - U_{BE2}}{R'_{B1} + (1+\beta)R_{E2}} = \frac{12V - 0.7V}{150k\Omega + (1+50) \times 3.3k\Omega} = 35.5\mu A$$

$$I'_C = \beta_2 I'_B = 1.775mA$$

$$I'_E = (1+\beta)I'_B = (1+50) \times 35.5\mu A \approx 1.81mA$$

$$U'_{CE} = U_{CC} - R_{E2}I'_E = 12V - 3.3k\Omega \times 1.81mA \approx 6.03V$$

(2) 本电路的输入电阻为第一级放大电路的输入电阻，输出电阻为第二级放大电路的输出电阻。

$$r_{be} = 200 + (1+\beta_1)\frac{26mV}{I_E} = 5.87k\Omega$$

$$R_i = R_{B1}//R_{B2}//[r_{be} + (1+\beta_1)R_{E1}] \approx 8.75k\Omega$$

$$r'_{be} = 200 + (1+\beta_2)\frac{26mV}{I'_E} = 932.6\Omega$$

$$R_o = R_{E2}//\frac{r'_{be} + (R_{C1}//R'_{B1})}{1+\beta_2} = 0.11k\Omega$$

(3) $A_u = A_{u1}A_{u2} = -\dfrac{\beta_1\{R_{c1}//R'_{B1}//[r'_{be} + (1+\beta_2)(R_{E2}//R_L)]\}}{r_{be} + (1+\beta_1)R_{E1}} \cdot \dfrac{(1+\beta_2)(R_{E2}//R_L)}{r'_{be} + (1+\beta_2)(R_{E2}//R_L)}$

$= -0.86$

2.8　差分放大电路

差分放大电路或称差分放大器（Differential Amplifier）是一种最有效的抑制零点漂移的放大电路，常用在直接耦合放大电路的第一级，是集成运算放大器的主要组成部分。

2.8.1　基本差分放大电路

基本差分放大电路如图 2-32 所示，它由两个参数、特性完全相同的晶体管 V1、V2 接成共射放大电路构成，两个输入信号 u_{i1}、u_{i2} 经各输入回路电阻 R_B 分别加在两个管子的基极上，输出信号 u_o 从两个晶体管的集电极取出。电路是对称的，两侧的电阻 R_B 和 R_C 完全相同。

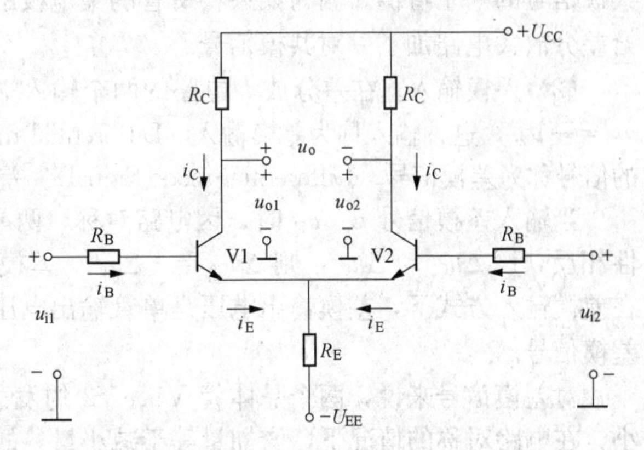

图 2-32　基本差分放大电路

1. 对零点漂移的有效抑制

静态时，$u_{i1} = u_{i2} = 0$，两输入端与地之间可以看成短路，由于电路对称，两集电极电流 $I_{C1} = I_{C2}$，两集电极电位 $U_{C1} = U_{C2}$，输出电压 $u_0 = U_{C1} - U_{C2} = 0$。

当环境温度升高时，两管的集电极电流 I_{C1}、I_{C2} 同时增加 ΔI_C，U_{C1}、U_{C2} 同时减小 ΔU_C，$u_o = (U_{C1} + \Delta U_C) - (U_{C2} + \Delta U_C) = 0$，输出电压仍等于零，由此看出，差分放大电路有效抑制了零点漂移，这是它的最大优点。

上面讲的差分放大电路能够抑制零点漂移，是靠电路的对称性完成的，实际上，完全对称的电路并不存在，因此单靠提高电路的对称性来抑制零点漂移是有限的。另外，每个管子的集电极电位的漂移并未被抑制，如果采用单端输出，漂移根本无法抑制。因此，在电路中

引入了发射极电阻 R_E 和负电源 $-U_{EE}$。

R_E 的主要作用是稳定电路的静态工作点，进一步减小零点漂移。当温度 T 升高使 I_{C1}、I_{C2} 均增加时，抑制漂移的过程如下：

$$T\uparrow\rightarrow\left\{\begin{array}{l} I_{C1}\downarrow\leftarrow\cdots\cdots\cdots\cdots\cdots\cdots\cdots\cdots\cdots\cdots \\ \left.\begin{array}{l} I_{C1}\uparrow \\ I_{C2}\uparrow \end{array}\right\}\rightarrow I_E\uparrow\rightarrow U_{RE}\uparrow\rightarrow\left\{\begin{array}{l} U_{BE1}\downarrow\rightarrow I_{B1}\downarrow \\ U_{BE2}\downarrow\rightarrow I_{B2}\downarrow \end{array}\right. \\ I_{C2}\downarrow\leftarrow\cdots\cdots\cdots\cdots\cdots\cdots\cdots\cdots\cdots\cdots \end{array}\right.$$

可见，R_E 的作用和静态工作点稳定电路的工作原理是一样的，都是利用电流负反馈（将在 2.11 中讨论）改变晶体管的 U_{BE}，从而抑制 I_C 的变化。因 R_E 对每个晶体管的漂移均起到了抑制作用，故能有效地抑制零点漂移。

R_E 越大，负反馈作用越强，抑制零漂的效果越好。但 U_{CC} 一定时，过大的 R_E 会使集电极电流减小，影响静态工作点和电压放大倍数。为此引入负电源 $-U_{EE}$ 来抵消 R_E 两端的直流压降，以获得合适的静态工作点。

2. 输入信号的几种形式

差分放大电路有两个输入端子，可以输入不同种类的信号，分述如下。

（1）共模输入。在差分放大电路的两个输入端同时输入大小相等、极性相同的信号 $u_{i1}=u_{i2}=u_{ic}$，这种输入称为共模输入。这样一对大小相等、极性相同的信号称为共模信号（Common-mode Signal）。

当输入共模信号 $u_{i1}=u_{i2}=u_{ic}$ 时，因电路完全对称，两晶体管集电极电压 u_{C1}、u_{C2} 大小相等、极性相同，则 $u_o=u_{C1}-u_{C2}=0$，共模电压放大倍数 $A_{uc}=u_o/u_{ic}=0$。可见差分放大电路对共模信号有很强的抑制作用。实际上，差分放大电路对零点漂移的抑制作用是抑制共模信号的一个特例。因为如果将每管的集电极的漂移电压折合到各自的输入端，就相当于给差分放大电路加了一对共模信号。

（2）差模输入。在差分放大电路的两个输入端分别输入大小相等、极性相反的信号，即 $u_{i1}=-u_{i2}$，这种输入称为差模输入（Differential-mode Input）。这样一对大小相等、极性相反的信号称为差模信号（Differential-mode Signal）。差模信号之差通常用 u_{id} 表示，$u_{id}=u_{i1}-u_{i2}$。

当输入差模信号 u_{i1}、u_{i2} 时，因电路对称，两晶体管集电极电压 u_C 的变化大小相等、极性相反，设 $\Delta u_{C1}=\Delta u_C$，则 $\Delta u_{C2}=-\Delta u_C$，差模输出电压 $u_o=\Delta u_{C1}-\Delta u_{C2}=2\Delta u_C$。可见在差模输入方式下，差模输出电压是单管输出电压的 2 倍，即差分放大电路可以有效地放大差模信号。

对差模信号来说，两个晶体管 V1、V2 的发射极电流 i_{E1}、i_{E2} 一个增大时另一个必然减小，在电路对称的情况下，增加量等于减小量，故流过电阻 R_E 的电流保持不变，也就是说，R_E 对差模信号没有影响。

（3）比较输入。在差分放大电路的两个输入端分别输入一对大小、极性任意的信号，这种输入方式称为比较输入。

为了使问题简化，通常把这对既非共模又非差模的信号分解为共模信号 u_{ic} 和差模信号 u_{id} 的组合，即

$$u_{i1}=u_{ic1}+u_{id1}=\frac{u_{i1}+u_{i2}}{2}+\frac{u_{i1}-u_{i2}}{2}$$

$$u_{i2}=u_{ic2}+u_{id2}=\frac{u_{i1}+u_{i2}}{2}-\frac{u_{i1}-u_{i2}}{2}$$

其中 $u_{ic1}=u_{ic2}=u_{ic}=\dfrac{u_{i1}+u_{i2}}{2}$，$u_{id1}=-u_{id2}=\dfrac{u_{i1}-u_{i2}}{2}$。

例如：u_{i1} 和 u_{i2} 是两个输入信号，设 $u_{i1}=10\text{mV}$，$u_{i2}=6\text{mV}$，有 $u_{i1}=8\text{mV}+2\text{mV}$，$u_{i2}=8\text{mV}-2\text{mV}$，可见，8mV 是两输入信号的共模分量，而 2mV 和 −2mV 为两输入信号的差模分量，因此可得

$$u_{ic1}=u_{ic2}=8\text{mV},u_{id1}=-u_{id2}=2\text{mV},u_{id}=u_{id1}-u_{id2}=2\text{mV}-(-2\text{mV})=4\text{mV}$$

由前面分析可知，差分放大电路放大的是两个输入信号之差，而对共模信号没有放大作用，故有“差分”放大电路之称。比较输入方式广泛应用于自动控制系统中，比如有两个信号，一个为测量信号（或者反馈信号）u_{i1}，一个为给定的参考信号 u_{i2}，两个信号在输入端比较后，得出差值 $u_{i1}-u_{i2}$，经放大后，输出电压为

$$u_o=A_{ud}(u_{i1}-u_{i2})=A_{ud}u_{id}$$

其中 A_{ud} 为电压放大倍数。偏差电压信号 u_{id} 可正可负，但它只反映两信号的差值，并不反映其大小。如果两信号相等，则输出电压 $u_o=0$，说明不需调节，而一旦出现偏差，偏差信号将被放大输出并送至执行机构，即可根据极性和变化幅度实现对某一生产过程（如炉温、水位等）的自动调节或控制。

2.8.2　静态分析

图 2-32 所示电路共有 U_{CC} 和 U_{EE} 正、负两路电源，负电源 U_{EE} 通过电阻 R_E 为两个管子提供偏流，因两侧完全对称，静态分析只需计算一侧即可。由图 2-33 所示的单管直流通路可得

$$R_BI_B+U_{BE}+2(1+\beta)I_BR_E=U_{EE}$$

$$I_B=\frac{U_{EE}-U_{BE}}{R_B+2(1+\beta)R_E}\tag{2-35}$$

$$I_E\approx I_C=\beta I_B$$

每管的集电极—发射极电压为

$$U_{CE}=U_{CC}+U_{EE}-I_CR_C-2I_ER_E\tag{2-36}$$

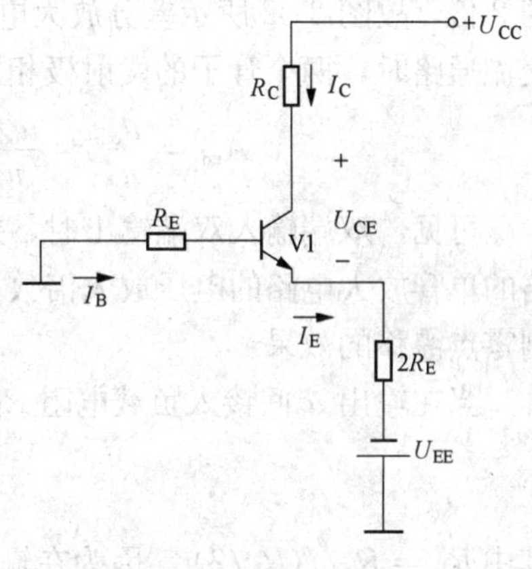

图 2-33　单管直流通路

2.8.3　动态分析

差分放大电路有两个输入端、两个输出端，因此按照输入输出方式可分为四种情况：双端输入双端输出、双端输入单端输出、单端输入双端输出、单端输入单端输出。输入信号又分为共模信号和差模信号，下面分别进行分析。

1. 共模输入

（1）双端输入双端输出。电压放大倍数为

$$A_{uc}=\frac{u_o}{u_{ic}}=0\tag{2-37}$$

输出电阻 R_{oc} 为

$$R_{oc}=2R_C\tag{2-38}$$

（2）双端输入单端输出。共模输入时，单管的交流通路如图 2-34 所示，其中 $2R_E$ 为电阻 R_E 折算到单管放大电路后的电阻（共模输入时，原来 R_E 中电流为 $2i_E$，变成单管放大电路后，电流为 i_E，为了保证 R_E 两端压降不变，

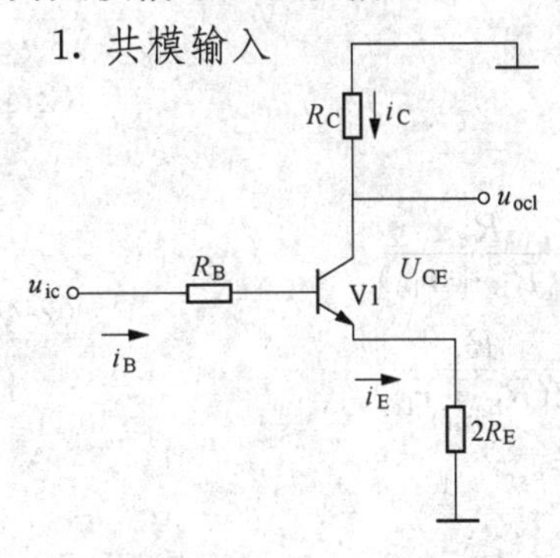

图 2-34　共模输入时的单管交流通路

折算后的电阻应为 $2R_E$）。

电压放大倍数为

$$A_{uc1}=A_{uc2}=\frac{u_{oc1}}{u_{ic}}=\frac{u_{oc2}}{u_{ic}}=-\frac{\beta R_C}{R_B+r_{be}+2(1+\beta)R_E} \tag{2-39}$$

单管放大电路的输入电阻 R_{ic1} 为

$$R_{ic1}=R_B+r_{be}+2(1+\beta)R_E \tag{2-40}$$

整个差分放大电路共模输入电阻为单管输入电阻的并联，因此 R_{ic} 为

$$R_{ic}=\frac{1}{2}[R_B+r_{be}+2(1+\beta)R_E] \tag{2-41}$$

共模输入时，输入电阻只与输入方式有关，与输出方式无关，因此双端输入双端输出时的输入电阻与双端输入单端输出时相同。

输出电阻为

$$R_{oc1}=R_{oc2}=R_C \tag{2-42}$$

2. 差模输入

（1）双端输入双端输出。前已述及，当输入差模信号时，差模输出电压是单管输出电压的 2 倍，故图 2-32 所示差分放大电路的电压放大倍数为（由于 R_E 对差模信号不起作用，画交流通路时，两个管子的发射极相当于接地）

$$A_{ud}=\frac{u_{od}}{u_{id}}=\frac{u_{od1}-u_{od2}}{u_{i1}-u_{i2}}=\frac{2u_{od1}}{2u_{i1}}=\frac{u_{od1}}{u_{i1}}=-\beta\frac{R_c}{R_B+r_{be}} \tag{2-43}$$

可见，双端输入双端输出时，差分放大电路的差模电压放大倍数等于组成该差分放大电路的单管放大电路的电压放大倍数。在这种接法中，牺牲了一个管子的放大作用，换来了抑制零点漂移的效果。

当在输出 u_o 间接入负载电阻 R_L 时，差模电压放大倍数为

$$A'_{ud}=-\beta\frac{R'_L}{R_B+r_{be}} \tag{2-44}$$

其中 $R'_L=R_c//(R_L/2)$。因为在输入差模信号时，V1、V2 管的集电极电位变化相反，一边增大、一边减小，且大小相等。故负载电阻 R_L 的中点相当于交流“地”，等效到一侧的放大电路中，每管各带一半负载。

两输入端之间的差模输入电阻为

$$R_i=2(R_B+r_{be}) \tag{2-45}$$

两集电极之间的差模输出电阻为

$$R_o\approx 2R_C \tag{2-46}$$

（2）双端输入单端输出。电压放大倍数为

$$\begin{aligned}A_{ud1}&=\frac{u_{od1}}{u_{id}}=\frac{u_{od1}}{u_{i1}-u_{i2}}=\frac{u_{od1}}{2u_{i1}}=-\beta\frac{R_c}{2(R_B+r_{be})}\\A_{ud2}&=\frac{u_{od2}}{u_{id}}=\frac{-u_{od1}}{u_{i1}-u_{i2}}=\frac{-u_{od1}}{2u_{i1}}=\beta\frac{R_c}{2(R_B+r_{be})}\end{aligned} \tag{2-47}$$

可见，单端输出时，电压放大倍数为双端输出时的一半。

输入电阻为

$$R_i=2(R_B+r_{be}) \tag{2-48}$$

输出电阻为

$$R_{od1} = R_{od2} \approx R_C \tag{2-49}$$

3. 共模抑制比 K_{CMRR}

共模信号往往是干扰、噪声、温漂等无用信号，而差模信号才是有用信号。为了全面衡量差分放大电路放大差模信号的能力以及抑制共模信号的能力，通常引用共模抑制比 K_{CMRR} 来表征。

差模电压放大倍数与共模电压放大倍数的之比的绝对值定义为共模抑制比，即

$$K_{CMRR} = \left|\frac{A_{ud}}{A_{uc}}\right| \tag{2-50}$$

共模抑制比常用分贝表示，定义为

$$K_{CMR} = 20\lg\left|\frac{A_{ud}}{A_{uc}}\right| \tag{2-51}$$

K_{CMR}越大，表明电路的性能越好。对于双端输出差分放大电路，若电路完全对称，$A_{uc} = 0, K_{CMRR} \to \infty$，但实际上电路完全对称并不存在，所以模抑制比不可能达到无穷。

提高双端输出差分放大电路共模抑制比的途径有两个：一是使电路尽可能对称，二是尽可能加大共模抑制电阻 R_E。提高单端输出差分放大电路共模抑制比的途径只能是加大共模抑制电阻 R_E。

【例 2-9】 在图 2-35 所示差分放大电路中，$\beta = 50, U_{BE} = 0.7V$，输入电压 $u_{i1} = 7mV$，$u_{i2} = 3mV$。

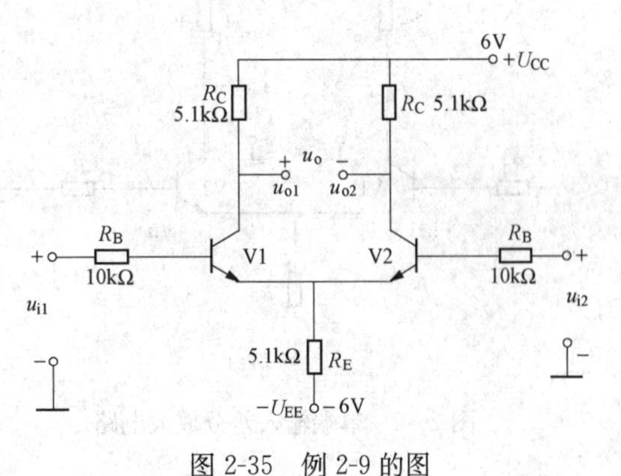

图 2-35　例 2-9 的图

(1) 计算放大电路的静态值 I_B、I_C 及各电极的电位 U_E、U_C 和 U_B。

(2) 把输入电压 u_{i1}、u_{i2} 分解为共模分量 u_{ic1}、u_{ic2} 和差模分量 u_{id1}、u_{id2}。

(3) 求单端共模输出 u_{oc1} 和 u_{oc2}。

(4) 求单端差模输出 u_{od1} 和 u_{od2}。

(5) 求单端总输出 u_{o1} 和 u_{o2}。

(6) 求双端共模输出 u_{oc}、双端差模输出 u_{od} 和双端总输出 u_o。

解　(1) 放大电路的静态工作点：

$$I_B = I_{B1} = I_{B2}, I_C = I_{C1} = I_{C2}, U_{CE} = U_{CE1} = U_{CE2}$$

$$I_B = \frac{U_{EE} - U_{BE}}{R_B + 2(1+\beta)R_E} \approx 10\mu A, I_E \approx I_C = \beta I_B = 0.5mA$$

$$U_B = 0 - I_B R_B = -10\mu A \times 10k\Omega = -0.1V$$

$$U_{BE} = U_B - U_E = -0.1V - 0.7V = -0.8V$$

$$U_C = U_{CC} - I_C R_C = 6V - 0.5 \times 5.1V = 3.45V$$

(2) $u_{i1} = u_{ic1} + u_{id1} = 7mV$

$u_{i2} = u_{ic2} + u_{id2} = 3mV$

共模分量 $u_{ic1} = u_{ic2} = u_{ic} = 5mV$

差模分量 $u_{id1} = -u_{id2} = 2mV$

$$u_{id}=u_{id1}-u_{id2}=2\text{mV}-(-2\text{mV})=4\text{mV}$$

(3) $r_{be}=200+(1+\beta)\dfrac{26\text{mV}}{I_E}=2852\Omega$

单端输出共模电压放大倍数为

$$A_{uc1}=\frac{u_{oc1}}{u_{ic}}=-\beta\frac{R_C}{R_B+r_{be}+2(1+\beta)R_E}=-0.478$$

$$u_{oc1}=u_{oc2}=A_{uc}u_{ic}=-2.39\text{mV}$$

(4) $A_{ud1}=\dfrac{u_{od1}}{u_{id}}=-\beta\dfrac{R_C}{2(R_B+r_{be})}=-9.92$, $A_{ud2}=\dfrac{u_{od2}}{u_{id}}=\beta\dfrac{R_C}{2(R_B+r_{be})}=9.92$

$$u_{od1}=u_{id}A_{ud1}=-39.68\text{mV},u_{od2}=39.68\text{mV}$$

(5) $u_{o1}=u_{od1}+u_{oc1}=-42.07\text{mV},u_{o2}=u_{od2}+u_{oc2}=37.29\text{mV}$

(6) $u_{oc}=0,u_{od}=-79.36\text{mV},u_o=-79.36\text{mV}$

4. 单端输入差分放大电路

若信号从差分放大电路的一个管子的基极输入，而另一个管子的基极接地，这种连接方式称为单端输入。

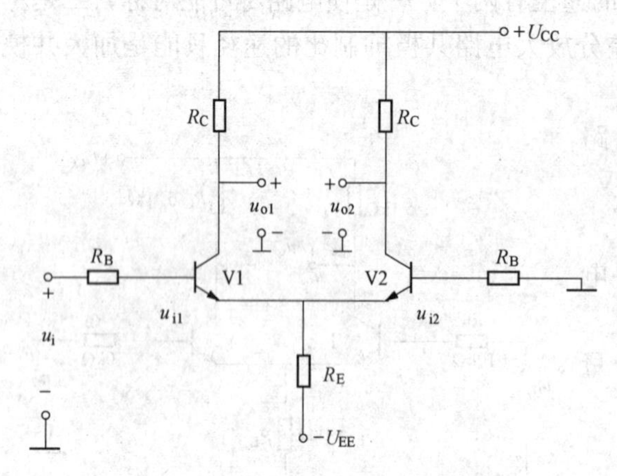

图 2-36　单端输入差分放大电路

图 2-36 所示是一个单端输入差分放大电路，晶体管 V2 的基极经电阻 R_B 接地，信号加在晶体管 V1 上。由于 R_E 很大，可以近似看成开路，电路又完全对称，输入电压近似平均分配在两个管的输入回路上，即输入电压的一半加在 V1 的输入端，另一半加在 V2 的输入端。同双端输入一样，两者极性相反，即 $u_{i1}=\dfrac{u_i}{2},u_{i2}=-\dfrac{u_i}{2}$。

这样就可以把 u_{i1}、u_{i2} 看成是双端输入差模信号，因此各种性能指标的计算与前面相同，这里不再赘述。

*2.9　功率放大电路

在实用放大电路中，往往要求放大电路的末级（即输出级）输出一定的功率，用以推动负载工作，例如使扬声器发声、电动机旋转、继电器动作、仪表指针偏转等。从能量控制和转换的角度看，功率放大电路（Power Amplifier）与小信号基本放大电路没有本质区别，只是功率放大电路要求输出足够大的功率，而小信号基本放大电路要求输出足够大的电压或电流，两种放大电路的侧重点不同。因此两种放大电路从组成、分析方法到其元器件选择上都有区别。

2.9.1　对功率放大电路的基本要求

1. 要有足够的输出功率

在输入信号为正弦波，输出信号不失真的情况下，输出功率的表达式为

$$P_O=U_OI_O \tag{2-52}$$

其中U_O、I_O为输出电压、电流的有效值。为了获得较大的输出功率，往往使电路工作在极限状态，但要考虑晶体管的极限参数，如P_{CM}、I_{CM}、U_{CEO}等，使管子在安全状态下工作。

2. 要有较高的效率

功率放大电路的最大交流输出功率与电源所提供的直流功率之比称为转换效率，即

$$\eta = P_O/P_E \tag{2-53}$$

式中：P_O为信号输出功率；P_E为电源提供的功率。

在直流电源提供相同直流功率的条件下，输出信号功率越大，电路的效率越高。在一定的输出功率下，减小直流电源的功耗，就可以提高电路的效率。

3. 尽量减小非线性失真

功率放大器是在大信号状态下工作的，由于晶体管是非线性器件，因此输出信号不可避免地产生一些非线性失真，而且同一功放管输出功率越大，非线性失真往往越严重，这就使非线性失真和输出功率成为一对主要矛盾。在实际应用中应采取措施减小失真，使之满足负载要求。

由于功率放大电路工作在大信号状态，输出电压和输出电流的幅值均很大，晶体管的非线性不可忽略，因此不能用小信号微变等效电路分析方法，通常采用图解法进行分析。

2.9.2 提高功率放大电路效率的主要途径

功率放大电路按功放管静态工作点设置的不同，分为甲类、乙类、甲乙类三种（见图2-37），现分别介绍如下。

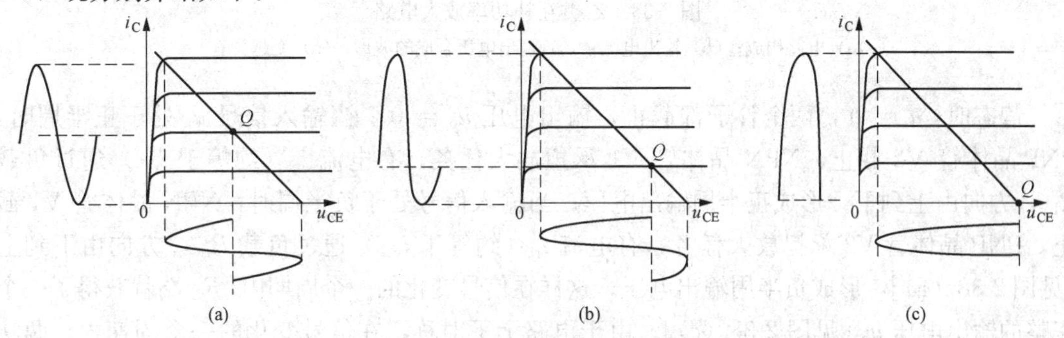

图2-37　功率放大电路的工作状态

(a) 甲类；(b) 甲乙类；(c) 乙类

甲类功率放大电路的工作点Q设置在负载线的中点，功放管在信号的整个周期内均导通，始终有电流i_C流过，管子的导通角$\theta=360°$，由于在信号的全周期范围内管子均导通，故非线性失真较小，但其输出效率却较低。可以证明，即使在理想情况下，甲类功率放大电路的效率最高也只能达到50%。因为，无论有无输入信号，电源提供的功率$P_E=U_{CC}I_C$是常量不变。当无信号输入时，电源功率将全部转换为热能消耗在管子和电阻上（主要是管子的集电极损耗）。只在有信号输入时，电源功率的一部分才转换为有用的输出功率P_O。

为了减小功耗，提高效率，可将静态工作点Q沿负载线下移，将静态值I_C减小，这就是甲乙类工作状态，此时，功放管的导通角为$180°<\theta<360°$。

如果继续将工作点Q下移，使得静态$I_C=0$，则处于静态的功放管损耗将更小，这种工作状态称为乙类。功放管仅在半个周期内导通，导通角$\theta=180°$。因为只有当有信号输入时才有集电极电流流过管子，从而大大减小了功耗。

甲乙类或乙类工作状态，虽然减少了静态功耗，提高了效率，但都存在波形严重失真的缺陷，所以一般都采用下面要介绍的甲乙类或乙类的互补对称功率放大电路，这样既能提高工作效率，又能减小信号波形的失真，还便于集成。

2.9.3　互补对称功率放大电路

1. 乙类互补对称功率放大电路

电路如图 2-38 所示。它由一对 NPN 和 PNP 型特性相同的互补晶体管组成。输入信号 u_i 同时加在两个管子的基极，由发射极输出。无信号输入时，基极电流及发射极电流约等于零，使放大电路处于乙类状态。电路设置了正、负两路对称电源 $+U_{CC}$ 和 $-U_{CC}$，以满足两种不同类型晶体管的工作需要。

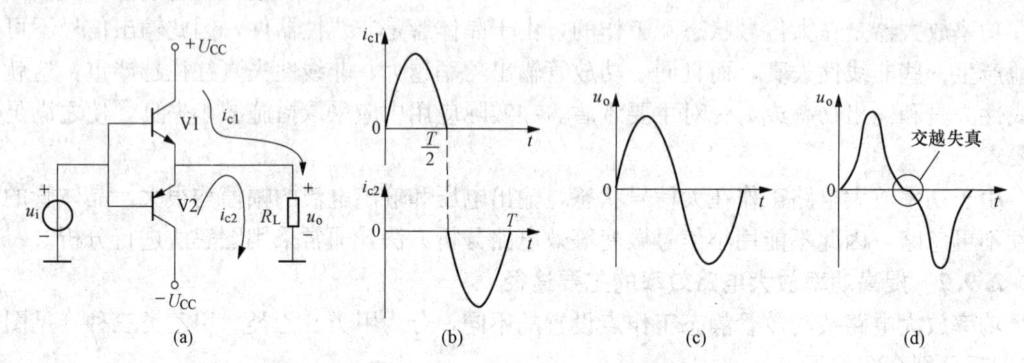

图 2-38　乙类互补功率放大电路

(a) 电路构成；(b) 输出电流；(c) 输出电压合成的波形；(d) 变越失真

静态时，$u_i=0$，两个管子都截止，输出电压 $u_o=0$。当输入信号 u_i 处于正半周时，PNP 晶体管 V2 截止，NPN 晶体管 V1 承担放大任务，有电流 i_{c1}（约等于 i_{e1}）通过负载 R_L，方向由上到下，形成正半周输出电压；当输入信号处于负半周时，NPN 晶体管 V1 截止，PNP 晶体管 V2 承担放大任务，有电流 i_{c2}（约等于 i_{e2}）通过负载 R_L，方向由下到上[见图 2-38（a）]，形成负半周输出电压。这样在信号变化的一个周期内，R_L 端就获得了一个完整的输出电压 u_o[见图 2-38（c）]。由于电路上下对称，在信号变化的一个周期内，两功放管轮流工作互补导通，故称为互补对称功率放大电路（Complementary Symmetry Power Amplifier）。

乙类互补对称功率放大电路的输出功率用输出电压有效值 U_o 和输出电流有效值 I_o 的乘积来表示。设输出电压的幅值为 U_{om}，则

$$P_o=U_oI_o=\frac{U_{om}}{\sqrt{2}}\cdot\frac{U_{om}}{\sqrt{2}R_L}=\frac{1}{2}\frac{U_{om}^2}{R_L} \tag{2-54}$$

由图 2-38 可知，V1 和 V2 管工作在射极输出器状态，电压放大倍数约等于 1。当输出信号足够大时，使 $U_{im}=U_{om}\approx U_{CC}$，可获得最大输出功率

$$P_{om}=\frac{1}{2}\frac{U_{om}^2}{R_L}\approx\frac{1}{2}\frac{U_{CC}^2}{R_L} \tag{2-55}$$

理想情况下，乙类互补对称功率放大电路的效率最高可达到 78.5%。

该功放电路的缺点是：因功放管的输入特性中存在死区，当输入信号的幅值小于晶体管的死区电压时，会导致两管基极电流约为零，集电极电流也约为零，且输出与输入不存在线

性关系，从而会使输出电压产生失真。由于这种失真出现在信号的过零处，称为交越失真[见图 2-38（d）]。解决的办法就是设法抬高静态工作点 Q，使电路工作在甲乙类。

2. 甲乙类互补对称功率放大电路

改进后的电路如图 2-39（a）所示，为了使功放管工作在甲乙类状态，就需要产生一定的偏置电压，为此设置了基极电阻 R_{B1}、R_{B2}，电路中还增加了二极管 VD1、VD2，在静态时它们的管压降给 V1、V2 的发射结提供正向偏置电压，从而产生一定的基极电流，避开死区。动态时因二极管的动态电阻很小，两二极管则相当于短路，保证输入信号同时加到两个管子的基极。

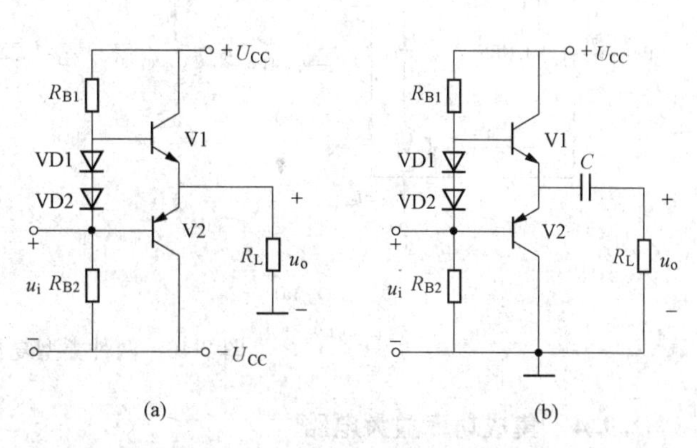

图 2-39　甲乙类互补对称功率放大电路
(a) OCL 电路；(b) OTL 电路

图 2-39（a）所示的电路称为 OCL（Output Capacitor-less，无输出电容）互补功率放大电路，简称 OCL 电路。这是因为它们的输出信号不经电容耦合，直接连至负载的缘故。

OCL 电路的缺点是需要正、负两路电源，这在使用中很不方便，为此，可以考虑用电容 C 取代负电源，如图 2-39（b）所示。静态时，电容相当于开路，这样分到每个管子上的集电极发射极间电压为 $\frac{1}{2}U_{CC}$。动态时，电流 i_{c1}、i_{c2} 交替两个方向流动，经耦合电容流向负载。为了减少在电容 C 上的压降，电容选得比较大。由于静态电流小，管子的功耗就很小。这种电路的效率在理论上可以达到 78.5%。图 2-39（b）所示电路常称为 OTL（Output Transformer-less，无输出变压器）电路，因为它没有采用传统的变压器耦合而是经电容耦合输出。

3. 复合管

互补对称功率放大电路需要一对特性相同的 PNP 型和 NPN 型功放管，在要求功率输出较大时，往往采用复合管，或称为达林顿管（Darlington Transistor）。复合管的组成原则是：①同一导电类型的晶体管构成复合管时，应将前一只管子的发射极接至后一只管子的基极；不同电类型的晶体管构成复合管时，应将前一只管子的集电极接至后一只管子的基极，以实现两次放大作用。②必须保证两个管子均工作在放大状态。复合管有 4 种接法，图 2-40 所示的是其中的两种，复合后的管子类型是 NPN 还是 PNP 取决于 V1 管，而与 V2 管无关。

设 V1、V2 的电流放大系数分别为 β_1、β_2，可以推导出复合管 V 的电流放大系数，以图 2-40（a）为例，根据 V1、V2 的连接关系可得

$$\begin{aligned}i_c &= i_{c1} + i_{c2} = \beta_1 i_{b1} + \beta_2 i_{b2} = \beta_1 i_{b1} + \beta_2 i_{e1}\\ &= \beta_1 i_{b1} + \beta_2(1+\beta_1)i_{b1} = (\beta_1+\beta_2+\beta_1\beta_2)i_{b1} \approx \beta_1\beta_2 i_{b1} = \beta_1\beta_2 i_b\end{aligned}$$

所以

$$\beta = \frac{i_c}{i_b} \approx \beta_1\beta_2$$

可见复合管的电流放大系数近似等于两个单管电流放大系数的乘积。

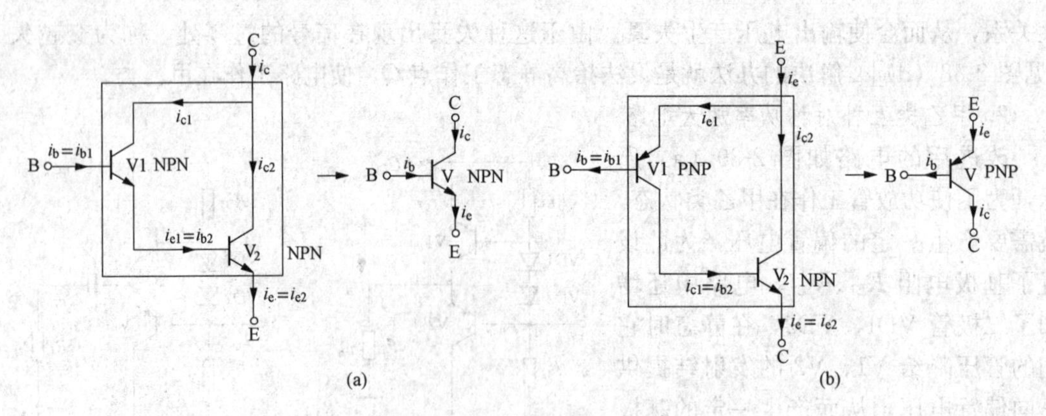

图 2-40　两种类型复合管

2.9.4　集成功率放大电路

随着半导体元器件制造技术的飞速发展，集成功率放大电路（Integrated Power Amplifier）得到了越来越广泛的应用，目前市场上已有多种型号的产品可供使用。

LM386 是美国国家半导体公司生产的 OTL 型集成功放，它是一款集成音频功率放大电路，具有功耗小、放大倍数可调、外接元件少等优点，广泛应用在收音机和录音机电路中。图 2-41 所示是 LM386 的一种接法，也是外接元件最少的一种用法。C_1为输出电容，R 和C_2串联构成校正网络进行相位补偿，用来消除自激振荡；引脚 1 和 8 开路，集成功放的电压增益为 26dB，即电压放大倍数为 20，利用 R_W可调节扬声器的音量。

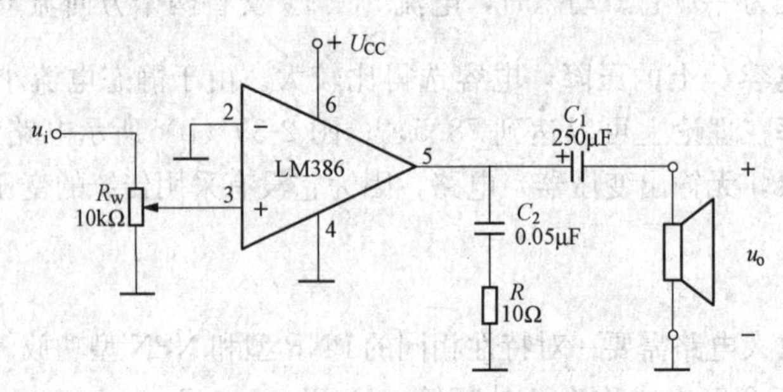

图 2-41　LM386 的一种应用电路

静态时输出电容上的电压为 $\frac{U_{CC}}{2}$，LM386 的最大不失真输出电压峰值约为 $\frac{U_{CC}}{2}$ 。如果扬声器的负载电阻为 R_L，则最大输出功率为

$$P_{om}=\frac{1}{2}\cdot\frac{\left(\frac{U_{CC}}{2}\right)^2}{R_L}=\frac{U_{CC}^2}{8R_L} \tag{2-56}$$

此时输入电压有效值为

$$U_i=\frac{U_{CC}}{2\sqrt{2}A_u} \tag{2-57}$$

图 2-42 所示为 LM386 电压增益最大时的连接电路。C_3 使引脚 1 和 8 在交流通路中短路，$A_u\approx 200$ ；C_4 为旁路电容；C_5 为去耦电容。滤掉电源中的高频交流成分，最大输出功率的公式同式（2-56）。

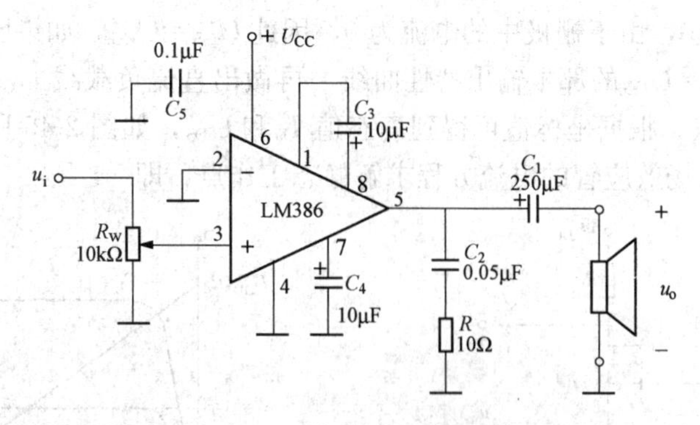

图 2-42 LM386 电压增益最大时的连接电路

图 2-43 所示为 LM386 的一般接法，图中利用 R_2 改变 LM386 的增益。

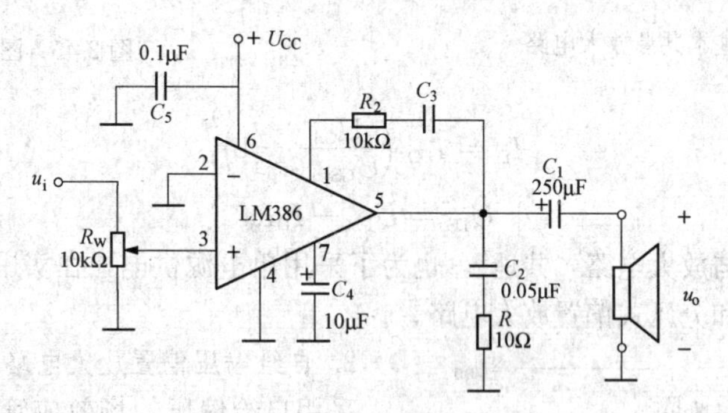

图 2-43 LM386 的一般接法

*2.10 场效应管放大电路

场效应管通过栅—源之间电压 u_{GS} 来控制漏极电流 i_D，因此它和双极型晶体管一样可以实现能量的控制，构成放大电路。场效应管具有输入电阻高、耗电少、噪声低、抗辐射强等优点，因此常用于多级放大电路的输入级以及要求噪声低的放大电路中。

场效应管的源极 S、漏极 D、栅极 G 对应于双极型晶体管的发射极 E、集电极 C、基极 B。与双极型晶体管放大电路类似，场效应管也可构成相应的共源极、共漏极和共栅极放大电路。场效应管放大电路也要设置合适的静态工作点，分析时也要分别进行静态分析和动态分析。本节将介绍最常见的共源极放大电路及其分析方法。

在共源极放大电路中，按偏置电路的不同，场效应管放大电路分成基本共源放大电路、自给偏压偏置放大电路和分压式偏置放大电路。

2.10.1 静态分析

1. 基本共源放大电路

采用 N 沟道增强型场效应管构成的基本共源放大电路如图 2-44 所示，在输入回路中加栅极电压 U_{GG}，U_{GG} 应大于开启电压 $U_{GS(th)}$；在输出回路加漏极电源 U_{DD}，它一方面使漏—源电压大于预夹断电压，保证场效应管工作在恒流区；另一方面也是负载的能源。R_d 为漏极负载，将电流的变化转化为电压的变化，从而实现电压放大。

令输入信号 $u_i=0$，由于栅极中的电流为 0，因此 $U_{GS}=U_{GG}$，如果已知场效应管的输出特性曲线，找出 $U_{GS}=U_{GG}$ 的那根输出特性曲线，再做出直流负载线 $u_{DS}=U_{DD}-i_D R_d$，两条曲线的交点即为 Q 点，根据坐标值可得到静态值 I_D 和 U_{DS}，如图 2-45 所示。这种方法就是图解法，也可以利用场效应管的电流方程求解静态工作点，即

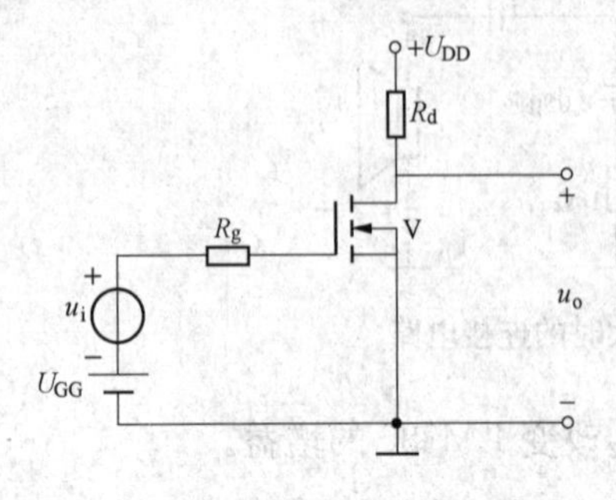

图 2-44 基本共源放大电路

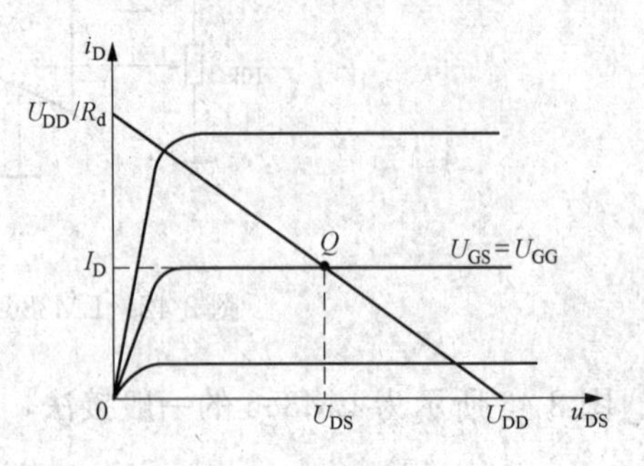

图 2-45 图解法

$$I_D = I_{DO}\left(\frac{U_{GS}}{U_{GS(th)}}-1\right)^2 \tag{2-58}$$

$$U_{DS} = U_{DD} - I_D R_d \tag{2-59}$$

为了使信号源与放大电路“共地”，也为了采用单电源供电，在实用电路中多采用自给偏压偏置放大电路和分压式偏置放大电路。

2. 自给偏压偏置放大电路

采用自给偏压的场效应管放大电路如图 2-46 所示，不难发现，其电路结构与采用固定偏置的双极晶体管共射极放大电路非常相似。源极是输入、输出的公共端，故称为共源极放大电路。

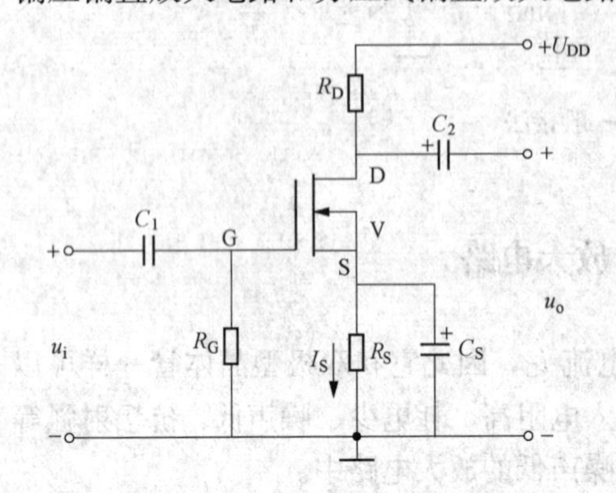

图 2-46 自给偏置共源极放大电路

电路中各元件的作用如下：V 为场效应管，起放大作用。R_S 为源极电阻，它的大小决定了静态工作点 Q，阻值大约为几千欧。与晶体管的发射极电阻类似，R_S 也有稳定静态工作点的能力。C_S 为交流旁路电容，约为几十微法。R_G 为栅极电阻，构成栅源之间的直流通路。为了使放大电路的输入电阻足够大，R_G 不能太小，一般为几百千欧到 10MΩ。R_D 为漏极电阻，它将场效应管放大电路的输出电流转换为电压。C_1、C_2 为输入输出耦合电容，其值约为 0.01μF 到几微法。

将电路中三个电容看成开路，很容易得出直流通路，由于栅极绝缘，I_G 为零，R_G 上没有电压降，栅极电位 $U_G=0$，直流偏压是靠源极电阻 R_S 上的直流压降建立的，栅源电压为

$$U_{GS} = U_G - U_S = 0 - U_S = 0 - I_D R_S = - I_D R_S \tag{2-60}$$

由式（2-60）可知，放大电路的栅极偏压是靠管子的自身电流 I_D 产生的，故称为自给偏压偏置放大电路。由于此电路要求在静态时就有漏极电流 I_D 产生，故只适合于耗尽型场效应管构成的放大电路。

源极电阻 R_S 除了产生负偏压以外，同样有稳定静态工作点的作用，但为了不降低电压放大倍数，在 R_S 两端并联了旁路电容 C_S，使得 R_S 对交流信号短路。

3. 分压式偏置放大电路

图 2-47 所示为 N 沟道增强型 MOS 管构成的分压式偏置共源极放大电路，电路直流偏压靠分压电阻 R_{G1}、R_{G2} 和源极电阻 R_S 共同建立。因 $I_G=0$，故电阻 R_G 压降为零，栅源电压为

$$U_{GS}=U_G-U_S=\frac{R_{G2}}{R_{G1}+R_{G2}}U_{DD}-R_SI_D \tag{2-61}$$

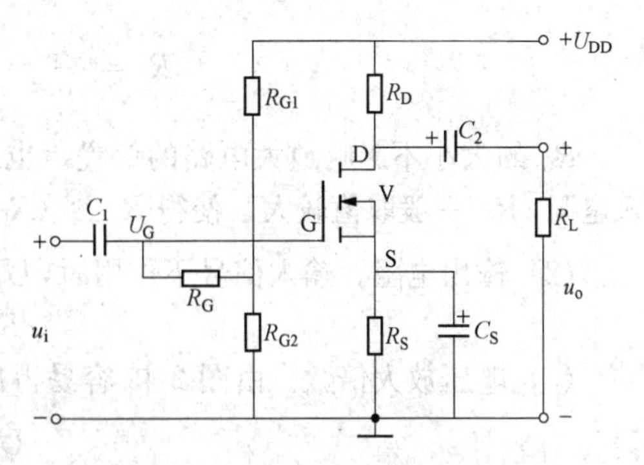

图 2-47　分压式偏置共源极放大电路

调整 R_{G2} 的大小就可以调整 U_{GS}，分压式偏置电路适合于各种类型的场效应管构成的放大电路。

在 $U_{GS}\geqslant U_{GS(th)}$ 的范围内，增强型场效应管的转移特性可表示为

$$I_D=I_{DO}\left(\frac{U_{GS}}{U_{GS(th)}}-1\right)^2 \tag{2-62}$$

联立式（2-61）和式（2-62），即可确定 U_{GS}、I_D。

漏源极电压为

$$U_{DS}=U_{DD}-I_D(R_D+R_S) \tag{2-63}$$

2.10.2　动态分析

1. 场效应管的微变等效电路

场效应管和双极晶体管一样，同属非线性器件，在小信号前提下，也可以用其微变等效电路代替，如图 2-48 所示。因其输入电阻 r_{gs} 很大，$i_g\approx0$，输入端是开路的。栅源电压 u_{gs} 对漏极电流 i_d 的控制作用，用一个电压控制型电流源 g_mu_{gs} 表示，g_m 为场效应管的跨导，在小信号时，其值可以看成为常数。增强型 MOS 管的 g_m 为

$$g_m\approx\frac{2}{U_{GS(th)}}\sqrt{I_{DO}I_{DQ}} \tag{2-64}$$

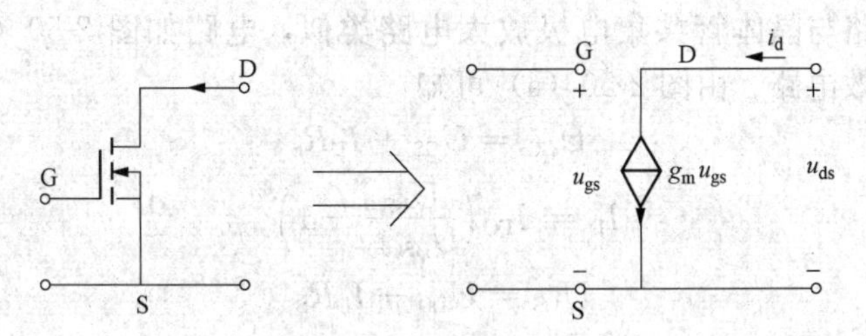

图 2-48　场效应管的微变等效电路

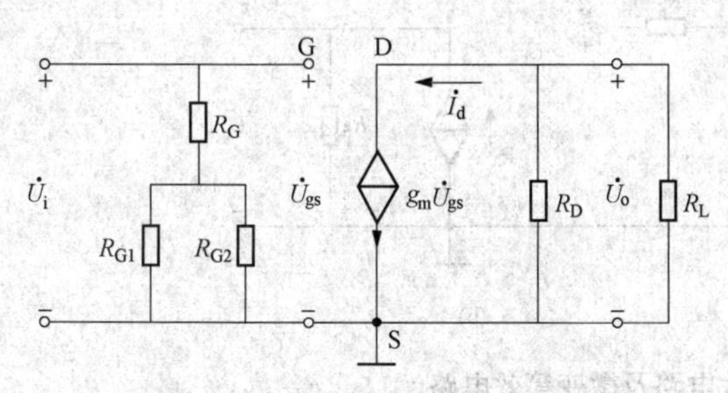

图 2-49　放大电路的微变等效电路

2. 放大电路的微变等效电路

场效应管分压式偏置放大电路（见图 2-47）的微变等效电路如图 2-49 所示。动态分析的主要目的仍然是求放大电路的输入电阻 R_i、输出电阻 R_o 和电压放大倍数 A_u。

（1）输入电阻。从输入端看入的等效电阻为

$$R_i = \frac{\dot{U}_i}{\dot{I}_i} = (R_G + R_{G1}//R_{G2}) \tag{2-65}$$

R_G 的大小不影响放大电路的偏置，也对电压放大倍数没有影响。为增大放大电路的输入电阻，R_G 一般取值较大，使得 $R_G \gg (R_{G1}//R_{G2})$，故 $R_i \approx R_G$。

（2）输出电阻。输入信号不作用时，$\dot{U}_i = \dot{U}_{gs} = 0$，$\dot{I}_d = g_m\dot{U}_{gs} = 0$，故输出电阻为

$$R_o = R_D \tag{2-66}$$

（3）电压放大倍数。由图 2-49 容易得出

$$\dot{U}_i = \dot{U}_{gs}$$

$$\dot{U}_o = -R'_L\dot{I}_d = -g_m\dot{U}_{gs}R'_L$$

$$A_u = \frac{\dot{U}_o}{\dot{U}_i} = \frac{-g_m\dot{U}_{gs}R'_L}{\dot{U}_{gs}} = -g_mR'_L \tag{2-67}$$

其中 $R'_L = R_D//R_L$，负号表示输出电压与输入电压反向。

【例 2-10】 基本共源放大电路如图 2-44 所示，电路参数如下：$U_{GG}=6V$，$U_{DD}=12V$，$R_d=3k\Omega$，场效应管的开启电压 $U_{GS(th)}=4V$，$I_{DO}=10mA$。试确定该电路的 Q 点、电压放大倍数 A_u 和输出电阻 R_o。

解　（1）估算 Q 点。根据式（2-58）可以得出

$$I_D = I_{DO}\left(\frac{U_{GG}}{U_{GS(th)}} - 1\right)^2 = \left[10\times\left(\frac{6}{4}-1\right)^2\right]mA = 2.5mA$$

$$U_{DS} = U_{DD} - I_DR_d = (12 - 2.5\times 3)V = 4.5V$$

（2）估算电压放大倍数 A_u 和输出电阻 R_o。

$$g_m \approx \frac{2}{U_{GS(th)}}\sqrt{I_{DO}I_{DQ}} = \left(\frac{2}{4}\sqrt{10\times 2.5}\right)mS = 2.5mS$$

$$A_u = -g_mR_d = -2.5\times 3 = -7.5$$

$$R_o = R_d = 3k\Omega$$

共漏极放大电路与晶体管共集电极放大电路类似，电路如图 2-50（a）所示，图 2-50（b）是它的微变等效电路。由图 2-50（a）可知

$$U_{GG} = U_{GS} + I_DR_S \tag{2-68}$$

$$I_D = I_{DO}\left(\frac{U_{GS}}{U_{GS(th)}} - 1\right)^2 \tag{2-69}$$

$$U_{DS} = U_{DD} - I_DR_S \tag{2-70}$$

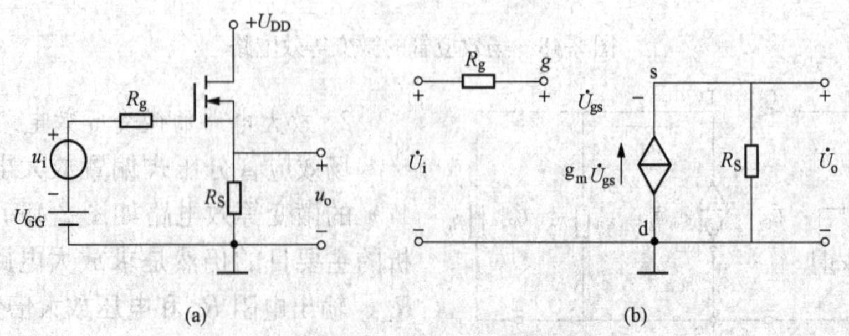

图 2-50　基本共漏放大电路及微变等效电路

（a）基本共漏放大电路；（b）微变等效电路

联立以上公式可得出 I_D 和 U_{DS}。

由图 2-50（b）可得

$$A_u=\frac{\dot{U}_o}{\dot{U}_i}=\frac{g_m\dot{U}_{gs}R_S}{\dot{U}_{gs}+g_m\dot{U}_{gs}R_S}=\frac{g_mR_S}{1+g_mR_S} \tag{2-71}$$

$$R_i=\infty$$

在求输出电阻时，将输入端短路，在输出端加交流电压 $\dot{U}_o$，产生电流 $\dot{I}_o$，如图 2-51 所示。

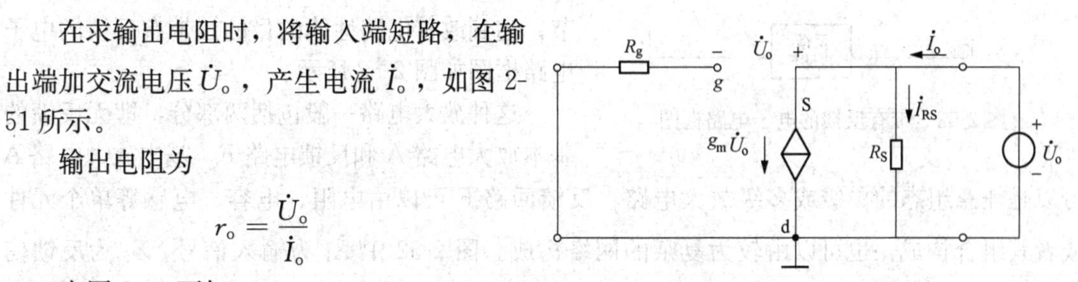

图 2-51　求输出电阻的电路

输出电阻为

$$r_o=\frac{\dot{U}_o}{\dot{I}_o}$$

由图 2-51 可知

$$\dot{I}_o=\frac{\dot{U}_o}{R_S}+g_m\dot{U}_o$$

所以

$$R_o=R_S//\frac{1}{g_m} \tag{2-72}$$

【例 2-11】 共漏放大电路如图 2-50（a）所示，已知场效应管的开启电压 $U_{GS(th)}=3V$，$I_{DO}=8mA$，$R_S=3k\Omega$，静态时 $I_{DQ}=2.5mA$，场效应管工作在恒流区。试求：

（1）电压放大倍数 A_u。

（2）输入电阻和输出电阻 R_i、R_o。

解　（1）首先求出 g_m

$$g_m\approx\frac{2}{U_{GS(th)}}\sqrt{I_{DO}I_{DQ}}=\left(\frac{2}{3}\times\sqrt{8\times2.5}\right)mS\approx2.98mS$$

则电压放大倍数 A_u 为

$$A_u=\frac{g_mR_S}{1+g_mR_S}=\frac{2.98\times3}{1+2.98\times3}\approx0.899$$

（2）输入电阻和输出电阻 R_i、R_o 为

$$R_i=\infty$$

$$R_o=R_S//\frac{1}{g_m}=\left(3//\frac{1}{2.98}\right)k\Omega\approx0.302k\Omega$$

2.11　放大电路中的负反馈

反馈（Feedback）技术在科技领域有多方面的应用，如大多数控制系统都利用负反馈构成闭环系统，用于改善系统的性能。在电子技术中，利用反馈原理可以实现稳压、稳流等。在放大电路中适当引入反馈，可以改善放大器的性能、产生正弦波振荡等。本节扼要介绍反馈的基本概念、反馈类型及其判别和负反馈（Negative Feedback）对放大电路性能的影响，重点讨论负反馈。

2.11.1 反馈的基本概念

1. 反馈的定义

将电子电路输出端的信号（电压或电流）的一部分或全部通过反馈电路引回到输入端，就称为反馈。在反馈电路中，电路的输出不仅取决于输入，而且还取决于输出本身，因而就有可能使电路根据输出状况自动地对输入进行实时调节，达到改善电路性能的目的。带有反馈的电子电路框图如图 2-52 所示。

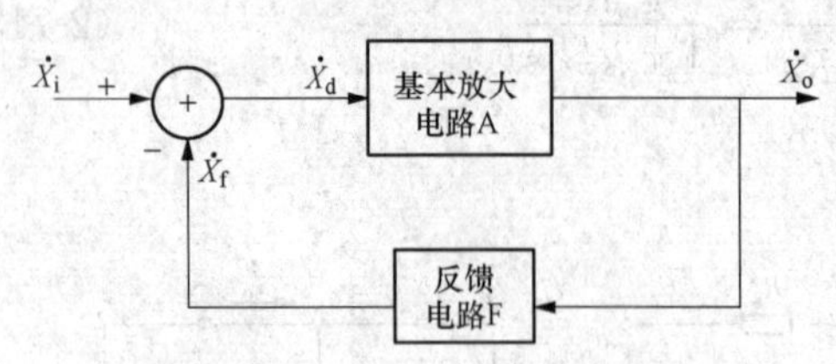

图 2-52 带有反馈的电子电路框图

这种放大电路一般包括两部分，即无反馈的基本放大电路 A 和反馈电路 F，基本放大电路 A 可以是任意组态的单级或多级放大电路，反馈回路 F 可以由电阻、电容、电感等单个元件或者其组合构成，也可以由较为复杂的网络构成。图 2-52 中 $\dot{X}_i$ 为输入信号，$\dot{X}_f$ 为反馈信号，$\dot{X}_d$ 为基本放大电路 A 的净输入信号，$\dot{X}_o$ 为放大电路的输出信号，这些信号可以是电压，也可以是电流。符号⊕表示 $\dot{X}_i$ 与 $\dot{X}_f$ 的比较环节（称为相加点），箭头表示信号的传递方向。

在图 2-52 中，净输入信号 $\dot{X}_d$ 可以表示为

$$\dot{X}_d = \dot{X}_i - \dot{X}_f \tag{2-73}$$

2. 反馈的基本类型

按照不同的分类方法，反馈可以分成多种类型，在此归纳如下：

（1）按反馈极性分类。

1）正反馈：使净输入信号 $\dot{X}_d$ 增加的反馈。正反馈会使电路工作不稳定，常用在振荡电路中。

2）负反馈：使净输入信号 $\dot{X}_d$ 减小的反馈。负反馈使电路工作稳定，常用来改善放大电路的工作性能。

（2）按反馈电路从放大电路输出端所采集信号的类型分类。

1）电压反馈：反馈信号取自放大电路输出端的电压，它可以稳定输出电压。

2）电流反馈：反馈信号取自放大电路输出端的电流，它可以稳定输出电流。

（3）按反馈电路输出端与放大电路输入端的连接方式分类。

1）串联反馈：反馈电路输出端与放大电路输入端串联连接（反馈信号与输入信号在电路上无连接点），反馈输出信号在放大电路输入端以电压形式出现。它可以增加放大电路的输入电阻。

2）并联反馈：反馈电路输出端与放大电路输入端并联连接（反馈信号与输入信号在电路上有连接点），反馈输出信号在放大电路输入端以电流形式出现。它可以减小放大电路的输入电阻。

（4）按反馈电路从放大电路输出端所采集信号的成分分类。

1）直流反馈：指反馈信号为直流量，即存在于直流通路中的反馈。直流反馈只对直流分量起作用，反馈元件只能传递直流信号，这种反馈在放大电路中的作用是稳定静态工作点。

2）交流反馈：指反馈信号为交流量，即存在于交流通路中的反馈。交流反馈只对交流分量起作用，反馈元件只能传递交流信号，它可以改善放大电路的交流特性。

（5）按反馈在本级还是不同级分类。

1）本级反馈：指反馈在某级放大电路内。

2）级间反馈：指反馈在不同级放大电路间。

2.11.2 反馈类型的判断

1. 正、负反馈的判断

通常采用瞬时极性法来判断正反馈和负反馈。具体做法是：先设定电路输入信号在某一时刻对地的极性为⊕，再逐级判断电路中各点电位的极性，从而得出输出信号的极性，根据输出信号的极性判断出反馈信号的极性。若反馈信号使基本放大电路的净输入信号增大，则说明引入了正反馈；若反馈信号使基本放大电路的净输入信号减小，则说明引入了负反馈。

反馈放大电路里面经常使用集成运放和晶体管，对于集成运放，输出极性与同相输入端极性相同，与反相输入端极性相反；对于由晶体管构成的分立元件放大电路而言，判断正、负反馈的关键是要掌握晶体管各极之间的相位关系（即极性），前已述及，共射极放大电路基极输入信号与集电极输出信号相位相反，而共集电极放大电路基极输入信号与发射极输出信号相位相同，因此，输入信号从基极输入时，晶体管三个电极的瞬时极性如图2-53所示。

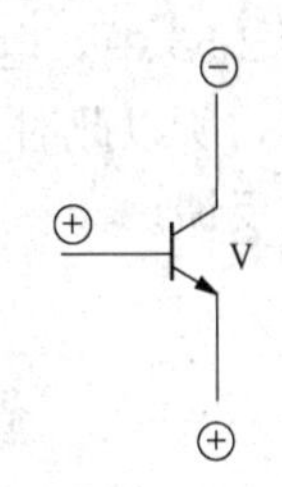

图2-53 晶体管的瞬时极性

【例2-12】 判断图2-54所示反馈电路的极性。

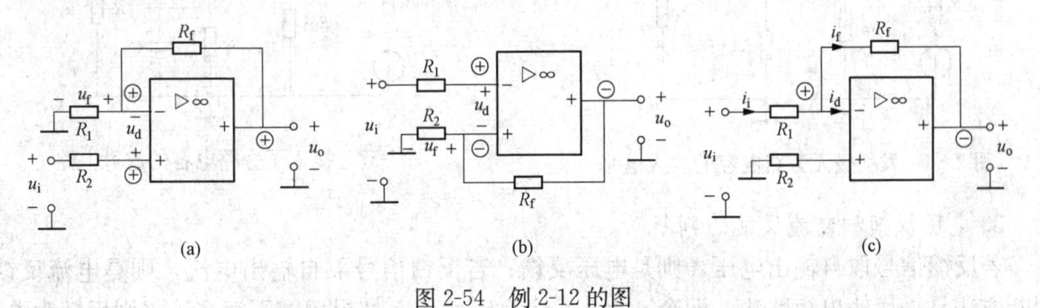

图2-54 例2-12的图

解 对图2-54（a）电路，设输入极性为⊕，输出与同相输入端极性相同，也为⊕，经电阻R_f反馈到反相输入端的反馈电压u_f也为⊕，使净输入电压u_d减小（也可以说，输出端电位的瞬时极性为⊕，通过反馈提高了反相输入端的电位，因而减小了净输入量），所以该反馈为负反馈。

对图2-54（b）电路，设输入极性为⊕，输出与反相输入端极性相反，为⊖，经电阻R_f反馈到同相输入端的反馈电压u_f也为⊖，使净输入电压u_d增大（也可以说，输出端电位的瞬时极性为⊖，通过反馈降低了同相输入端的电位，因而增大了净输入量），所以该反馈为正反馈。

对图2-54（c）电路，设输入极性为⊕，输出与反相输入端极性相反，为⊖，此时反相输入端电位高于输出端电位，则电阻R_f中电流i_f流向如图中所示，净输入电流i_d减小，所以该反馈为负反馈。

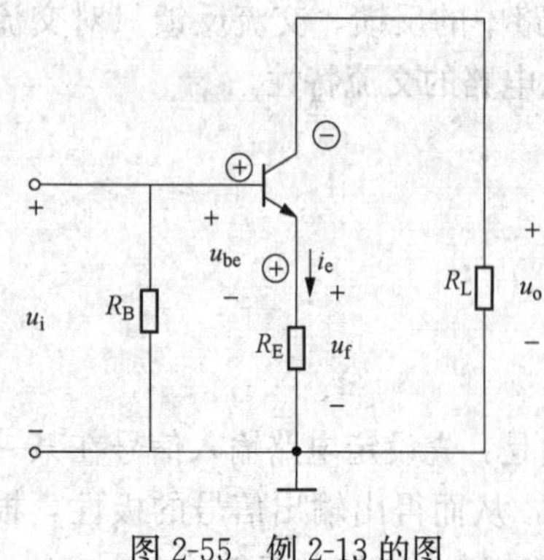

图 2-55　例 2-13 的图

【例 2-13】 在图 2-55 所示电路中，试判断电路引入了正反馈还是负反馈。

解　该图是发射极无交流旁路电容的分压式偏置电路的交流通路，R_E 是反馈电阻，因它联系着输出和输入回路，设某一时刻输入信号为正，则基极交流电位的瞬时极性同为正（此时 u_{be} 也在正半周），而集电极交流电位的瞬时极性为负，因此，输出电压 u_o 的实际方向与参考方向相反，此时电流 i_e 的实际方向与图中参考方向相同，射极电阻 R_E 两端的电压 u_f 为上正下负，使得净输入信号 $u_{be}=u_i-u_f$ 减小，所以为负反馈。

2. 直流反馈和交流反馈的判断

由于电容具有“隔直通交”的作用，因此它是电路中判断直流反馈和交流反馈的关键。在图 2-56 中，电阻 R_E 上既有交流负反馈，又有直流负反馈；而在图 2-57 中，接入了旁路电容，所以此时发射级电阻 R_E 上只有直流成分，没有交流成分，即只有直流负反馈，无交流负反馈。

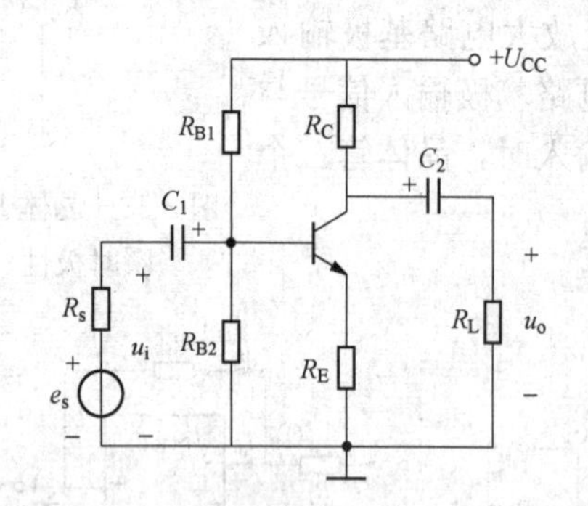

图 2-56　发射极无旁路电容的放大电路

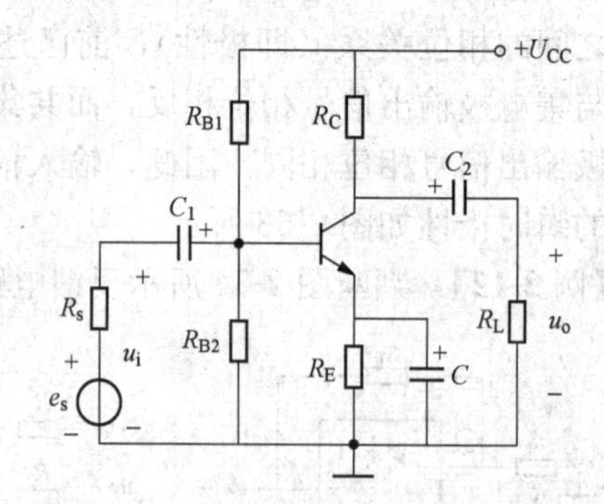

图 2-57　接入了旁路电容的放大电路

3. 电压反馈和电流反馈的判断

若反馈信号取自输出电压，则是电压反馈；若反馈信号取自输出电流，则是电流反馈。判断方法是采用输出短路法，即令 $u_o=0$（或者 $R_L=0$），如果反馈不存在了，则反馈为电压反馈；如果反馈依然存在，则为电流反馈。

在图 2-58 中，电阻 R_F 构成反馈，如果令 $u_o=0$，则 R_F 的右端接地，反馈就不存在了，因此该反馈为电压反馈。从公式也可以看出来，由图可得，反馈电流为

$$i_f=\frac{u_{bc}}{R_F}=\frac{u_{be}-u_{ce}}{R_F}=\frac{u_{be}-u_o}{R_F}\approx\frac{-u_o}{R_F}$$

i_f 正比于输出电压 u_0，故为电压反馈。

在图 2-59 中，电阻 R_E 构成反馈，如果令 $u_o=0$，反馈 u_f 依然存在，则该反馈为电流反馈。由图可得，反馈电压 $u_f=i_eR_E\approx i_cR_E$，即 u_f 正比于输出电流 i_c，故为电流反馈。

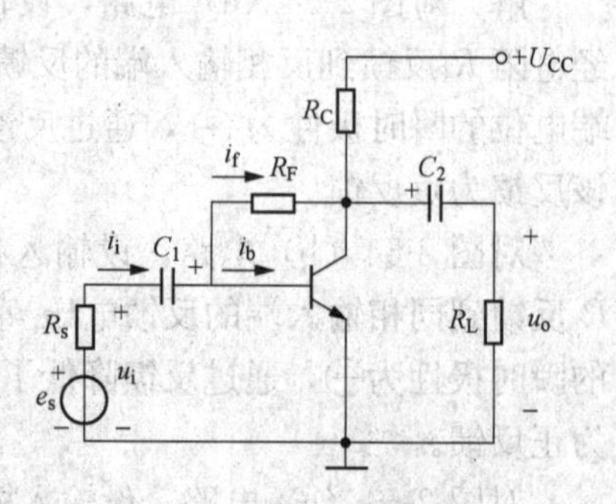

图 2-58　电压反馈判断电路

4. 串联反馈和并联反馈的判断

在图 2-60 中，反馈电阻 R_f 一端与第一级输入回路基极相连，此时信号源的输入信号与反馈信号叠加从基极输入，故此反馈为并联反馈（反馈信号与输入有连接，即为并联反馈）。

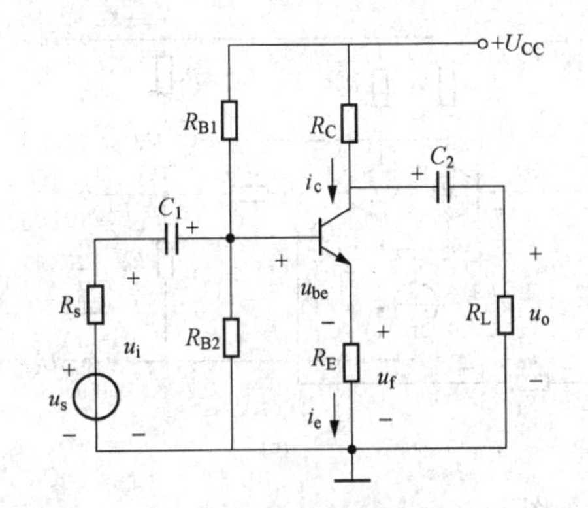

图 2-59　电流反馈判断电路

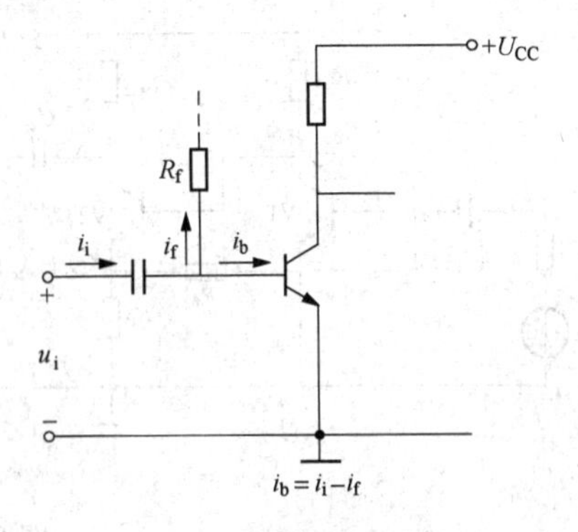

图 2-60　并联反馈判断电路

在图 2-61 中，反馈电阻 R_f 一端与第一级输入回路发射极相连，此时信号源的输入信号与反馈信号在放大电路的输入回路中叠加，故此反馈为串联反馈（反馈信号与输入没有连接，即为串联反馈）。

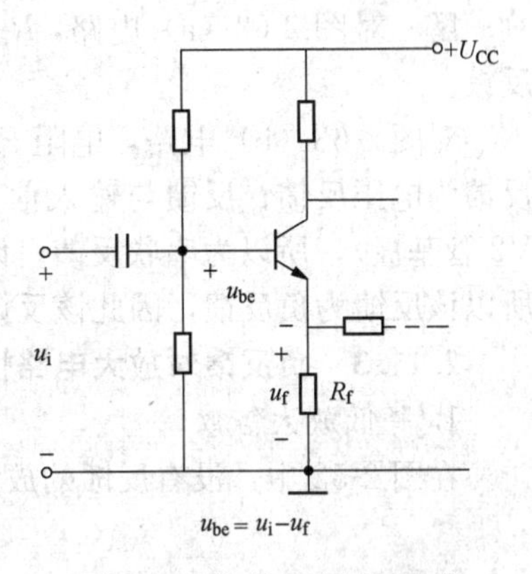

图 2-61　串联反馈判断电路

【例 2-14】 判断图 2-54 电路中的反馈类型。

解　对图 2-54（a）电路，令 $u_o=0$，则反馈就不存在，因此该反馈为电压反馈；反馈与输入信号无连接点，所以为串联反馈，因此该反馈为电压串联负反馈。

对图 2-54（b）电路，令 $u_o=0$，则反馈就不存在，因此该反馈为电压反馈；反馈与输入信号无连接点，所以为串联反馈，因此该反馈为电压串联正反馈。

对图 2-54（c）电路，令 $u_o=0$，则反馈就不存在，因此该反馈为电压反馈；反馈与输入信号有连接点，所以为并联反馈，因此该反馈为电压并联负反馈。

【例 2-15】 判断图 2-62 电路中的反馈类型。

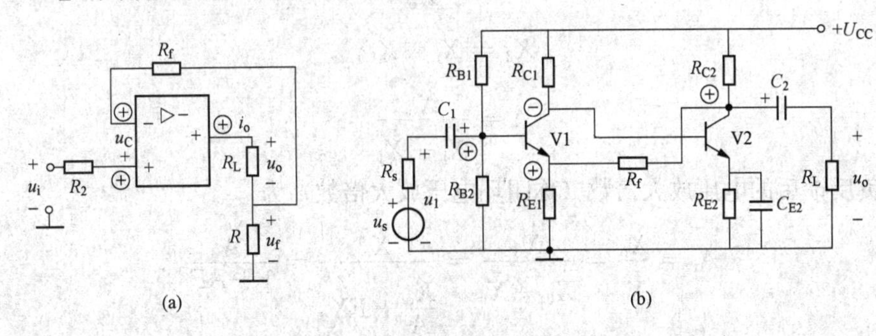

图 2-62　例 2-15 的图

解　对图 2-62（a）电路，如果令 $u_o=0$，反馈 u_f 依然存在，则该反馈为电流反馈；反馈信号与输入端无连接点，所以为串联反馈；设输入为⊕，反馈电压 u_f 也为⊕，使净输入

电压 u_d减小，所以该反馈为负反馈，因此该反馈为电流串联负反馈。

对图 2-62（b）电路，R_{E1} 对本级引入电流串联负反馈，R_F 在级间引入电压串联负反馈。

【例 2-16】 判断图 2-63 电路中的反馈类型。

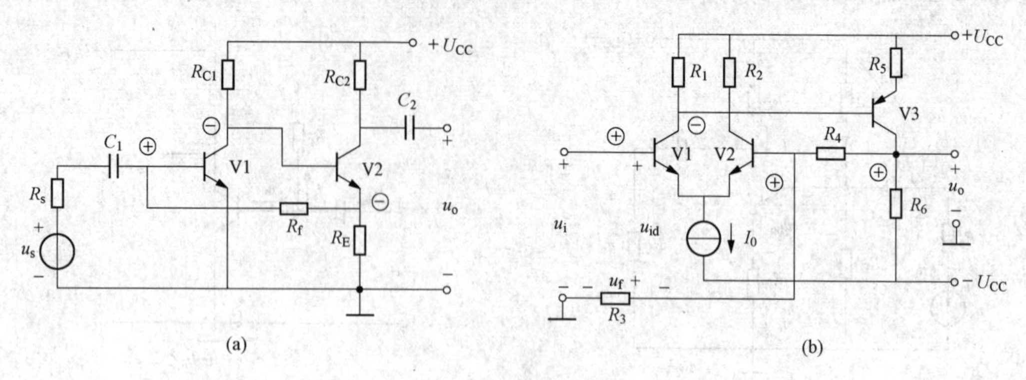

图 2-63　例 2-16 的图

解　对图 2-63（a）电路，R_E 对本级引入电流串联负反馈，R_F 在级间引入电流并联负反馈。

对图 2-63（b）电路，电阻 R_3 和 R_4 引入级间反馈，令 $u_o=0$，则反馈就不存在，因此该反馈为电压反馈；反馈与输入信号无连接点（输入信号从 V1 管基极输入，而反馈信号在 V2 管基极），所以为串联反馈；设输入为 ⊕，反馈电压 u_f也为 ⊕，使净输入电压 u_d减小，所以该反馈为负反馈，因此该反馈为电压串联负反馈。

2.11.3　负反馈对放大电路性能的影响

1. 降低放大倍数

在图 2-52 中，没有反馈的放大倍数（称开环放大倍数）为

$$A=\frac{\dot{X}_o}{\dot{X}_d} \tag{2-74}$$

反馈信号与输出信号之比称为反馈系数，定义为

$$F=\frac{\dot{X}_f}{\dot{X}_o} \tag{2-75}$$

由于

$$\dot{X}_d=\dot{X}_i-\dot{X}_f$$

故

$$A=\frac{\dot{X}_o}{\dot{X}_i-\dot{X}_f} \tag{2-76}$$

引入负反馈后的电压放大倍数（称闭环电压放大倍数）为

$$A_f=\frac{\dot{X}_o}{\dot{X}_i}=\frac{\dot{X}_o}{\dot{X}_d+\dot{X}_f}=\frac{\dot{X}_o}{\frac{\dot{X}_o}{A}+F\dot{X}_o}=\frac{A}{1+AF} \tag{2-77}$$

将式（2-74）与式（2-75）两式相乘，有

$$AF=\frac{\dot{X}_o}{\dot{X}_d}\frac{\dot{X}_f}{\dot{X}_o}=\frac{\dot{X}_f}{\dot{X}_d}$$

引入负反馈时，$\dot{X}_f$、$\dot{X}_d$ 同相，所以 AF 是正实数，由式（2-77）可见，$|A_f|<|A|$，也就是说，引入负反馈将使放大电路的放大倍数下降。$|1+AF|$ 称为反馈深度，其值越大，负反馈作用越强，A_f 也就越小。

2. 提高放大器的稳定性

当管子老化、环境温度变化、电源电压波动时，即便输入信号不变，也将引起输出信号的变化，即引起放大倍数的变化，如果这种变化很大，就说放大器的稳定性很差。

对式（2-77）求导，并与式（2-77）相除，得

$$\frac{dA_f}{A_f}=\frac{1}{1+AF}\frac{dA}{A} \tag{2-78}$$

其中，dA/A 是开环放大倍数的相对变化率；dA/A_f 是闭环放大倍数的相对变化，它只是前者的 $1/(1+AF)$，可见，引入负反馈后，放大倍数的稳定性提高了。

如果 $|AF|\gg 1$，根据式（2-77），得

$$A_f\approx\frac{1}{F} \tag{2-79}$$

这时负反馈称为深度负反馈，在放大电路中引入深度负反馈后，其闭环放大倍数将只与反馈系数有关，而与放大电路本身无关，这意味着将大大提高放大电路的稳定性。

3. 改善波形失真

由于放大电路的非线性，容易引起输出信号产生非线性失真，加入负反馈后，放大倍数下降，使输出电压进入非线性区的部分减少，从而改善了失真。从图 2-64 中可以看出，电路开环时，输出波形正半周大、负半周小，输出波形严重失真；电路引入负反馈后，输出波形已经接近于正弦波。

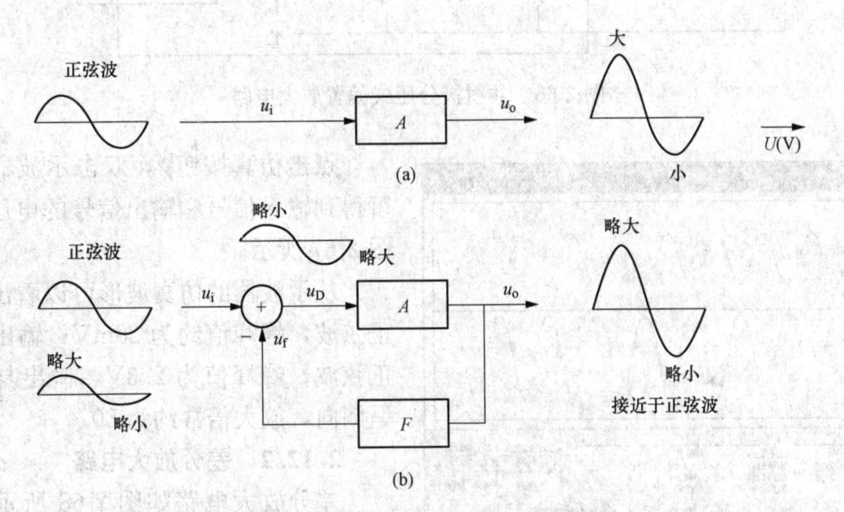

图 2-64　负反馈对非线性失真的影响

4. 展宽放大器通频带

从图 2-65 中可以看出，引入负反馈后放大器的通频带比没有负反馈时的通频带要宽。一般说通频带越宽越好。

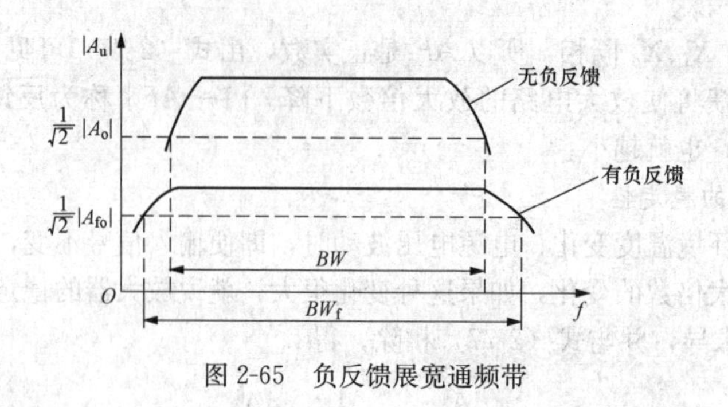

图 2-65 负反馈展宽通频带

2.12 Multisim11 软件仿真举例

2.12.1 分压式偏置放大电路

能够稳定静态工作点的共射极分压式偏置放大电路如图 2-66 所示。

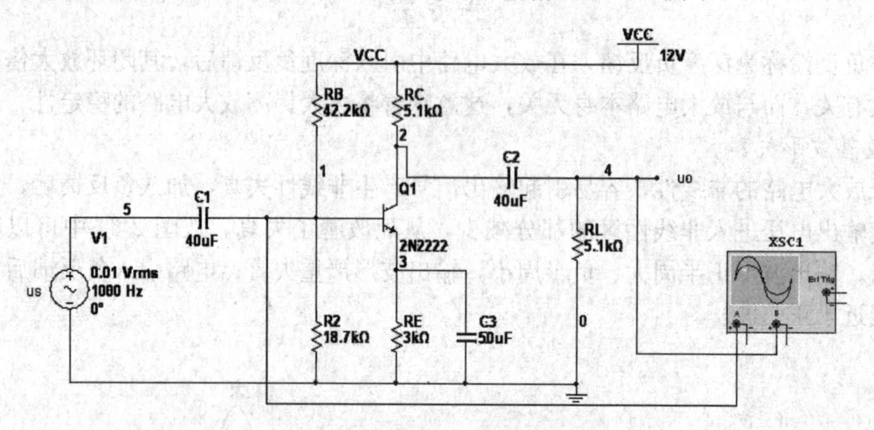

图 2-66 共射极分压式偏置放大电路

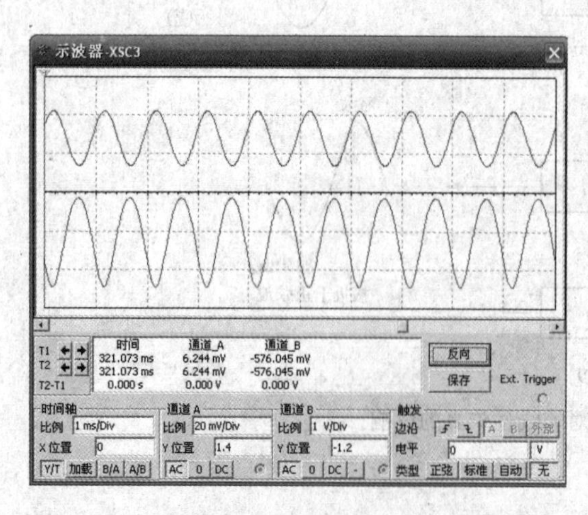

图 2-67 示波器测得的输入输出信号电压波形

点击仿真按钮▶，双击示波器图标，即可得到输入信号和输出信号的电压波形，如图 2-67 所示。

从示波器的仿真波形可以看出，输入为正弦波，峰峰值约为 28mV；输出为放大的正弦波，峰峰值为 2.3V，输出与输入之间呈倒向，放大倍数约为 80。

2.12.2 差分放大电路

差分放大电路如图 2-68 所示，采用双端输入双端输出方式，输入峰峰值为 40mV 的正弦波信号，输出信号峰峰值约为 800mV，且输出与输入反相，如图 2-69 所示，与理论结果一致。

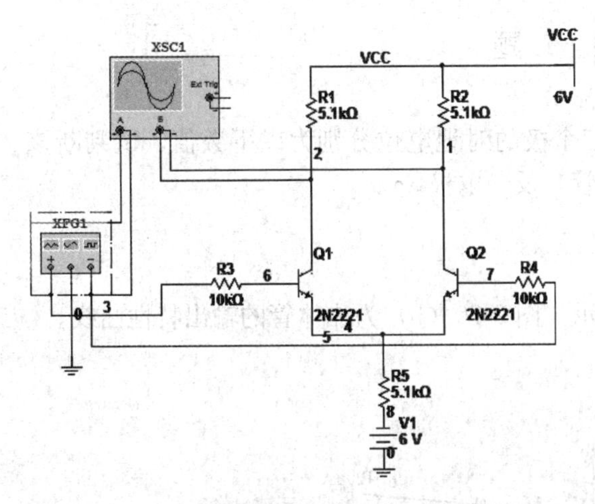

图 2-68　差分放大电路

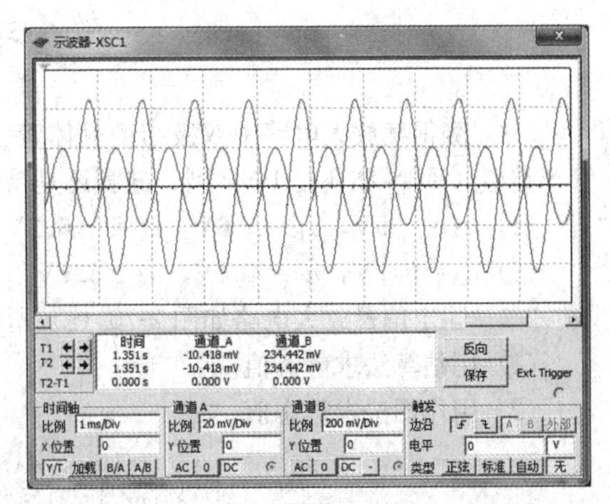

图 2-69　示波器测得的输入输出信号电压波形

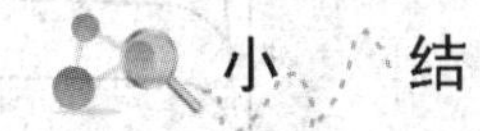

小　结

1. 按输入输出信号与晶体管连接方式的不同，基本放大电路可以分为三种形式：共发射极放大电路、共基极放大电路和共集电极放大电路。其中，使用最为广泛的是共发射极放大电路。共发射极放大电路输出与输入反相，输入电阻和输出电阻适中，由于它的电压、电流和功率放大倍数都比较大，适用于一般放大和多级放大电路的中间级；共集电极放大电路也叫射极输出器，电压放大倍数小于 1，约等于 1，输出与输入同相，而且输入电阻高、输出电阻低，通常可应用于多级放大电路的输入级、中间级和输出级。

2. 静态工作点是放大电路能够正常工作的基础，它设置的合理与否将直接影响放大电路的工作状态及性能。常用的静态分析法有直流通路近似计算法（也称估算法）和图解分析法；常用的动态分析方法有微变等效电路法和图解法。

3. 多级放大电路一般由输入级、中间级、末前级和输出级（末级）组成。其中前若干级主要用于电压放大，末级主要用于功率放大。多级放大电路的总电压放大倍数就等于各单级电压放大倍数的乘积；多级放大电路前一级的输出电阻是带动后一级的等效信号源的内阻，后一级的输入电阻是前一级的负载电阻；多级放大电路的输入电阻为第一级放大电路的输入电阻；输出电阻等于最末级放大电路的输出电阻。

4. 差分放大电路是一种最有效的抑制零点漂移的放大电路，常用在直接耦合放大电路的第一级，是集成运算放大器的主要组成部分。差分放大电路有两个输入端、两个输出端，因此按照输入输出方式可分为四种情况：双端输入双端输出、双端输入单端输出、单端输入双端输出、单端输入单端输出。

5. 将电子电路输出端的信号（电压或电流）的一部分或全部通过反馈电路引回到输入端，就称为反馈。按照极性的不同，反馈分为正反馈和负反馈，使净输入信号增大的反馈为正反馈，使净输入信号减小的反馈为负反馈。负反馈使电路的放大倍数降低，但能够提高增益的稳定性、减小非线性失真、展宽通频带等。

2-1 测得某放大电路中双极结型晶体管三个极的对地电位分别为以下数值，试判断该管子类型（NPN 型还是 PNP 型，硅管还是锗管）及各电极。

（1）$u_A=-9V$，$u_B=-6V$，$u_C=-6.2V$。

（2）$u_A=8.7V$，$u_B=4.4V$，$u_C=3.7V$。

2-2 固定偏置放大电路如图 2-70（a）所示，图 2-70（b）为晶体管的输出特性曲线。

（1）用估算法求静态值。

（2）用作图法求静态值。

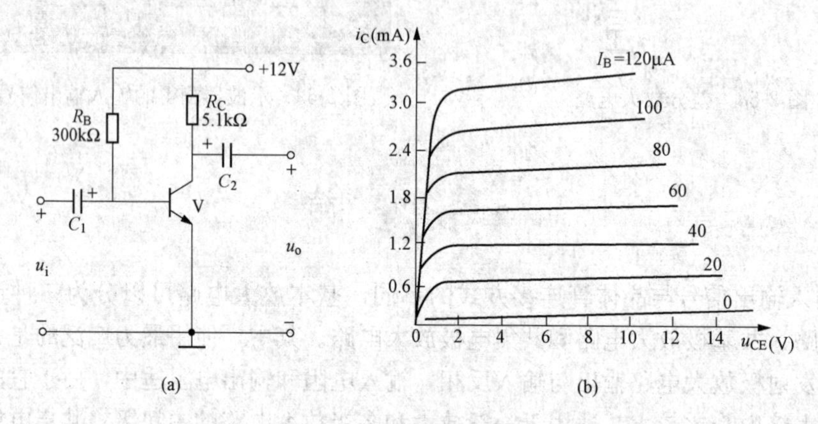

图 2-70 习题 2-2 的图

2-3 试判断图 2-71 中的各个电路对正弦信号有无放大作用，简单说明理由。

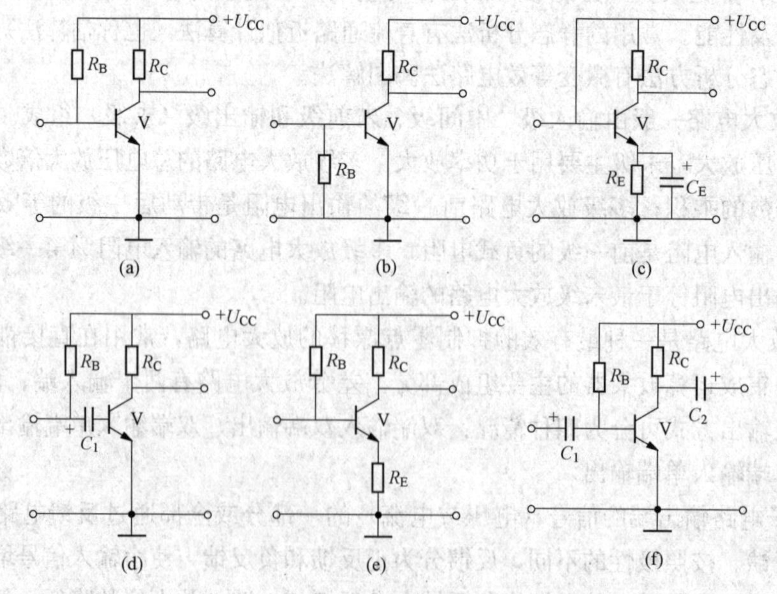

图 2-71 习题 2-3 的图

2-4　图2-72所示晶体管放大电路，已知$U_{CC}=10V$，$\beta=30$，并设$U_{BEQ}=0.7V$。试求：

(1) 静态值（I_B、I_C、U_{CE}）。

(2) 画出微变等效电路。

(3) 电压放大倍数A_u。

(4) 估算输入输出电阻R_i、R_o。

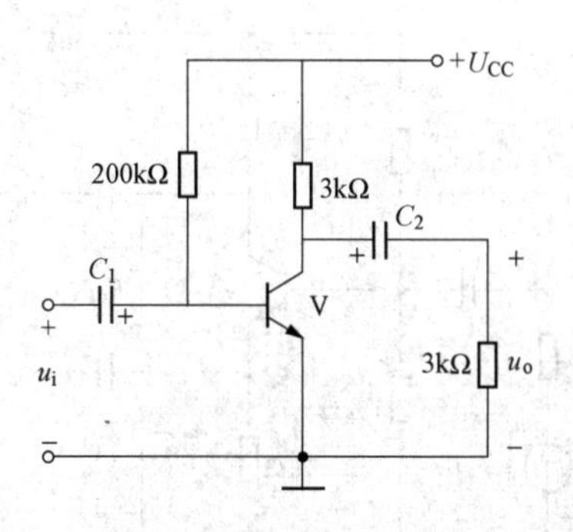

图2-72　习题2-4的图

2-5　在图2-73所示电路中，已知$U_{CC}=12V$，$\beta=60$，并设$U_{BEQ}=0.7V$，$R_B=120k\Omega$，$R_C=3k\Omega$，$R_L=3k\Omega$，$R_P=2M\Omega$。

(1) 当将R_P调到零时，试求Q点，此时晶体管工作在什么状态？

(2) 当将R_P调到最大时，试求Q点，此时晶体管工作在什么状态？

(3) 若使$U_{CE}=6V$，应当将R_P调到何值？此时晶体管工作在什么状态？

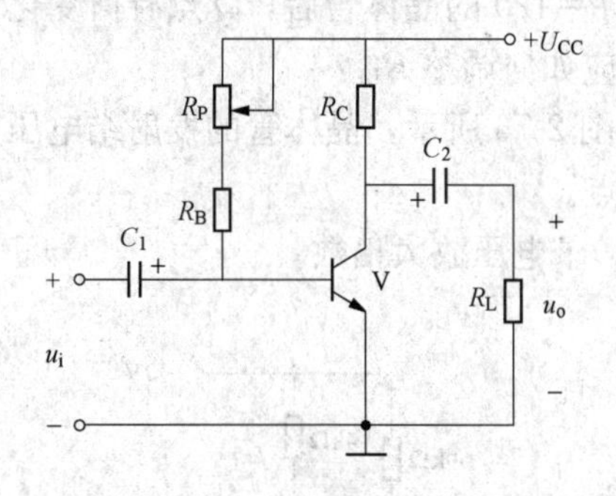

图2-73　习题2-5的图

2-6　共发射极放大电路的输入电压波形如图2-74（a）所示，输出电压波形如图2-74（b）、（c）、（d）所示。请问分别发生了什么失真？该如何改善？

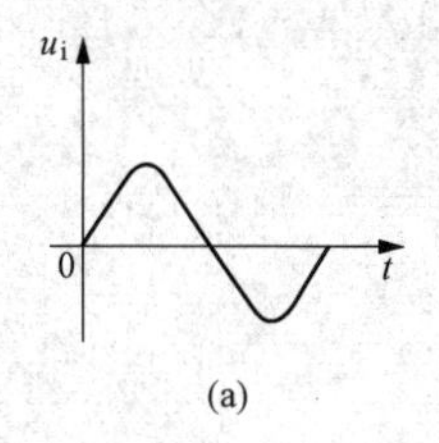

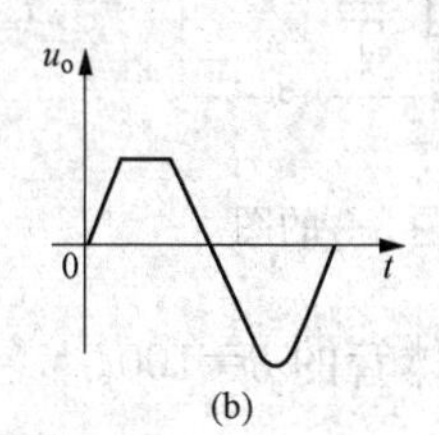

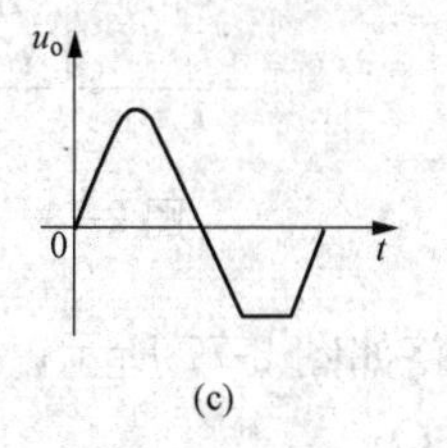

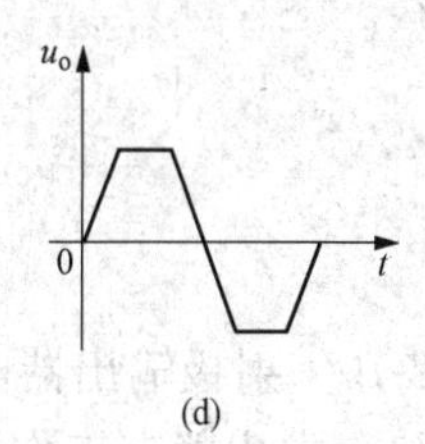

图2-74　习题2-6的图

2-7　电路如图 2-75 所示，设 $\beta=120$，$U_{BE}=0.7V$。

(1) 估算 Q 点。

(2) 求电压放大倍数 A_{u1} 和 A_{u2}。

(3) 求输入电阻 R_i。

(4) 求输出电阻 R_{o1} 和 R_{o2}。

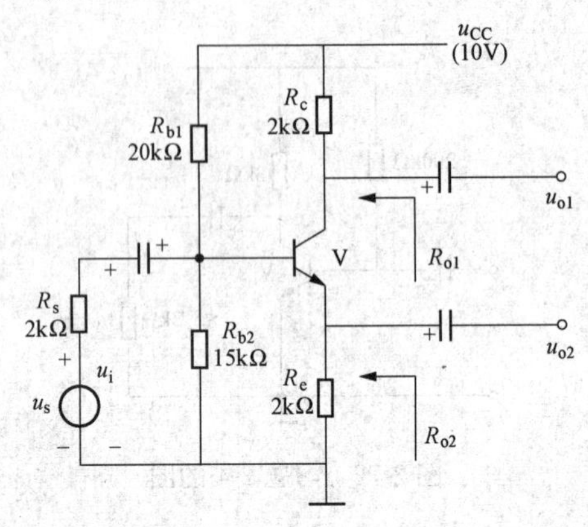

图 2-75　习题 2-7 的图

2-8　分压式偏置放大电路如图 2-17 所示。已知：$U_{CC}=12V$，$R_{B1}=51k\Omega$，$R_{B2}=10k\Omega$，$R_c=4k\Omega$，$R_E=1.5k\Omega$，$\beta=100$，晶体管的发射结压降为 0.7V。

(1) 试求放大电路的 Q 点。

(2) 将晶体管 V 替换为 $\beta=120$ 的晶体管后，Q 点有何变化？

(3) 若要求 $I_C=1mA$，应如何调整 R_{B1}？

2-9　分压式偏置电路如图 2-76 所示，晶体管的发射结电压为 0.7V，$r'_{bb}=200\Omega$。

(1) 试求放大电路的 Q 点。

(2) 画出微变等效电路，求电压放大倍数。

(3) 求输入、输出电阻。

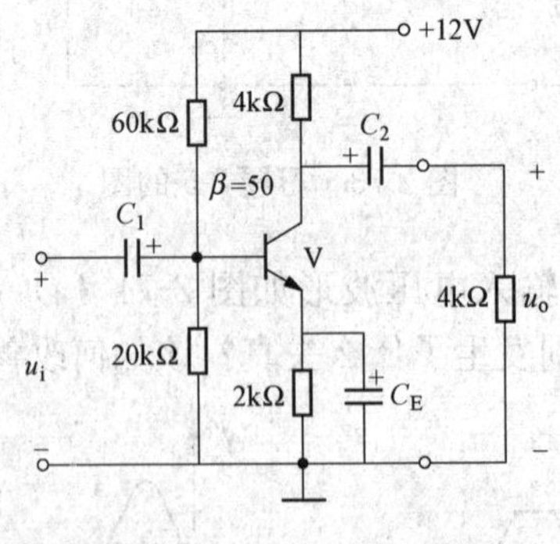

图 2-76　习题 2-9 的图

2-10　射极输出器电路如图 2-77 所示，晶体管的 $\beta=100$。

(1) 求出静态工作点 Q。

(2) 分别求出 $R_L=\infty$ 和 $R_L=6k\Omega$ 时电路的 A_u 和 R_i。

(3) 求出输出电阻 R_o。

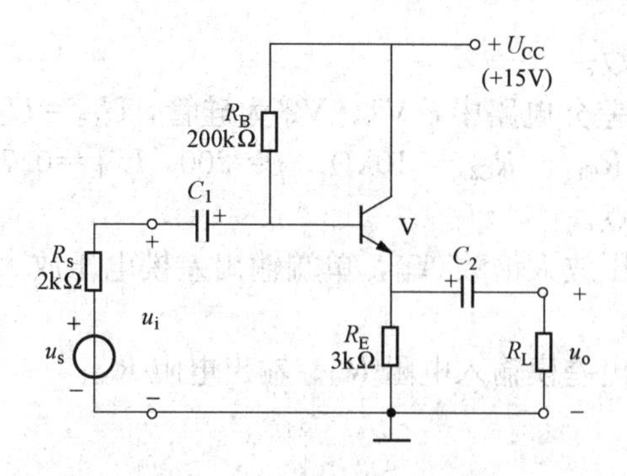

图 2-77　习题 2-10 的图

2-11　两级交流放大电路如图 2-78 所示，已知 $U_{CC}=12V$，两个晶体管的 β 值均为 40，$R_B=600k\Omega$，$R_C=10k\Omega$，$R'_B=400k\Omega$，$R'_C=5.1k\Omega$，$R_L=1k\Omega$，试绘出微变等效电路并计算：

（1）整个放大电路的输入和输出电阻。

（2）总电压放大倍数。

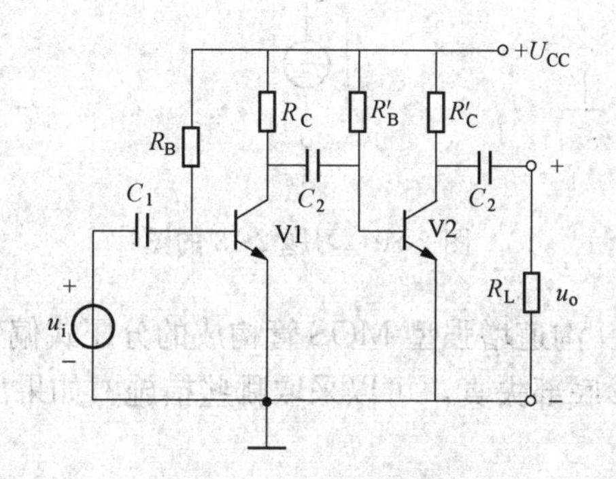

图 2-78　习题 2-11 的图

2-12　两级交流放大电路如图 2-79 所示，已知两个晶体管的 β 值均为 40，$r_{be1}=1.37k\Omega$，$r_{be2}=0.89k\Omega$。

（1）画出直流通路，并计算各级静态工作点（计算 U_{CE1} 时忽略 I_{B2}）。

（2）求整个放大电路的输入和输出电阻。

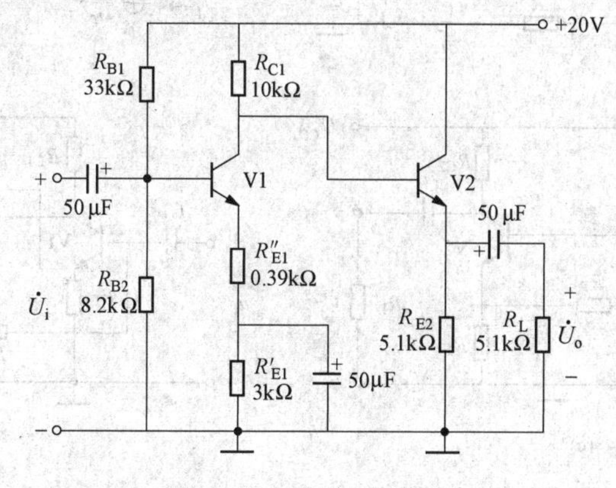

图 2-79　习题 2-12 的图

（3）求总电压放大倍数。

2-13　在图 2-80 所示差分电路中，V1、V2 为硅管，$U_{CC}=U_{EE}=10V$，$I_o=1mA$，$r_o=25k\Omega$（电流源交流电阻），$R_{C1}=R_{C2}=10k\Omega$，$\beta=200$，$U_{BE}=0.7V$。试求：

（1）电路的静态工作点。

（2）双端输出差模电压放大倍数 A_{ud}，单端输出差模电压放大倍数 A_{ud1}，共模电压放大倍数 A_{uc1}。

（3）双端输入双端输出差模输入电阻 R_{id}、输出电阻 R_{od}。

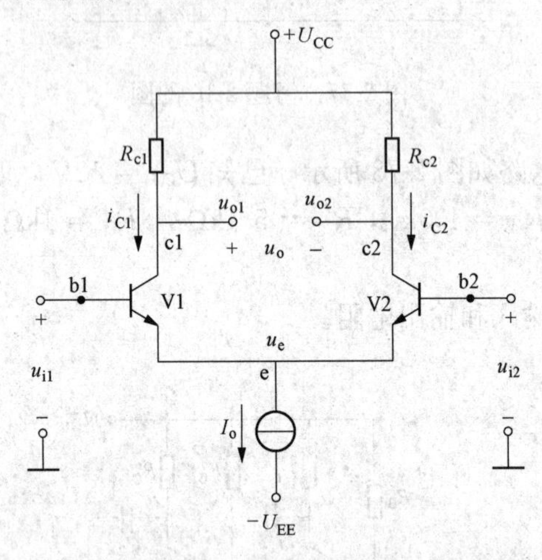

图 2-80　习题 2-13 的图

2-14　在图 2-47 所示 N 沟道增强型 MOS 管构成的分压式偏置共源极放大电路中。

（1）如果输出电压波形底部失真，可以采取哪些措施？如果出现顶部失真，可以采取哪些措施？

（2）若要增大电压放大倍数，则可以采取哪些措施？

2-15　判断图 2-81 所示电路级间反馈类型。

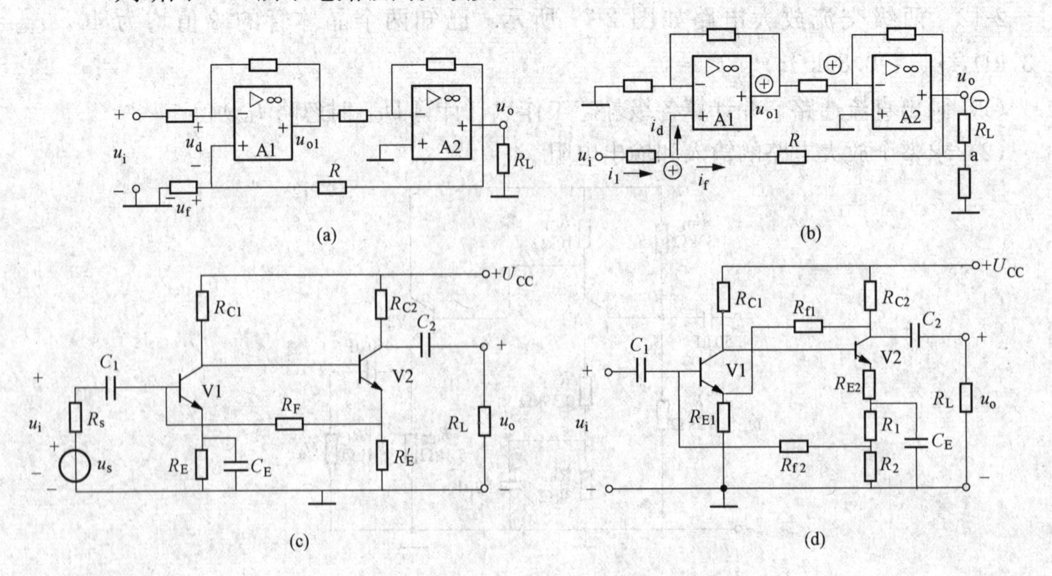

图 2-81　习题 2-15 的图

2-16　由集成运放和晶体管 V1 和 V2 组成的放大电路如图 2-82 所示，试分别按下列要求将信号源 u_s、电阻 R_f正确接入电路。

（1）引入电压串联负反馈。

（2）引入电压并联负反馈。

（3）引入电流并联负反馈。

（4）引入电流串联负反馈。

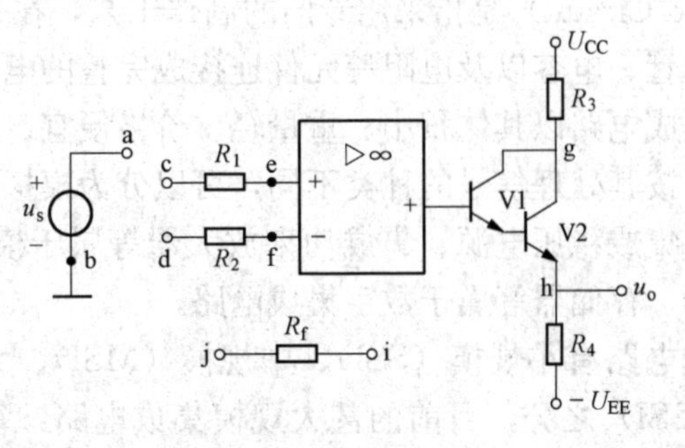

图 2-82　习题 2-16 的图

2-17　为了实现下列要求，在图 2-83 中应引入何种负反馈？反馈电阻 R_f应如何接入到电路中？

（1）增大输入电阻，减小输出电阻。

（2）稳定输出电压，减小输入电阻。

（3）稳定输出电流，减小输入电阻。

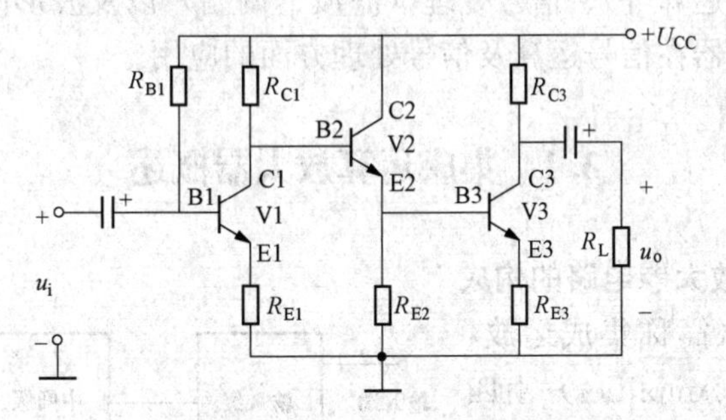

图 2-83　习题 2-17 的图

第 3 章　集成运算放大器

集成电路（Integrated Circuit）是指采用专门的制作工艺，在一块较小的单晶硅片上将晶体管、场效应管、二极管、电容以及电阻等元件连接成完整的电子电路并加以封装，使之具有特定功能的电路。集成电路以其体积小、重量轻、价格便宜、功耗低等优点正逐步取代分立元件电路。集成电路按其处理信号的种类不同，可以分为模拟集成电路和数字集成电路两类。集成运算放大器、集成稳压电源、集成功率放大器等属于模拟集成电路，而门电路、触发器、计数器、寄存器、存储器等属于数字集成电路。

就集成度而言，集成电路有小规模（SSI）、中规模（MSI）、大规模（LSI）、超大规模（VLSI）和甚大规模（ULSI）之分，目前的甚大规模集成电路，每块芯片上可制有上亿个元件，而芯片面积仅有几平方毫米；就功能而言，集成电路有电视机用集成电路、音响用集成电路、照相机用集成电路、通信用集成电路等各种专用集成电路，不胜枚举，电路种类繁多，几乎在任一电子设备的电路板上，都可以看到集成电路的身影。

集成运算放大器是模拟集成电路中应用极为广泛的一种器件，它是以双端为输入、单端对地为输出的直接耦合型高增益放大器。在其输入与输出之间接入不同的反馈网络，可组成不同用途的实用电路，利用集成运算放大器可非常方便地完成信号运算（比例、加、减、积分、微分、对数、指数运算等）、信号处理（滤波、调制）以及波形的产生和变换等。本章重点讲述集成运算放大器在信号运算及信号处理方面的应用。

3.1　集成运算放大器概述

3.1.1　集成运算放大器电路的构成

集成运算放大器（简称集成运放，Integrated Operational Amplifier）由四部分构成，分别为输入级、中间级、输出级以及各级的偏置电路，其电路框图如图 3-1 所示。

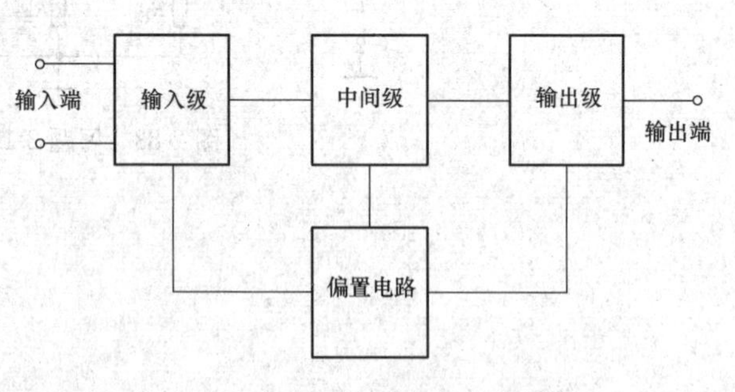

图 3-1　集成运算放大器电路框图

1. 输入级

输入级又称前置级，一般是一个双端输入的高性能差分放大电路，有同相和反相两个输入端。一般要求其输入电阻高、抑制零点漂移和共模干扰信号的能力强、差模放大倍数高、静态电流小。输入级的好坏直接影响集成运算放大器的性能参数。

2. 中间级

中间级是集成运算放大器的主放大器，其主要作用是提供足够大的电压放大倍数，故而也称电压放大级。要求中间级本身具有较高的电压增益，一般采用共发射极（或共源）放大电路。为了提高电压放大倍数，放大管经常采用复合管，集电极负载通常使用恒流源，其电压放大倍数可达千倍以上。

3. 输出级

输出级的主要作用是输出足够大的电压和电流以满足负载的需要，同时还要求具有输出电压线性范围宽、输出电阻小和非线性失真小等特点。为保证输出电阻小（即带负载能力强），得到大电流和高电压输出，输出级一般由射极输出器或互补功率放大电路构成。输出级设有保护电路，以保护输出级不致损坏。有些集成运算放大器中还设有过热保护等。

4. 偏置电路

偏置电路的作用是给上述各级电路提供稳定、合适的偏置电流，从而确定合适的静态工作点，一般采用恒流源电路构成偏置电路。

常见的集成运算放大器有圆形、扁平形、双列直插式等，管脚数有 8 管脚、14 管脚等。集成运算放大器的外形及管脚如图 3-2 所示。

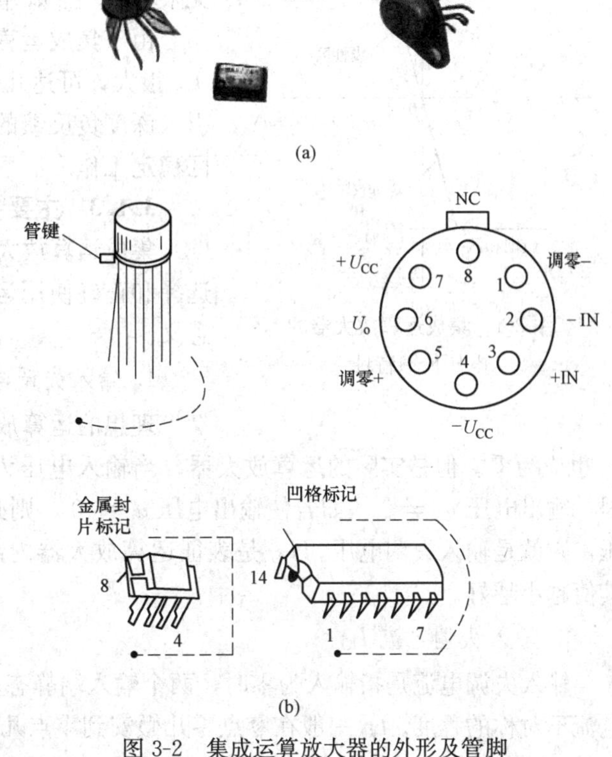

图 3-2　集成运算放大器的外形及管脚

（a）外形；（b）管脚

3.1.2　集成运算放大器的电压传输特性

集成运算放大器的符号如图 3-3 所示。

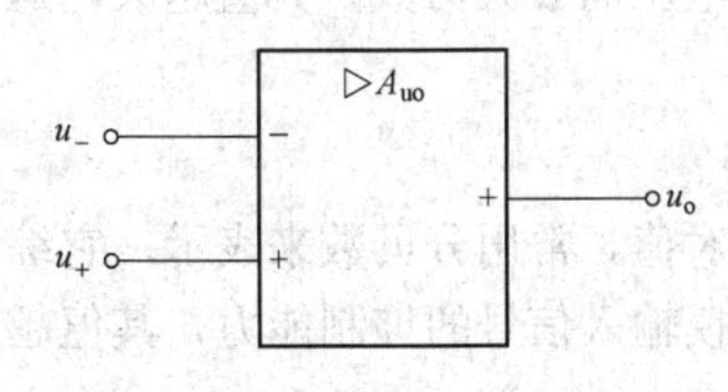

图 3-3　集成运算放大器的符号

运算放大器有三个引线端：两个输入端和一个输出端。其中一个输入端称为同相输入端（Non-inverting Input），该端输入信号与输出端输出信号的极性相同，用符号＋或 IN＋表示，其对“地”的电压（即电位）用 u_+ 表示；另一个输入端称为反相输入端（Inverting Input），该端输入信号与输出端输出信号的极性相反，用符号－或 IN－表示，其对“地”的电压（即电位）用 u_- 表示。输出端一般画在输入端的另一侧，在符号边框内标有＋号，其对“地”的电压（即电位）用 u_o 表示。实际的运算放大器还必须有正、负电源端，还可能有补偿端和调零端。在简化符号中，电源端、调零端等都省略。

集成运算放大器的输出电压 u_o 与输入电压（即同相输入端与反相输入端之间的差值电压）之间的关系 $u_o = f(u_+ - u_-)$（见图 3-4）称为电压传输特性（Voltage-Transfer Characteristic）。从图 3-4 所示曲线可以看出，电压传输特性包括线性区和饱和区两部分。

在线性区，曲线的斜率为电压放大倍数，即

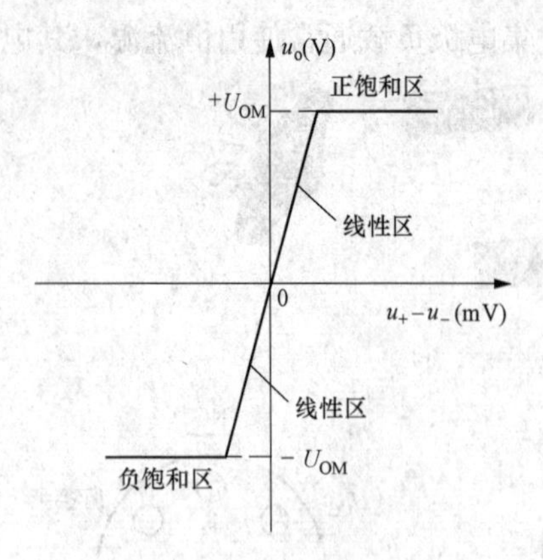

图 3-4 集成运算放大器的电压传输特性

$$u_o = A_{uo}(u_+ - u_-) \quad (3\text{-}1)$$

由于受电源电压的限制，u_o 不可能随 $u_+ - u_-$ 的增加而无限增加。当 u_o 增加到一定值后，便进入了正、负饱和区。

由于集成运算放大器的线性区很窄且电压放大倍数 A_{uo} 很大，可达几十万倍，因此即使输入电压很小，在不引入深度负反馈的情况下集成运算放大器也很难在线性区稳定工作。

3.1.3 主要参数

集成运算放大器的参数反映了它的性能，要想合理选择和正确使用运算放大器，就必须了解各主要参数的意义。

1. 输入失调电压 U_{IO}

理想的运算放大器，当输入电压为零时，输出电压 u_o 也应为零。但是实际的运算放大器，当输入电压为零时，由于元件参数的不对称性等原因，输出电压 $u_o \neq 0$ 。如若使输出电压 $u_o = 0$ ，则必须在输入端加一个值为 U_{IO} 的补偿电压，它就是输入失调电压。U_{IO} 是表征运算放大器内部电路对称性的指标，一般为几毫伏，其值越小越好。

2. 输入失调电流 I_{IO}

输入失调电流是指输入为零时，两个输入端静态基极电流之差，它用于表征差分级输入电流不对称的程度。I_{IO} 一般在零点零几微安到零点几微安之间，其值越小越好。

3. 最大输出电压 U_{OPP}

它是指使集成运算放大器输出电压和输入电压保持不失真关系的最大输出电压。

4. 开环差模电压放大倍数 A_{uo}

它是指集成运算放大器在无外加反馈回路的情况下差模电压的放大倍数。其值越大，运算精度越高。A_{uo} 一般为 $10^4 \sim 10^7$ ，即 80～140dB。

5. 共模抑制比 K_{CMR}

共模抑制比等于差模放大倍数与共模放大倍数之比的绝对值，常用分贝数来表示。它综合反映了集成运算放大器对差摸输入信号的放大能力和对共模输入信号的抑制能力，其值越大越好。

6. 差模输入电阻 R_{id}

差模输入电阻是指输入差模信号时运算放大器的输入电阻。R_{id} 越大，对信号源的影响越小，运算放大器的 R_{id} 一般都在几百千欧以上。

7. 输出电阻

输出电阻是指从运放输出端向运放看入的等效信号源内阻，其值越小越好，理想集成运放的输出电阻趋近于零。

3.1.4 理想运算放大器

一般情况下，在分析集成运算放大器电路时，为了简化分析，通常将实际的运算放大器看成是一个理想的运算放大器，即将集成运算放大器的各项参数理想化。构成理想运算放大器的主要条件是：

（1）开环差模电压放大倍数 $A_{uo} \to \infty$ 。

（2）差模输入电阻 $R_{id} \to \infty$ 。

（3）输出电阻 $R_o \to 0$ 。

（4）共模抑制比 $K_{CMR} \to \infty$ 。

（5）无内部干扰和噪声。

实际运算放大器看做理想运算放大器时，上述条件达到以下要求即可：电压放大倍数达到 $10^4 \sim 10^5$ 倍；输入电阻达到 $10^5\,\Omega$；输出电阻小于几百欧姆；输入最小信号时，有一定信噪比，共模抑制比大于等于 60dB。由于实际运算放大器的参数比较接近理想运算放大器，因此由理想化带来的误差非常小，在一般的工程计算中可以忽略不计。

理想运算放大器的符号如图 3-5 所示。在本章及以后各章中，如果没有特别注明，所有电路图中的运算放大器均作为理想运算放大器处理。

理想运算放大器的电压传输特性如图 3-6 所示。

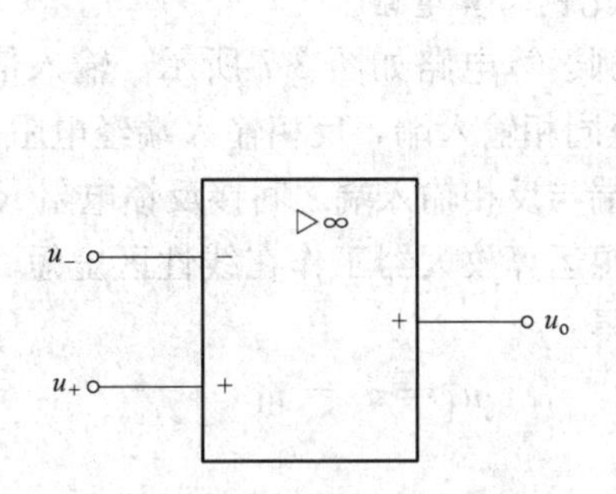

图 3-5　理想运算放大器的符号

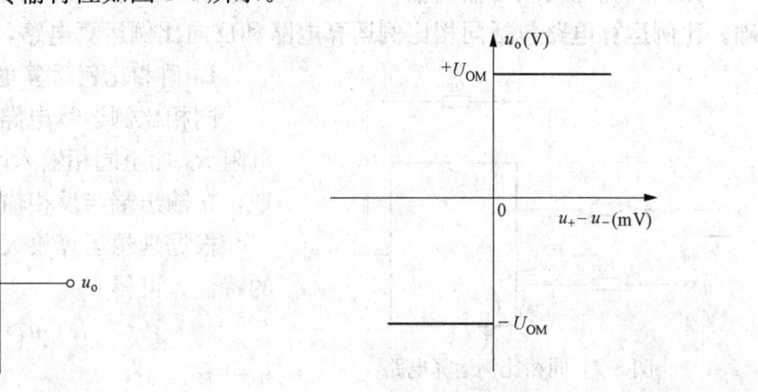

图 3-6　理想运算放大器的电压传输特性

从图 3-6 可以看出，由于理想运算放大器的开环差模电压放大倍数 $A_{uo} \to \infty$ ，因此线性区几乎与纵轴重合。在不加负反馈的情况下，只要 $|u_+ - u_-|$ 从零开始有微小的增加，运算放大器就很快进入饱和区，即

$$u_+ > u_- \text{ 时}, u_o = +U_{OM}$$

$$u_+ < u_- \text{ 时}, u_o = -U_{OM}$$

在引入深度负反馈后，理想运算放大器工作在线性区，可以得出两条重要的结论：

（1）虚短路（简称虚短，Virtual Short Circuit）：即集成运算放大器两输入端的电位相等，$u_+ = u_-$ 。

由于集成运算放大器的输出电压为有限值，而理想集成运算放大器的 $A_{uo} \to \infty$ ，则

$$u_+ - u_- = \frac{u_o}{A_{uo}} = 0 \quad \text{即} \quad u_+ = u_-$$

从上式看，两个输入端好像是短路，但又未真正短路，故将这一特性称为虚短。

（2）虚断路（简称虚断，Virtual Break）：即集成运算放大器两输入端的输入电流为零，$i_+ = i_- = 0$ 。

由于运算放大器的输入电阻一般都在几百千欧以上，流入运算放大器同相输入端和反相输入端中的电流十分微小，比外电路中的电流小几个数量级，往往可以忽略，这相当于将运

算放大器的输入端开路，即 $i_+ = i_- = 0$ 。显然，运算放大器的输入端不可能真正开路，故将这一特性称为虚断。

当运算放大器的同相输入端（或反相输入端）接地时，根据虚短的概念可知，运算放大器的另一端也相当于接地，称其为虚地（Virtual Ground）。

在分析运算放大器应用电路时，运用虚短、虚断、虚地的概念，可以大大简化运算放大器电路分析的工作量。

3.2 运算放大器在信号运算方面的应用

运算电路是集成运算放大器的基本应用电路，它是集成运算放大器的线性应用。集成运算放大器外接深度负反馈电路后，就可以实现对输入信号的比例、加、减、积分和微分等运算。

3.2.1 比例运算

比例运算电路满足输出信号与输入信号之间比例运算的关系，它是各种运算电路的基础。比例运算电路包括同相比例运算电路和反向比例运算电路，分述如下。

1. 同相比例运算电路

同相比例运算电路如图 3-7 所示。输入信号经电阻 R_2 加至同相输入端，反相输入端经电阻 R_1 接地，在输出端与反相输入端之间接反馈电阻 R_F 。

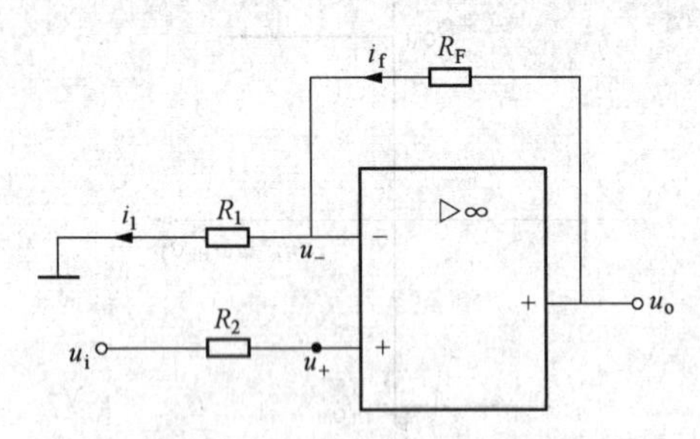

图 3-7 同相比例运算电路

根据理想运算放大器工作在线性区虚短、虚断的特性，可得

$$u_+ = u_- = u_i$$

$$i_1 = i_f$$

而

$$i_1 = \frac{u_-}{R_1} = \frac{u_i}{R_1}$$

$$i_f = \frac{u_o - u_-}{R_F} = \frac{u_o - u_i}{R_F}$$

所以

$$u_o = \left(1 + \frac{R_F}{R_1}\right) u_i \tag{3-2}$$

式（3-2）说明，输出电压 u_o 随输入电压 u_i 按正比变化，即输出与输入成正比。

闭环电压放大倍数为

$$A_{uf} = \frac{u_o}{u_i} = \left(1 + \frac{R_F}{R_1}\right) \tag{3-3}$$

可见 A_{uf} 恒为正值，总是大于或等于 1，表示 u_o 与 u_i 同相，且 A_{uf}（即 u_o 与 u_i 的比值）与运算放大器本身的参数无关。

R_2 称为平衡电阻，阻值选择为

$$R_2 = R_1 \mathbin{/\!/} R_F$$

当 $R_1 \to \infty$（断开）或 $R_F = 0$ 时，$A_{uf} = \frac{u_o}{u_i} = 1$ ，即 $u_o = u_i$ ，称为电压跟随器（Voltage

Follower)，这时的电路如图 3-8 所示。

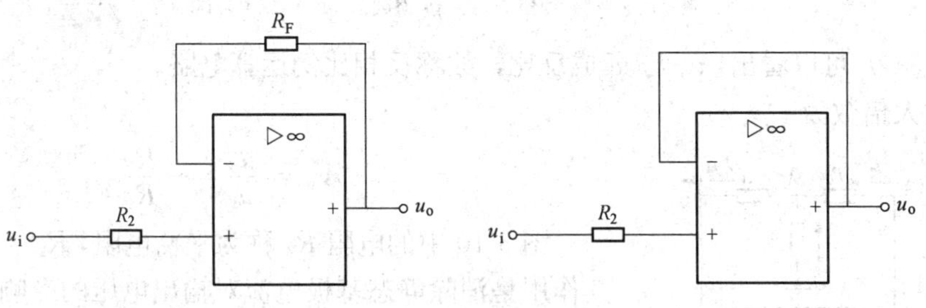

图 3-8　电压跟随器

虽然电压跟随器的电压放大倍数等于 1，但它的输入电阻 $R_i \to \infty$，输出电阻 $R_o \to 0$，故可在电路中作阻抗变换器或缓冲器。

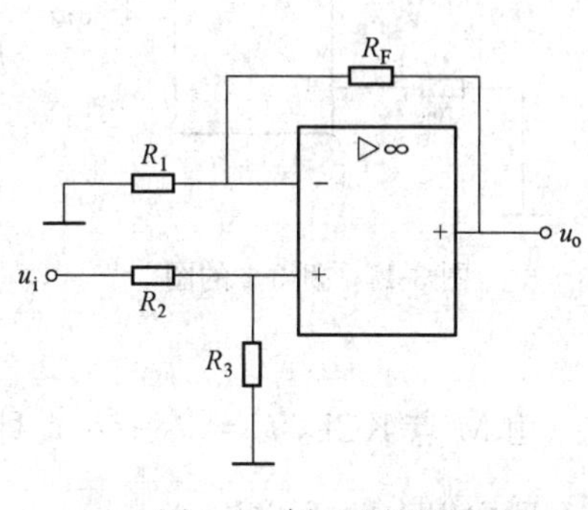

图 3-9　例 3-1 的图

【例 3-1】　在图 3-9 所示的同相比例运算电路中，已知 $R_1 = 1\text{k}\Omega, R_2 = 2\text{k}\Omega, R_3 = 10\text{k}\Omega$，$R_F = 5\text{k}\Omega, u_i = 1\text{V}$，求 u_o。

解　根据虚断性质可得

$$u_- = \frac{u_o}{R_1 + R_F} R_1$$

$$u_+ = \frac{u_i}{R_2 + R_3} R_3$$

根据虚短性质得

$$\frac{u_o}{R_1 + R_F} R_1 = \frac{u_i}{R_2 + R_3} R_3$$

整理得

$$u_o = \frac{R_1 + R_F}{R_2 + R_3} \cdot \frac{R_3}{R_1} \cdot u_i = 5\text{V}$$

2. 反相比例运算电路

输入信号 u_i 经电阻 R_1 加至反相输入端（见图 3-10），同相输入端经电阻 R_2 接地，在输出端与反相输入端之间接反馈电阻 R_F，以下分析其输入、输出信号之间的关系。

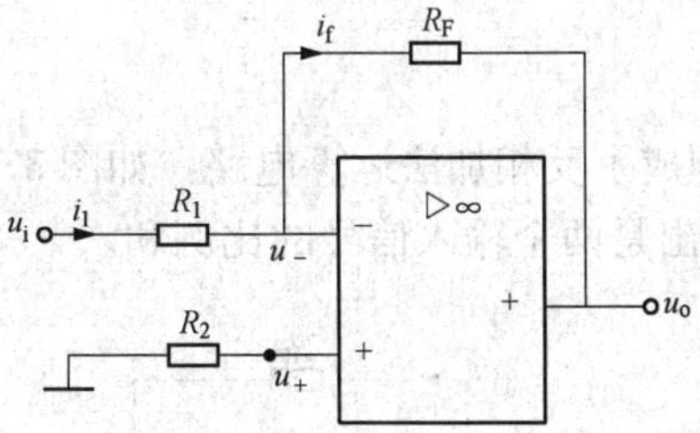

图 3-10　反相比例运算电路

利用理想运算放大器工作在线性区虚断、虚短的概念，有

$$i_1 = i_f$$

$$u_+ = u_- = 0$$

及

$$i_1 = \frac{u_i - u_-}{R_1} = \frac{u_i}{R_1}$$

$$i_f = \frac{u_- - u_o}{R_F} = -\frac{u_o}{R_F}$$

所以

$$u_o = -\frac{R_F}{R_1}u_i \tag{3-4}$$

从式（3-4）可以看出，u_o 与 u_i 成反比，故称反相比例运算电路。

电压放大倍数为

$$A_{uf} = \frac{u_o}{u_i} = -\frac{R_F}{R_1} \tag{3-5}$$

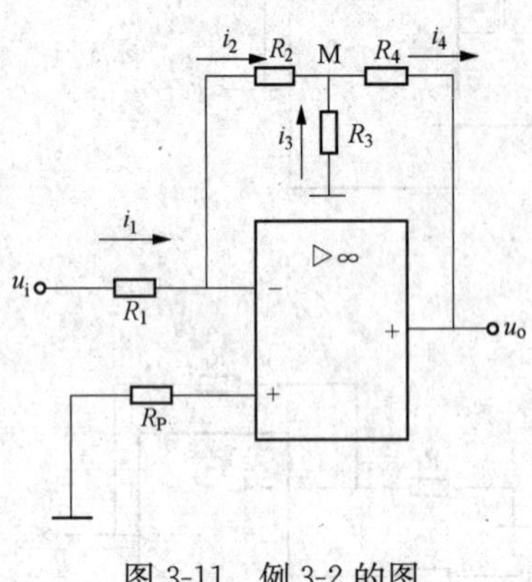

图 3-11　例 3-2 的图

图 3-10 中的电阻 R_2 称为平衡电阻，$R_2 = R_1 // R_F$，其作用是消除静态基极电流对输出电压的影响。

当 $R_1 = R_F$ 时，$A_{uf} = \frac{u_o}{u_i} = -1$，即 $u_o = -u_i$，称为反相器（Reverser）。

【例 3-2】 试推导图 3-11 中 $A_{uf} = \frac{u_o}{u_i}$ 的表达式。

解　设 M 点电位为 U，由虚短：$u_- \approx u_+ = 0$。

由虚断：$i_1 = i_2$，即 $\frac{u_i}{R_1} = \frac{0-U}{R_2}$。

由 M 点 KCL，$i_4 = i_2 + i_3$，即 $\frac{U-u_o}{R_4} = \frac{0-U}{R_2} + \frac{0-U}{R_3}$。

联立以上两式可得

$$A_{uf} = \frac{u_o}{u_i} = -\left(\frac{R_2}{R_1} + \frac{R_4}{R_1} + \frac{R_2R_4}{R_3R_1}\right)$$

【例 3-3】 试求图 3-12 中输入电压 u_i 与输出电压 u_o 的运算关系式。

解　第一级运放为电压跟随器，则

$$u_{o1} = u_i$$

第二级运放为反相比例电路，则

$$u_o = -\frac{R_F}{R_1}u_{o1} = -\frac{R_F}{R_1}u_i$$

3.2.2　加法运算

在反相比例运算电路的基础上，增加一路支路，就构成了反相加法运算电路，如图 3-13 所示。此时两个输入信号电压产生的电流都流向 R_F，输出是两个输入信号的比例和。

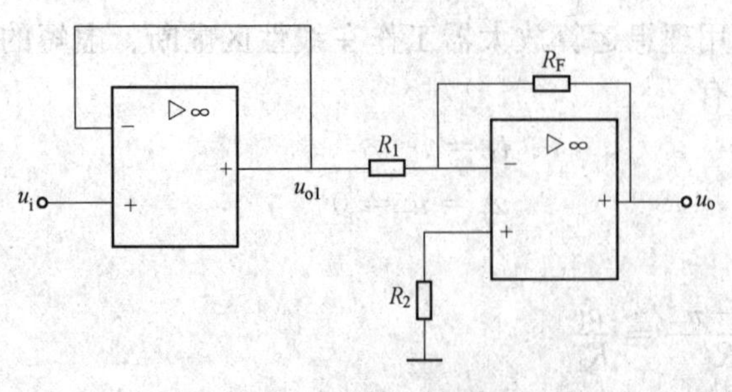

图 3-12　例 3-3 的图

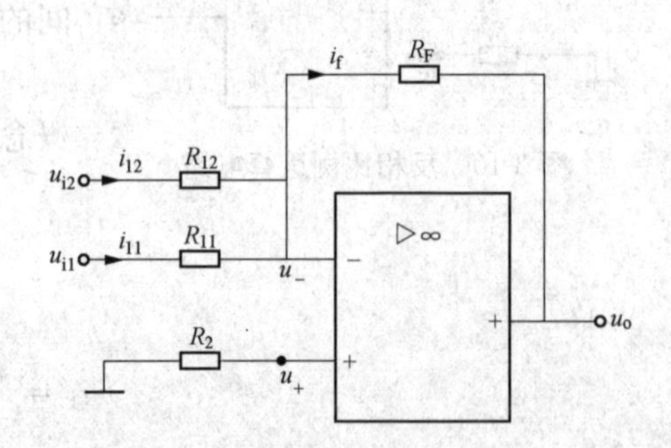

图 3-13　反相加法运算电路

由于同相输入端经电阻 R_2 接地，则 $u_+ = u_- = 0$，列写各支路电流方程

$$i_{12}=\frac{u_{i2}-0}{R_{12}}=\frac{u_{i2}}{R_{12}}$$

$$i_{11}=\frac{u_{i1}-0}{R_{11}}=\frac{u_{i1}}{R_{11}}$$

$$i_{f}=\frac{0-u_{o}}{R_{F}}=-\frac{u_{o}}{R_{F}}$$

利用虚断的概念，$i_{-}=0$，有 $i_{f}=i_{11}+i_{12}$，据此可得

$$u_{o}=-R_{F}\left(\frac{u_{i1}}{R_{11}}+\frac{u_{i2}}{R_{12}}\right)=-\left(\frac{R_{F}}{R_{11}}u_{i1}+\frac{R_{F}}{R_{12}}u_{i2}\right) \tag{3-6}$$

当 $R_{11}=R_{12}=R_{1}$ 时，$u_{o}=-\frac{R_{F}}{R_{1}}(u_{i1}+u_{i2})$。

当 $R_{11}=R_{12}=R_{F}$ 时，$u_{o}=-(u_{i1}+u_{i2})$。

即输出电压为输入电压之和的反相，因此该电路也称为反相求和电路。

平衡电阻 $R_{2}=R_{11}\,/\!/\,R_{12}\,/\!/\,R_{F}$。

同相加法运算电路如图 3-14 所示。

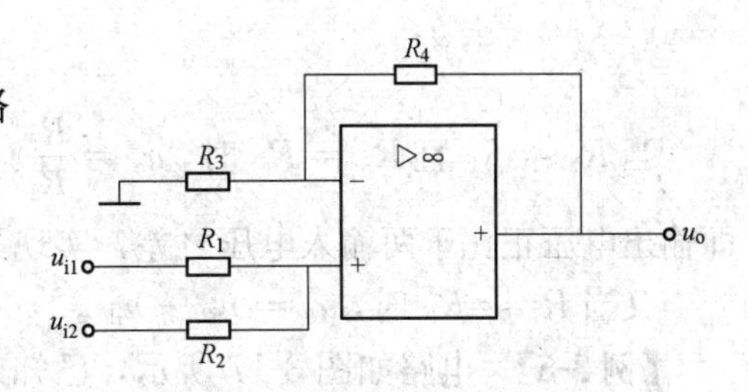

图 3-14　同相加法运算电路

根据同相比例电路可得

$$u_{o}=\left(1+\frac{R_{4}}{R_{3}}\right)u_{+}$$

而 $u_{+}=\left(\frac{R_{2}}{R_{1}+R_{2}}\right)u_{i1}+\left(\frac{R_{1}}{R_{1}+R_{2}}\right)u_{i2}$

所以

$$u_{o}=\left(1+\frac{R_{4}}{R_{3}}\right)\left[\left(\frac{R_{2}}{R_{1}+R_{2}}\right)u_{i1}+\left(\frac{R_{1}}{R_{1}+R_{2}}\right)u_{i2}\right] \tag{3-7}$$

当 $R_{1}=R_{2}=R_{3}=R_{4}$ 时，$u_{o}=u_{i1}+u_{i2}$。

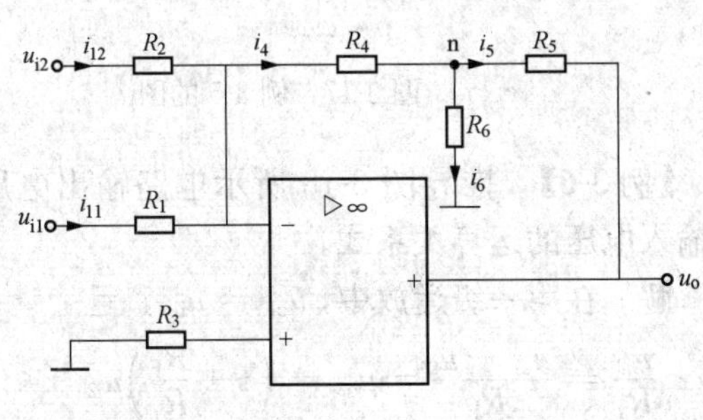

图 3-15　例 3-4 的图

【例 3-4】 求解图 3-15 所示电路中输入电压与输出电压之间的运算关系。

解　图示电路为反相加法运算电路，求解此题的关键是要先求出 n 点的电位 u_{n}，运用电路理论，有

$$i_{4}=i_{11}+i_{12}$$

或

$$-\frac{u_{n}}{R_{4}}=\frac{u_{i1}}{R_{1}}+\frac{u_{i2}}{R_{2}}$$

整理后可得

$$u_{n}=-R_{4}\left(\frac{u_{i1}}{R_{1}}+\frac{u_{i2}}{R_{2}}\right)$$

对节点 n 运用 KCL，有

$$i_{5}=i_{4}-i_{6}=\left(\frac{u_{i1}}{R_{1}}+\frac{u_{i2}}{R_{2}}\right)-\frac{u_{n}}{R_{6}}$$

求得

$$u_{o}=u_{n}-i_{5}R_{5}=-\left(R_{4}+R_{5}+\frac{R_{4}R_{5}}{R_{6}}\right)\left(\frac{u_{i1}}{R_{1}}+\frac{u_{i2}}{R_{2}}\right)$$

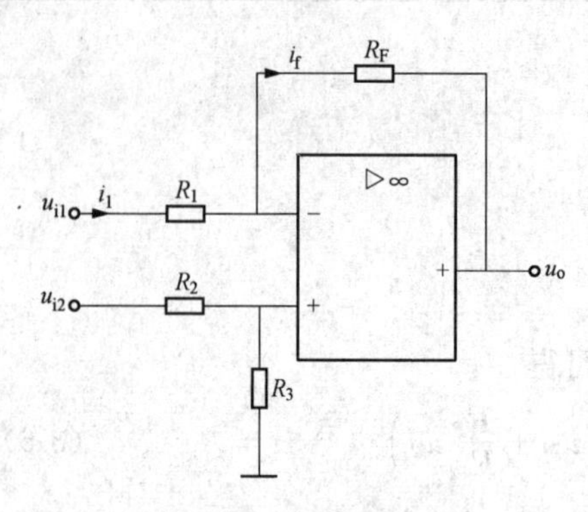

图 3-16 减法运算电路

3.2.3 减法运算

两个输入信号相减的运算电路如图 3-16 所示。

此为运算放大器两个输入端均有输入信号的情况（称为双端输入），由图 3-16 可列出

$$u_+ = u_- = \frac{R_3}{R_2+R_3}u_{i2}$$

$$i_1 = \frac{u_{i1}-u_-}{R_1},\ i_f = \frac{u_- - u_o}{R_F}$$

$$i_1 = i_f$$

整理后可得 $$u_o = \left(1+\frac{R_F}{R_1}\right)\frac{R_3}{R_2+R_3}u_{i2} - \frac{R_F}{R_1}u_{i1} \tag{3-8}$$

当 $R_1 = R_2$ 且 $R_3 = R_F$ 时，$u_o = \dfrac{R_F}{R_1}(u_{i2} - u_{i1})$。

即输出电压正比于两输入电压之差，实现了对输入电压的减法运算。

又当 $R_1 = R_F$ 时，$u_o = u_{i2} - u_{i1}$。

【例 3-5】 电路如图 3-17 所示，已知 $u_{i1} = 0.1\text{V}$，$u_{i2} = 0.2\text{V}$，$u_{i3} = 0.4\text{V}$，$u_{i4} = 0.8\text{V}$，$R_1 = R_2 = 1\text{k}\Omega$，$R_3 = R_4 = 2\text{k}\Omega$，$R_F = 5\text{k}\Omega$，求输出电压 u_o。

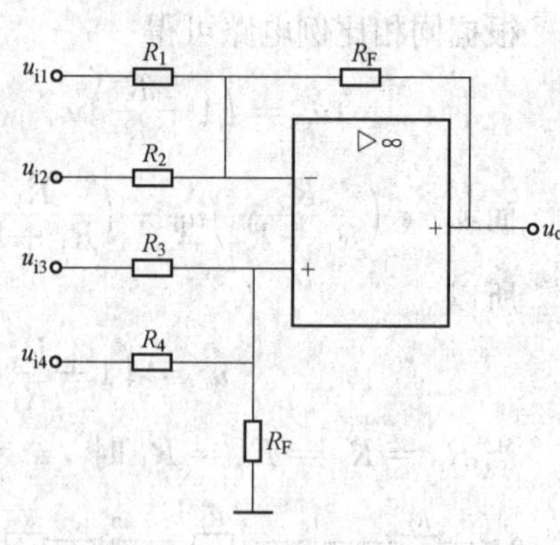

图 3-17 例 3-5 的图

解 对同相输入端列方程

$$\frac{u_+}{R_F} = \frac{u_{i3}-u_+}{R_3} + \frac{u_{i4}-u_+}{R_4}$$

将各元件值代入上式可得 $u_+ = 5\text{V}$，即 $u_- = 5\text{V}$。

对反相输入端列方程

$$\frac{u_{i1}-u_-}{R_1} + \frac{u_{i2}-u_-}{R_2} = \frac{u_- - u_o}{R_F}$$

将各元件值代入上式可得 $u_o = 4\text{V}$。

【例 3-6】 推导图 3-18 所示电路输出电压与输入电压的运算关系式。

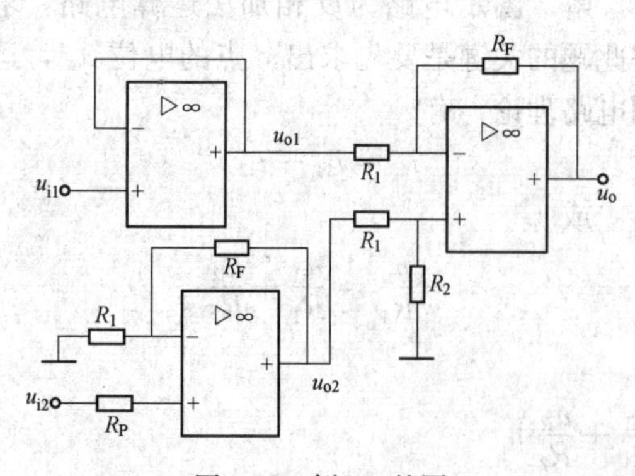

图 3-18 例 3-6 的图

解 在第一级运放中，$u_{o1} = u_{i1}$，且

$$\frac{u_{i2}}{R_1} = \frac{u_{o2}-u_{i2}}{R_F} \Rightarrow u_{o2} = \left(1+\frac{R_F}{R_1}\right)u_{i2}$$

第二级运放应用叠加定理，当只有 u_{o1} 作用，$u_{o2}=0$ 时，输出为

$$u_o' = -\frac{R_F}{R_1}u_{o1} = -\frac{R_F}{R_1}u_{i1}$$

当只有 u_{o2} 作用，$u_{o1}=0$ 时，输出为

$$u_o'' = \left(1+\frac{R_F}{R_1}\right)u_{R2} = \left(1+\frac{R_F}{R_1}\right)\frac{R_2}{R_1+R_2}u_{o2}$$

把 u_{o2} 代入，得

$$u_o'' = \left(1+\frac{R_F}{R_1}\right)^2 \frac{R_2}{R_1+R_2}u_{i2}$$

则总输出为

$$u_o = -\frac{R_F}{R_1}u_{i1} + \left(1+\frac{R_F}{R_1}\right)^2 \frac{R_2}{R_1+R_2}u_{i2}$$

3.2.4　积分运算

在反相比例运算电路中，用电容 C_F 代替 R_F 作为反馈元件（如图 3-19 所示），就构成了反相积分运算电路。

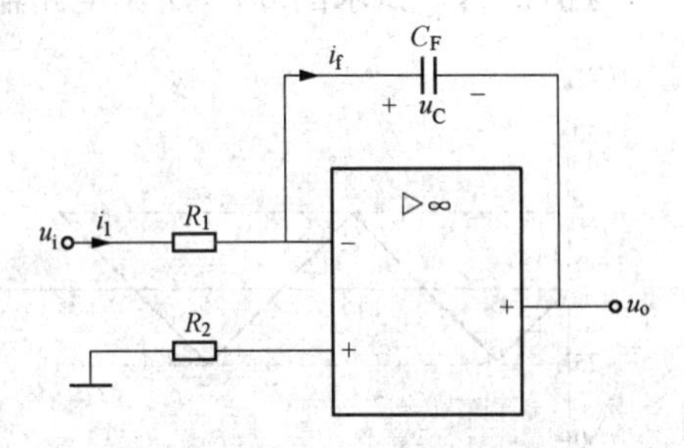

图 3-19　反相积分运算电路

由图示电路可列出

$$i_1 = i_f = \frac{u_i}{R_1}$$

所以

$$u_o = -u_C = -\frac{1}{C_F}\int i_f \mathrm{d}t = -\frac{1}{R_1C_F}\int u_i \mathrm{d}t \quad (3\text{-}9)$$

由此可见，输出电压 u_o 为输入电压 u_i 对时间的积分，负号表明输出电压和输入电压在相位上是相反的，R_1C_F 称为积分常数。

平衡电阻 $R_2 = R_1$ 。

在求解 t_1 到 t_2 时间段 t_2 点的积分值时

$$u_o = -\frac{1}{R_1C_F}\int_{t_1}^{t_2} u_i \mathrm{d}t + u_o(t_1)$$

当 u_i 为常量时

$$u_o = -\frac{1}{R_1C_F}u_i(t_2-t_1) + u_o(t_1) \quad (3\text{-}10)$$

【例 3-7】 在图 3-20（a）所示电路中，已知输入电压 u_i 的波形如图 3-20（b）所示，当 $t=0$ 时 $u_o=0$ 。试画出输出电压 u_o 的波形。

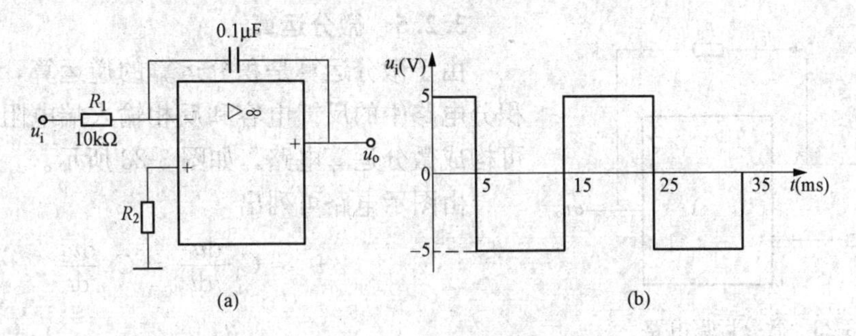

图 3-20　例 3-7 的图

解

$$u_o = -\frac{1}{RC}u_i(t_2-t_1) + u_o(t_1)$$

$$= -\frac{1}{10^4 \times 10^{-7}}u_i(t_2-t_1) + u_o(t_1)$$

$$= -1000u_i(t_2-t_1) + u_o(t_1)$$

若 $t \leqslant 0$ 时 $u_o = 0$，当 $0 \leqslant t \leqslant 5\text{ms}$ 时，$u_i = 5\text{V}$，$u_o(0) = 0$

$$u_o(5) = (-1000 \times 5 \times 5 \times 10^{-3})\text{V} = -25\text{V}$$

当 $5\text{ms} \leqslant t \leqslant 15\text{ms}$ 时，$u_i = -5\text{V}$，$u_o(5) = -25\text{V}$

$$u_o(15) = [-1000 \times (-5) \times (15-5) \times 10^{-3} + (-25)]\text{V} = 25\text{V}$$

因此输出波形如图 3-21 所示。

【例 3-8】 试求图 3-22 所示电路输出电压与输入电压的关系式。

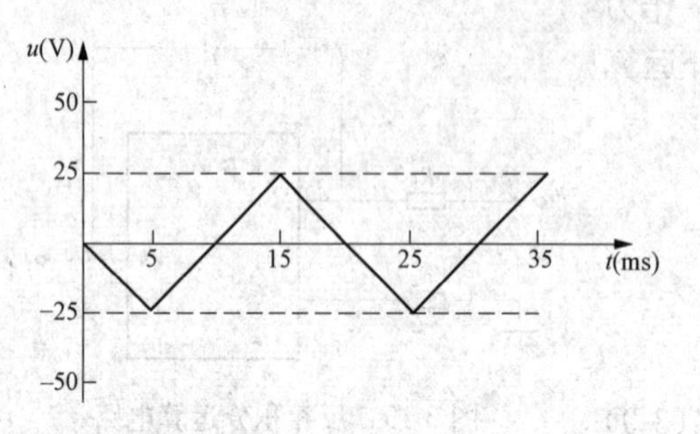

图 3-21 输出波形

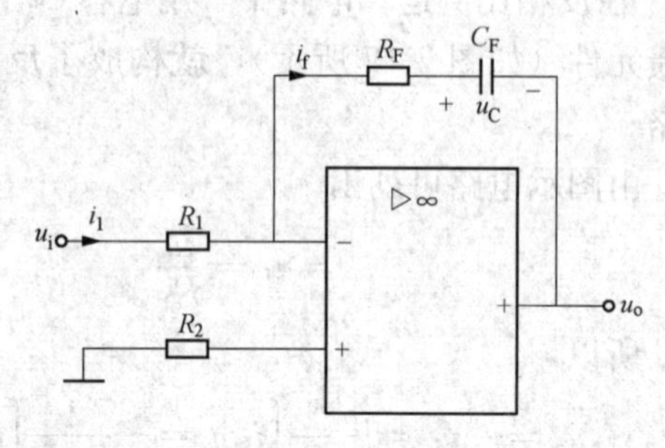

图 3-22 例 3-8 的图

解 由图 3-22 可列出

$$i_1 = i_f = \frac{u_i}{R_1} = \frac{-u_o - u_C}{R_F}$$

及

$$u_C = \frac{1}{C_F}\int i_f \text{d}t$$

整理可得

$$u_o = -\left(\frac{R_F}{R_1}u_i + \frac{1}{R_1 C_F}\int u_i \text{d}t\right)$$

由上式可知，u_o 与 u_i 之间是反相比例关系和积分关系的叠加，图 3-22 所示电路称为比例—积分调节器（简称 PI 调节器，Proportional Integral Regulator）。其作用是将被调节参数快速调整到预先的设定值，提高精度，保证控制系统的稳定性。

3.2.5 微分运算

由于微分运算是积分运算的逆运算，因此只需将积分电路中的反馈电容和反相输入端电阻交换位置即可构成微分运算电路，如图 3-23 所示。

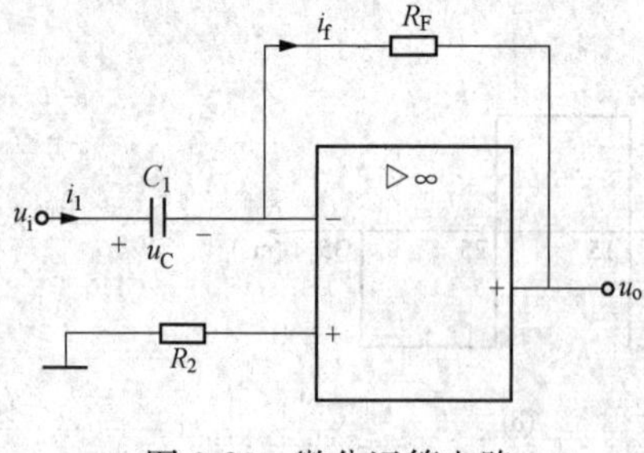

图 3-23 微分运算电路

由图示电路可列出

$$i_1 = C_1\frac{\text{d}u_C}{\text{d}t} = C_1\frac{\text{d}u_i}{\text{d}t}$$

$$i_f = -\frac{u_o}{R_F}$$

$$i_1 = i_f$$

由上式可得

$$u_o = -R_F C_1 \frac{\text{d}u_i}{\text{d}t} \tag{3-11}$$

由式（3-11）可知，输出电压正比于输入电压的微分。如果输入信号是正弦函数 $u_i = \sin\omega t$，则输出信号 $u_o = -R_F C_1 \omega \cos\omega t$。这表明输出幅度将随频率的增加而线性增加，因而这种微分电路对输入信号中的高频干扰非常敏感，工作时稳定性不高，故很少应用。

平衡电阻 $R_2 = R_F$ 。

【例 3-9】 试求图 3-24 所示电路中输出电压与输入电压的运算关系式。

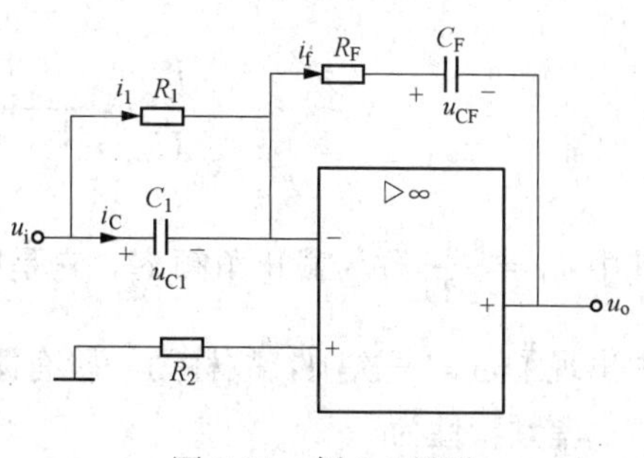

图 3-24　例 3-9 的图

解　$u_o = -R_F i_f - u_{CF} = -R_F i_f - \dfrac{1}{C_F}\displaystyle\int i_f \mathrm{d}t$

$$i_f = i_1 + i_C = \frac{u_i}{R_1} + C_1\frac{\mathrm{d}u_i}{\mathrm{d}t}$$

所以

$$u_o = -R_F\left(\frac{u_i}{R_1} + C_1\frac{\mathrm{d}u_i}{\mathrm{d}t}\right) - \frac{1}{C_F}\int\left(\frac{u_i}{R_1} + C_1\frac{\mathrm{d}u_i}{\mathrm{d}t}\right)\mathrm{d}t$$

$$= -\left(\frac{R_F}{R_1} + \frac{C_1}{C_F}\right)u_i - \frac{1}{C_F R_1}\int u_i \mathrm{d}t - R_F C_1\frac{\mathrm{d}u_i}{\mathrm{d}t}$$

由输出与输入电压的关系式可见，图 3-24 所示电路是反相比例、积分和微分运算三者的组合，称为比例—积分—微分调节器（简称 PID 调节器，Proportional Integral Differential Regulator）。PID 调节器在自动控制系统中有着广泛的应用。

3.3　运算放大器在信号处理方面的应用

3.2 节介绍的是集成运放在信号运算方面的应用，就是运算放大器名称的由来，但实际上，此名称已名非其实，起码不很全面，对输入信号进行“运算”只是集成运放的功能之一，运算放大器在信号处理方面的应用也非常广泛。例如，它可以对信号进行滤波、对采样信号进行保持及对信号进行比较等，以下做简要的介绍。

3.3.1　有源滤波器

滤波器（Filter）是对信号的频率具有选择性的电路，它允许某一部分频率的信号顺利通过，而抑制其他频率的信号。按照滤波电路的工作频带分类，滤波器可分为低通、高通、带通、带阻滤波器等；根据构成滤波器的电路元件分类，滤波器可分为有源滤波器和无源滤波器。无源滤波器只由 RC 电路组成，若将此 RC 电路再接到运算放大器的输入端，因运算放大器是有源元件，所以这种滤波器就称为有源滤波器（Active Filter）。

1. 有源低通滤波器

有源低通滤波器的电路如图 3-25 所示。

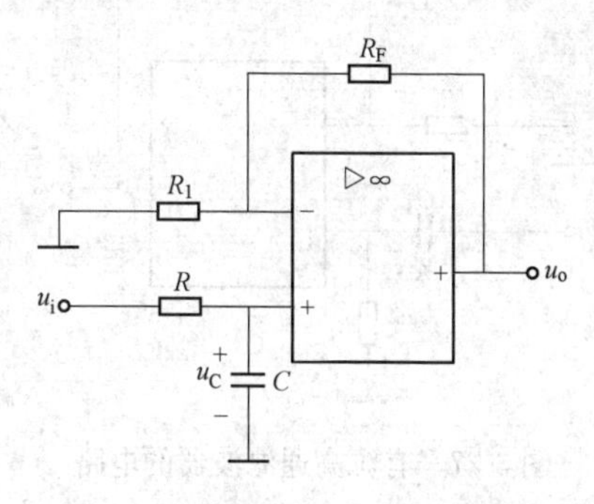

图 3-25　有源低通滤波器的电路

设输入电压 u_i 为正弦量，为计算方便用相量来表示，可分别求得反相输入端和同相输入端的电压为

$$\dot{U}_- = \frac{R_1}{R_1 + R_F}\cdot\dot{U}_o = \frac{1}{1 + \dfrac{R_F}{R_1}}\cdot\dot{U}_o$$

$$\dot{U}_+ = \dot{U}_C = \frac{\dfrac{1}{\mathrm{j}\omega C}}{R + \dfrac{1}{\mathrm{j}\omega C}}\cdot\dot{U}_i = \frac{1}{1 + \mathrm{j}\omega RC}\cdot\dot{U}_i$$

及 $\dot{U}_{+}=\dot{U}_{-}$

据此，可求得电路的传递函数为

$$\frac{\dot{U}_{o}}{\dot{U}_{i}}=\frac{1+\frac{R_{F}}{R_{1}}}{1+j\omega RC}=\left(1+\frac{R_{F}}{R_{1}}\right)\frac{1}{1+j\frac{\omega}{\omega_{0}}} \tag{3-12}$$

其中 $\omega_0=\frac{1}{RC}$ 称为截止角频率，它是电压增益下降到 $\frac{1}{\sqrt{2}}$ 时所对应的角频率。在式（3-12）中出现了 ω 的一次项，故称为一阶有源滤波器。

幅频特性为

$$\frac{U_{o}}{U_{i}}=\left(1+\frac{R_{F}}{R_{1}}\right)\frac{1}{\sqrt{1+\left(\frac{\omega}{\omega_{0}}\right)^{2}}} \tag{3-13}$$

相频特性为

$$\varphi(\omega)=-\arctan\frac{\omega}{\omega_{0}} \tag{3-14}$$

当 $\omega=0$ 时，$\frac{U_o}{U_i}=1+\frac{R_F}{R_1}$，滤波器对信号有放大作用。

当 $\omega=\omega_0$ 时，$\frac{U_o}{U_i}=\left(1+\frac{R_F}{R_1}\right)\frac{1}{\sqrt{2}}$。

当 $\omega\to\infty$ 时，$\frac{U_o}{U_i}=0$。

一阶有源低通滤波器的幅频特性如图 3-26 所示。

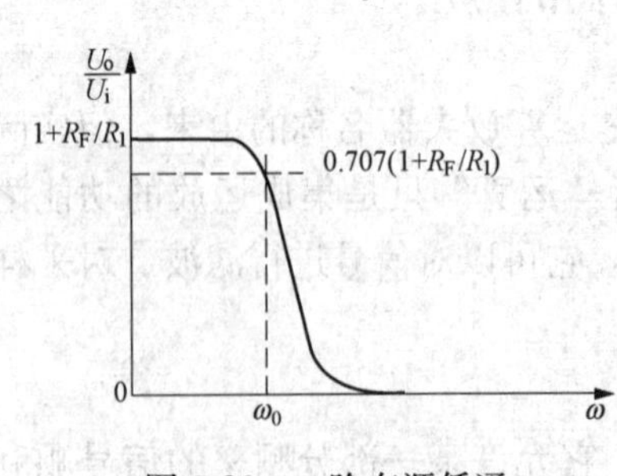

图 3-26 一阶有源低通滤波器的幅频特性

通常为了改善滤波效果，常将两节 RC 电路串联起来接在运算放大器的输入端，称为二阶有源低通滤波器。与一阶有源低通滤波器相比，它能使 $\omega>\omega_0$ 时的信号衰减得快些。

2. 有源高通滤波器

有源高通滤波器的电路如图 3-27 所示。与有源低通滤波器的电路相比，它只是将 RC 电路中的 R 和 C 元件对调了位置。

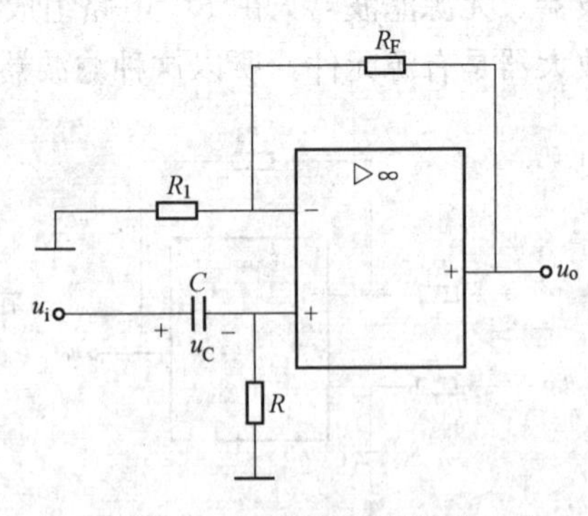

图 3-27 有源高通滤波器的电路

同理可列出反相输入端和同相输入端的电压

$$\dot{U}_{-}=\frac{R_1}{R_1+R_F}\cdot\dot{U}_{o}=\frac{1}{1+\frac{R_F}{R_1}}\cdot\dot{U}_{o}$$

$$\dot{U}_{+}=\frac{R}{R+\frac{1}{j\omega C}}\cdot\dot{U}_{i}=\frac{1}{1+\frac{1}{j\omega RC}}\cdot\dot{U}_{i}$$

及 $\dot{U}_{+}=\dot{U}_{-}$

传递函数为

$$\frac{\dot{U}_o}{\dot{U}_i}=\left(1+\frac{R_F}{R_1}\right)\frac{1}{1+\frac{1}{j\omega RC}}=\frac{1+\frac{R_F}{R_1}}{1-j\frac{\omega_0}{\omega}} \tag{3-15}$$

其中 $\omega_0=\frac{1}{RC}$。

幅频特性为

$$\frac{U_o}{U_i}=\left(1+\frac{R_F}{R_1}\right)\frac{1}{\sqrt{1+\left(\frac{\omega_0}{\omega}\right)^2}} \tag{3-16}$$

相频特性为

$$\varphi(\omega)=\arctan\frac{\omega_0}{\omega} \tag{3-17}$$

当 $\omega=0$ 时，$\frac{U_o}{U_i}=0$。

当 $\omega=\omega_0$ 时，$\frac{U_o}{U_i}=\left(1+\frac{R_F}{R_1}\right)\frac{1}{\sqrt{2}}$。

当 $\omega\to\infty$ 时，$\frac{U_o}{U_i}=1+\frac{R_F}{R_1}$。

一阶有源高通滤波器的幅频特性如图 3-28 所示。

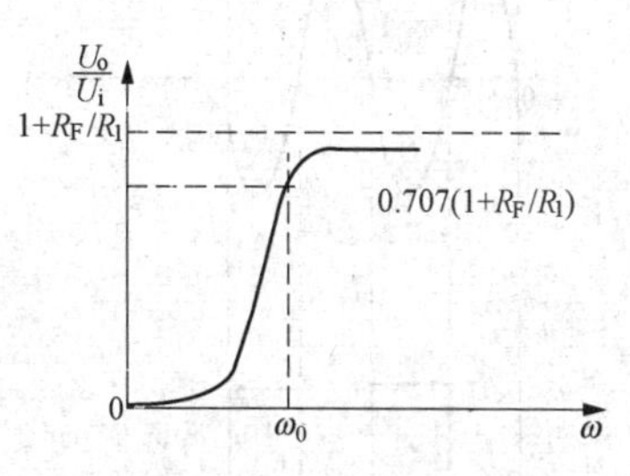

图 3-28　一阶有源高通滤波器的幅频特性

3.3.2　电压比较器

电压比较器（Voltage Comparator）是集成运算放大器非线性应用的一种电路，工作于电压传输特性的饱和区。它将输入电压信号和一个参考电压进行比较，在输出端输出高电平或低电平反映比较结果。电压比较器常用于非正弦波形变换电路及模拟电路与数字电路的接口电路。

图 3-29 所示电路是电压比较器中的一种。其中 U_R 为参考电压，加在同相输入端；输入电压 u_i 加在反相输入端。在开环状态下，运算放大器的电压放大倍数很高，所以即使输入端的差值信号很小，也会使输出信号进入饱和区。

电压比较器的电压传输特性（即 u_o 与 u_i 的关系曲线）如图 3-30 所示。

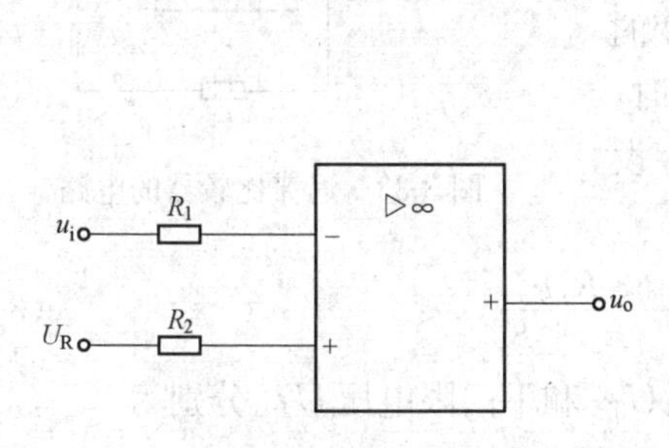

图 3-29　电压比较器

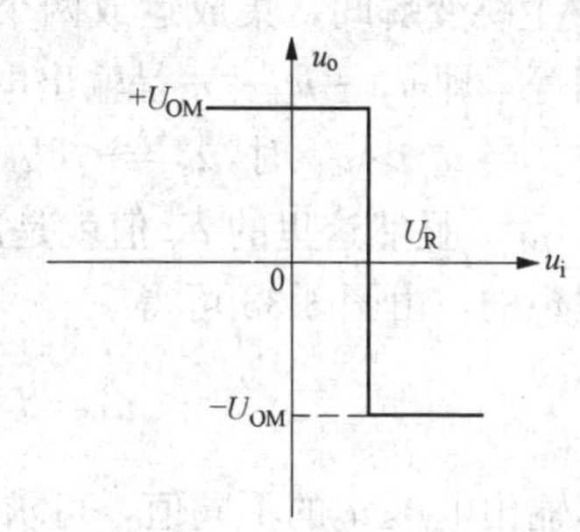

图 3-30　电压比较器的电压传输特性

由图 3-30 可以看出，当 $u_i>U_R$ 时，$u_o=-U_{OM}$；当 $u_i<U_R$ 时，$u_o=+U_{OM}$。

这里的 U_R 称为门限电压或阈值电压，一般门限电压用 U_T 表示。如果参考电压 $U_R=0$，

即输入电压 u_i 和零电平进行比较，此时的电压比较器称为过零比较器。其电路和电压传输特性如图 3-31 所示。

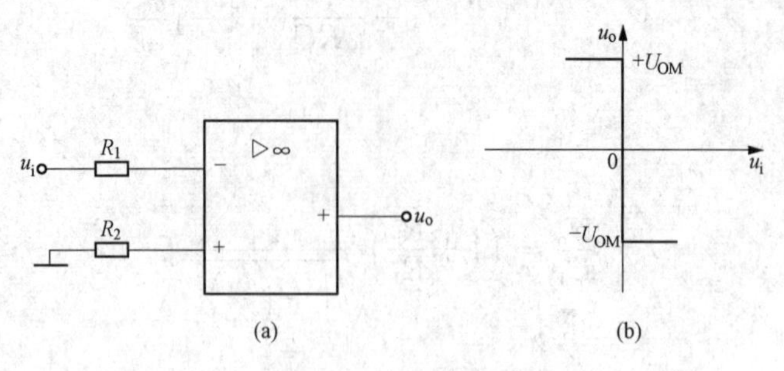

图 3-31 过零比较器

(a) 电路；(b) 电压传输特性

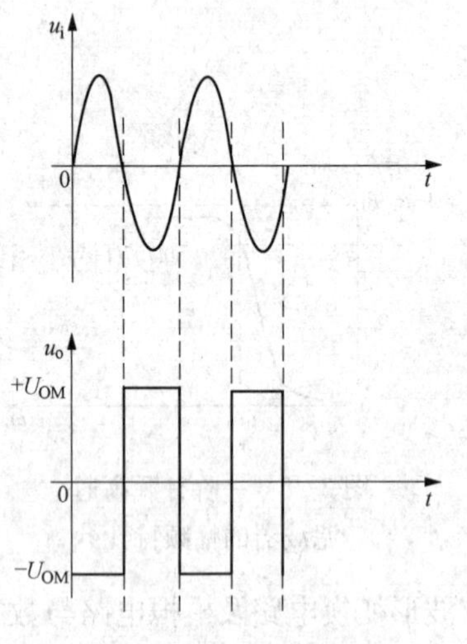

图 3-32 过零比较器将正弦波变为方波

【例 3-10】 利用过零比较器将正弦波信号变为方波信号。

解 变换电路如图 3-31（a）所示。

当 $u_i>0$ 时，$u_o=-U_{OM}$；当 $u_i<0$ 时，$u_o=+U_{OM}$。

变换前后的信号波形如图 3-32 所示。

上面介绍的电压比较器只有一个门限电压，因此称为单门限电压比较器。单门限电压比较器电路结构简单、灵敏度高，但其抗干扰能力差。下面介绍一种能够提高抗干扰能力的电压比较器——迟滞比较器。

迟滞比较器是一种具有迟滞回环传输特性的比较器，其电路如图 3-33 所示，在单门限电压比较器的基础上引入了正反馈。由于正反馈的作用，这种比较器的门限电压是随输出电压的变化而变化的。它的灵敏度较单门限电压比较器低，但抗干扰能力大大提高了。

由于比较器中的运放处于正反馈状态，因此输出电压 u_o 与输入电压 u_i 一般不成线性关系，只有在输出电压 u_o 发生跳变瞬间，集成运放两个输入端电压才近似认为相等，即 $u_+=u_-=u_i$ 是输出电压 u_o 发生跳变的临界条件。当 $u_i>u_+$ 时，$u_o=-U_{OM}$；当 $u_i<u_+$ 时，$u_o=+U_{OM}$。显然这里的 u_+ 值就是门限电压 U_T。设运放是理想的，由图 3-33 可得

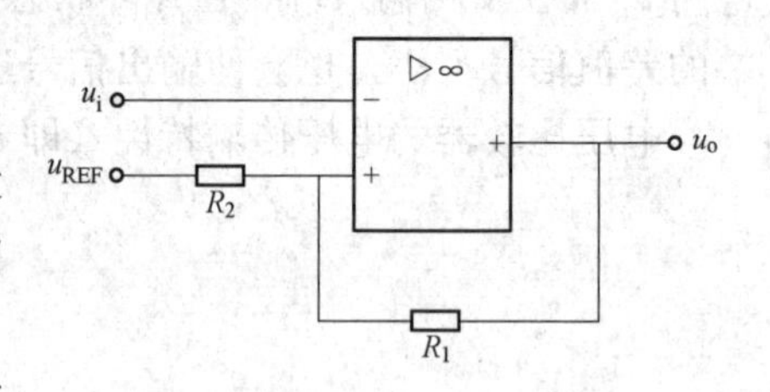

图 3-33 迟滞比较器的电路

$$u_+=U_T=\frac{R_1U_{REF}}{R_1+R_2}+\frac{R_2u_o}{R_1+R_2} \tag{3-18}$$

根据输出电压 u_o 的不同值，可求得上门限电压 U_{T+} 和下门限电压 U_{T-} 分别为

$$U_{T+}=\frac{R_1U_{REF}}{R_1+R_2}+\frac{R_2U_{OM}}{R_1+R_2} \tag{3-19}$$

$$U_{T-}=\frac{R_1U_{REF}}{R_1+R_2}-\frac{R_2U_{OM}}{R_1+R_2} \tag{3-20}$$

门限宽度（或回差电压）为

$$\Delta U_{T}=U_{T+}-U_{T-}=\frac{2R_{2}U_{OM}}{R_{1}+R_{2}} \tag{3-21}$$

迟滞比较器的电压传输特性如图 3-34 所示。

由图 3-34 可见，输入电压在增加和下降的过程中使输出电压发生跳变对应的门限电压不同，由于这个特性，使得该电路可应用在波形变换、幅度鉴别和消除噪声干扰等电路中。

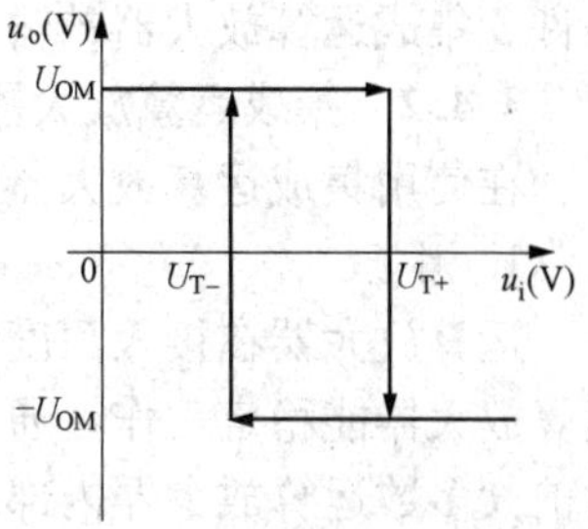

图 3-34 迟滞比较器的电压传输特性

【例 3-11】 迟滞比较器电路中，$R_1=R_2=10\text{k}\Omega$，$U_{REF}=10\text{V}$，$\pm U_{OM}=\pm 8\text{V}$。

（1）试分别求上门限电压 U_{T+} 和下门限电压 U_{T-}。

（2）当输入电压 u_i 波形如图 3-35（a）所示时，试画出输出电压 u_o 波形。

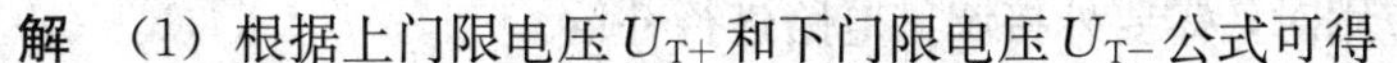

解 （1）根据上门限电压 U_{T+} 和下门限电压 U_{T-} 公式可得

$$U_{T+}=\frac{R_1U_{REF}}{R_1+R_2}+\frac{R_2U_{OM}}{R_1+R_2}=9\text{V}$$

$$U_{T-}=\frac{R_1U_{REF}}{R_1+R_2}-\frac{R_2U_{OM}}{R_1+R_2}=1\text{V}$$

（2）根据所求得的 U_{T+} 和 U_{T-}，可画出输出电压 u_o 波形，如图 3-35（b）所示。

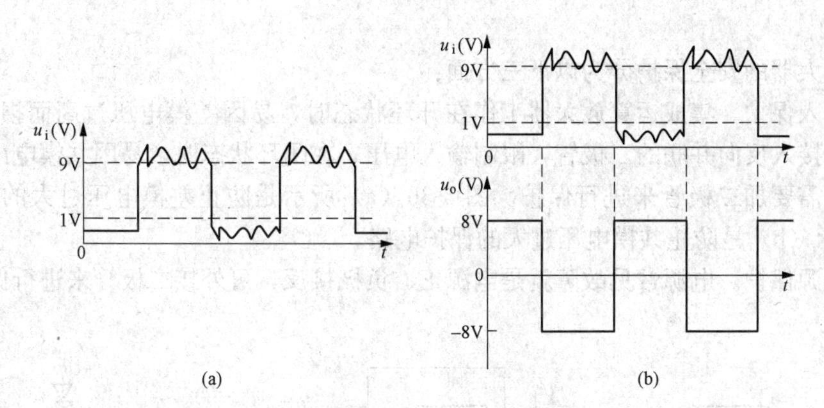

图 3-35 例 3-11 的图

3.4 集成运算放大器的选择和使用

3.4.1 集成运算放大器的选择

如果想正确选择、使用集成运算放大器，必须首先了解运算放大器的几个主要性能指标。集成运算放大器性能的好坏，一般用优值系数 K 来衡量。其定义为

$$K=\frac{SR}{I_{ib}U_{IO}} \tag{3-22}$$

式中：SR 为转换速率，V/ms，其值越大，表明运算放大器的交流特性越好；I_{ib} 为运算放大器的输入偏置电流，nA；U_{IO} 为输入失调电压，mV。I_{ib} 和 U_{IO} 的值越小，表明运算放大器的直流特性越好。

因此，对于放大音频、视频等交流信号的电路，选 *SR* 大的运算放大器比较合适；对于处理微弱的直流信号的电路，选用精度比较高的运算放大器比较合适。实际选择集成运算放大器时，除考虑优值系数之外，还应考虑其他因素，例如信号源的性质、负载的性质、环境条件、集成运算放大器的输出电压和电流是否满足要求等。

3.4.2　集成运算放大器的使用

在使用集成运算放大器时，应注意以下几个问题。

1. 消振

运算放大器在接入深度负反馈的条件下，很容易产生自激振荡，破坏正常工作。为了使运算放大器能稳定工作，通常外接 *RC* 消振电路或电容。近年来随着集成工艺水平的提高，目前大多数运算放大器内部自带消振元件。

2. 调零

由于运算放大器的内部参数不可能完全对称，因此当运算放大器的输入信号为零时，输出信号往往不为零。在实际应用时，需要外接调零电路进行补偿。

3. 电源供给方式

集成运算放大器有两个电源接线端，但有不同的电源供给方式，主要有单电源供电方式和对称双电源供电方式两种。不同的电源供给方式对输入信号的要求也是不同的。大多数的运算放大器采用对称双电源供电方式，在这种方式下，可将信号源直接接到运算放大器的输入脚上，输出电压的振幅可达正负对称电源电压。

4. 保护

运算放大器的安全保护分为以下三方面：

(1) 输入保护。集成运算放大器工作在开环状态时，易因差模电压过高而损坏，为此，常在输入端接入反向并联的二极管，限制输入电压；在闭环状态时，易因共模电压超出极限而损坏，也需要加二极管来进行保护。图 3-36 (a) 所示是防止差模电压过大的保护电路，图 3-36 所示 (b) 是防止共模电压过大的保护电路。

(2) 电源保护。电源常见故障就是电源正、负极接反，可外接二极管来进行保护，如图 3-37 所示。

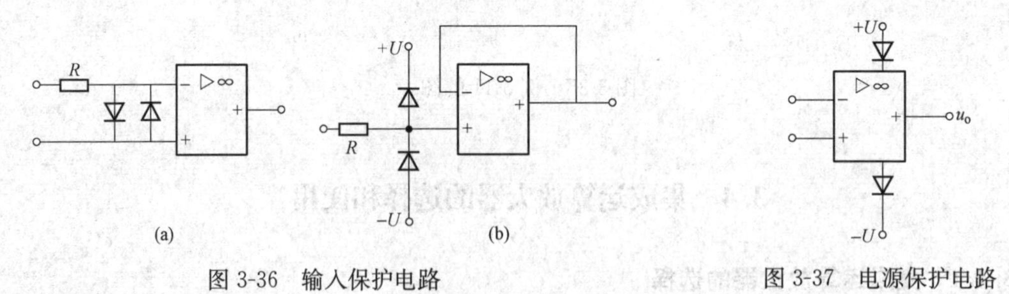

图 3-36　输入保护电路　　图 3-37　电源保护电路

3.5　集成运算放大器应用举例

3.5.1　三角波发生器

由运放构成的三角波发生器电路如图 3-38 (a) 所示，这里运放 A1 以及电阻 R_1、R_2、R_3、R_6 和稳压管 DZ 构成迟滞比较器，运放 A2 以及电阻 R_4、R_5 和电容 C_F 构成积分电路。

u_{o1}和u_o的波形如图3-38（b）所示，在输出端得到周期三角波信号。如果把积分电路做些修改，使正负向积分的时间常数不等，此电路即变成锯齿波发生器。

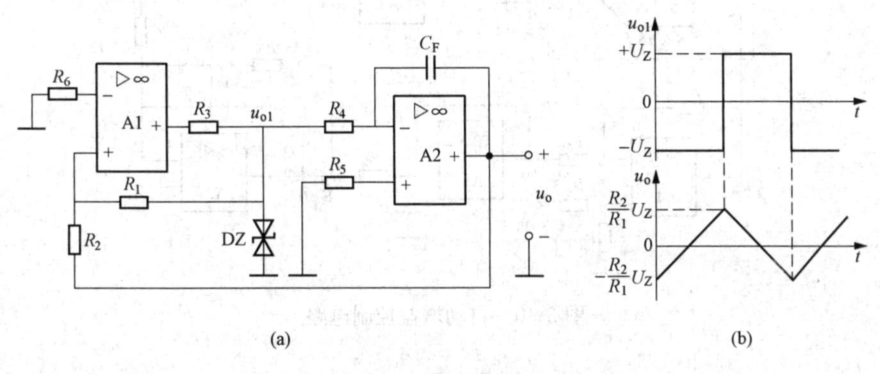

图3-38　三角波发生器

（a）电路；（b）波形

3.5.2　火灾报警电路

火灾报警电路如图3-39所示，u_{i1}和u_{i2}分别来源于两个温度传感器，安装在室内同一处。其中，一个安装在金属板上，产生u_{i1}；另一个安装在塑料壳体内部，产生u_{i2}。当无火灾发生时，两个温度传感器产生的电压相等，发光二极管不亮，蜂鸣器不响；当有火灾发生时，安装在金属板上的温度传感器产生的电压u_{i1}大，而安装在塑料壳体内部的温度传感器产生的电压u_{i2}小，使u_{i1}和u_{i2}产生差值电压。当差值电压增大到一定数值时，发光二极管发光，蜂鸣器鸣响，达到报警目的。

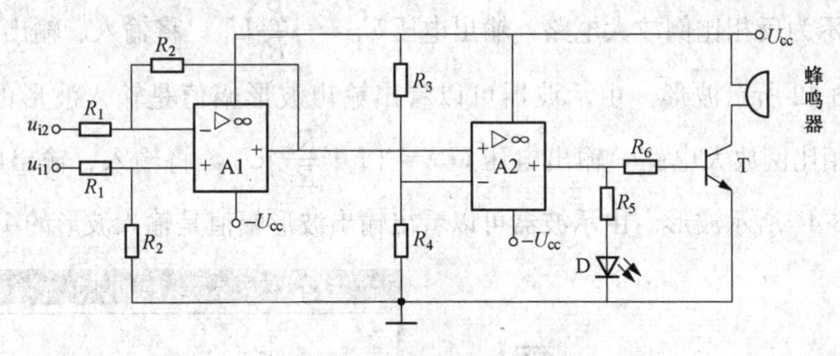

图3-39　火灾报警电路

3.5.3　自动增益控制电路

自动增益控制电路如图3-40所示，该电路经常应用在自动控制系统中。

在该电路中，虚线框部分为模拟乘法器，其输出电压为

$$u_{o1} = Ku_X u_Y$$

运放A1以及电阻R_1、R_2、R_8构成同相比例运算电路，其输出为整个电路的输出；A2、R_3、R_4、D1和D2构成精密整流电路；A3、R_5和C构成低通有源滤波电路；A4、R_6和R_7构成减法运算电路。A4的输出电压u_{o4}作为模拟乘法器的输入，因此电路引入了反馈，构成一个闭环系统。

此电路的输出电压表达式为

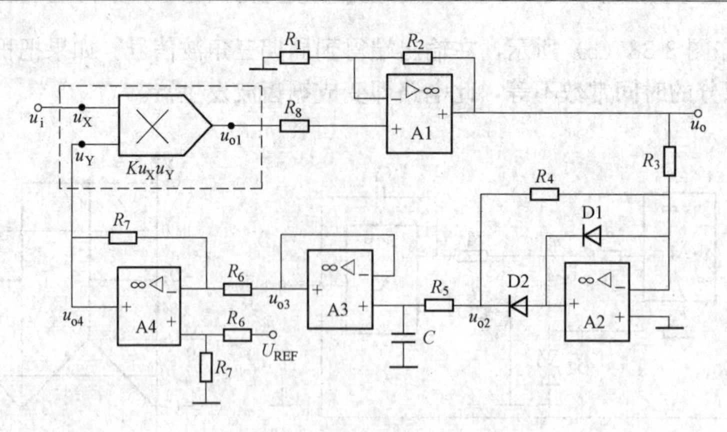

图 3-40　自动增益控制电路

$$u_o = K\left(1+\frac{R_2}{R_1}\right)\frac{R_7}{R_6}(U_{REF}-u_{o3})u_i \tag{3-23}$$

如果输入电压 u_i增大，输出电压 u_o也增大，u_{o3}必然增大，导致 ($U_{REF}-u_{o3}$) 减小，从而使输出电压 u_o也减小；如果输入电压 u_i减小，则过程正好相反。总之，在参数选择合适的条件下，在一定的频率范围内，对于不同幅值的正弦波 u_i，使输出电压 u_o的幅值基本不变，因此该电路具有增益自动调节功能。

3.6　Multisim11 软件仿真举例

3.6.1　比例放大电路

图 3-41 所示为反相比例放大电路，输出电压$U_o=-\frac{R_2}{R_1}U_i$，将输入、输出电压接入示波器，得到如图 3-42 所示波形。由示波器可以看出输出波形幅值是输入波形的－10 倍。图 3-43 所示为同相比例放大电路，输出电压 $U_o=\left(1+\frac{R_2}{R_1}\right)U_i$，将输入、输出电压接入示波器，得到如图 3-44 所示波形。由示波器可以看出输出波形幅值是输入波形的 11 倍。

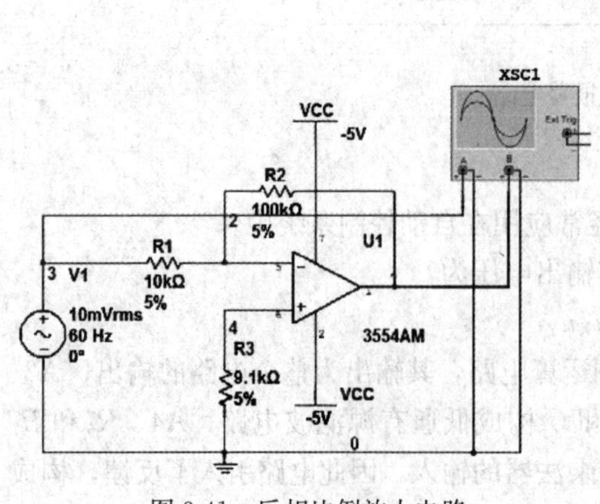

图 3-41　反相比例放大电路

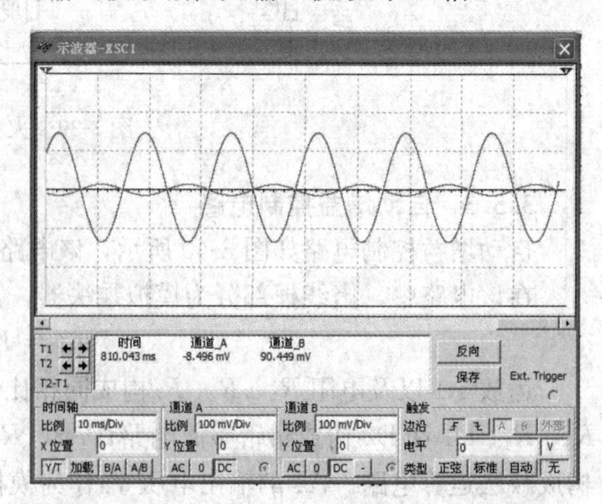

图 3-42　反相比例放大电路输入、输出波形

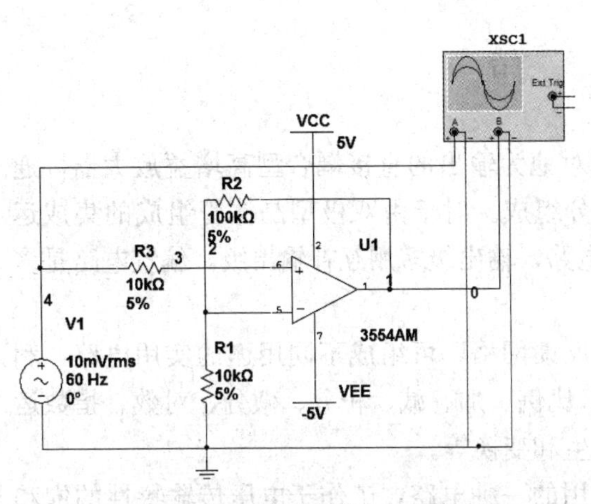

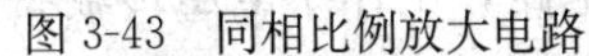
图 3-43　同相比例放大电路

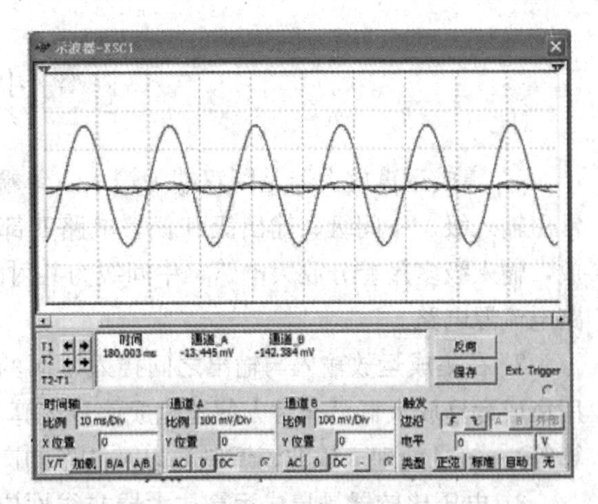

图 3-44　同相比例放大电路输入、输出波形

3.6.2　积分运算电路

图 3-45 所示为积分运算电路，输入 5V、1kHz 的正弦信号，利用示波器，可以观察到输出信号波形的相位比输入信号超前 90°，如图 3-46 所示。将输入信号换为矩形波，关闭电源再重新开启，则输出波形变成三角波，如图 3-47 所示，从而证明输出信号为输入信号的积分。

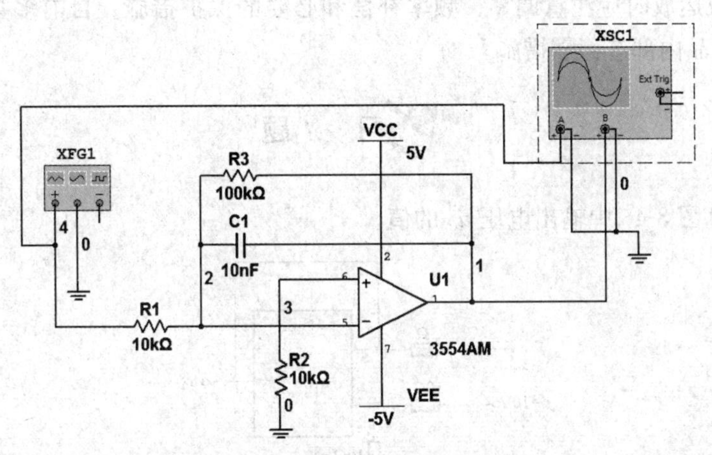

图 3-45　积分运算电路

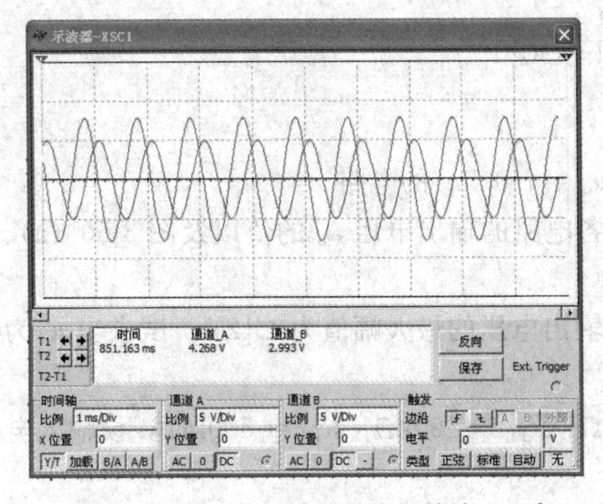

图 3-46　输出信号波形相位超前输入 90°

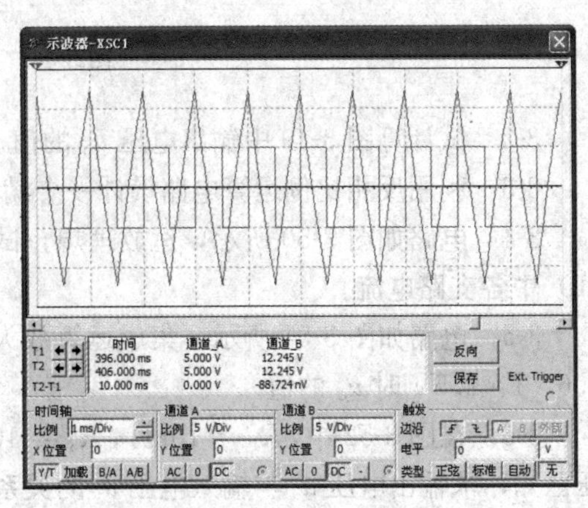

图 3-47　输出波形为三角波

小结

1. 集成运算放大器是以双端为输入、单端对地为输出的直接耦合型高增益放大器，通常由输入级、中间级、输出级和偏置电路四部分组成。对于由双极型晶体管组成的集成运放，输入级多用差分放大电路，中间级为共射电路，输出级多用互补输出级，偏置电路是多路电流源电路。

2. 在集成运放输入与输出之间接入不同的反馈网络，可组成不同用途的实用电路，利用集成运算放大器可非常方便地完成信号运算（比例、加、减、积分、微分、对数、指数运算等）、信号处理（滤波、调制）以及波形的产生和变换等。

3. 电压比较器是集成运算放大器非线性应用的一种电路，工作于电压传输特性的饱和区。电压比较器常用于非正弦波形变换电路及模拟电路与数字电路的接口。电压比较器分为单门限电压比较器和迟滞比较器。单门限电压比较器电路结构简单、灵敏度高，但其抗干扰能力差；迟滞比较器是一种具有迟滞回环传输特性的比较器，它的灵敏度较单门限电压比较器低，但抗干扰能力大大提高了。

4. 使用集成运放时应注意调零、频率补偿和必要的保护措施。目前多数产品内部有补偿电容，部分产品内部有稳零措施。

习题

3-1 试计算图 3-48 中输出电压 u_o 的值。

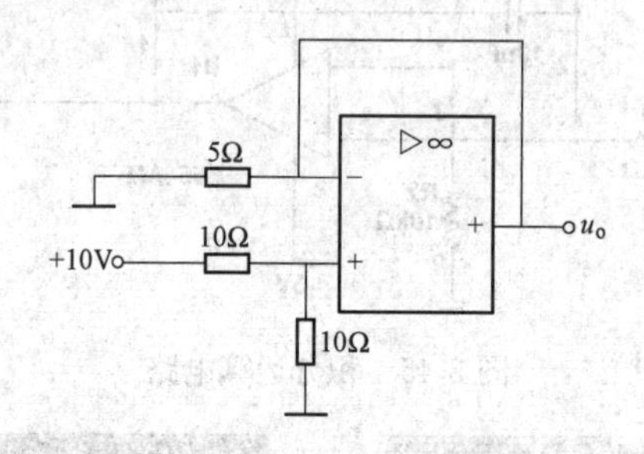

图 3-48 习题 3-1 的图

3-2 试计算图 3-49 中输出电压 u_o 的值。

3-3 利用反相比例运算电路设计一个满足 $u_o=-0.5u_i$ 的电路。

3-4 电路如图 3-50 所示，运放理想，试求各电路的输出电压 u_o 的值以及图 3-50（a）、（b）中各支路电流。

3-5 电路如图 3-51 所示，集成运算放大器输出电压的最大幅值为±12V，试求当 u_i 为 0.6、1、2.5V 时 u_o 的值。

3-6 在图 3-52 中，$R_1=10\text{k}\Omega$，$R_3=100\text{k}\Omega$，$R_{F1}=100\text{k}\Omega$，$R_{F2}=500\text{k}\Omega$，设输入电压已知，求输出电压 u_o 与输入电压 u_i 的关系。

3-7 试求图 3-53 所示电路输出电压与输入电压的运算关系式。

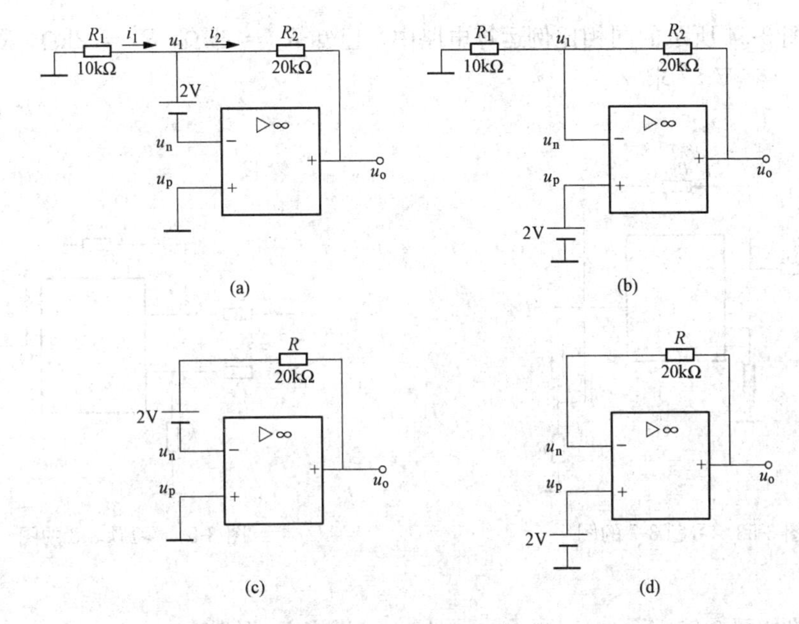

图 3-49　习题 3-2 的图

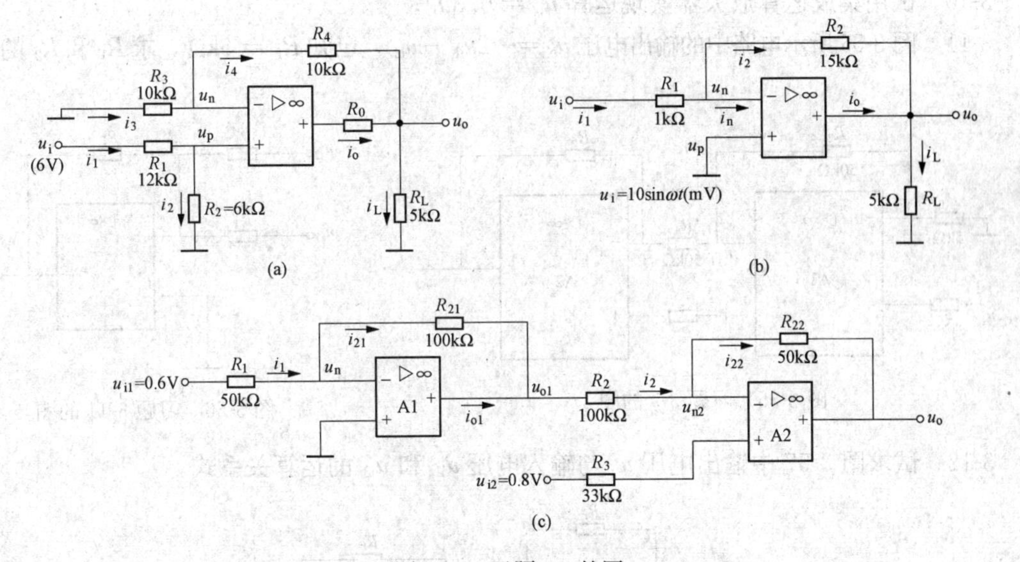

图 3-50　习题 3-4 的图

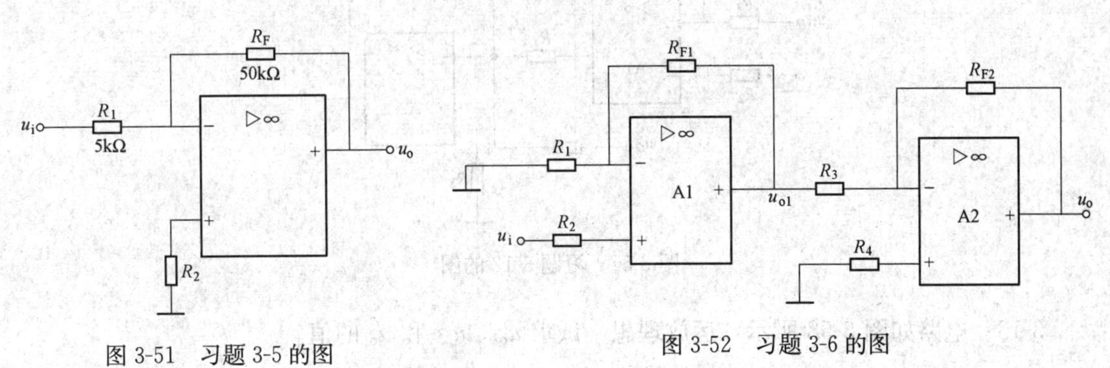

图 3-51　习题 3-5 的图

图 3-52　习题 3-6 的图

3-8 在图 3-54 所示的同相比例运算电路中，已知 $R_1 = 1\text{k}\Omega$，$R_2 = 2\text{k}\Omega$，$R_3 = 10\text{k}\Omega$，$R_F = 5\text{k}\Omega$，$u_i = 1\text{V}$，求 u_o。

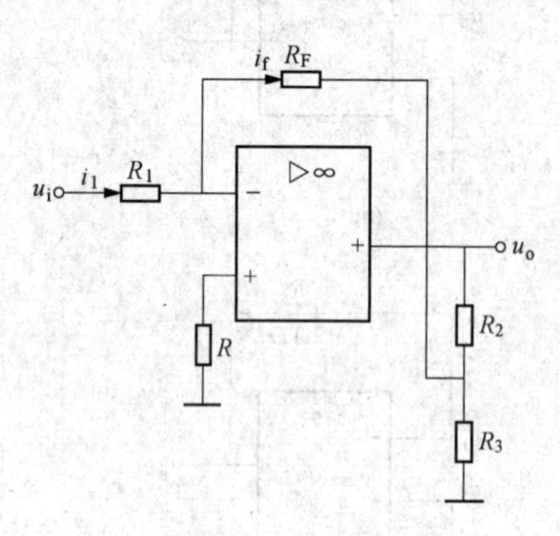

图 3-53 习题 3-7 的图

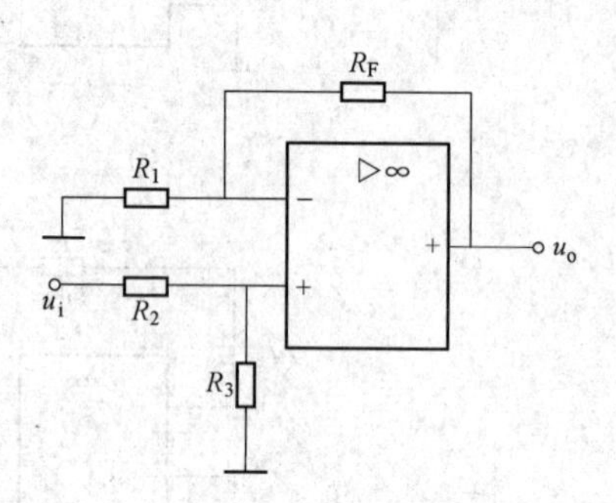

图 3-54 习题 3-8 的图

3-9 电路如图 3-55 所示，已知 $u_o = -11u_i$，试求 R_5 的值。

3-10 试用集成运算放大器实现运算 $u_o = 0.5u_i$。

3-11 图 3-56 所示电路中的输出电压 $u_o = -2u_{i1} - u_{i2}$，已知 $R_F = 5\text{k}\Omega$，求 R_1 和 R_2 的值。

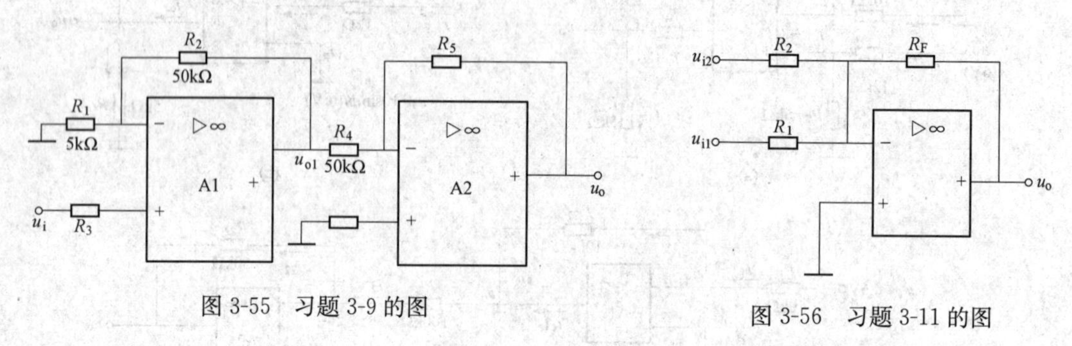

图 3-55 习题 3-9 的图

图 3-56 习题 3-11 的图

3-12 试求图 3-57 中输出电压 u_o 与输入电压 u_{i1} 和 u_{i2} 的运算关系式。

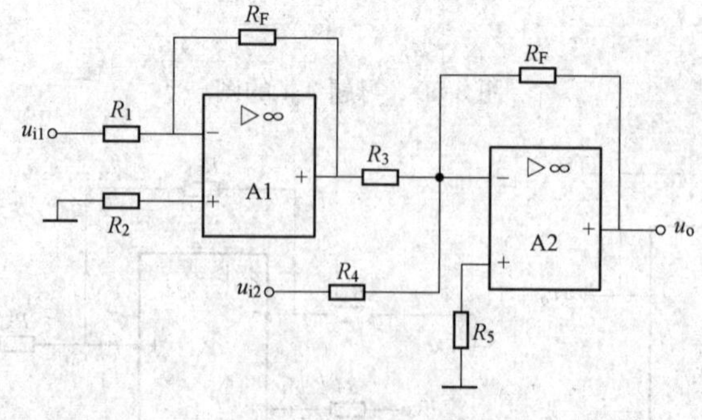

图 3-57 习题 3-12 的图

3-13 电路如图 3-58 所示，运放理想，试求 u_{o1}、u_{o2} 和 u_o 的值。

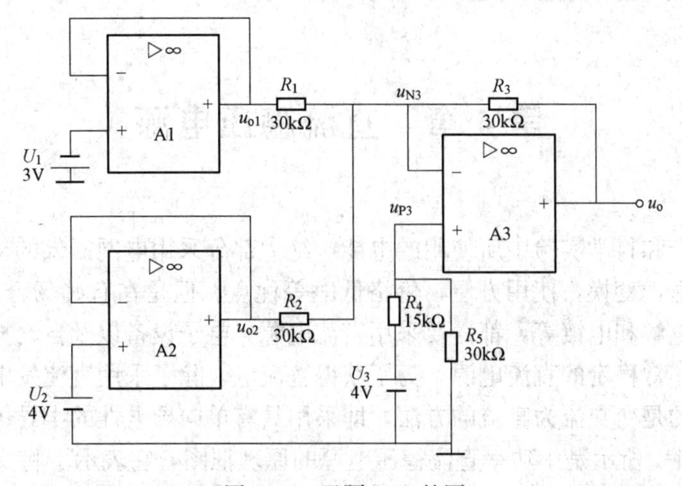

图 3-58　习题 3-13 的图

第 4 章 直流稳压电源

在工农业生产和科学实验中所使用的电能，绝大部分采用电网提供的交流电。交流电具有易于产生、传送，变换，使用方便，价格低廉等优点。但是在有些场合，如直流电动机、蓄电池的充电、电解和电镀等，都需要采用直流电源。电子设备以及自动控制装置中的电子电路也需要电压非常稳定的直流电源。为了获得直流电，除了采用直流发电机直接产生直流电外，广泛采用的是变交流为直流的方法，即采用具有单向导电性的半导体器件将交流电变换为直流电。图 4-1 所示是小功率直流稳压电源的原理框图，它表示了将交流电变换为直流电的过程，变换过程由变压、整流、滤波和稳压四个部分构成。各环节的功能如下。

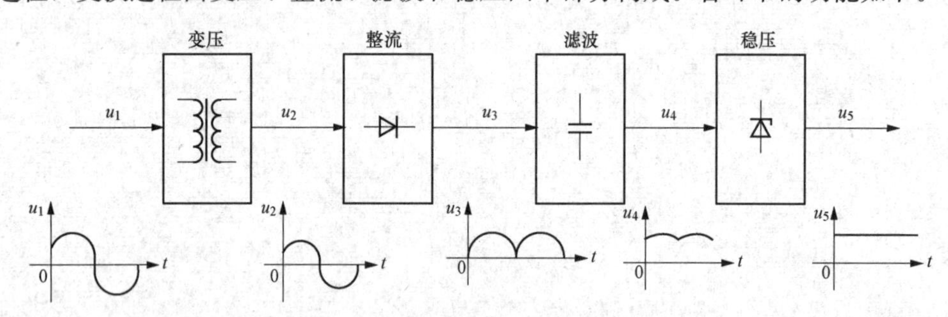

图 4-1 小功率直流电源的原理框图

(1) 变压：将电网提供的交流电源（220V 或 380V）变为符合整流所需要的交流电压。

(2) 整流：利用整流元件（如整流二极管、晶闸管等）具有的单向导电性能，将交流电压变为单向脉动直流电压，单向脉动直流电压是非正弦周期波形，其中含有直流成分和各种谐波的交流成分。

(3) 滤波：利用电容或电感滤除单向脉动直流电压中的交流成分，保留直流成分，减小整流电压的脉动程度。

(4) 稳压：在电网电压波动或负载变化时，稳压电路的调节作用能够使输出电压稳定。对直流电压稳压程度要求较低的电路中，稳压电路可以省略。

4.1 整 流 电 路

整流电路（Rectifier Circuit）的任务是将交流电变换成直流电。完成这一任务主要靠二极管的单向导电作用，因此二极管是构成整流电路的核心元件。整流电路按输入电源相数可分为单相整流电路和三相整流电路，按输出波形又可分为半波整流电路、全波整流电路。目前广泛使用的是全波桥式整流电路。为简单起见，分析整流电路时把二极管当作理想元件来处理，即认为二极管的正向导通电阻为零，而反向电阻为无穷大。

4.1.1 单相半波整流电路

单相半波整流电路如图 4-2（a）所示。它由整流变压器、二极管整流元件 VD 及负载电

阻 R_L 组成。设整流变压器二次侧的电压为

$$u = \sqrt{2}U\sin\omega t$$

由于二极管 VD 具有单向导电性，只有当它的阳极电位高于阴极电位时才能导通。当 u 为正半周时，A 点电位高于 B 点电位，二极管 VD 因承受正向电压而导通，此时有电流流过负载，并且和二极管上的电流相等。忽略二极管的电压降，则负载两端的输出电压等于变压器二次侧电压，即 $u_o = u$ 。

当 u 为负半周时，A 点电位低于 B 点电位，二极管 VD 因承受反向电压截止。此时负载上无电流流过，输出电压 $u_o = 0$ ，变压器二次侧电压 u 全部加在二极管 VD 上。

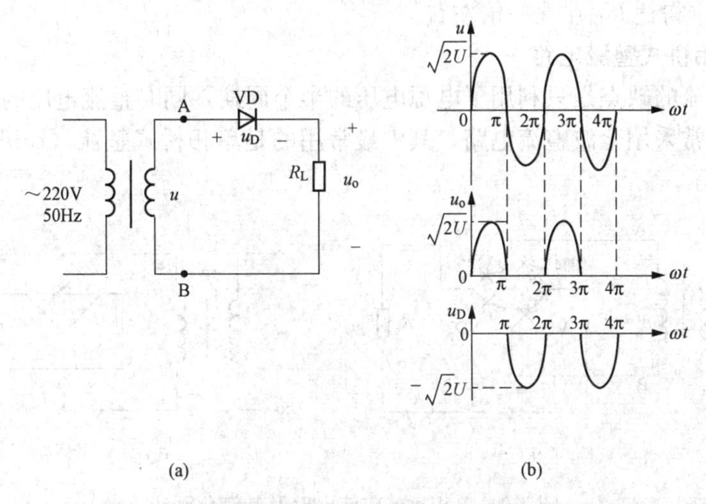

图 4-2 单相半波整流电路及其输入、输出电压波形
(a) 单相半波整流电路；(b) 输入、输出电压波形

由上述分析可得如图 4-2（b）所示的变压器二次侧电压 u 、输出电压 u_o 和二极管两端电压 u_D 的电压波形。在负载电阻 R_L 上得到的是半波整流电压 u_o，该电压是单方向脉动的，其大小是变化的。这种单向脉动电压，常用一个周期的平均值来说明它的大小。单向半波整流电压的平均值为

$$U_O = \frac{1}{2\pi}\int_0^{\pi}\sqrt{2}U\sin\omega t\,d(\omega t) = \frac{\sqrt{2}}{\pi}U = 0.45U \tag{4-1}$$

流过负载电阻 R_L 的电流平均值为

$$I_O = \frac{U_O}{R_L} = 0.45\frac{U}{R_L} \tag{4-2}$$

整流二极管的电流平均值就是流经负载电阻 R_L 的电流平均值，即

$$I_D = I_O = 0.45\frac{U}{R_L} \tag{4-3}$$

二极管截止时承受的最高反向电压就是整流变压器二次侧交流电压 u 的最大值，即

$$U_{DRM} = U_m = \sqrt{2}U \tag{4-4}$$

根据 I_D 和 U_{DRM} 可以选择合适的整流二极管。

【例 4-1】 某单相半波整流电路如图 4-2（a）所示。已知负载电阻 $R_L = 2000\Omega$ ，变压器二次侧电压 $U = 30V$ ，试求 U_O 、I_O 、U_{DRM} ，并选用二极管。

解　输出电压的平均值为

$$U_O = 0.45U = 0.45 \times 30\text{V} = 13.5\text{V}$$

流过负载电阻 R_L 的电流平均值为

$$I_O = \frac{U_O}{R_L} = \frac{13.5\text{V}}{2000\Omega} = 6.75\text{mA}$$

二极管承受的最高反向电压为

$$U_{DRM} = \sqrt{2}U = \sqrt{2} \times 30\text{V} = 42.42\text{V}$$

因此可选用 2AP6（12mA、100V）整流二极管，为了使用安全，二极管的反向工作峰值电压 U_{RWM} 要选得比 U_{DRM} 大一倍左右。

4.1.2　单相桥式整流电路

单相半波整流的缺点是只利用了电源电压的半个周期，同时整流电压的脉动较大。为了克服这些缺点，常采用全波整流电路，其中最常用的是单相桥式整流（Bridge Rectifier）电路，如图 4-3 所示。

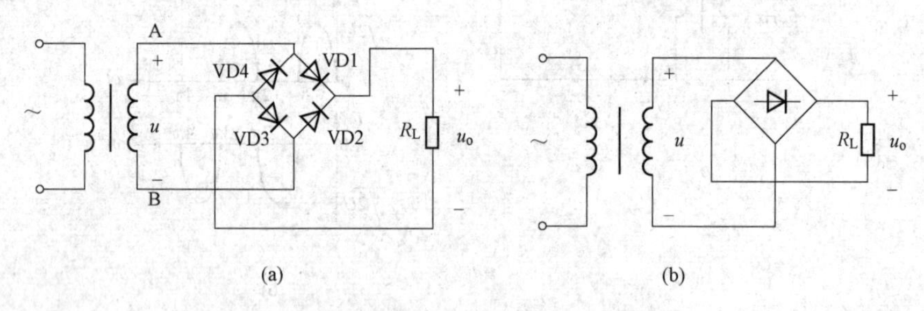

图 4-3　单相桥式整流电路及其简化画法

（a）单相桥式整流电路；（b）简化画法

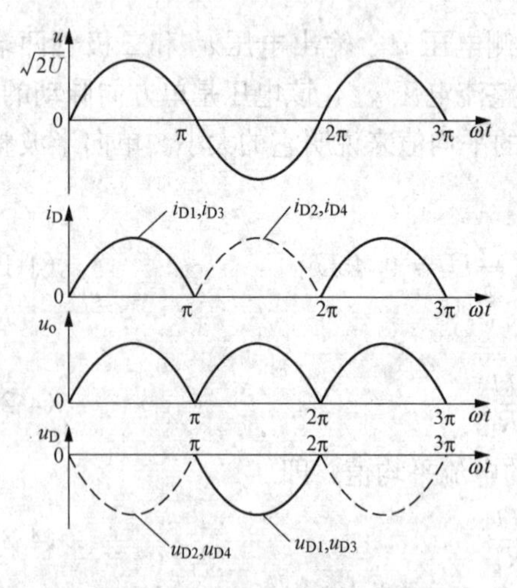

图 4-4　单相桥式整流电路的电压与电流波形

在变压器二次侧电压 u 的正半周时，A 点电位高于 B 点，二极管 VD1 和 VD3 导通，VD2 和 VD4 截止，电流的通路是 A→VD1→RL→VD3→B。这时，$u_o=u$，负载电阻 R_L上得到一个半波电压，如图 4-4 中 u_o 波形的 0～π 段所示。

在电压 u 的负半周时，B 点的电位高于 A 点，因此 VD1 和 VD3 截止，VD2 和 VD4 导通，电流的通路是 B→VD2→R_L→VD4→A。这时，$u_o=-u$，在负载电阻上也得到一个半波电压，如图 4-4 中的 u_o 波形的 π～2π 段所示。

可见，无论电压 u 是在正半周还是在负半周，负载电阻 R_L上都有电流流过，因此在负载电阻 R_L上得到单向脉动全波电压，其波形如图 4-4 所示。

显然，全波整流电路的整流电压的平均值比半波整流时增加了一倍，即

$$U_O = \frac{1}{\pi}\int_0^{\pi} \sqrt{2}U\sin\omega t\,\mathrm{d}(\omega t) = 2\frac{\sqrt{2}}{\pi}U = 2 \times 0.45U = 0.9U \tag{4-5}$$

流过负载电阻R_L的直流电流当然也增加了一倍，即

$$I_O=\frac{U_O}{R_L}=0.9\frac{U}{R_L} \tag{4-6}$$

每两个二极管串联导电半周，因此，每个二极管中流过的平均电流只有负载电流的一半，即

$$I_D=\frac{1}{2}I_O=0.45\frac{U}{R_L} \tag{4-7}$$

从图4-4中可以看出，在电压u的正半周时，二极管VD1和VD3导通，VD2和VD4截止。此时VD2和VD4所承受到的最大反向电压均为u的最大值，即

$$U_{DRM}=U_m=\sqrt{2}U$$

同理，在电压u的负半周，VD1和VD3也承受到同样大小的反向电压。

在选择桥式整流电路的整流二极管时，为了工作可靠，应使二极管的最大整流电流$I_{OM}>I_D$，二极管的反向工作峰值电压$U_{RWM}>U_{DRM}$。

【例4-2】 在图4-3所示电路中，已知输出电压为24V、输出电流为1A的直流电源，电路采用桥式整流，试确定变压器二次侧的电压有效值，并选定相应的整流二极管。

解 变压器二次侧的电压有效值为

$$U=\frac{U_O}{0.9}=\frac{24\text{V}}{0.9}=26.7\text{V}$$

整流二极管承受的最高反向电压为

$$U_{DRM}=\sqrt{2}U=37.6\text{V}$$

流过整流二极管的平均电流为

$$I_D=\frac{1}{2}I_O=0.5\text{A}$$

因此，可以选用4只型号为2CZ11A的整流二极管，其最大整流电流为1A，最高反向工作电压为100V。

由于单相桥式整流电路应用普遍，现在已生产出集成硅桥堆，就是用集成技术将四个二极管（PN结）集成在一个硅片上，引出四根线，如图4-5所示。

图4-5 硅桥堆

4.2 滤 波 电 路

整流电路可以将交流电转换为直流电，但脉动较大，在某些应用中如电镀、蓄电池充电等可以直接使用脉动直流电源。但在大多数电子设备中，需要平稳的直流电源。这种电源中的整流电路后面还需要加滤波电路（Filter Circuit）将交流成分滤除，以得到比较平滑的输出电压。常见的滤波电路有电容滤波电路、电感滤波电路和π型复合滤波电路。

4.2.1 电容滤波电路

最简单的电容滤波（Capacitor Filter）电路是在整流电路的直流输出侧与负载电阻R_L并联一个电容C，利用电容器在电源供给的电压升高时，能把部分能量存储起来，而当电源

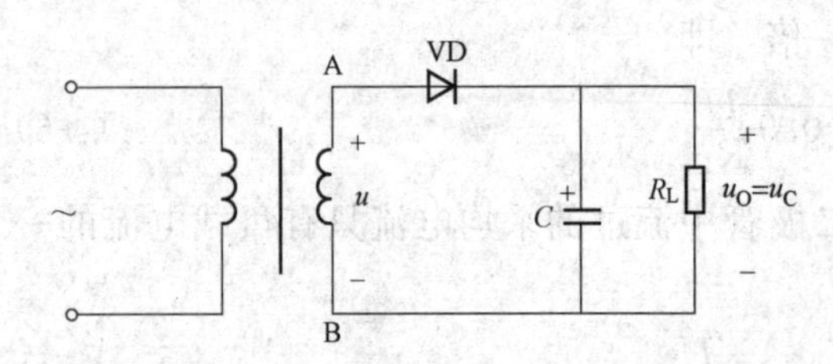

图 4-6 接有电容滤波器的单相半波整流电路

电压降低时，就把电场能量释放出来，使输出电压趋于平滑。电路如图 4-6 所示。

设变压器二次侧电压为

$$u=\sqrt{2}U\sin\omega t$$

从图 4-7 可以看出，在输出波形的 Oa 段，二极管 VD 导通，电源 u 在向负载 R_L 供电的同时又对电容 C 充电，如果忽略变压器的内阻抗及二极管正向压降，电容电压 $u_C(u_O=u_C)$ 将随输入电压 u 按正弦规律上升至幅值 a 点，而后 u_C 随 u 下至 b 点，过 b 点后，因正弦电压 u 的下降速度增大，而电容 C 经负载电阻 R_L 放电的时间常数（$\tau=R_LC$）较大，故 u_C 下降较慢，则 $u<u_C$，使二极管 VD 截止，而电容 C 经负载电阻 R_L 按指数规律放电，u_C 降至 c 点后，u 又大于 u_C，二极管又导通，电容 C 再次充电，这样一直循环，直至关掉电源。可见输出电压的脉动大为减小，并且电压较高。在空载（$R_L=\infty$）和忽略二极管正向压降的情况下，$U_O=\sqrt{2}U=1.4U$，U 是图 4-6 中变压器二次侧电压的有效值。但是随着负载的增加（R_L 减小，I_O 增大），放电时间常数（$\tau=R_LC$）减小，放电加快，U_O 也下降。

整流电路的输出电压 U_O 随输出电流 I_O 变化的关系称为整流电路的外特性或输出特性。如图 4-8 所示。由图可见，电容滤波电路的输出电压在负载变化时波动较大，说明它的带负载能力较差，只适用于负载较轻且变化不大的场合。一般常用如下经验公式估算电容滤波时的输出电压平均值，即

半波：
$$U_O=U \tag{4-8}$$

全波：
$$U_O=1.2U \tag{4-9}$$

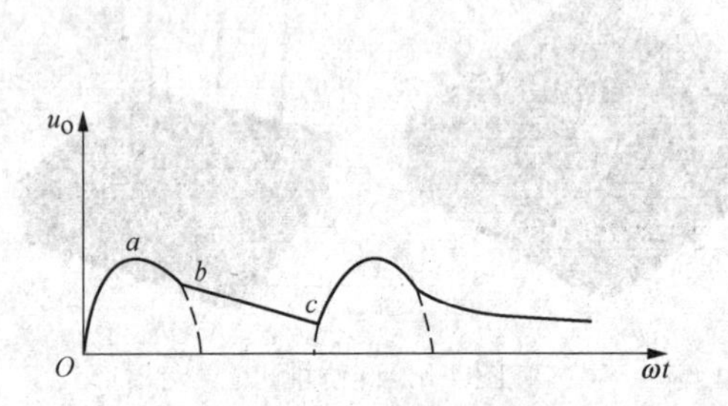

图 4-7 半波整流电容滤波电路的波形图

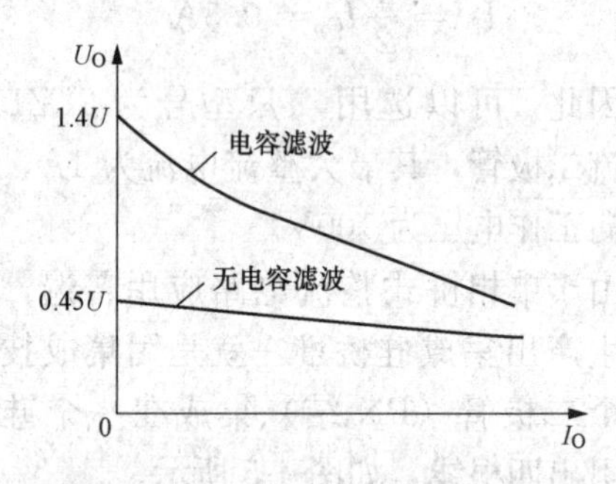

图 4-8 电阻负载和电容滤波的单相半波整流电路的外特性曲线

采用电容滤波时，输出电压的脉动程度与电容器的放电时间常数（$\tau=R_LC$）有关，时间常数大，脉动就小。为了获得较平滑的输出电压，一般要求 $R_L\geqslant(10\sim15)\dfrac{1}{\omega C}$，即

$$\tau=R_LC\geqslant(3\sim5)\frac{T}{2} \tag{4-10}$$

式中：T 为交流电压的周期。滤波电容 C 一般选择体积小、容量大的电解电容器。应注意，普通电解电容器有正、负极性，使用时正极必须接高电位端，如果接反会造成电解电容器的损坏。

加入滤波电容以后，二极管导通时间缩短，导通角小于180°，且在短时间内承受较大的冲击电流（$i_C + i_O$），容易使二极管损坏。为了保证二极管的安全，选管时应放宽裕量。二极管截止时所承受的最高反向电压 U_{DRM}，如表4-1所示。

表4-1　二极管截止时所承受的最高反向电压 U_{DRM}

电　路	无电容滤波	有电容滤波
单相半波整流电路	$\sqrt{2}U$	$2\sqrt{2}U$
单相桥式整流电路	$\sqrt{2}U$	$\sqrt{2}U$

对单相半波带有电容滤波的整流电路而言，当负载端开路时，$U_{DRM} = 2\sqrt{2}U$（最高）。因为在交流电压的正半周时，电容器上的电压充到交流电压的最大值 $\sqrt{2}U$，由于开路，不能放电，这个电压维持不变；而在负半周的最大值时，截止二极管上所承受的反向电压为交流电压的最大值 $\sqrt{2}U$ 与电容器上电压 $\sqrt{2}U$ 之和，即等于 $2\sqrt{2}U$。

对于单相桥式整流电路而言，有电容滤波后，不影响 U_{DRM}。

滤波电容的数值一般在几十微法到几千微法，视负载电流的大小而定，其耐压应大于输出电压的最大值，通常都采用极性电容器。

【例4-3】 单相桥式整流、电容滤波电路如图4-9所示。已知220V交流电源频率 $f = 50\text{Hz}$，要求直流电压 U_O=30V，负载电流 I_O=50mA。试求电源变压器二次侧电压 u 的有效值，并选择整流二极管及滤波电容器。

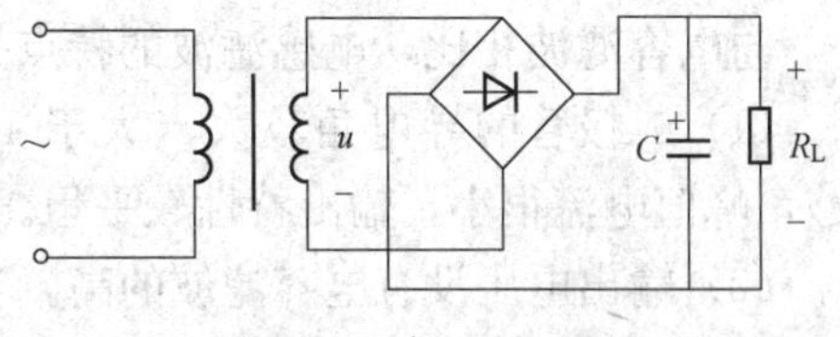

图4-9　例4-4的图

解　(1) 变压器二次侧电压有效值为

由式(4-14)，取 $U_O = 1.2U$，则

$$U = \frac{30}{1.2}\text{V} = 25\text{V}$$

(2) 选择整流二极管。

流经二极管的平均电流为

$$I_D = \frac{1}{2}I_O = \frac{1}{2} \times 50\text{mA} = 25\text{mA}$$

二极管承受的最大反向电压为

$$U_{DRM} = \sqrt{2}U = 35\text{V}$$

因此，可选用2CZ51D整流二极管（其允许最大电流 I_O=50mA，最大反向电压 U_{DRM}=100V），也可选用硅桥堆QL-1型（I_O=50mA，U_{DRM}=100V）。

(3) 选择滤波电容器。

负载电阻为

$$R_L = \frac{U_O}{I_O} = \frac{30}{50}\text{k}\Omega = 0.6\text{k}\Omega$$

由式(4-15)，取

$$\tau = R_L C = 4 \times \frac{T}{2} = 2T = 2 \times \frac{1}{50}\text{s} = 0.04\text{s}$$

由此得滤波电容为

$$C=\frac{0.04\text{s}}{R_{\text{L}}}=\frac{0.04\text{s}}{600\Omega}=66.6\mu\text{F}$$

若考虑电网电压波动±10%，则电容器承受的最高电压为

$$U_{\text{CM}}=\sqrt{2}U\times1.1=(1.4\times25\times1.1)\text{V}=38.5\text{V}$$

选用标称值为68μF/50V的电解电容器。

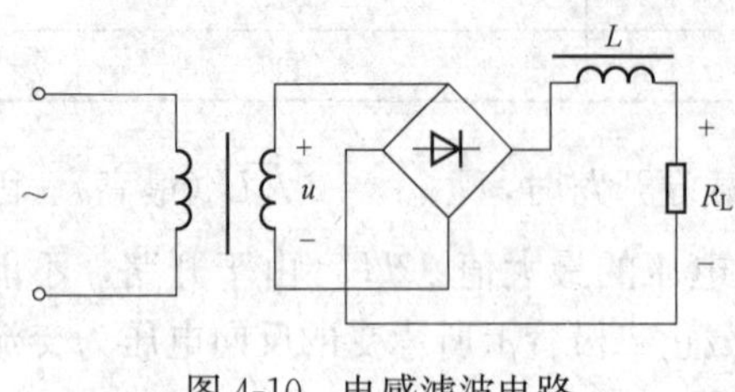

图4-10　电感滤波电路

4.2.2　电感滤波电路

在单相桥式整流电路的输出端与负载电阻R_{L}之间串联一个电感量较大的铁芯线圈L便构成桥式整流电感滤波（Inductance Filter）电路，如图4-10所示。交流电压u经全波整流后变成脉动直流电压，其中既含有各次谐波的交流分量，又含有直流分量。电感L的感抗$X_{\text{L}}=\omega L$，对于直流分量，$X_{\text{L}}=0$，电感相当于短路，所以直流分量基本上都降在电阻R_{L}上；对于交流分量，谐波频率越高，感抗越大，因而交流分量大部分降在电感L上。这样，在输出端即可得到较平滑的电压波形。

与电容滤波相比，电感滤波的特点是：

(1) 二极管的导电角较大（大于180°，是因为电感L的反电动势使二极管导电角增大），峰值电流很小，输出特性较平坦。

(2) 输出电压没有电容滤波的高。当忽略电感线圈的电阻时，输出的直流电压与不加电感时一样，为$U_{\text{O}}=0.9U$。负载改变时，对输出电压的影响也较小。因此，电感滤波适用于负载电压较低、电流较大以及负载变化较大的场合。它的缺点是制作复杂、体积大、笨重，且存在电磁干扰。

4.2.3　π型复合滤波电路

为了减小输出电压的脉动程度，可以在电容和电感的基础上进行改进，再并联一个滤波电容C_1（见图4-11），它的滤波效果比LC滤波器更好，但整流二极管的冲击电流较大。

由于电感线圈的体积大而笨重，成本又高，因此有时用电阻去代替π型滤波器中的电感线圈，这样便构成了π型RC滤波器，如图4-12所示。电阻对于交、直流电流都有同样的降压作用，但是当它和电容配合之后，就使脉动电压的交流分量较多地降落在电阻两端（因为电容C_2的交流阻抗甚小），而较少地降落在负载上，从而起到了滤波作用。R越大，C_2越大，滤波效果越好。但R太大，将使直流压降增加，所以这种滤波电路主要适用于负载电流较小而又要求输出电压脉动很小的场合。

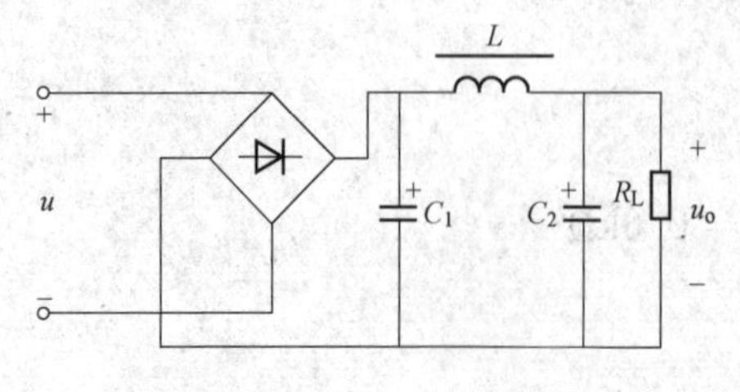

图4-11　π型LC滤波电路

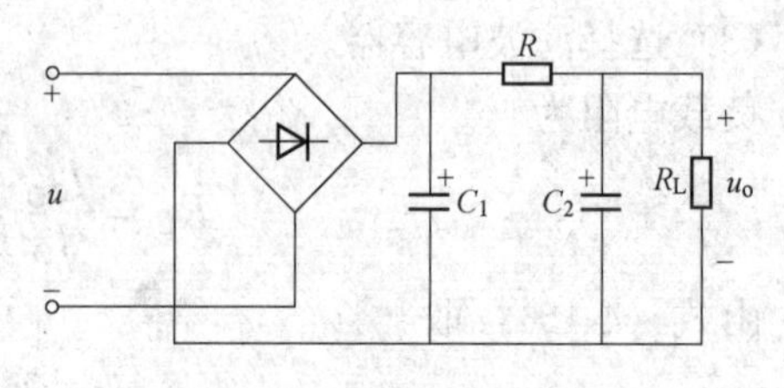

图4-12　π型RC滤波电路

4.3 直流稳压电源

大多数电子设备和微机系统都需要稳定的直流电压，但交流电经过变压、整流和滤波后，得到的直流电压往往会受交流电源波动和负载变化的影响，稳压性能较差。电压的不稳定有时会产生测量和计算的误差，引起控制装置的工作不稳定，甚至根本无法正常工作。

4.3.1 稳压管稳压电路

由稳压二极管 VDZ 和限流电阻 R 所组成的稳压电路是一种最简单的直流稳压电源，如图4-13 所示。其输入电压 U_I 是整流滤波后的电压，输出电压 U_O 就是稳压管的稳定电压 U_Z，R_L 是负载电阻。

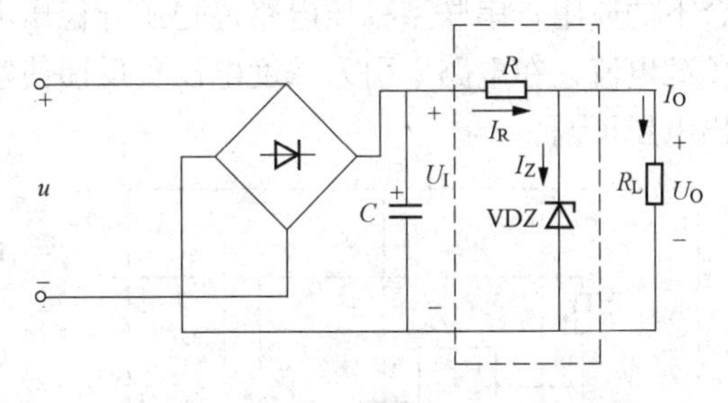

图 4-13 稳压二极管组成的稳压电路

从稳压管稳压电路得到两个基本关系式

$$U_I = U_R + U_O \tag{4-11}$$

$$I_R = I_Z + I_O \tag{4-12}$$

对任何稳压电路都应从两个方面考察其稳压特性：一是设电网电压波动，研究其输出电压是否稳定；二是设负载变化，研究其输出电压是否稳定。

在图 4-13 所示稳压电路中，当电网电压升高时，稳压电路的输入电压 U_I 随之增大，输出电压 U_O 也随之增大；但是，因为 $U_O = U_Z$，U_Z 也增大，U_Z 的增大使 I_Z 急剧增大；显然，根据式（4-12），I_R 必然随着 I_Z 增大而增大，U_R 会同时随着 I_R 增大而增大；根据式（4-11），不难理解，U_R 的增大必将使输出电压 U_O 减小。因此，只要参数选择合适，R 上的电压增量就可以与 U_I 的增量近似相等，从而使 U_O 基本不变。上述过程可简单描述如下：

电网电压 ↑ → U_I ↑ → $U_O(U_Z)$ ↑ → I_Z ↑ → I_R ↑ → U_R ↑

U_O ↓ ←─────────────┘

当电网电压下降时，各电量的变化与上述过程相反，U_R 的变化补偿了 U_I 的变化，以保证 U_O 基本不变。

如果电源电压保持不变，负载变化导致负载电流 I_O 增大时，I_R 将增大，U_R 会同时随着 I_R 增大而增大，使输出电压 U_O 减小。只要 U_O 下降一点，I_Z 就会急剧减小，I_R 将减小，U_R 也将减小，使输出电压 U_O 趋近原来的值不变。

综上所述，在稳压二极管所组成的稳压电路中，利用稳压管所起的电流调节作用，通过限流电阻 R 上电压或电流的变化进行补偿，来达到稳压的目的。限流电阻 R 是必不可少的元件，它既限制稳压管中的电流使其正常工作，又与稳压管相配合以达到稳压的目的。一般情况下，选择稳压二极管时，应满足以下条件

$$U_Z = U_O$$

$$I_{ZM} = (1.5 \sim 5)I_{OM}$$

$$U_I = (2 \sim 3)U_O$$

【例 4-4】 有一稳压二极管稳压电路，如图 4-13 所示。负载电阻 R_L 由开路变到 3kΩ，交流电压经整流滤波后得出 U_I=30V。现要求输出直流电压 U_O=12V，试选择稳压二极

管 VDZ。

解 根据输出电压 $U_O=12V$ 的要求，负载电流最大值为

$$I_{OM}=\frac{U_O}{R_L}=\frac{12}{3\times10^3}A=4mA$$

选择稳压二极管 2CW60，其稳定电压 $U_Z=11.5\sim12.5V$，稳定电流 $I_Z=5mA$，最大稳定电流 $I_{ZM}=19mA$。

4.3.2 串联型稳压电路

稳压管稳压电路输出电流较小，输出电压不可调，且稳定性不够理想，不能满足很多场合下的应用。串联型稳压电路以稳压管稳压电路为基础，利用晶体管的电流放大作用，增大负载电流，在电路中引入深度电压负反馈使输出电压稳定，并且通过改变反馈网络参数使输出电压可调。

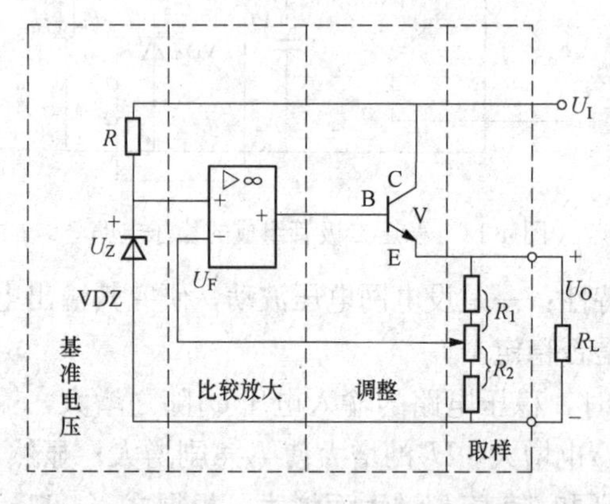

图 4-14 串联反馈式稳压电路的基本原理图

串联反馈式稳压电路的基本原理图如图 4-14 所示。整个电路由四部分组成。

(1) 取样环节：由 R_1、R_2 组成的分压电路构成，它将输出电压 U_O 分出一部分作为取样电压 U_F，送到比较放大环节。

(2) 基准电压：由稳压二极管 VDZ 和电阻 R 构成的稳压电路提供一个稳定的基准电压 U_Z，作为调整、比较的标准。

(3) 比较放大电路：它是由运放构成，其作用是将基准电压 U_Z 与取样电压 U_F 之差经放大后去控制调整管 V。

(4) 调整环节：由工作在线性放大区的晶体管 V 构成，V 的基极电流 I_B 受比较放大电路输出的控制，它的改变又可使集电极电流 I_C 和集电极发射极电压 U_{CE} 发生变化，从而达到自动调整并稳定输出电压的目的。

由图 4-14 可得

$$U_-=U_F=\frac{R_2}{R_1+R_2}U_O$$

当电源电压或负载电阻的变化引起输出电压 U_O 升高时，U_F 也就升高，而集成运放的输出电压也就是晶体管基极 B 的输入电压 U_B，等于集成运放的开环增益 A_{uo} 乘以（U_+-U_-），即

$$U_B=A_{uo}(U_+-U_-)$$

可见随着 U_B 减小，可得出如下稳压过程：

$$U_O\uparrow\to U_F\uparrow\to U_B\downarrow\to I_C\downarrow\to U_{CE}\uparrow\to U_O\downarrow$$

从而使 U_O 保持稳定。当输出电压降低时，其稳压过程相反。

从上述调整过程可以看出，该电路是依靠电压负反馈来稳定输出电压的，也就是输出电压的变化量经运算放大后去调整晶体管的管压降 U_{CE}，从而达到稳定输出电压的目的。所以通常称晶体管 V 为调整管。反馈电压 U_F 取样于输出电压 U_O，U_F 和基准电压 U_Z 又分别加在

运算放大器的两个输入端，可见图 4-14 中引入的是串联电压负反馈。

改变电位器就可调节输出电压。根据同相比例运算电路可知

$$U_O \approx U_B = \left(1+\frac{R_1}{R_2}\right)U_Z \tag{4-13}$$

4.3.3 集成稳压电源

在图 4-14 串联型稳压电路的基础上，增加一些过流保护环节，将电路中的各种元件集成在同一硅片上，并加上外壳封装，即为固定输出三端集成稳压器。它具有体积小、可靠性高、性能技术指标好、使用简单灵活及价格便宜等优点，应用日益广泛。集成稳压器的常见封装及实物图如图 4-15 所示。

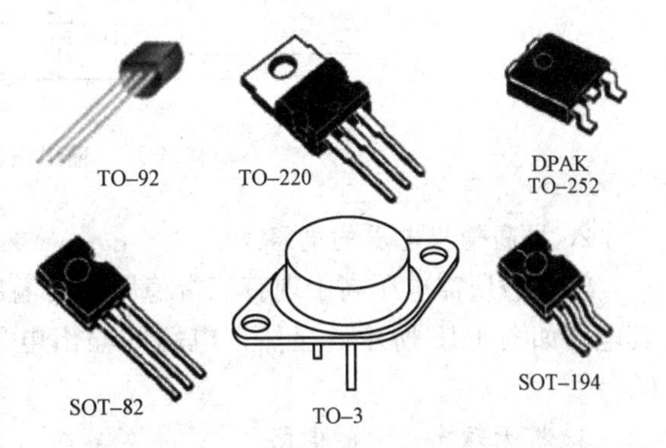

图 4-15 集成稳压器的常见封装及实物图

三端集成稳压器仅有输入端、输出端和公共端三个接线端子。这里主要讨论 W7800 系列（输出正电压）和 W7900 系列（输出负电压）稳压器的使用。三端集成稳压器的框图及接线图如图 4-16 所示。使用时只需在其输入端、输出端与公共端之间各并联一个电容即可。C_i用以抵消输入端较长接线的电压效应，防止产生自激振荡，接线不长时也可不用。C_o是为了瞬时增减负载电流时不致引起输出电压有较大的波动。C_i一般在 0.1～1μF 之间，如 0.33μF；C_o可用 1μF。W7800 系列输出固定的正电压有 5、8、12、15、18、24V 多种。例如 W7815 的输出电压为 15V，最高输入电压为 35V，最小输入、输出电压差为 2～3V，最大输出电流为 2.2A，输出电阻为 0.03～0.15Ω，电压变化率为 0.1%～0.2%。W7900 系列输出固定的负电压，其参数与 W7800 基本相同。使用时三端稳压器应接在整流滤波电路之后。下面介绍几种三端集成稳压器的应用电路。

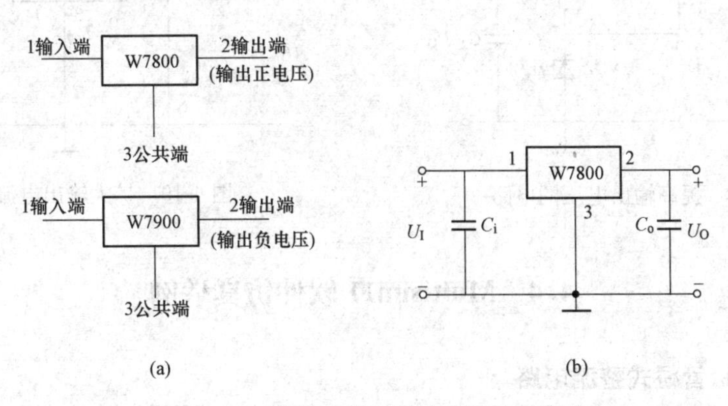

图 4-16 三端集成稳压器的框图及接线图

(a) 方框图；(b) 接线图

1. 输出正、负电压的电路

将 W7800 系列和 W7900 系列稳压器组成如图 4-17 所示电路，可以输出正、负电压。

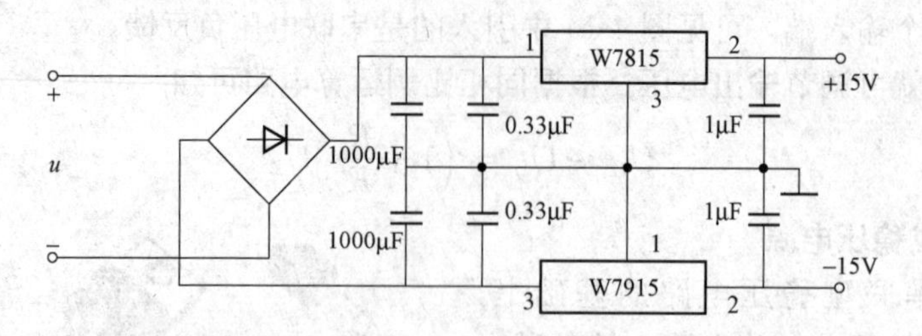

图 4-17　输出正、负电压的电路

2. 提高输出电压的电路

当负载所需电压高于现有三端稳压器的输出电压时，可采用升压电路来提高输出电压，其电路如图 4-18 所示。显然，电路的输出电压 U_O 高于 W7800 的固定输出电压 $U_{\times\times}$，为 $U_O=U_{\times\times}+U_Z$。

3. 扩大输出电流的电路

当电路所需电流大于 1～2A 时，可采用外接功率管 T 的方法来扩大输出电流。在图 4-19 中，I_2 为稳压器的输出电流，I_C 为功率管的集电极电流，I_R 为电阻 R 上的电流。一般 I_3 很小，可忽略不计，则有

$$I_2 \approx I_1 = I_R + I_B = -\frac{U_{BE}}{R} + \frac{I_C}{\beta} \tag{4-14}$$

式中：β 是功率管的电流放大系数。设 $\beta=10$，$U_{BE}=-0.3V$，$R=0.5\Omega$，$I_2=1A$，则可算出 $I_C=4A$。可见输出电流 $I_O=I_2+I_C$，它比 I_2 扩大了。图 4-19 中的电阻 R 要使功率管只能在输出电流较大时才导通。

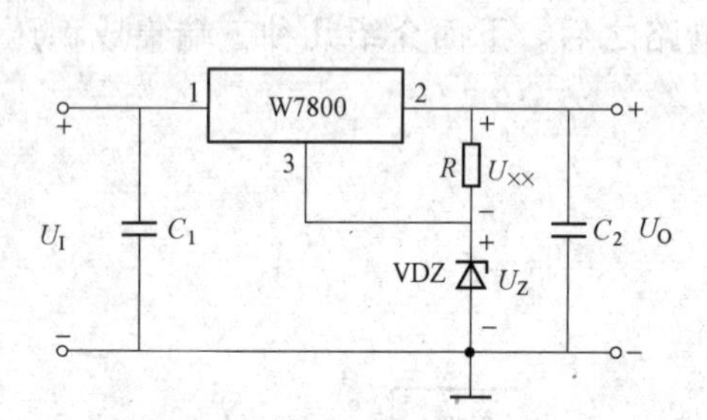

图 4-18　提高输出电压的电路

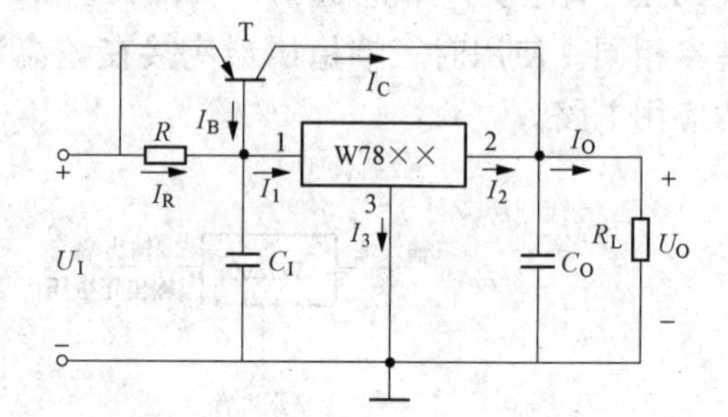

图 4-19　扩大输出电流的电路

4.4　Multisim11 软件仿真举例

4.4.1　二极管桥式整流电路

二极管桥式整流电路如图 4-20 所示。当输入为 5V、1kHz 的正弦波时，由于二极管的单向导电性，输出为单向脉动的直流，如图 4-21 所示。

4.4.2　三端集成稳压器应用电路

三端集成稳压器应用电路如图 4-22 所示，经 Multisim11 软件仿真，可测得输出端得到 5V 的直流电压。

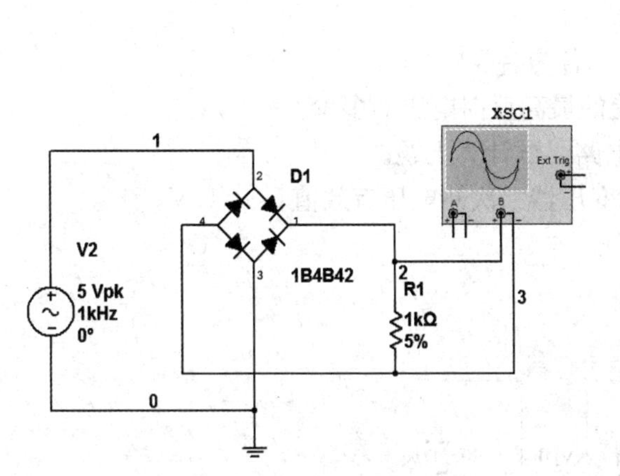

图 4-20　二极管桥式整流电路

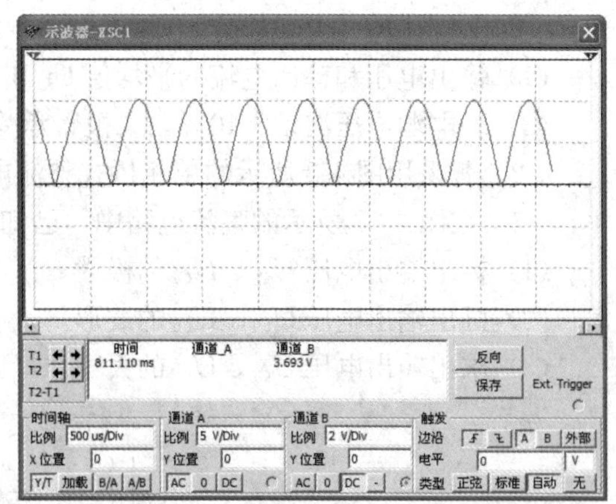

图 4-21　二极管桥式整流电路输出波形

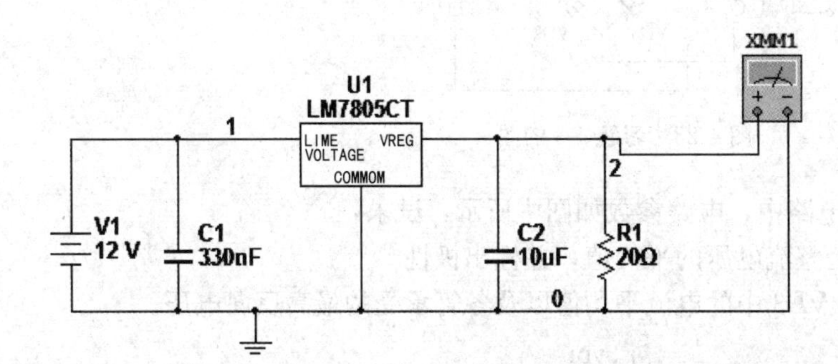

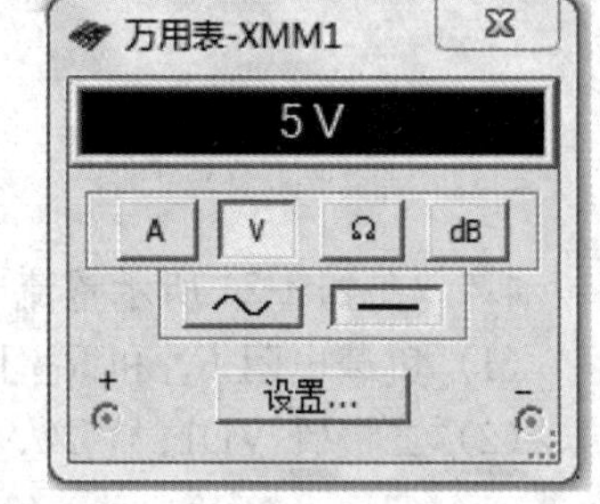

图 4-22　三端集成稳压器应用电路

小　结

1. 小功率直流稳压电源将交流电变换为直流电的过程包括变压、整流、滤波和稳压四个部分。

2. 整流电路的任务是将交流电变换成直流电。整流电路按输入电源相数可分为单相整流电路和三相整流电路，按输出波形又可分为半波整流电路、全波整流电路和桥式整流电路等。目前广泛使用的是桥式整流电路。

3. 滤波是利用电容或电感滤除单向脉动直流电压中的交流成分，保留直流成分，减小整流电压的脉动程度。常见的滤波电路有电容滤波电路、电感滤波电路和 π 型复合滤波电路。

4. 稳压电路的调节作用能够使输出电压稳定。三端集成稳压器具有体积小、可靠性高、性能技术指标好、使用简单灵活及价格便宜等优点，应用日益广泛。其中最常见的是 7800 系列和 7900 系列。

习　题

4-1　在图 4-2（a）所示的单相半波整流电路中，已知变压器二次侧电压的有效值 $U=$

30V，负载电阻 $R_L=100\Omega$。

(1) 输出电压和输出电流的平均值 U_O 和 I_O 各为多少？

(2) 若电源电压波动±10%，二极管承受的最高反向电压为多少？

4-2 若采用图 4-3 所示的单相桥式整流电路，试计算上题。

4-3 在图 4-23 所示的整流电路中，已知变压器二次侧电压有效值 $U_2=10V$。

(1) 标出输出电压 U_{O1}、U_{O2} 的极性。

(2) 画出输出电压 U_{O1}、U_{O2} 的波形。

(3) 求出输出电压 U_{O1}、U_{O2} 的大小。

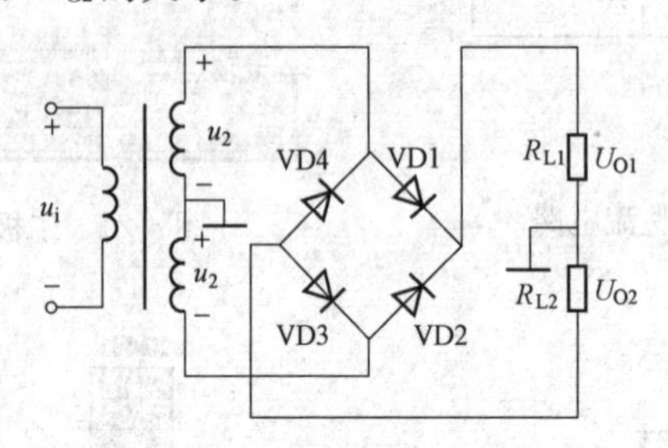

图 4-23 习题 4-3 的图

4-4 在如 4-24 所示整流电路中，电路参数如图中所示，试求：

(1) 负载电阻 R_{L1} 和 R_{L2} 上整流电压的平均值，并标出极性。

(2) 二极管 VD1、VD2、VD3 中的电流平均值以及各管承受的最高反向电压。

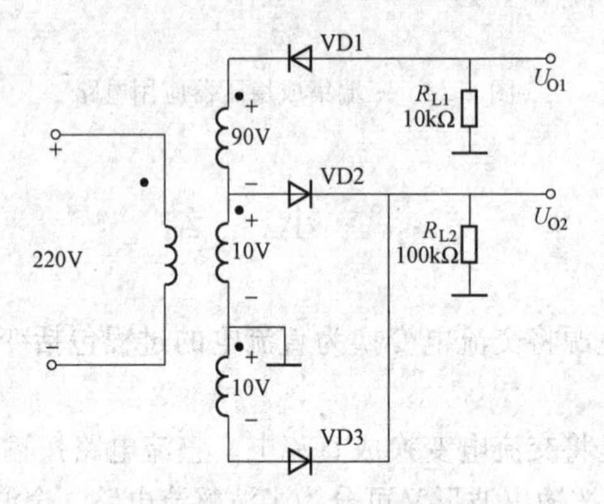

图 4-24 习题 4-4 的图

4-5 若有一电压为 110V、电阻为 55Ω 的直流负载，采用单相桥式整流电路（不带滤波器）供电，试求变压器二次侧电压和电流的有效值，并选用二极管。

4-6 试设计一个桥式整流电容滤波电路，其输入交流电源电压 $U_I=220V$，频率 $f=50Hz$，输出直流电压 $U_O=20V$，负载电阻 $R_L=50\Omega$。

(1) 计算二极管的电流平均值以及承受的最高反向电压。

(2) 计算滤波电容器的容量及其耐压值。

4-7 图 4-25 所示的电路是二倍压整流电路，$U_O=2\sqrt{2}U$，试分析，并标出 U_O 的极性。

4-8 在图 4-26 所示的电路中，已知 $u_2=20\sqrt{2}\sin\omega t\,V$，$U_O=6V$，$R=1.2k\Omega$，试求：

(1) S1 打开、S2 闭合时的U_I和I_Z。

(2) S1 和 S2 闭合时的U_I和I_Z。

4-9 在图 4-27 所示的电路中，已知$U_2=20V$，$R_1=R_3=3.3k\Omega$，$R_2=5.1k\Omega$，$C=1000\mu F$，试求输出电压U_O的范围。

4-10 在图 4-28 所示的电路中，已知$R_1=500\Omega$，$R_2=1.5k\Omega$，$R_3=R_4=R_5=2.5k\Omega$，试求输出电压U_O的范围。

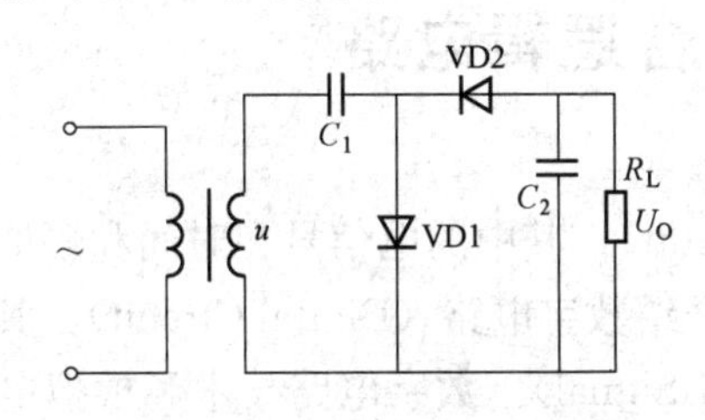

图 4-25 习题 4-7 的图

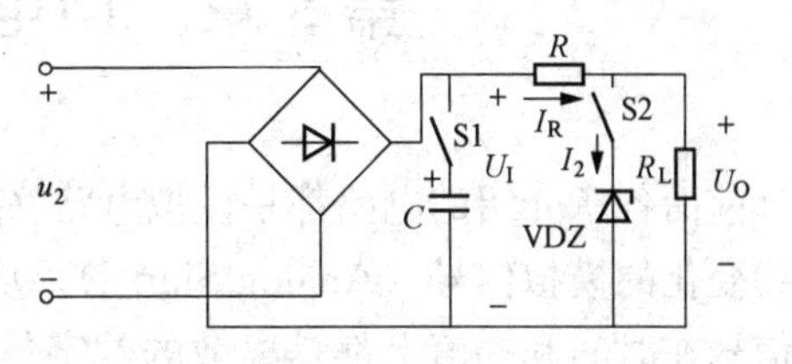

图 4-26 习题 4-8 的图

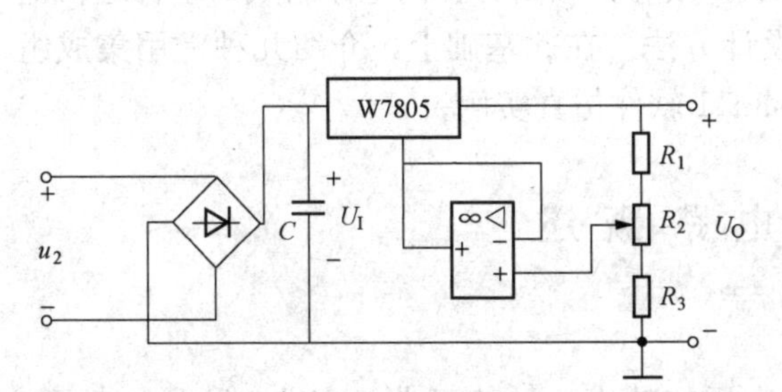

图 4-27 习题 4-9 的图

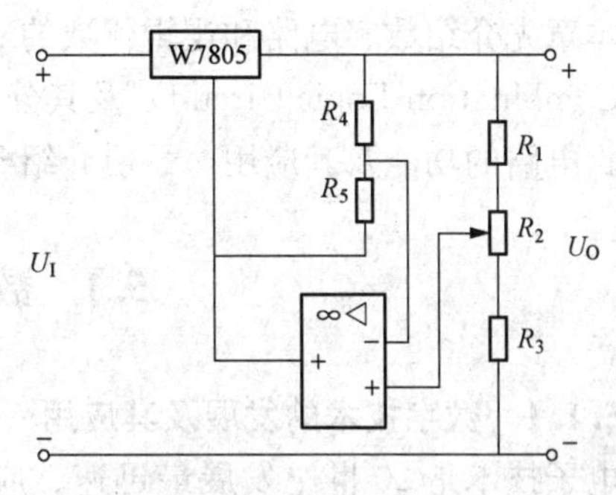

图 4-28 习题 4-10 的图

第二篇　数字电子技术

第5章　门电路与组合逻辑电路

前面各章介绍的电路都是模拟电路（Analog Circuit），其中的电信号在时间和幅值上是连续变化的模拟信号（Analog Signal）。从本章开始介绍数字电路（Digital Circuit），其中的电信号在时间和幅值上都是离散的数字信号（Digital Signal）。数字电路技术和模拟电路技术都是电子技术的重要基础。

本章先介绍数字电路和逻辑代数的基础知识，接着介绍由各种门电路组成的组合逻辑电路（Combination Logic Circuit）及其分析和设计方法。在此基础上，介绍几种常用集成组合逻辑电路的功能及其应用，最后介绍 Multisim11 软件仿真实例。

5.1　数字电路概述

5.1.1　数字技术的发展及其应用

电子技术是20世纪发展最迅速、应用最广泛的技术，已使工业、农业、科研、教育、金融、医疗、文化娱乐以及人们的日常生活发生了翻天覆地的变化。特别是数字电子技术，发展最为迅速，已成为当今电子技术的发展潮流。电子技术的发展是以电子器件的发展为基础的，从20世纪初的电子管，20世纪50年代的晶体管，到20世纪60年代的集成电路以及20世纪70年代的微处理器，电子技术发生了异常迅速的变化，其发展趋势是向系统集成、大规模、低功耗、高速度、可编程、可测试、多值化等方面发展。

数字技术的典型应用是电子计算机，计算机现在已成为各行各业离不开的应用工具，它是伴随着电子技术的发展而发展的。由于数字系统具有可靠性高，保密性强，信息易于存储、处理和传输等特点，使得数字技术在很多方面取代了传统的模拟技术，例如数字相机、数字电视等。但是无论数字技术如何发展，终将不能完全取代模拟技术，因为自然界中大多数的物理量是模拟的，数字技术不能直接接收模拟信号进行处理，也无法将处理后的信号直接送到外部物理世界。实际电子系统一般是模拟电路和数字电路的结合，它们之间是相辅相成的，发展数字技术的同时，也要重视模拟技术的发展。

5.1.2　数字信号和编码

电子电路中的信号可分为两类。一类是时间和幅值都是连续的信号，称为模拟信号，例如温度、速度、压力、磁场、电场等物理量通过传感器变成的电信号，模拟语音的音频信号和模拟图像的视频信号等。对模拟信号进行传输、处理的电子线路称为模拟电路，如放大电路、滤波器、信号发生器等。另一类是时间和幅值都是离散的（即不连续的）信号，称为数字信号。对数字信号进行传输、处理的电子线路称为数字电路，如数字电子钟、数字万用表、数字电子计算机等都是由数字电路组成的。在数字电路中所关注的是输出与输入之间的逻辑关系，而不是模拟电路中要研究输出与输入之间信号的大小、相位变化等。

在数字电路中采用只有0、1两种数值组成的数字信号。一个0或一个1通常称为1bit（比特），有时也将一个0或一个1的持续时间称为一拍。0和1可以用电位的低和高来表示，也可以用脉冲信号（Pulse Signal）的无和有来表示。

数字电路中处理的信息除了数值信息外，还有文字、符号以及一些特定的操作（例如表示确认的回车操作等）。为了处理这些信息，必须将这些信息也用二进制数码来表示。这些特定的二进制数码称为这些信息的代码，这些代码的编制过程称为编码（Coding）。

在数字电子中，十进制数除了可转换成为二进制数参加运算外，还可以直接用十进制数进行输入和运算。其方法是将十进制的10个数码分别用4位二进制代码表示，这种编码称为二—十进制编码（Binary Coded Decimal Coding），简称BCD码。BCD码有很多种形式，常用的有8421码、余3码、余3循环码、2421码、5421码等，如表5-1所示。

表5-1　常用BCD码

十进制数	8421码	余3码	余3循环码	2421码	5421码
0	0000	0011	0010	0000	0000
1	0001	0100	0110	0001	0001
2	0010	0101	0111	0010	0010
3	0011	0110	0101	0011	0011
4	0100	0111	0100	0100	0100
5	0101	1000	1100	1011	1000
6	0110	1001	1101	1100	1001
7	0111	1010	1111	1101	1010
8	1000	1011	1110	1110	1011
9	1001	1100	1010	1111	1100
权	8421			2421	5421

在8421码中，10个十进制数码与二进制数一一对应，即用二进制数的0000～1001来分别表示十进制数的0～9。8421码是一种有权码，各位的权从左到右分别为8、4、2、1，所以根据代码的组成就可知道代码所代表的十进制数的值。设8421码的各位分别为a_3、a_2、a_1、a_0，则它所代表的十进制数的值为

$$N = 8a_3 + 4a_2 + 2a_1 + 1a_0$$

8421码与十进制数之间的转换只要直接按位转换即可。例如

$$(647)_{10} = (0110\ 0100\ 0111)_{8421BCD}$$

4位二进制数共有16中组合，即0000～1111。8421码只利用了这16种组合中的前10种组合0000～1001，其余6种组合1010～1111是无效的。从16种组合中选取10种不同的组合方式，可以得到其他二—十进制码，如2421码、5421码等。余3码是由8421码加3（0011）得来的，这是一种无权码。

格雷码的特点是从一个代码变为相邻的另一个代码时只有一位发生变化。这是考虑到信息在传输过程中可能出错，为了减少错误而研究的一种编码形式。格雷码的缺点是与十进制之间不存在规律性的对应关系，不够直观，其编码方式如表5-2所示。

表 5-2　　　　格　雷　码

二进制码	格雷码	二进制码	格雷码
0000	0000	1000	1100
0001	0001	1001	1101
0010	0011	1010	1111
0011	0010	1011	1110
0100	0110	1100	1010
0101	0111	1101	1011
0110	0101	1110	1001
0111	0100	1111	1000

5.1.3　脉冲信号

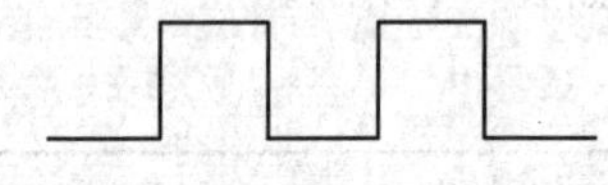

图 5-1　理想的矩形脉冲波形

数字电路中，信号（电压和电流）是脉冲形式的。脉冲是一种不连续性的阶跃信号，并且持续时间短暂，可短至几个微秒甚至几个纳秒。图 5-1 所示是理想的矩形脉冲波形，实际的波形并不像图 5-1 那样理想。实际的矩形脉冲波形如图 5-2 所示。

下面以图 5-2 为例，来说明脉冲信号波形的一些参数。

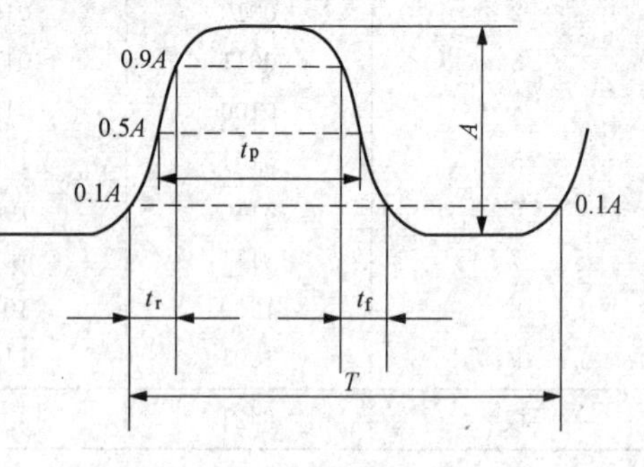

图 5-2　实际的矩形脉冲波形

（1）脉冲幅度 A：脉冲信号变化的最大值。

（2）脉冲上升时间 t_r 从脉冲幅值的 10%到 90%上升所经历的时间（典型值 ns）。

（3）脉冲下降时间 t_f：从脉冲幅值的 90%到 10%下降所经历的时间（典型值 ns）。

（4）脉冲宽度 t_p：从上升沿脉冲幅度的 50%到下降沿脉冲幅度的 50%所需的时间，也称为脉冲持续时间。

（5）脉冲周期 T：周期性脉冲信号相邻两个上升沿（或下降沿）的脉冲幅度的 10%两点之间的时间间隔。

（6）脉冲频率 f：单位时间的脉冲数，$f=\frac{1}{T}$。

在数字电路中，通常是根据脉冲信号的有无、个数、宽度和频率来进行工作的，所以抗干扰能力较强（干扰往往只影响脉冲幅度），准确度较高。

此外，脉冲信号还有正和负之分。如果脉冲跃变后的值比初始值高，则为正脉冲，如图 5-3（a）所示；反之，则为负脉冲，如图 5-3（b）所示。

5.1.4　数字电路的特点和分类

1. 数字电路的特点

与模拟电路相比，数字电路具有以下特点。

（1）稳定性高。由于数字系统只有 0 和 1 两种状态，对元件精度要求不高，允许有较大

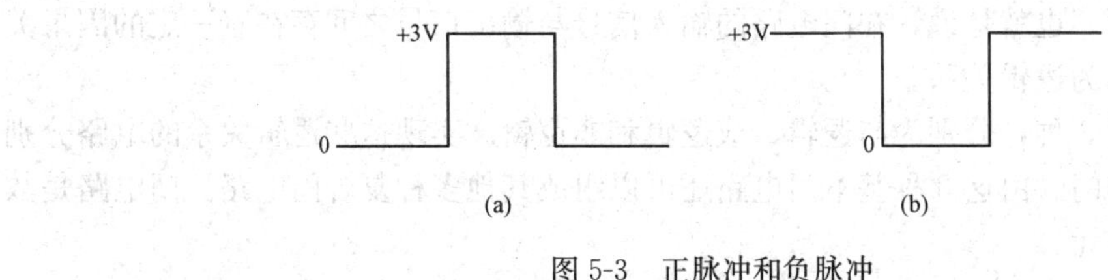

图 5-3　正脉冲和负脉冲
(a) 正脉冲；(b) 负脉冲

的误差，一般而言，对于一个给定的输入信号，数字电路的输出总是相同的；而模拟电路的输出随着输入信号、外界温度、电源电压以及器件老化等因素而变化。

(2) 可靠性强。因为传递、记录、加工的信息只有 0 和 1，不是连续变化，所以数字系统抗干扰能力强，可靠性高。

(3) 保密性好。在进行数字量的传递时可进行加密处理，常用于军事、情报等方面。

(4) 经济性好。数字电路结构简单，易于设计，制造容易，便于集成化生产，成本低廉。

(5) 通用性强。数字集成电路产品系列全，通用性强。

(6) 可编程性。现代数字系统设计多采用可编程逻辑器件，用户可根据需要在计算机上完成电路设计和仿真，然后再写入芯片，具有较大的方便性和灵活性。

(7) 高速度、低功耗。集成电路中单管的开关速度可以做到小于 10^{-11} s，整体器件中，信号从输入到输出的传输时间小于 2×10^{-9} s。百万门以上的超大规模集成芯片的功耗可低达毫瓦级。

2. 数字集成电路的分类

数字电路可分为分立元件电路和数字集成电路两大类。目前，分立元件电路基本上已被数字集成电路取代，按照集成度的不同，数字集成电路可分为以下几类：

(1) 小规模集成电路（SSI）。其集成度为 1～12 门/片，主要是逻辑单元电路，如各种逻辑门电路、集成触发器等。

(2) 中规模集成电路（MSI）。其集成度为 12～99 门/片，主要是逻辑功能器件，如译码器、编码器、加法器、寄存器、计数器等。

(3) 大规模集成电路（LSI）。其集成度为 100～9999 门/片，主要是数字逻辑系统，如中央处理器、存储器等。

(4) 超大规模集成电路（VLSI）。其集成度为 10000～99999 门/片，主要是高集成度的数字逻辑系统，如大型存储器、单片计算机等。

(5) 甚大规模集成电路（ULSI）。其集成度为大于 10^6 门/片，主要是可编程逻辑器件、多功能专用集成电路等。

5.2　基本门电路

5.2.1　分立元件基本逻辑门电路

门电路（Gate Circuit）是一种具有一定逻辑关系的开关电路。当它的输入信号满足某种条件时，才有信号输出。如果把输入信号看作条件，把输出信号看作结果，那么当条件具备时，结果就会发生。也就是说，在门电路的输入信号与输出信号之间存在着一定的因果关系，这种因果关系称为逻辑关系。

基本逻辑关系有3种，分别为与逻辑、或逻辑和非逻辑。实现这些逻辑关系的电路分别称为与门、或门和非门。由这3种基本门电路还可以组成其他多种复合门电路。门电路是数字电路的基本逻辑单元。

门电路可以用二极管、三极管等分立元件组成，目前广泛使用的是集成门电路。

1. 与逻辑和与门电路

当决定某事件的全部条件同时具备时，结果才会发生，这种因果关系叫做与逻辑。实现与逻辑关系的电路称为与门（AND Gate）。

图5-4（a）所示是二极管与门电路，A和B是它的两个输入信号或称输入变量，Y是输出信号或称输出变量。图5-4（b）、（c）所示是与门电路的逻辑符号和波形图。

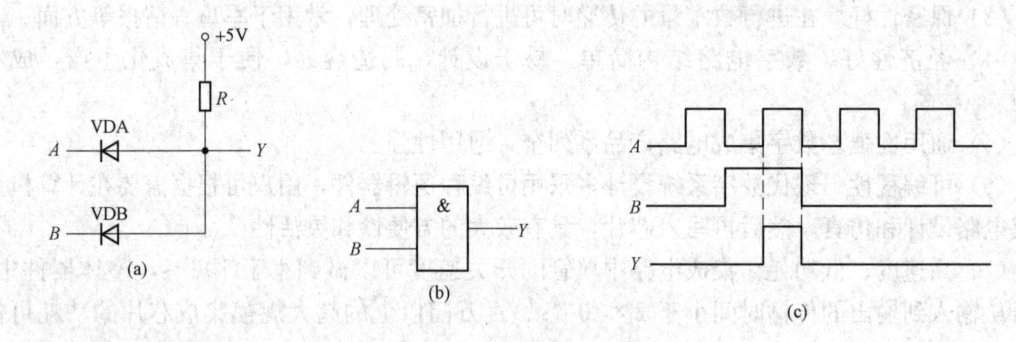

图5-4　二极管与门电路

（a）电路；（b）逻辑符号；（c）波形图

当输入变量A和B全为1时（设两个输入端的电位均为3V），电源+5V的正端经电阻R向两个输入端流通电流，VDA和VDB两管都导通，输出端的电位略高于3V，因此输出变量为1。

当输入变量不全为1时，而有一个或两个为0时，即该输入端的电位在0V附近。例如A为0，B为1，则VDA优先导通。这时输出端的电位在0V附近，因此Y为0。VDB因承受反向电压而截止。

只有当输入变量全为1时，输出变量Y才为1，这符合与逻辑。与逻辑的表达式为

$$Y = A \cdot B \tag{5-1}$$

其中，小圆点表示A、B的与运算，与运算又叫逻辑乘，通常与运算符“·”可以省略。图5-4有两个输入端，每个输入端有1和0两种状态，共有四种组合。表5-3完整地列出了四种输入、输出逻辑状态，这种表称为逻辑真值表。

表5-3　　与门逻辑真值表

A	B	Y
0	0	0
0	1	0
1	0	0
1	1	1

2. 或逻辑和或门电路

在决定某事件的全部条件中，只要任一条件具备，结果就会发生，这种因果关系叫做或逻辑。实现或逻辑关系的电路称为或门（OR Gate）。

图 5-5（a）所示是二极管或门电路，图 5-5（b）、（c）所示是或门的逻辑符号和波形图。A 和 B 是它的两个输入信号，Y 是输出信号。

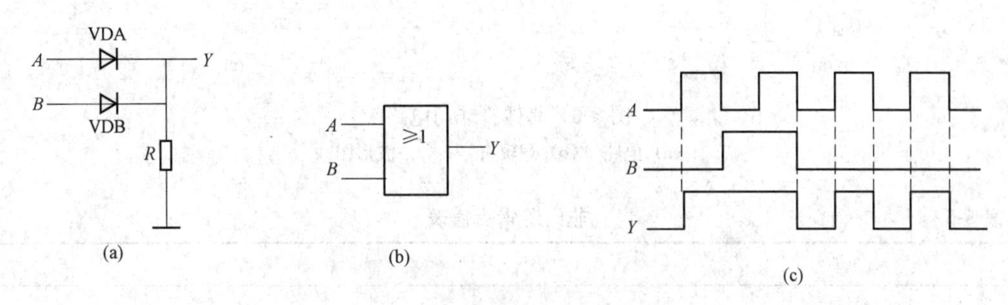

图 5-5　二极管或门电路

（a）电路；（b）逻辑符号；（c）波形图

当输入变量只要有一个为 1 时，输出就为 1。例如 A 为 1，B 为 0，则 VDA 优先导通，输出变量 Y 也为 1。VDB 因承受反向电压而截止。

只有当输入变量全为 0 时，输出变量 Y 才为 0，此时两个二极管都截止。或逻辑的表达式为

$$Y = A + B \tag{5-2}$$

表 5-4 所示是或门的逻辑真值表，它可与图 5-5（c）的波形图相对照。

表 5-4　　**或门逻辑真值表**

A	B	Y
0	0	0
0	1	1
1	0	1
1	1	1

3. 非逻辑和非门电路

决定某事件的条件只有一个，当条件具备时结果不发生，而条件不具备时结果发生，这种因果关系叫做非逻辑。实现非逻辑关系的电路称为非门（NOT Gate），也称反相器。图 5-6（a）所示为晶体管非门电路，非门的逻辑符号和波形图如图 5-6（b）、（c）所示。晶体管非门电路不同于放大电路，晶极管或工作在截止区，或工作在饱和区，不会工作在放大区。非门电路只有一个输入端 A。当 A 为 1（设其电位为 3V）时，晶极管饱和，其集电极，即输出端 Y 为 0（其电位在 0V 附近）；当 A 为 0 时，晶体管截止，输出端 Y 为 1（其电位近似等于 U_{CC}）。加负电源 U_{BB} 是为了使晶体管可靠截止。非逻辑的表达式为

$$Y = \overline{A} \tag{5-3}$$

表 5-5 所示是非门的逻辑真值表，它可与图 5-6（c）的波形图相对照。

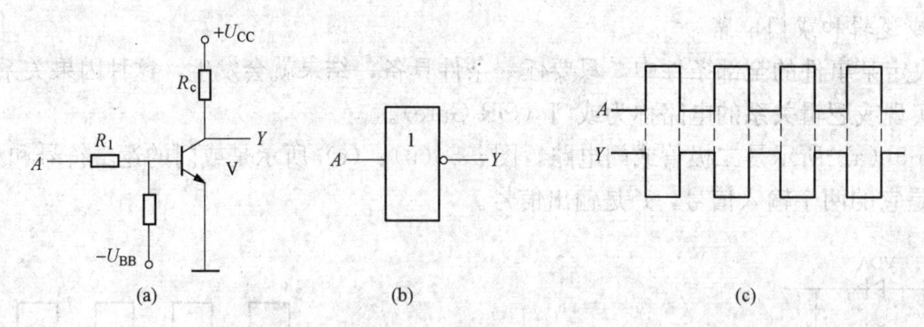

图 5-6 晶体管非门电路

(a) 电路；(b) 逻辑符号；(c) 波形图

表 5-5 **非门逻辑真值表**

A	Y
0	1
1	0

将与门、或门和非门 3 种基本门电路组合起来，可以构成多种复合门电路。例如将与门和非门连接起来构成与非门（NAND Gate），或门和非门连接起来构成或非门（NOR Gate），还可构成与或非门、或与非门。与非门的逻辑表达式为

$$Y=\overline{AB} \tag{5-4}$$

其逻辑符号如图 5-7 所示。或非门的逻辑表达式为

$$Y=\overline{A+B} \tag{5-5}$$

其逻辑符号如图 5-8 所示。

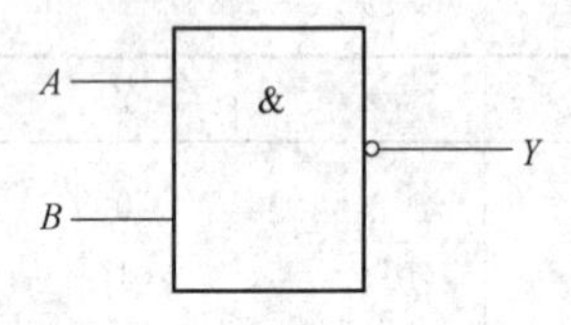

图 5-7 与非门逻辑符号

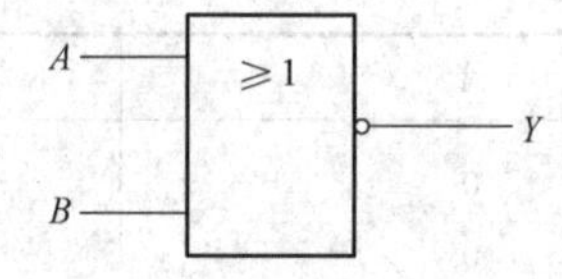

图 5-8 或非门逻辑符号

常用的门电路还有异或门和同或门，其逻辑表达式分别为

$$Y=A\oplus B\text{（异或）} \tag{5-6}$$

$$Y=A\odot B\text{（同或）} \tag{5-7}$$

其逻辑符号分别如图 5-9、图 5-10 所示。

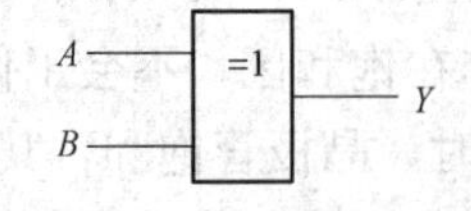

图 5-9 异或门逻辑符号

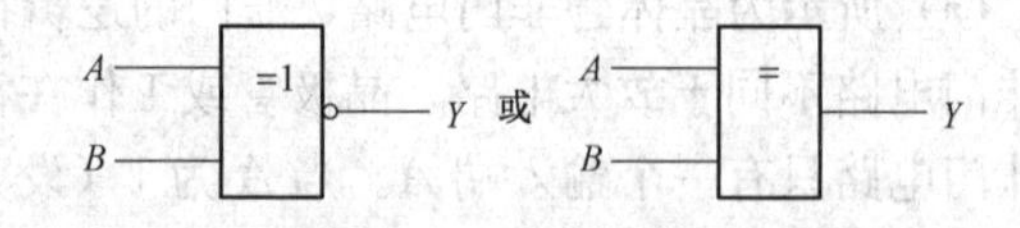

图 5-10 同或门逻辑符号

表 5-6 所示是异或门的逻辑真值表。

表 5-7 所示是同或门的逻辑真值表。

表 5-6　　异或门逻辑真值表

A	B	Y
0	0	0
0	1	1
1	0	1
1	1	0

表 5-7　　同或门逻辑真值表

A	B	Y
0	0	1
0	1	0
1	0	0
1	1	1

从异或门和同或门的真值表可以看出，异或和同或互为逻辑反。

5.2.2　TTL 集成门电路

为了便于说明逻辑功能，上面讨论的门电路都是由二极管、三极管、电阻等分立元件组成的，称为分立元件门电路（Discrete Element Gate Circuit）。以半导体器件为基本单元，集成在一块硅片上，并具有一定逻辑功能的电路称为集成门电路（Integrated Gate Circuit）。与分立元件门电路相比，集成门电路具有体积小、功耗低、可靠性高、价格低廉和便于微型化等诸多优点。因此，实际应用比较广泛，其中应用最普遍的是与非门电路。TTL 集成逻辑门电路的输入端和输出端都是用双极型晶体管构成的，这种电路开关速度较高，缺点是功耗较大。

1. TTL 与非门

图 5-11 所示为 TTL 与非门电路结构及其逻辑符号和外形，其中 V1 为输入级，V2 为中间反相级，V3、V4 为输出级。V1 是一个多发射极晶体管，可把它的集电结看成一个二极管，而把发射结看成与前者背靠背的两个二极管，如图 5-12 所示。这样，V1 的作用和二极管与门的作用完全相似。

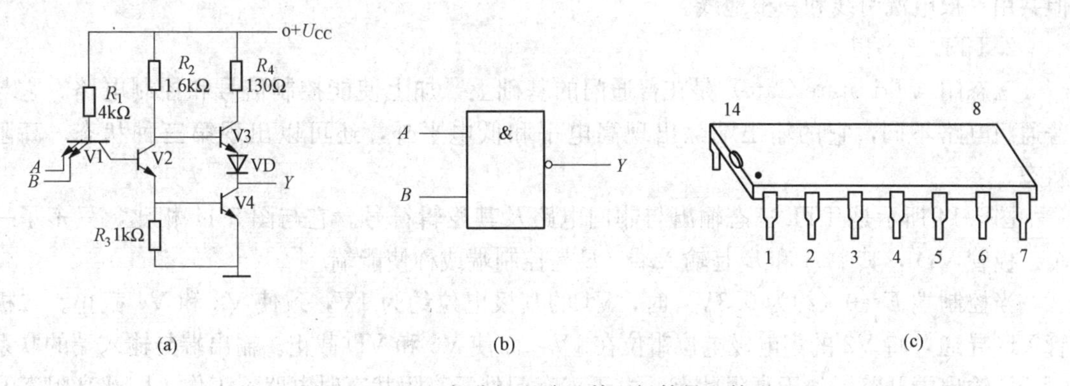

图 5-11　TTL 与非门电路及其逻辑符号和外形

（a）电路；（b）逻辑符号；（c）外形

TTL 与非门的工作原理如下：

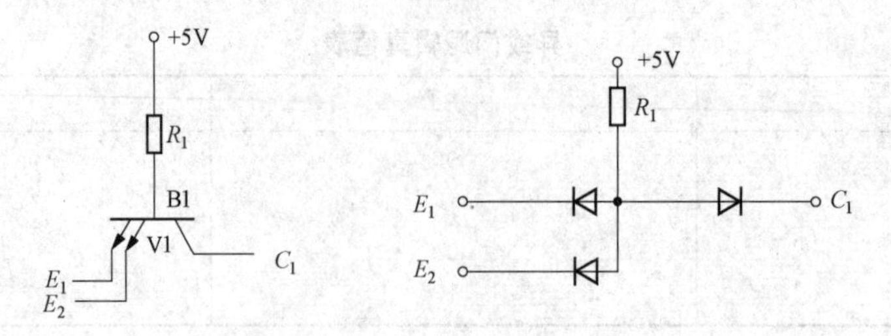

图 5-12 多发射极晶体管

（1）当输入端有一个或几个接低电平 0（假设为 0.3V）时，对应于输入端接低电平的发射结处于正向偏置。这时电源通过 R_1 为晶体管 V1 提供基极电流。V1 的基极电位约为 0.3V+0.7 V=1V，不足以向 V2 提供正向基极电流，所以 V2 截止，以至 V4 也截止。由于 V2 截止，其集电极电位接近于电源电压 U_{CC}，V3 和 VD 因而导通，所以输出端的电位为

$$U_Y = U_{CC} - I_{B3}R_2 - U_{BE3} - U_D$$

因为 I_{B3} 很小，可以忽略不计，电源电压 U_{CC}=5V，于是

$$U_Y = (5 - 0.7 - 0.7)\text{V} = 3.6\text{V}$$

即输出端 Y 为高电平 1。

（2）输入信号全为高电平 1（假设为 3.6V）时，V1 的两个发射极反向偏置，电源通过 R_1 和 V1 的集电结向 V2 提供足够大的基极电流，使 V2、V4 饱和导通，V3 和 VD 截止（U_{C2}=0.7V+0.3V=1V，使 V3 和 VD 截止）。输出端电位为

$$U_Y = 0.3\text{V}$$

即 Y=0。

由于 V3 截止，当接负载后，V4 的集电极电流全部由外接负载门灌入，这种电流称为灌电流。

综上所述，可见图 5-11（a）所示电路输入、输出的逻辑关系是：输入有 0 时输出为 1，输入全 1 时输出为 0，满足与非逻辑关系。图 5-13 所示是两种 TTL 与非门的外引线排列图及逻辑符号（两边的数字是引线号），一片集成电路内的各个逻辑门互相独立，可单独使用，但共用一根电源引线和一根地线。

2. TTL 三态门

三态门（Tri-state Gate）是在普通门的基础上，加上使能控制信号和控制电路。它与普通门电路不同，它的输出端除出现高电平和低电平外，还可以出现第三种状态—高阻状态。

图 5-14 所示是 TTL 三态输出与非门电路及其逻辑符号。它与图 5-11 相比，只多了一个二极管 VD′，其中 A 和 B 是输入端，E 是控制端或称使能端。

当控制端 E=0（约为 0.3V）时，V1 的基极电位约为 1V，致使 V2 和 V4 截止。二极管 VD′导通，将 V2 的集电极电位钳位在 1V，而使 V3 和 VD 截止。输出端与输入端的联系断开，输出端开路，处于高阻状态。由于三态门处于高阻状态时电路不工作，因此高阻态又叫做禁止态。

当控制端 E=1 时，二极管 VD′截止，三态门的输出状态取决于输入端 A 和 B 的状态，实现与非逻辑关系，即全 1 出 0，有 0 出 1。此时电路处于工作状态。由于电路结构不同，

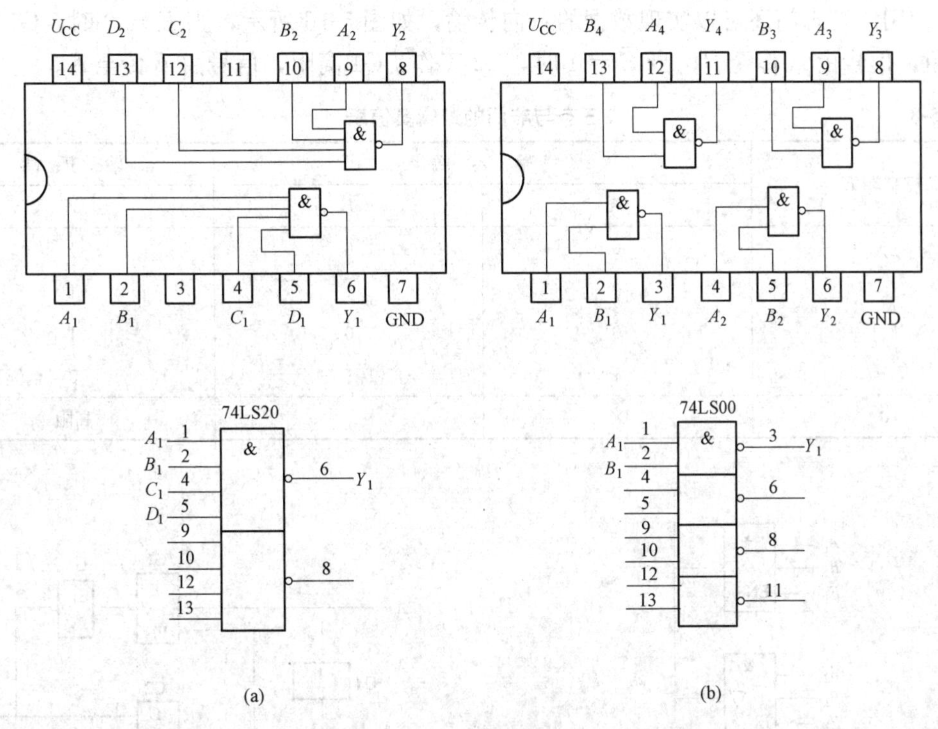

图 5-13　TTL 与非门外引线排列图扩逻辑符号

(a) 74LS20（2 门 4 输入）；(b) 74LS00（4 门 2 输入）

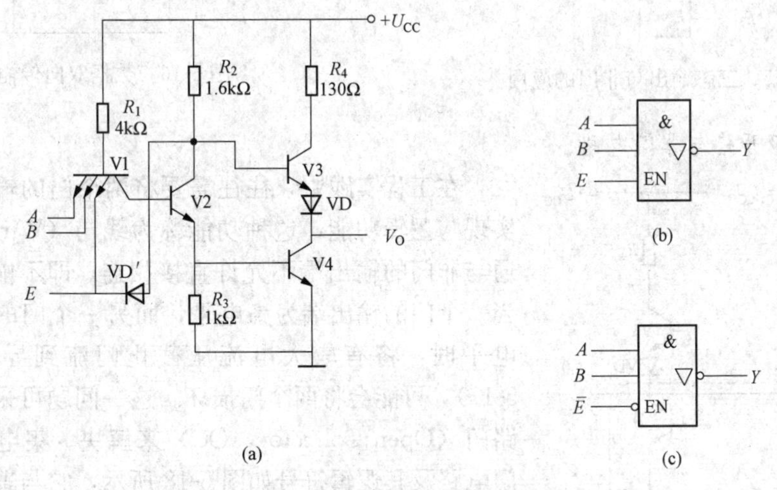

图 5-14　TTL 三态输出与非门电路及其逻辑符号

(a) 电路；(b)、(c) 逻辑符号

也有使能端为 0 时处于工作状态，为 1 时处于高阻态的三态门，逻辑符号如图 5-14（c）所示。表 5-8 所示是三态与非门的逻辑真值表。

三态门最重要的一个用途是可实现多路数据的分时传输，即用一根导线轮流传送几个不同的数据，如图 5-15 所示，这根导线称为母线或总线。只要让门的控制端轮流处于高电平，这样总线就会轮流接受各三态门的输出。这种用总线来传送数据或信号的方法，在计算机中被广泛使用。三态门还可以实现数据的双向传输，如图 5-16 所示，当 $\overline{E}=0$ 时，G1 工作，G2 高阻，信号由 A 传至 B；当 $\overline{E}=1$ 时，G2 工作，G1 高阻，信号由 B 传至 A。

表 5-8　　三态与非门的逻辑真值表

控制端 E	输入端		输出端
	A	B	Y
1	0	0	1
	0	1	1
	0	0	1
	1	1	0
0	×	×	高阻

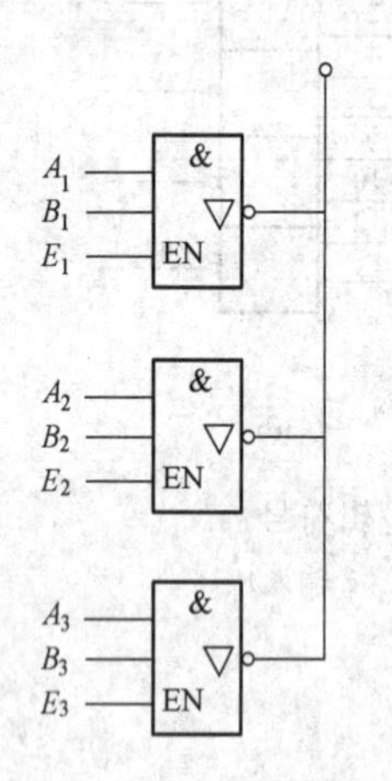

图 5-15　三态输出与非门的应用

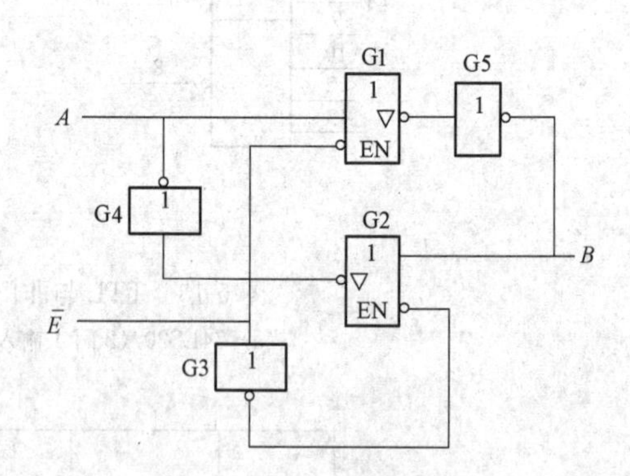

图 5-16　数据双向传输

3. 集电极开路与非门电路

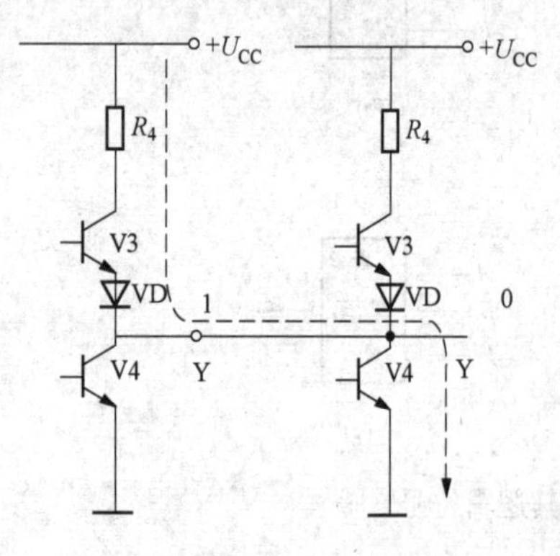

图 5-17　普通与非门电路线与

在工程实践中，往往需要将两个门的输出端并联以实现与逻辑功能，这种功能称为线与（Wire-AND）。普通与非门的输出端不允许直接相连，即不能线与。否则当一个门的输出端为高电平，而另一个门的输出端为低电平时，将有较大电流从截止门流到导通门（见图 5-17），可能会将两个门损坏。这一问题可采用集电极开路门（Open Collector，OC）来解决。集电极开路与非门电路及其逻辑符号如图 5-18 所示，它与普通与非门相比，少了 V3 晶体管，并将输出级 V4 的集电极开路。工作时，V4 的集电极（即输出端）外接电源 U 和电阻 R_L，作为 OC 门的有源负载。要实现线与的时候，几个 OC 门的输出端相连，而后接电源 U 和电阻 R_L，如图 5-19 所示。当 OC1 门的输入全为高电平，而 OC2 门的输入有低电平时，OC1 门的输出管饱和导通（$Y_1=0$），OC2 门的输出管截止（$Y_2=1$）。这时负载电流全部流入 OC1 门的输出管，由于有限流电阻 R_L 的存在，电流不会太大，因此不会损坏管子。当 OC1 门和 OC2 门的输入都有低电平时，两个 OC 与非门的 V4 管均截止，输出电压为外接电压

U_{CC}，因此输出 $Y=1$。

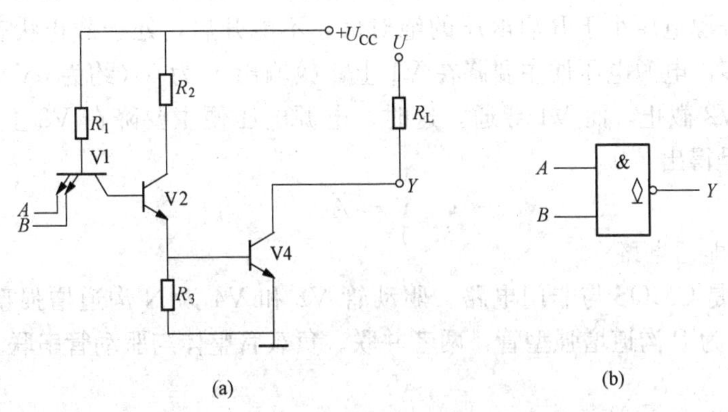

(a)　　(b)

图 5-18　集电极开路与非门电路及其逻辑符号

(a) 电路；(b) 逻辑符号

在 OC 门的输出端可以直接接负载，如继电器、指示灯、发光二极管等，如图 5-20 所示（图中接有继电器线圈 KA）；而普通 TTL 与非门不允许直接驱动电压高于 5V 的负载，否则与非门将被损坏。

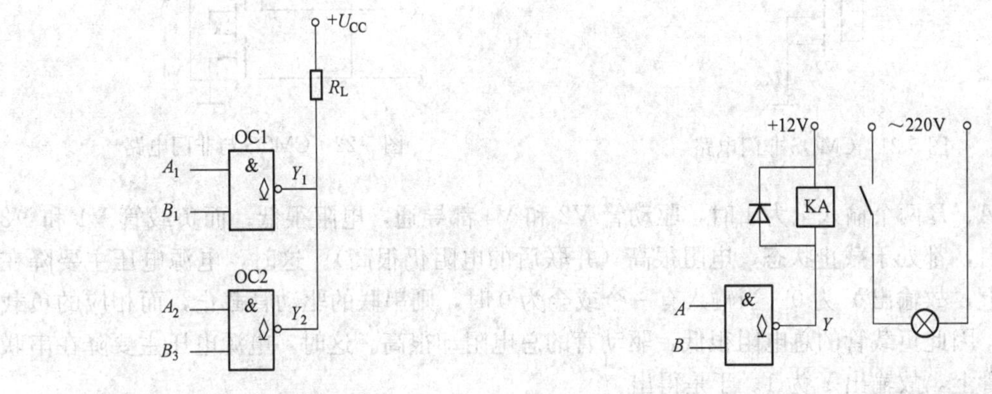

图 5-19　线与电路图　　图 5-20　OC 门的输出端直接接继电器

5.2.3　CMOS 门电路

MOS 门电路（Metal-Oxide-Semiconductor Gate Circuit）是在 TTL 电路问世之后开发出的第二种广泛应用的数字集成器件。它由场效应管构成，具有制造工艺简单、连接方便、集成度高、功耗低和抗干扰能力强等优点，所以发展很快，更便于向大规模集成电路发展。其缺点是速度较低。其中的 CMOS 门电路是用 P 沟道 MOS 管和 N 沟道 MOS 管按照互补对称形式连接起来构成的，故称为互补型 MOS 集成电路，简称 CMOS 集成电路，目前应用最多。

1. CMOS 非门电路

图 5-21 所示是 CMOS 非门电路（也称 CMOS 反相器），驱动管 V2 采用 N 沟道增强型（NMOS），负载管 V1 采用 P 沟道增强型（PMOS），它们一起制作在一块硅片上。两管的栅极相连作为输入端 A，漏极也相连作为输出端 Y。两者连成互补对称的结构，衬底都与各自的源极相连。

当输入 A 为1（约为 U_{DD}）时，驱动管V2的栅—源电压大于开启电压，处于导通状态；负载管V1的栅—源电压小于开启电压的绝对值，不能开启，处于截止状态。这时，V1的电阻比V2高得多，电源电压便主要降在V1上，故输出 Y 为0（约为0V）。当输入 A 为0（约为0V）时，V2截止，而V1导通。这时，电源电压便主要降在V2上，故输出 Y 为1（约为 U_{DD}）。于是得出

$$Y=\overline{A} \tag{5-8}$$

2. CMOS与非门电路

图5-22所示是CMOS与非门电路。驱动管V2和V4为N沟道增强型管，两者串联；负载管V1和V3为P沟道增强型管，两者并联。负载管整体与驱动管串联。

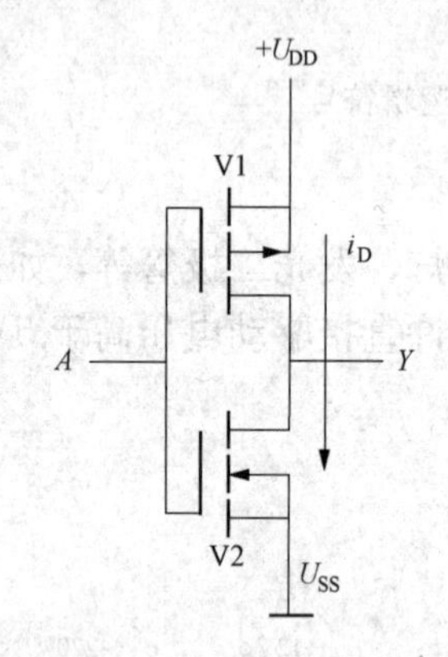

图5-21 CMOS非门电路

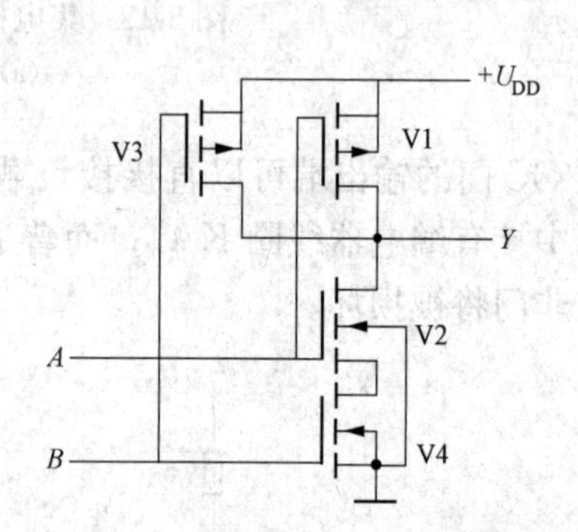

图5-22 CMOS与非门电路

当A、B两个输入全为1时，驱动管V2和V4都导通，电阻很低；而负载管V1和V3不能开启，都处于截止状态，电阻很高（并联后的电阻仍很高）。这时，电源电压主要降在负载管上，故输出 Y 为0。当输入有一个或全为0时，则串联的驱动管截止，而相应的负载管导通，因此负载管的总电阻很低，驱动管的总电阻却很高。这时，电源电压主要降在串联的驱动管上，故输出 Y 为1。于是得出

$$Y=\overline{AB} \tag{5-9}$$

3. CMOS或非门电路

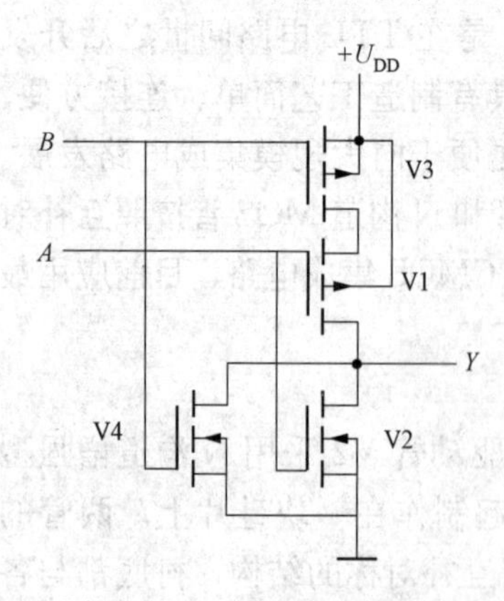

图5-23 CMOS或非门电路

图5-23所示是CMOS或非门电路。驱动管V2和V4为N沟道增强型管，两者并联；负载管V1和V3为P沟道增强型管，两者串联。

当A、B两个输入全为1或其中一个为1时，输出 Y 为0。只有当输入全为0时，输出才为1。于是得出

$$Y=\overline{A+B} \tag{5-10}$$

由以上可知，与非门的输入端越多，串联的驱动管也越多，导通时的总电阻就越大，输出低电平值将会因输入端的增多而提高，所以输入端不能太多；而或非门电路的驱动管是并联的，不存在这样的问题。所以在MOS电路中，或非门用得较多。

4. CMOS传输门电路

CMOS传输门（Transmission Gate）是一种传输模拟信号的模拟开关。模拟开关广泛地用于取样—保持电路、斩波电路、模数和数模转换电路等。CMOS传输门电路及其逻辑符号如图5-24所示，由NMOS管V1和PMOS管V2并联而成。两者的源极相连作为输入端，漏极相连作为输出端（输入端和输出端可以对调）。两管的栅极作为控制极，分别加一对互为反量的控制电压C和$\overline{C}$进行控制。

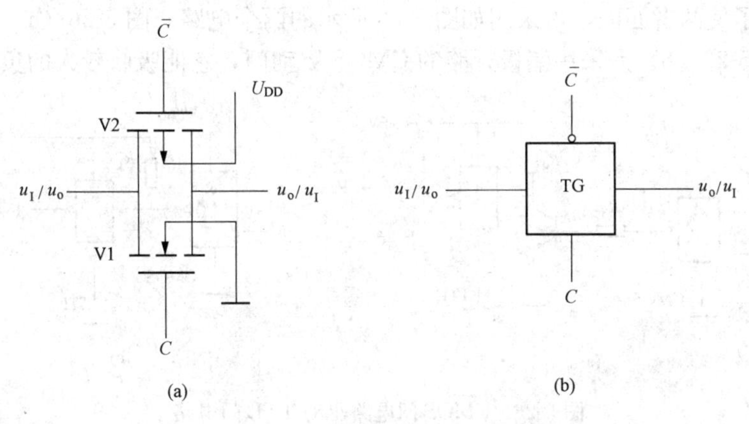

图5-24　CMOS传输门电路及其逻辑符号
（a）电路；（b）逻辑符号

设两管的开启电压绝对值均为3V。如果在V1管的栅极加+10V，在V2管的栅极加0V，当输入电压u_I在0～10V范围内连续变化时，传输门开通，u_I可传输到输出端，即$u_o=u_I$。因为当u_I在0～7V范围内变化时，V1导通；当u_I在3～10V范围内变化时，V2导通。可见，当u_I在0～10V范围内连续变化时，至少有一个管导通，这相当于开关接通。如果在V1管的栅极加0V，在V2管的栅极加+10V，当u_I在0～10V范围内连续变化时，两管都截止，传输门关断，相当于开关断开，u_I不能传输到输出端。

由以上可知，CMOS传输门的开通和关断取决于栅极上所加的控制电压。当C为1（$\overline{C}$为0）时，传输门开通，反之则关断。

5. 三态输出CMOS门电路

三态输出CMOS门电路比三态输出TTL门电路要简单得多，但两者功能是一样的。图5-25所示是三态输出CMOS门电路及其逻辑符号。

图5-25是在CMOS非门电路的基础上增加了一个P沟道MOS管V1′和一个N沟道MOS管V2′，作为控制管。当控制端$\overline{EN}=1$时，V1′和V2′均截止，输出处于高阻状态；而当$\overline{EN}=0$时，V1′和V2′均导通，电路处于工作状态。于是得出

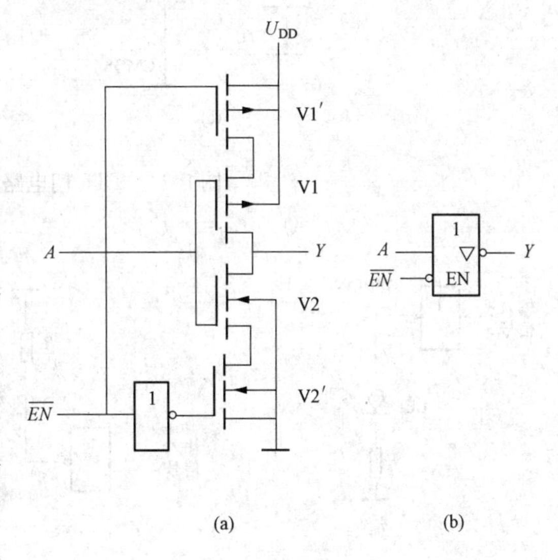

图5-25　三态输出CMOS门电路及其符号
（a）电路；（b）逻辑符号

$$Y = \overline{A} \tag{5-11}$$

6. 逻辑门电路使用中的实际问题

(1) CMOS 门电路与 TTL 门电路的连接。在数字电路或系统的设计中，往往由于工作速度或者功耗指标的要求，需要把 CMOS 电路和 TTL 电路混合使用。由于每种器件的电压和电流参数各不相同，因而需要采用接口电路。

1) CMOS 门电路驱动 TTL 门电路。由于 CMOS 电路的驱动电流小，而 TTL 电路的输入电流大，为了使两者匹配，可采用如图 5-26 所示的两个电路。图 5-26（a）通过晶体管将电流放大；图 5-26（b）是采用漏极开路的 CMOS 驱动门，它能吸收较大的负载电流。

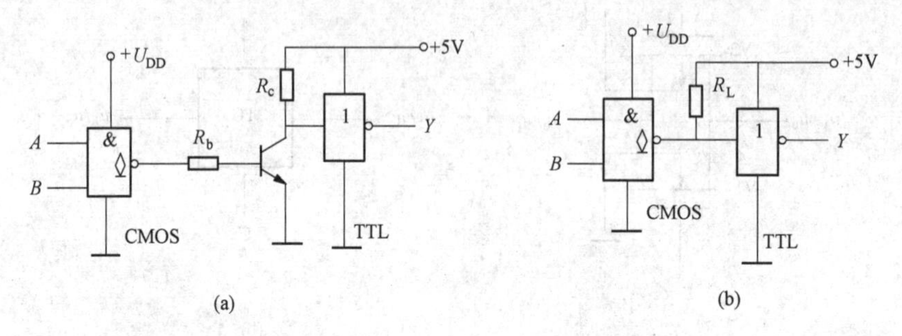

图 5-26 CMOS 门电路驱动 TTL 门电路

2) TTL 门电路驱动 CMOS 门电路。由于 TTL 电路的输出电平低，而 CMOS 电路的输入电平高，因此采用图 5-27 所示电路。图 5-27（a）用电阻 R_L（几百到几千欧）来提高 TTL 门的输出电平；图 5-27（b）是采用集电极开路的驱动门，其输出端晶体管耐压较高。

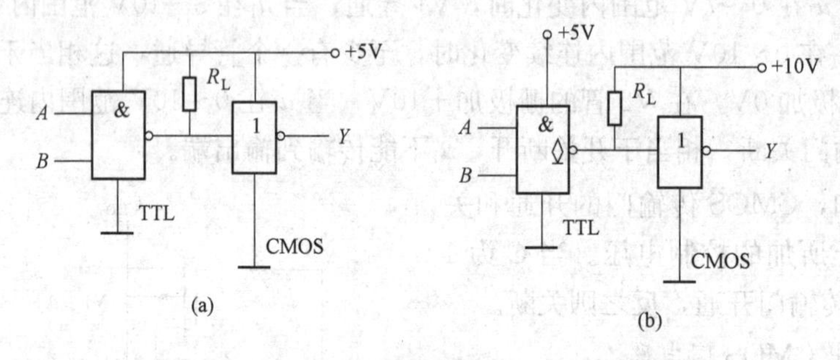

图 5-27 TTL 门电路驱动 CMOS 门电路

(2) 门电路带负载时的接口电路。

1) 用门电路直接驱动显示器件。在数字电路中，往往用发光二极管来显示信息的传输，如简单的逻辑器件的状态、七段数码显示等。在每种情况下均需接口电路将数字信息转换为模拟信息显示。图 5-28 所示是用 CMOS 反相器 74HC04 驱动一发光二极管 LED，电路中串接了一限流电阻 R 以保护 LED。

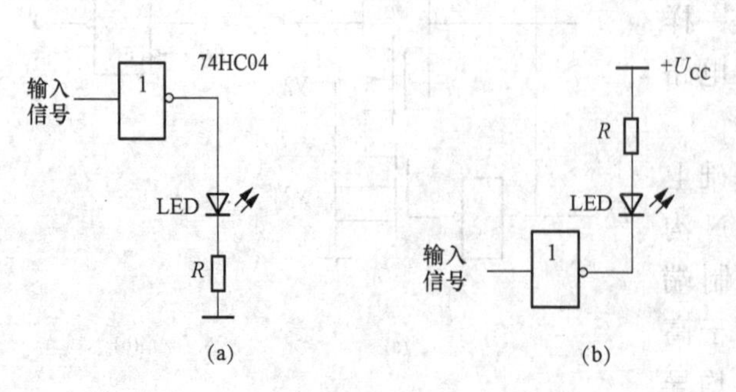

图 5-28 CMOS 反相器驱动发光二极管

2）机电性负载接口。在工程实践中，往往会遇到用各种数字电路以控制机电性系统的功能，如控制电动机的位置和转速、继电器的接通与断开、流体系统中阀门的开通和关闭、自动生产线中的机械手参数控制等。下面以继电器的接口电路为例来说明。在继电器的应用中，继电器本身有额定的电压和电流参数。一般情况下，需用运算放大器提升到需要的数—模电压和电流接口值。对于小型继电器，可以将两个反相器并联作为驱动电路，如图5-29所示。

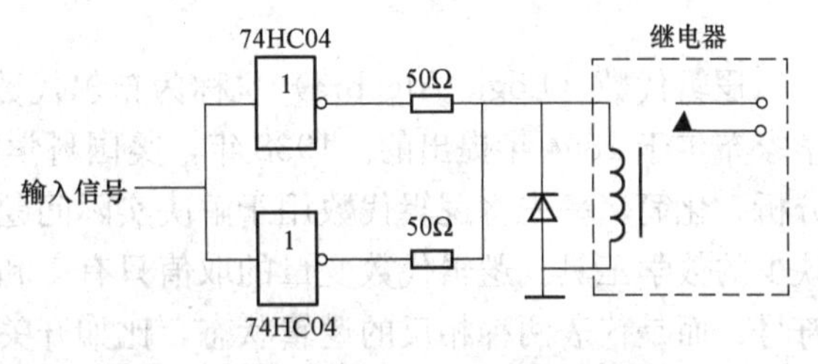

图5-29　反相器并联驱动小型继电器

(3) 抗干扰措施。在利用逻辑门电路（TTL或CMOS）作具体的设计时，还应当注意以下几个实际问题：

1）多余输入端的处理。一般不允许将多余输入端悬空（悬空相当于高电平），否则将会引入干扰信号。

a. 对与逻辑（与、与非）门电路，应将多余输入端经电阻（1～3kΩ）或直接接电源正端，如图5-30（a）所示。

b. 对或逻辑（或、或非）门电路，应将多余输入端接地，如图5-30（b）所示。

c. 如果前级（驱动级）有足够的驱动能力，也可将多余输入端与信号输入端连在一起，如图5-30（c）所示。

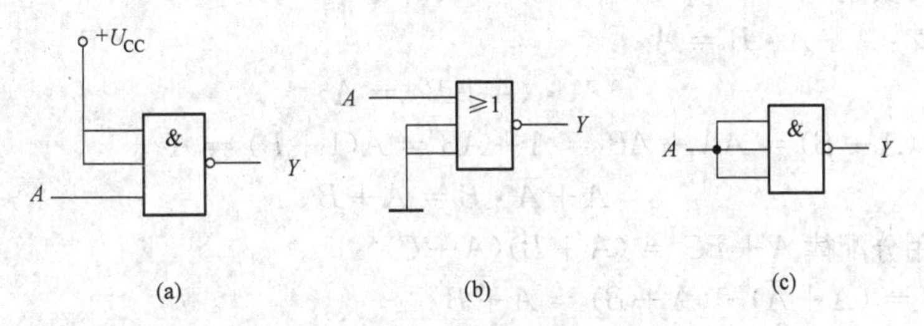

图5-30　多余输入端的处理

2）去耦合滤波器。数字电路或系统往往是由多片逻辑门电路构成的，它们有一公共的直流电源。这种电源是非理想的，一般由整流稳压电路供电，具有一定的内阻抗。当数字电路运行时，产生较大的脉冲电流或尖峰电流，当它们经过公共的内阻抗时，必将产生相互的影响，甚至使逻辑功能发生错乱。一种常用的处理方法是采用去耦合滤波器，通常是用10～100μF的大电容器与直流电源并联以滤除开关噪声。

3）接地和安装工艺。正确的接地技术对于降低电路噪声是很重要的。对此可将电源地与信号地分开，先将信号地汇集在一点，然后将二者用最短的导线连在一起，以避免含有多种脉冲波形（含尖峰电流）的大电流引到某数字器件的输入端而导致系统正常逻辑功能失效。此外，当系统中兼有模拟和数字两种器件时，同样需将二者的地分开，然后再选用一个合适的共同点接地，以免除二者之间的影响。在印制电路板的设计或安装中，要注意连线尽可能短，以减少寄生反馈有可能引起的寄生振荡。此外，CMOS器件在使用和储藏过程中要注意静电感应导致的损伤问题，静电屏蔽是常用的防护措施。

5.3 逻辑代数

逻辑代数（Logic Algebra）也称为布尔代数（Boolean Algebra），其基本思想是英国数学家布尔于1854年提出的。1938年，美国科学家香农把逻辑代数用于开关和继电器网络的分析、化简，率先将逻辑代数用于解决实际问题。逻辑代数已成为分析和设计逻辑电路不可缺少的数学工具。逻辑代数变量的取值只有1和0两种，即逻辑1和逻辑0。它们不是数字符号，而是代表两种相反的逻辑状态，比如开关的开和关、电流的有和无等。

5.3.1 逻辑代数的基本定律和恒等式

(1) 0-1律：$A+0=A$；$A\cdot 0=0$；$A+1=1$；$A\cdot 1=A$；$A+A=A$；$AA=A$；$A+\overline{A}=1$；$A\cdot\overline{A}=0$

(2) 结合律：$(A+B)+C=A+(B+C)$；$(AB)C=A(BC)$

(3) 交换律：$A+B=B+A$；$AB=BA$

(4) 分配律：$A(B+C)=AB+AC$

$$A+BC=(A+B)(A+C)$$

证明：$(A+B)(A+C)=AA+AB+AC+BC$

$=A+A(B+C)+BC=A[1+(B+C)]+BC=A+BC$

(5) 反演律（摩根定理）：$\overline{A\cdot B\cdot C}=\overline{A}+\overline{B}+\overline{C}$；$\overline{A+B+C}=\overline{A}\cdot\overline{B}\cdot\overline{C}$（可用真值表证明，此处不再赘述）

(6) 吸收律：$A+A\cdot B=A$

$$A\cdot(A+B)=A$$

证明：$A\cdot(A+B)=AA+AB=A+AB=A(1+B)=A$

$$A+\overline{A}\cdot B=A+B$$

证明：利用分配律 $A+BC=(A+B)(A+C)$

$A+\overline{A}\cdot B=(A+\overline{A})\cdot(A+B)=A+B$

$(A+B)\cdot(A+C)=A+BC$

(7) 常用恒等式：$AB+\overline{A}C+BC=AB+\overline{A}C$

证明：$AB+\overline{A}C+BC=AB+\overline{A}C+(A+\overline{A})BC$

$=AB+\overline{A}C+ABC+\overline{A}BC$

$=AB(1+C)+\overline{A}C(1+B)$

$=AB+\overline{A}C$

$$AB+\overline{A}C+BCD=AB+\overline{A}C$$

5.3.2 逻辑代数的基本规则

1. 代入规则

在任何一个逻辑等式中，如果将等式两边出现的某变量A，都用一个函数代替，则等式仍然成立，这个规则称为代入规则。

例如，在$A(B+C)=AB+AC$中，将所有出现A的地方都用函数$D+F$代替，则等式仍成立，即得

$$(D+F)(B+C)=(D+F)B+(D+F)C$$

代入规则可以扩展到所有基本定律和定理的应用范围。

2. 反演规则

将一个逻辑函数 Y 中的与（·）换成或（+），或（+）换成与（·），再将原变量换成非变量，非变量换为原变量，并将 1 换成 0，0 换成 1，那么所得的逻辑函数式就是 $\overline{Y}$，这个规则称为反演规则。

利用反演规则，可以比较容易地求出一个原函数的非函数。运用反演规则时必须注意以下两个原则：

(1) 保持原来的运算优先级，即先进行与运算，后进行或运算，并优先考虑括号内的运算。

(2) 对于反变量以外的非号应保留不变。

【例 5-1】 试求 $Y=\overline{A}\,\overline{B}+\overline{C}D\overline{E}+0$ 的非函数 $\overline{Y}$ 。

解 按照反演规则，得

$$\overline{Y}=(A+B)\cdot(C+\overline{D}+E)\cdot 1=(A+B)\cdot(C+\overline{D}+E)$$

【例 5-2】 试求 $Y=\overline{A}\,\overline{B}+\overline{\overline{C}D+E}$ 的非函数 $\overline{Y}$ 。

解 按照反演规则，得

$$\overline{Y}=(A+B)\cdot\overline{\overline{\overline{C}}+\overline{\overline{D}}\cdot\overline{E}}$$

3. 对偶规则

设 Y 是一个逻辑表达式，若把 Y 中的与（·）换成或（+），或（+）换成与（·），1 换成 0，0 换成 1，那么就得到一个新的逻辑函数式，这就是 Y 的对偶式，记作 Y' 。变换时仍需要注意保持原式中“先括号、然后与、最后或”的运算顺序。

例如，$Y=(A+\overline{B})(A+C)$，则 $Y'=A\overline{B}+AC$ 。

【例 5-3】 试求 $Y=\overline{A}\,\overline{B}+\overline{C}D+0$ 的对偶式 Y' 。

解 根据对偶式的求法，$Y'=(\overline{A}+\overline{B})(\overline{C}+D)\cdot 1$ 。

【例 5-4】 试求 $Y=\overline{A}\,\overline{B}+\overline{\overline{C}+D+\overline{B}C}$ 的对偶式 Y' 。

解 根据对偶式的求法，$Y'=(\overline{A}+\overline{B})\cdot\overline{\overline{C}D\cdot(\overline{B}+C)}$ 。

当某个逻辑恒等式成立时，则该恒等式两侧的对偶式也相等，这就是对偶规则。利用对偶规则，可从已知公式中得到更多的运算公式，例如，吸收律 $A+\overline{A}B=A+B$ 成立，则它的对偶式 $A(\overline{A}+B)=AB$ 也成立。

5.4　逻辑函数的表示方法

逻辑函数（Logic Function）反映了数字电路的输出信号与输入信号之间的逻辑关系。逻辑函数的表示方法有真值表（Truth Table）、逻辑表达式（Logic Expression）、逻辑图（Logic Diagram）、波形图（Oscillogram）和卡诺图（Karnaugh Map）。只要知道其中一种表示形式，就可以转为其他几种表示形式。现举例说明。

【例 5-5】 某会议小组由一位组长和两位组员组成，对某事进行表决。当满足以下条件时表示同意：组长和至少一个组员表示同意。A、B、C 分别表示组长和两位组员。表决结

果用 Y 表示，为 1 时，表示同意；为 0 时，表示不同意。试用五种方法表示该逻辑关系。

解 1. 真值表

真值表是由变量所有可能的取值组合及其对应的函数值所构成的表格。对上述逻辑关系，可得真值表如表 5-9 所示。

表 5-9 例 5-5 的真值表

A	B	C	Y
0	0	0	0
0	0	1	0
0	1	0	0
0	1	1	0
1	0	0	0
1	0	1	1
1	1	0	1
1	1	1	1

2. 逻辑表达式

逻辑表达式是用与、或、非等运算来表达逻辑函数的表达式。

（1）由真值表写出逻辑表达式。

1）取 $Y=1$ 列逻辑式。

2）对一种组合，输入变量之间是与逻辑关系。如果输入变量为 1，则取它的原变量（如 A）；如果输入变量为 0，取它的反变量（如 $\overline{A}$）。然后取乘积项。

3）各种组合之间是或逻辑关系，所以取以上乘积项之和。

由此写出表 5-9 所示逻辑关系的逻辑表达式为

$$Y = A\overline{B}C + AB\overline{C} + ABC$$

反之，也能从逻辑表达式写出真值表。例如逻辑表达式为

$$Y = \overline{A}\,\overline{B}\,\overline{C} + A\overline{B}\,\overline{C} + ABC$$

有三个输入变量，共有八种组合，把各种组合的取值分别带入逻辑表达式中进行运算，得到相应的逻辑函数值，即可得到真值表，如表 5-10 所示。

表 5-10 $Y=\overline{A}\,\overline{B}\,\overline{C}+A\overline{B}\,\overline{C}+ABC$ 的真值表

A	B	C	Y
0	0	0	1
0	0	1	0
0	1	0	0
0	1	1	0
1	0	0	1
1	0	1	0
1	1	0	0
1	1	1	1

（2）最小项。设A、B、C是三个输入变量，共有八个乘积项：$\overline{A}\,\overline{B}\,\overline{C}$，$\overline{A}\,\overline{B}C$，$\overline{A}B\overline{C}$，$\overline{A}BC$，$A\overline{B}\,\overline{C}$，$A\overline{B}C$，$AB\overline{C}$，$ABC$。它们具有以下特点：

1）每项都含有三个输入变量，每个变量是它的一个因子。

2）每项中每个因子或以原变量（A、B、C）的形式或以反变量（$\overline{A}$、$\overline{B}$、$\overline{C}$）的形式出现一次。

这八个乘积项是输入变量A、B、C的最小项（n个输入变量有2^n个最小项）。全部由最小项组成的逻辑表达式称为最小项表达式。不是最小项的逻辑表达式可通过配项的方法转换成最小项表达式。

【例5-6】 写出$Y=AB+BC+AC$的最小项逻辑表达式。

解
$$Y=AB+BC+AC=AB(C+\overline{C})+BC(A+\overline{A})+AC(B+\overline{B})$$
$$=ABC+AB\overline{C}+ABC+\overline{A}BC+ABC+A\overline{B}C$$
$$=ABC+AB\overline{C}+\overline{A}BC+A\overline{B}C$$

可见，同一逻辑函数可用不同的逻辑表达式来表示，但由最小项组成的与或逻辑式则是唯一的。

3. 逻辑图

逻辑图是由表示逻辑运算的符号所构成的图形。用逻辑图表示逻辑函数是一种比较接近工程实际的表示方法。由逻辑表达式画逻辑图时，逻辑与用与门实现，逻辑或用或门实现，逻辑非用非门实现。例如对上面提到的某会议小组的表决电路$Y=A\overline{B}C+AB\overline{C}+ABC$，需要用2个非门实现$B$、$C$的非运算，3个与门实现$A\overline{B}C$、$AB\overline{C}$、$ABC$，另外还需要1个或门把上述三项相或，逻辑图如图5-31所示。

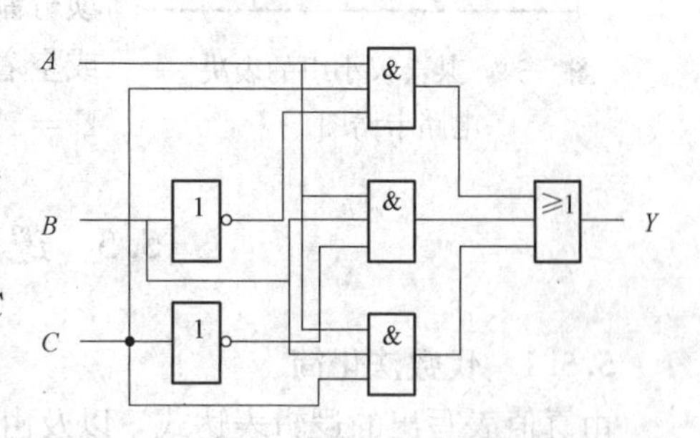

图5-31 某会议小组的表决电路逻辑图

4. 波形图

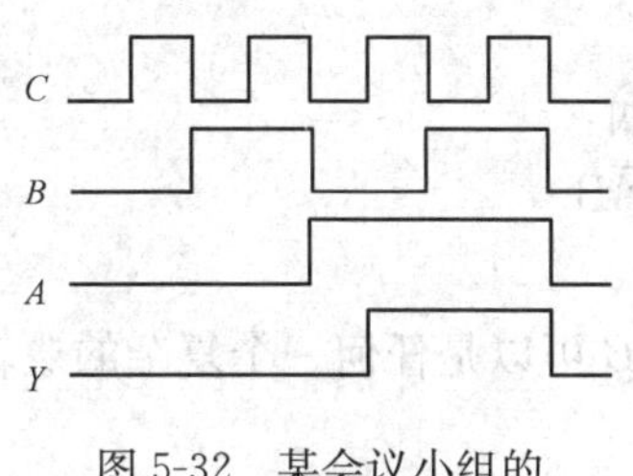

图5-32 某会议小组的表决电路波形图

波形图是由输入变量的所有可能取值组合的高、低电平及其对应的输出函数值的高、低电平所构成的图形。波形图可以将输出函数的变化和输入函数的变化在时间上直观地表示出来，因此又称为时间图或时序图。例如对上面提到的某会议小组的表决电路$Y=A\overline{B}C+AB\overline{C}+ABC$，当变量$A$、$B$、$C$的取值分别为101、110、111时，函数值$Y=1$，其他情况下$Y=0$，故可以用如图5-32所示的波形图来表示该逻辑函数。

画波形图时要注意，横坐标是时间轴，纵坐标是变量取值。由于时间轴相同，变量又比较简单，只有0（低）和1（高）两种可能，因此在图中可不标出坐标轴。

5. 卡诺图

将逻辑函数的最小项表达式的各最小项相应地填入一个特定的方格图内，此方格图称为卡诺图。因此，卡诺图是逻辑函数的一种图形表示。

图5-33所示分别为二变量、三变量和四变量卡诺图。在卡诺图行和列分别标出变量及

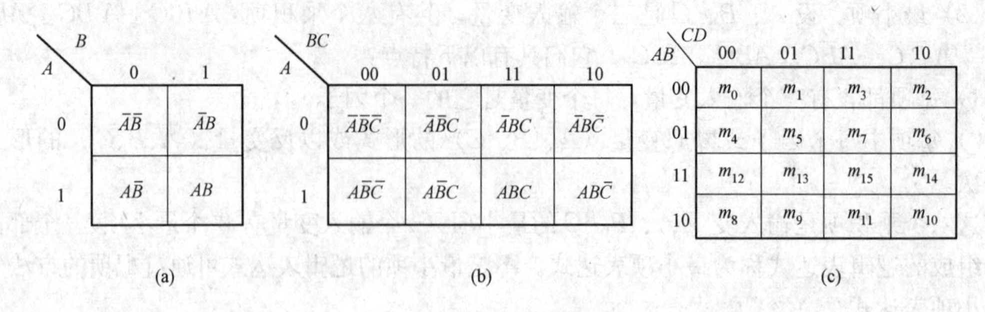

图 5-33 卡诺图

(a) 二变量；(b) 三变量；(c) 四变量

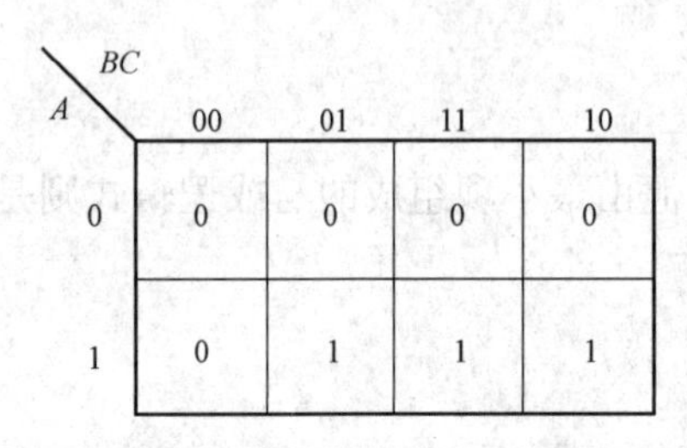

图 5-34 某会议小组的表决电路卡诺图

其状态。变量的状态次序是 00、01、11、10，而不是二进制递增的次序。每个小方格对应一个最小项，如图 5-33（a）、（b）所示。最小项也可用其编号来表示，如图 5-33（c）所示。

用卡诺图表示逻辑函数时，把逻辑表达式中的最小项分别用 1 填入相应的小方格，没有的最小项，则填写 0 或空着不填。例如对上面提到的某会议小组的表决电路 $Y=A\overline{B}C+AB\overline{C}+ABC$，其卡诺图如图 5-34 所示。

5.5 逻辑代数化简

5.5.1 代数法化简

由真值表写出的逻辑表达式，以及由此画出的逻辑图，往往比较复杂。如果经过化简，就可以少用元件，可靠性也可提高。代数法化简就是运用逻辑代数的基本定律和恒等式对逻辑函数进行化简，这种方法需要一些技巧，没有固定的步骤。下面是经常使用的方法。

1. 并项法

利用 $A+\overline{A}=1$，将两项合并为一项，并削去一个变量。如：

$$Y=\overline{A}BC+\overline{A}B\overline{C}=\overline{A}B(C+\overline{C})=\overline{A}B$$

2. 吸收法

利用 $A+AB=A$，消去多余项 AB。根据代入规则，A、B 可以是任何一个复杂的逻辑式。如：

$$Y=A\overline{B}+A\overline{B}CD=A\overline{B}$$

3. 消去法

利用 $A+\overline{A}\cdot B=A+B$，消去多余的因子。如：

$$Y=AB+\overline{A}C+\overline{B}C=AB+(\overline{A}+\overline{B})C=AB+\overline{AB}C=AB+C$$

4. 配项法

利用 $A=A(\overline{B}+B)$，增加必要的乘积项，再用并项或吸收的办法化简。如：

$$\begin{aligned}Y&=AB+\overline{A}\,\overline{C}+B\overline{C}=AB+\overline{A}\,\overline{C}+B\overline{C}(\overline{A}+A)\\&=AB+\overline{A}\,\overline{C}+\overline{A}B\overline{C}+AB\overline{C}\end{aligned}$$

$$=AB(1+\overline{C})+\overline{A}\,\overline{C}(1+B)=AB+\overline{A}\,\overline{C}$$

5. 加项法

利用$A+A=A$，在逻辑式中加相同的项，而后合并化简。如：

$$\begin{aligned}Y&=ABC+\overline{A}BC+A\overline{B}C\\&=ABC+\overline{A}BC+A\overline{B}C+ABC\\&=BC(A+\overline{A})+AC(B+\overline{B})\\&=BC+AC\end{aligned}$$

【例 5-7】 应用逻辑代数运算法则化简逻辑式：$Y=ABC+ABD+\overline{A}B\overline{C}+CD+B\overline{D}$。

解　简化得

$$Y=ABC+\overline{A}B\overline{C}+CD+B(\overline{D}+AD)$$

由$A+\overline{A}\cdot B=A+B$，得$\overline{D}+AD=\overline{D}+A$，所以

$$\begin{aligned}Y&=ABC+\overline{A}B\overline{C}+CD+B(\overline{D}+A)\\&=ABC+\overline{A}B\overline{C}+CD+B\overline{D}+AB\end{aligned}$$

$$Y=AB(1+C)+\overline{A}B\overline{C}+CD+B\overline{D}$$

由$1+C=1$，所以

$$\begin{aligned}Y&=AB+\overline{A}B\overline{C}+CD+B\overline{D}\\&=B(A+\overline{A}\,\overline{C})+CD+B\overline{D}\end{aligned}$$

由$A+\overline{A}\,\overline{C}=A+\overline{C}$，所以

$$Y=AB+B\overline{C}+CD+B\overline{D}$$

$$Y=AB+B(\overline{C}+\overline{D})+CD$$

由$\overline{C}+\overline{D}=\overline{CD}$，所以

$$Y=AB+B\,\overline{CD}+CD$$

由$B\,\overline{CD}+CD=B+CD$，所以

$$\begin{aligned}Y&=AB+B+CD\\&=B(1+A)+CD\\&=B+CD\end{aligned}$$

【例 5-8】 用代数法化简下列逻辑函数。

(1) $Y_1=A\overline{B}C+\overline{A}\,\overline{C}D+A\overline{C}$。

(2) $Y_2=\overline{\overline{AB+\overline{A}\,\overline{B}}\cdot\overline{BC+\overline{B}\,\overline{C}}}$。

(3) $Y_3=\overline{\overline{AC+\overline{B}C}+B(A\overline{C}+\overline{A}C)}$。

解　(1)

$$\begin{aligned}Y_1&=A\overline{B}C+\overline{A}\,\overline{C}D+A\overline{C}\\&=A\overline{B}C+A\overline{C}+\overline{A}\,\overline{C}D+A\overline{C}\\&=A(\overline{B}C+\overline{C})+\overline{C}(\overline{A}D+A)\\&=A(\overline{B}+\overline{C})+\overline{C}(D+A)\\&=A\overline{B}+A\overline{C}+\overline{C}D\end{aligned}$$

(2)

$$\begin{aligned}Y_2&=\overline{\overline{AB+\overline{A}\,\overline{B}}\cdot\overline{BC+\overline{B}\,\overline{C}}}\\&=AB+\overline{A}\,\overline{B}+BC+\overline{B}\,\overline{C}\\&=AB(C+\overline{C})+\overline{A}\,\overline{B}+BC+(A+\overline{A})\,\overline{B}\,\overline{C}\\&=(ABC+BC)+(AB\overline{C}+A\,\overline{B}\,\overline{C})+(\overline{A}\,\overline{B}+\overline{A}\,\overline{B}\,\overline{C})\\&=BC+A\overline{C}+\overline{A}\,\overline{B}\end{aligned}$$

$$(3)\ Y_3 = \overline{\overline{AC+\overline{B}C}+B(A\overline{C}+\overline{A}C)}$$
$$= (AC+\overline{B}C)\cdot\overline{B(A\overline{C}+\overline{A}C)}$$
$$= (AC+\overline{B}C)\cdot(\overline{B}+\overline{A\overline{C}+\overline{A}C})$$
$$= (AC+\overline{B}C)\cdot(\overline{B}+AC+\overline{A}\,\overline{C})$$
$$= AC\cdot(AC+\overline{B}+\overline{A}\,\overline{C})+\overline{B}C\cdot(\overline{B}C+\overline{B}\,\overline{C}+AC+\overline{A}\,\overline{C})$$
$$= AC+\overline{B}C$$

5.5.2 卡诺图法化简

卡诺图法化简逻辑函数的步骤如下：

(1) 将逻辑函数正确地用卡诺图表示出来。

(2) 将取值为 1 的相邻小方格圈成矩形或方形，相邻小方格包括左右上下相邻的小方格、同行及同列两端的小方格、最上行与最下行及最左列与最右列两端的小方格。所圈取值为 1 的相邻小方格的个数应为 2^n（$n=0$、1、2、3…），即 1、2、4、8…，不允许 3、6、10、12 等。

(3) 圈的个数应最少，圈内小方格个数应尽可能多。每圈一个圈时，必须包含至少一个在已圈过的圈中未出现过的最小项，否则得不到最简式。每一个取值为 1 的小方格可被圈多次，但不能遗漏。

(4) 相邻的两项可合并为一项，并消去一个因子；相邻的四项可合并为一项，并消去两个因子；依此类推，相邻的 2^n项可合并为一项，并消去 n 个因子。

(5) 将合并的结果相加，即为所求的最简与或式。

【例 5-9】 将 $Y=ABC+AB\overline{C}+\overline{A}BC+A\overline{B}C$ 用卡诺图表示并化简。

解 卡诺图如图 5-35 所示，根据图中三个圈可得

$$Y=AB+AC+BC$$

【例 5-10】 将 $Y=\overline{A}\,\overline{B}\,\overline{C}\,\overline{D}+\overline{B}C+\overline{A}BC+\overline{C}\,\overline{D}+C\overline{D}$ 用卡诺图表示并化简。

解 卡诺图如图 5-36 所示，左右两列圈在一起，消去三个因子，为 $\overline{D}$；右上角四个方格圈在一起为 $\overline{A}C$；右上角两个方格和右下角两个方格圈在一起为 $\overline{B}C$。最后把这些项相加，结果为

$$Y=\overline{A}C+\overline{B}C+\overline{D}$$

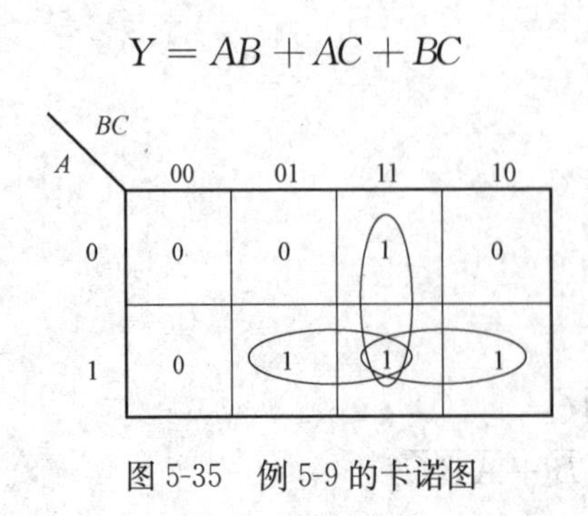

图 5-35 例 5-9 的卡诺图

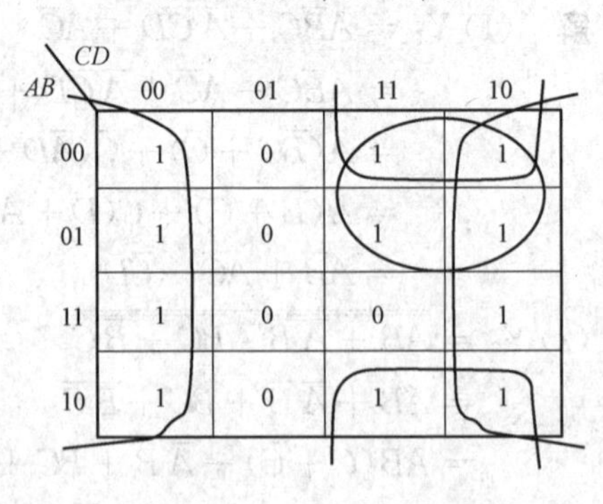

图 5-36 例 5-10 的卡诺图

5.6 组合逻辑电路

数字系统中常用的各种数字电路，就其结构和工作原理而言可分为两大类，即组合逻辑电路（Combinational Logic Circuit）和时序逻辑电路（Sequential Logic Circuit）。组合逻辑电路的特点是：电路在任意时刻的输出状态只取决于该时刻的输入状态，而与该时刻前的状态无关。

5.6.1 组合逻辑电路的分析

组合逻辑电路的分析步骤如下：

（1）写出给定电路的逻辑表达式。

（2）对逻辑表达式进行化简和变换，得到最简单的表达式。

（3）根据简化后的逻辑表达式列出真值表。

（4）根据真值表和逻辑表达式确定电路功能。

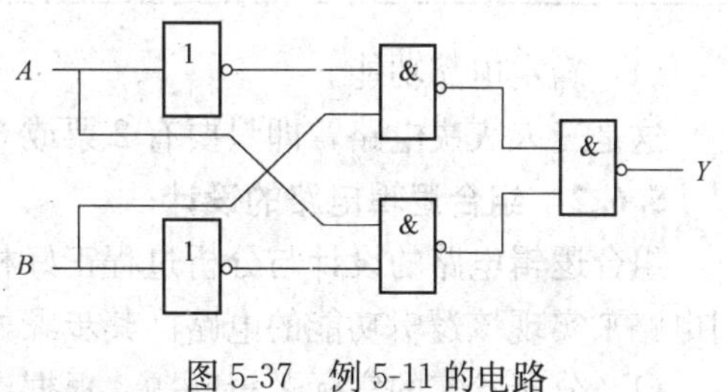

图 5-37　例 5-11 的电路

【例 5-11】 分析图 5-37 所示电路的逻辑功能。

解　（1）写出函数表达式。

$$Y=\overline{\overline{\overline{A}B}\,\overline{A\overline{B}}}$$

（2）化简。

$$Y=\overline{\overline{\overline{A}B}\,\overline{A\overline{B}}}=\overline{\overline{\overline{A}B}}+\overline{\overline{A\overline{B}}}=\overline{A}B+A\overline{B}$$

（3）列真值表，如表 5-11 所示。

表 5-11　　例 5-11 的真值表

A	B	Y
0	0	0
0	1	1
1	0	1
1	1	0

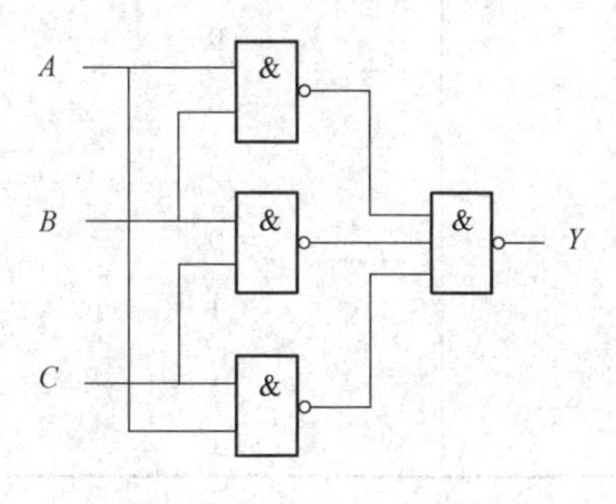

图 5-38　例 5-12 的电路

（4）确定电路功能。

从真值表和表达式可以看出，该电路具有异或功能。

【例 5-12】 分析图 5-38 所示电路的逻辑功能。

解　（1）写出函数表达式。

$$Y=\overline{\overline{AB}\,\overline{BC}\,\overline{AC}}$$

（2）化简。

$$Y=AB+BC+AC$$

（3）列真值表，如表 5-12 所示。

表 5-12 例 5-12 的真值表

A	B	C	Y
0	0	0	0
0	0	1	0
0	1	0	0
0	1	1	1
1	0	0	0
1	0	1	1
1	1	0	1
1	1	1	1

(4) 确定电路功能。

这是三人表决电路，即只要有 2 票或 3 票同意，表决就通过。

5.6.2 组合逻辑电路的设计

组合逻辑电路的设计与分析过程正好相反，它是根据给定的逻辑功能要求，找出用最少门电路来实现该逻辑功能的电路。其步骤如下：

(1) 分析给定的实际逻辑问题，根据设计的逻辑要求列出真值表。

(2) 根据真值表写出逻辑表达式。

(3) 根据所用门电路类型化简和变换逻辑表达式。

(4) 画出逻辑图。

【例 5-13】 交通信号灯有红、绿、黄 3 种，3 种灯分别单独工作或黄、绿灯同时工作时属正常情况，其他情况均属故障，要求出现故障时输出报警信号。试设计该交通灯故障报警电路。

解 (1) 根据逻辑要求列出真值表。

设输入变量为 A、B、C，分别代表红、绿、黄 3 种灯，灯亮时其值为 1，灯灭时其值为 0；输出报警信号用 Y 表示，灯正常工作时为 0，灯出现故障时为 1，则真值表如表 5-13 所示。

表 5-13 例 5-13 的真值表

A	B	C	Y
0	0	0	1
0	0	1	0
0	1	0	0
0	1	1	0
1	0	0	0
1	0	1	1
1	1	0	1
1	1	1	1

(2) 写出逻辑函数表达式。

$$Y = \overline{A}\,\overline{B}\,\overline{C} + A\overline{B}C + AB\overline{C} + ABC$$

（3）化简。

$$\begin{aligned} Y &= \overline{A}\,\overline{B}\,\overline{C} + A\overline{B}C + AB\overline{C} + ABC \\ &= \overline{A}\,\overline{B}\,\overline{C} + AB + AC \end{aligned}$$

（4）画出逻辑图。逻辑图如图 5-39 所示。

与非门是常用的门电路，上述电路也可用非门和与非门来实现。

先对逻辑表达式进行变换

$$\begin{aligned} Y &= \overline{A}\,\overline{B}\,\overline{C} + AB + AC \\ &= \overline{\overline{\overline{A}\,\overline{B}\,\overline{C}} \cdot \overline{AB} \cdot \overline{AC}} \end{aligned}$$

逻辑图如图 5-40 所示。

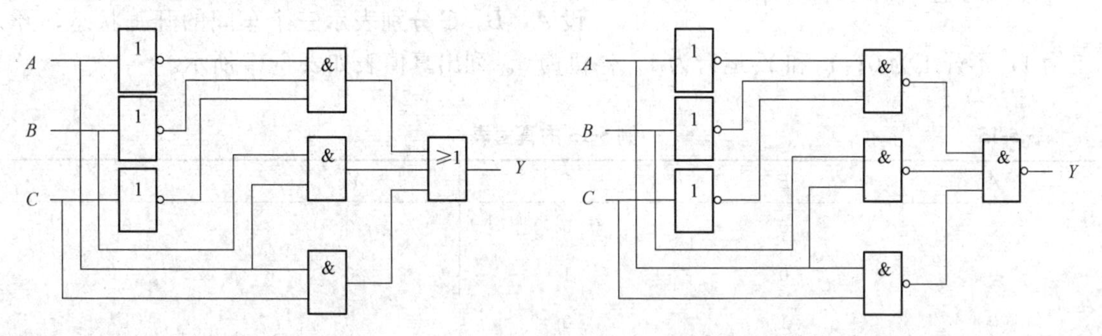

图 5-39　例 5-13 的逻辑图之一　　图 5-40　例 5-13 的逻辑图之二

【例 5-14】 旅客列车按发车的优先级别依次为特快、直快和普快 3 种，若有多列列车同时发出发车的请求，则只允许优先级别最高的列车发车，试设计优先发车的逻辑电路。

解　（1）根据逻辑要求列出真值表。

设输入变量 A、B、C 分别代表特快、直快和普快 3 种列车，有发车请求时其值为 1，无发车请求时其值为 0。特快、直快和普快发车信号分别用 Y_1、Y_2、Y_3 表示，是 1 时表示允许，是 0 时表示不允许。根据题意，列真值表如表 5-14 所示。

表 5-14　例 5-14 的真值表

A	B	C	Y_1	Y_2	Y_3
0	0	0	0	0	0
0	0	1	0	0	1
0	1	0	0	1	0
0	1	1	0	1	0
1	0	0	1	0	0
1	0	1	1	0	0
1	1	0	1	0	0
1	1	1	1	0	0

（2）写出逻辑函数表达式并化简。

$$Y_1 = A\overline{B}\,\overline{C} + A\overline{B}C + AB\overline{C} + ABC = A$$

$$Y_2=\overline{A}B\overline{C}+\overline{A}BC=\overline{A}B$$

$$Y_3=\overline{A}\,\overline{B}C$$

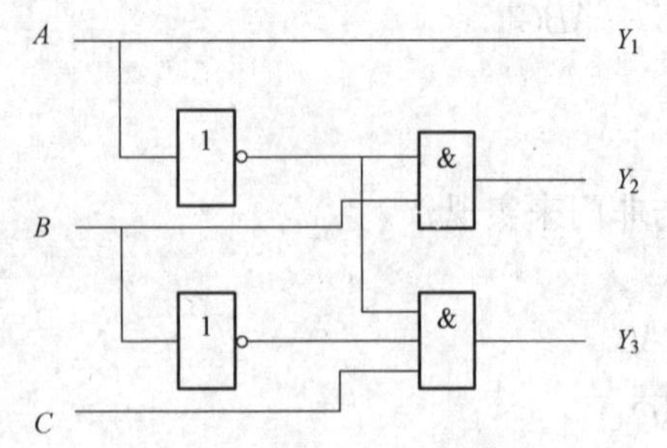

图 5-41　例 5-14 的逻辑图

（3）画出逻辑图。逻辑图如图 5-41 所示。

【例 5-15】 某工厂有 A、B、C 三个车间和一个自备电站，站内有两台发电机 Y_1 和 Y_2。Y_1 的容量是 Y_2 的两倍。如果一个车间开工，只需 Y_2 运行即可满足要求；如果两个车间开工，只需 Y_1 运行；如果三个车间开工，Y_1 和 Y_2 均需运行。试用与非门和非门设计出控制 Y_1 和 Y_2 运行的逻辑图。

解　（1）根据逻辑要求列出真值表。

设 A，B，C 分别表示三个车间的开工状态，开工为 1，不开工为 0；Y_1 和 Y_2 运行为 1，停机为 0。列出真值表如表 5-15 所示。

表 5-15　　例 5-15 的真值表

A	B	C	Y_1	Y_2
0	0	0	0	0
0	0	1	0	1
0	1	0	0	1
0	1	1	1	0
1	0	0	0	1
1	0	1	1	0
1	1	0	1	0
1	1	1	1	1

（2）写出逻辑函数表达式并化简。

$$\begin{aligned}Y_1&=\overline{A}BC+A\overline{B}C+AB\overline{C}+ABC\\&=AB+AC+BC\\&=\overline{\overline{AB+AC+BC}}\\&=\overline{\overline{AB}\cdot\overline{AC}\cdot\overline{BC}}\end{aligned}$$

$$\begin{aligned}Y_2&=\overline{A}\,\overline{B}C+\overline{A}B\overline{C}+A\,\overline{B}\,\overline{C}+ABC\\&=\overline{\overline{\overline{A}\,\overline{B}C}\cdot\overline{\overline{A}B\overline{C}}\cdot\overline{A\,\overline{B}\,\overline{C}}\cdot\overline{ABC}}\end{aligned}$$

（3）画出逻辑图。逻辑图如图 5-42 所示。

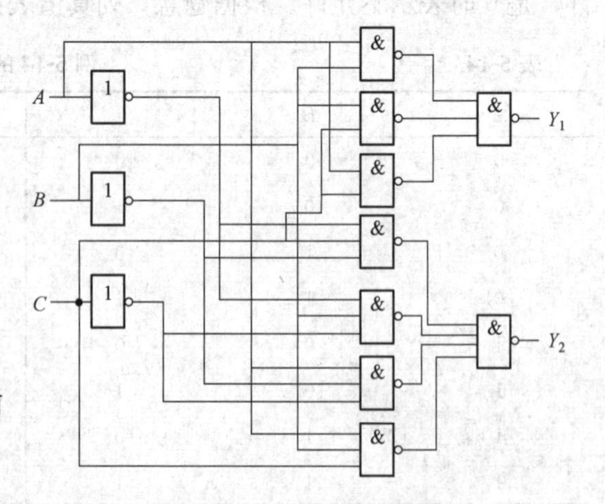

图 5-42　例 5-15 的逻辑图

【例 5-16】 试用门电路设计一个能对输入的 4 位二进制数进行求反加 1 的运算电路。

解　（1）根据逻辑要求列出真值表。

设 A、B、C、D 为 4 个输入变量，4 个输出变量为 Y_3、Y_2、Y_1、Y_0。根据题意可列出真值表，如表 5-16 所示。

表 5-16　　　　例 5-16 的真值表

A	B	C	D	Y_3	Y_2	Y_1	Y_0
0	0	0	0	0	0	0	0
0	0	0	1	1	1	1	1
0	0	1	0	1	1	1	0
0	0	1	1	1	1	0	1
0	1	0	0	1	1	0	0
0	1	0	1	1	0	1	1
0	1	1	0	1	0	1	0
0	1	1	1	1	0	0	1
1	0	0	0	1	0	0	0
1	0	0	1	0	1	1	1
1	0	1	0	0	1	1	0
1	0	1	1	0	1	0	1
1	1	0	0	0	1	0	0
1	1	0	1	0	0	1	1
1	1	1	0	0	0	1	0
1	1	1	1	0	0	0	1

（2）写出逻辑函数表达式并化简。

由真值表画出卡诺图，如图 5-43 所示。

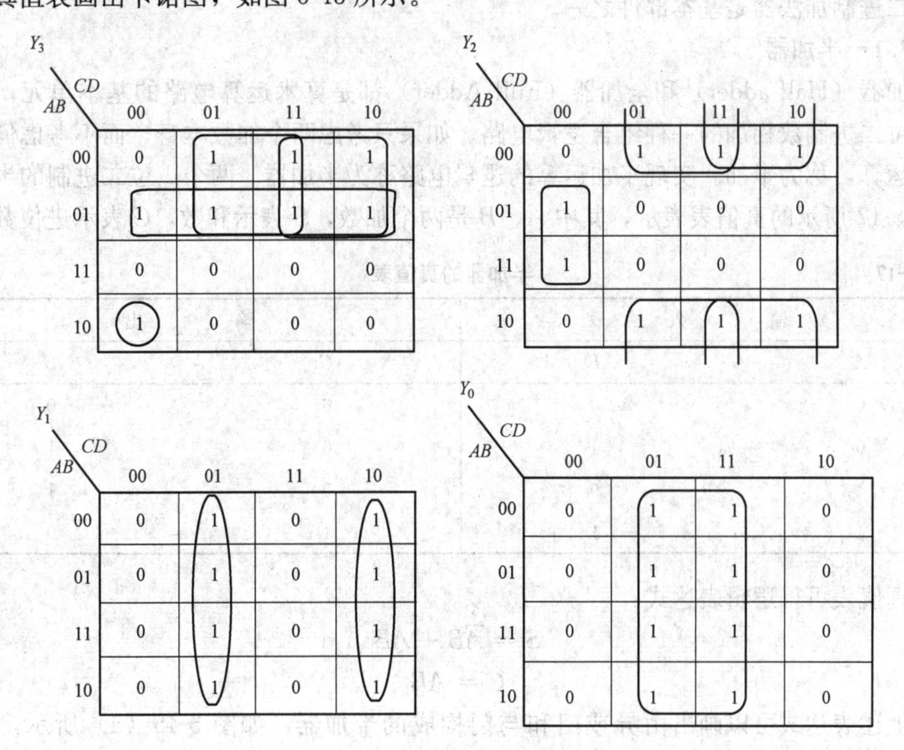

图 5-43　例 5-16 的卡诺图

由卡诺图可得各输出表达式为

$$Y_3 = \overline{A}B + \overline{A}C + \overline{A}D + A\overline{B}\,\overline{C}\,\overline{D} = A \oplus (B + C + D)$$

$$Y_2 = \overline{B}C + \overline{B}D + B\overline{C}\,\overline{D} = B \oplus (C + D)$$

$$Y_1 = \overline{C}D + C\overline{D} = C \oplus D$$

$$Y_0 = D$$

（3）画出逻辑图。逻辑图如图 5-44 所示。

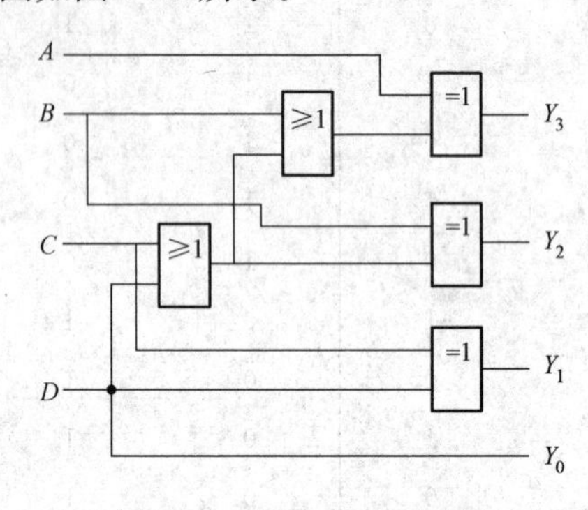

图 5-44　例 5-16 的逻辑图

5.7　加　法　器

能实现二进制加法运算的逻辑电路称为加法器（Adder）。在各种数字系统尤其是计算机中，二进制加法器是基本部件之一。

5.7.1　半加器

半加器（Half adder）和全加器（Full Adder）都是算术运算电路的基本单元，它们是完成 1 位二进制数相加的一种组合逻辑电路。如果只考虑两个加数本身，而不考虑低位进位的加法运算，称为半加。实现半加运算的逻辑电路称为半加器。两个 1 位二进制的半加运算可用表 5-17 所示的真值表表示，其中 A、B 是两个加数，S 表示和数，C 表示进位数。

表 5-17　　半加器的真值表

输　入		输　出	
A	B	C	S
0	0	0	0
0	1	0	1
1	0	0	1
1	1	1	0

由真值表可得逻辑表达式：

$$S = \overline{A}B + A\overline{B}$$

$$C = AB$$

由上述表达式可以画出由异或门和与门构成的半加器，如图 5-45（a）所示，图 5-45（b）所示是半加器的逻辑符号。

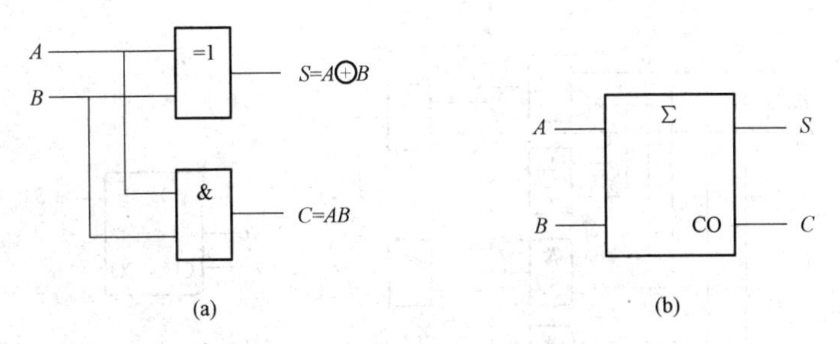

图 5-45 半加器电路及其逻辑符号

(a) 电路；(b) 逻辑符号

5.7.2 全加器

全加器能进行加数、被加数和低位来的进位信号相加，并根据求和结果给出该位的进位信号。根据全加器的功能，可列出它的真值表，如表 5-18 所示。其中 A 和 B 分别是被加数及加数，C_i为低位进位数，S 为本位和数（称为全加和），C_o为向高位的进位数。

表 5-18 全加器的真值表

输入			输出	
A	B	C_i	C_o	S
0	0	0	0	0
0	0	1	0	1
0	1	0	0	1
0	1	1	1	0
1	0	0	0	1
1	0	1	1	0
1	1	0	1	0
1	1	1	1	1

由表 5-18 可写出全加和数 S 和进位数 C_o的逻辑表达式：

$$S=\overline{A}\,\overline{B}C_i+\overline{A}B\,\overline{C_i}+A\overline{B}\,\overline{C_i}+ABC_i=\overline{A}(B\oplus C_i)+A\,\overline{(B\oplus C_i)}$$
$$=A\oplus B\oplus C_i$$
$$C_i=\overline{A}BC_i+A\overline{B}C_i+AB\,\overline{C_i}+ABC_i$$
$$=AB+AC_i+BC_i$$

由以上两式可画出 1 位全加器的逻辑图，如图 5-46（a）所示。全加器电路的结构形式有多种，但都合乎表 5-18 的逻辑要求。图 5-46（b）所示是全加器的逻辑符号。

【例 5-17】 试用两个 1 位半加器和基本逻辑门电路（与、或、非）实现 1 位全加器。

解 $S=A\oplus B\oplus C_i$

$$C_i=\overline{A}BC_i+A\overline{B}C_i+AB\,\overline{C_i}+ABC_i$$
$$=\overline{A}BC_i+A\overline{B}C_i+AB$$
$$=(A\oplus B)C_i+AB$$

按以上两式可用两个 1 位半加器和一个或门来实现，如图 5-47 所示。

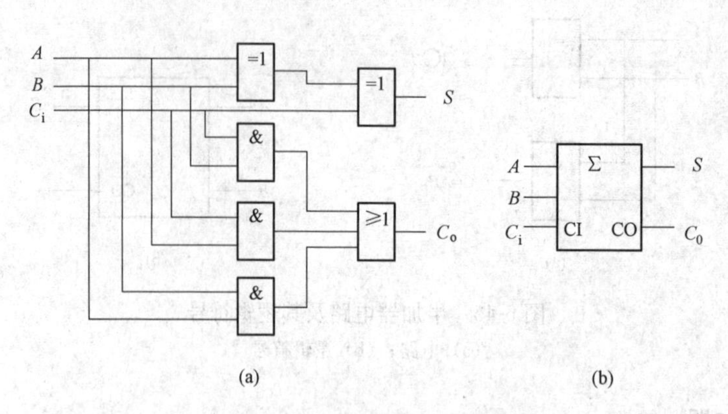

图 5-46 全加器电路及其逻辑符号

(a) 电路；(b) 逻辑符号

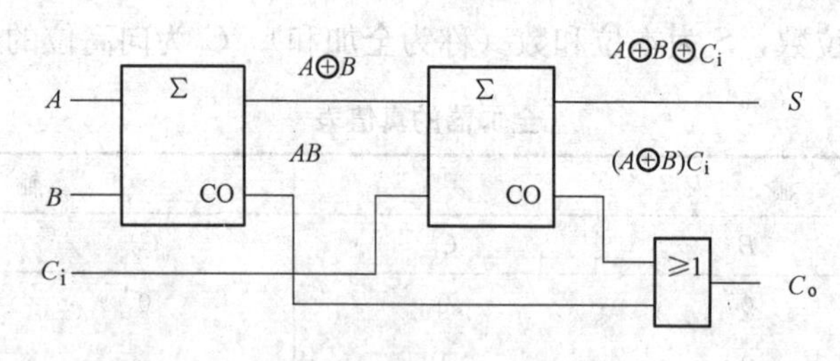

图 5-47 例 5-17 的电路图

5.8 编码器和译码器

5.8.1 编码器

用文字、符号或者数码表示特定对象或信号的过程称为编码（Coding），能够实现编码功能的电路称为编码器（Encoder）。用十进制编码或用某种文字和符号编码，难以用电路来实现。在数字电路中，一般用二进制码 0 和 1 进行编码，把若干个 0 和 1 按一定规律编排起来组成不同的代码（二进制数）来表示特定的对象或信号。要表示的对象或信号越多，二进制代码的位数就越多。n 位二进制代码有 2^n 个状态，可以表示 2^n 个对象或信号。对 N 个信号进行编码时，应按公式 $2^n \geqslant N$ 来确定需要使用的二进制代码的位数 n。

1. 二进制编码器

用 n 位二进制代码来表示 $N=2^n$ 个信息的电路称为二进制编码器（Binary Encoder）。二进制编码器输入有 $N=2^n$ 个信号，输出为 n 位二进制代码。根据输出代码的位数，二进制编码器可分为 2 位二进制编码器、3 位二进制编码器、4 位二进制编码器等。

下面以 3 位二进制编码器为例进行说明。3 位二进制编码器输入有 8 个信号，所以输出是 3 位（$2^n=8$，$n=3$）二进制代码。这种编码器通常称为 8 线－3 线编码器。编码表是把待编码的 8 个信号和对应的二进制代码列成表格，方案有很多，表 5-19 所示是用 000～111 表示 8 个输入信号 $I_0 \sim I_7$。

表 5-19　**3 位二进制编码器编码表**

输　入	输　出		
	Y_2	Y_1	Y_0
I_0	0	0	0
I_1	0	0	1
I_2	0	1	0
I_3	0	1	1
I_4	1	0	0
I_5	1	0	1
I_6	1	1	0
I_7	1	1	1

由编码表可得逻辑表达式为：

$$Y_2 = I_4 + I_5 + I_6 + I_7 = \overline{\overline{I_4 + I_5 + I_6 + I_7}} = \overline{\overline{I_4} \cdot \overline{I_5} \cdot \overline{I_6} \cdot \overline{I_7}}$$

$$Y_1 = I_2 + I_3 + I_6 + I_7 = \overline{\overline{I_2 + I_3 + I_6 + I_7}} = \overline{\overline{I_2} \cdot \overline{I_3} \cdot \overline{I_6} \cdot \overline{I_7}}$$

$$Y_0 = I_1 + I_3 + I_5 + I_7 = \overline{\overline{I_1 + I_3 + I_5 + I_7}} = \overline{\overline{I_1} \cdot \overline{I_3} \cdot \overline{I_5} \cdot \overline{I_7}}$$

由表达式可画出逻辑图，如图 5-48 所示。

输入信号一般不允许两个或两个以上同时输入。例如当 $I_2=1$，其余为 0 时，输出为 010；当 $I_5=1$，其余为 0 时，输出为 101。010 和 101 分别表示输入信号 I_2 和 I_5。当 $I_1 \sim I_7$ 均为 0 时，输出为 000，即表示 I_0。

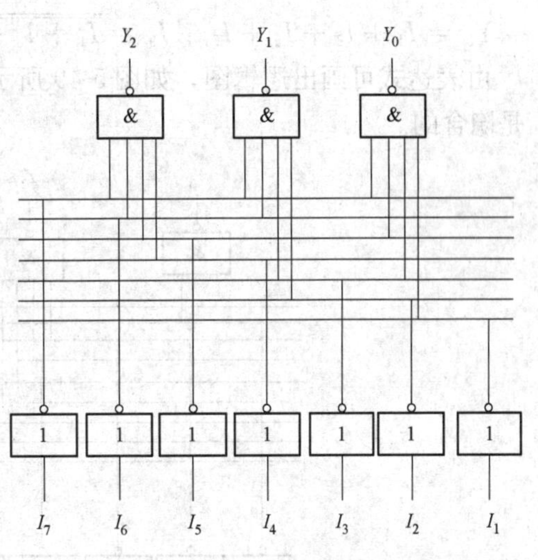

图 5-48　3 位二进制编码器逻辑图

2. 二—十进制编码器

二—十进制编码器（Binary-Coded Decimal Encoder）是将十进制数码编成二进制代码。输入是 10 个状态，输出需要 4 位（$2^n > 10$，取 $n=4$）二进制代码（又称二—十进制代码，简称 BCD 码），因此也称为 10 线—4 线编码器。4 位二进制代码共有 16 种状态，其中任何 10 种状态都可以表示十进制的 10 个数码，方案很多。最常用的是 8421 编码方式，就是在 4 位二进制代码的 16 种状态中取前 10 种状态，如表 5-20 所示。

表 5-20　**二—十进制编码器 8421 编码表**

输　入	输　出			
十进制数	Y_3	Y_2	Y_1	Y_0
0（I_0）	0	0	0	0
1（I_1）	0	0	0	1
2（I_2）	0	0	1	0

续表

输入	输出			
十进制数	Y_3	Y_2	Y_1	Y_0
3（I_3）	0	0	1	1
4（I_4）	0	1	0	0
5（I_5）	0	1	0	1
6（I_6）	0	1	1	0
7（I_7）	0	1	1	1
8（I_8）	1	0	0	0
9（I_9）	1	0	0	1

由编码表可写出表达式为：

$$Y_3 = I_8 + I_9 = \overline{\overline{I_8 + I_9}} = \overline{\overline{I_8} \cdot \overline{I_9}}$$

$$Y_2 = I_4 + I_5 + I_6 + I_7 = \overline{\overline{I_4 + I_5 + I_6 + I_7}} = \overline{\overline{I_4} \cdot \overline{I_5} \cdot \overline{I_6} \cdot \overline{I_7}}$$

$$Y_1 = I_2 + I_3 + I_6 + I_7 = \overline{\overline{I_2 + I_3 + I_6 + I_7}} = \overline{\overline{I_2} \cdot \overline{I_3} \cdot \overline{I_6} \cdot \overline{I_7}}$$

$$Y_0 = I_1 + I_3 + I_5 + I_7 + I_9 = \overline{\overline{I_1 + I_3 + I_5 + I_7 + I_9}} = \overline{\overline{I_1} \cdot \overline{I_3} \cdot \overline{I_5} \cdot \overline{I_7} \cdot \overline{I_9}}$$

由表达式可画出逻辑图，如图 5-49 所示。当 $I_1 \sim I_9$ 均为 0 时，输出为 0000，即表示 I_0，I_0是隐含的。

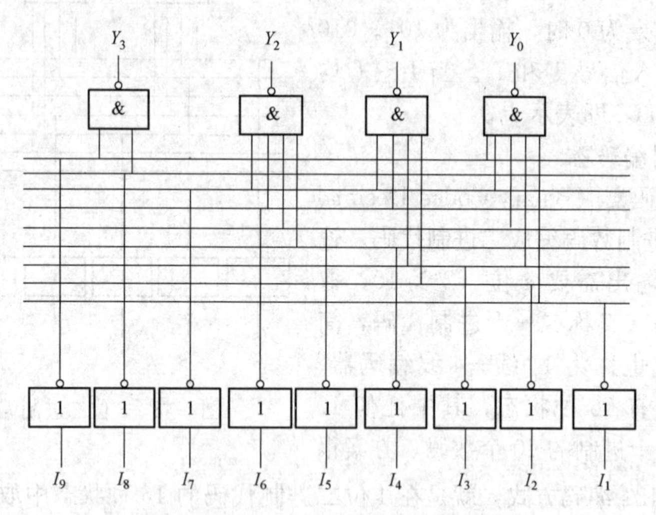

图 5-49 二—十进制编码器逻辑图

3. 优先编码器

前面介绍的编码器每次只允许一个输入端上有信号，而实际上常常出现多个输入端同时有信号的情况。这就要求电路能够按照输入信号的优先级别进行编码，这种编码器称为优先编码器（Priority Encoder）。

3 位二进制优先编码器的输入是 8 个要进行优先编码的信号 $I_0 \sim I_7$，设 I_7的优先级别最高，I_6次之，依此类推，I_0最低，并分别用 000～111 表示 $I_0 \sim I_7$。3 位二进制优先编码器编码表如表5-21所示。表中的×表示变量的取值可以任意，既可以是0，也可以是1。3位二进制优先编码器有8个输入编码信号、3个输出代码信号，所以又叫做8线－3线优先编码器。

表 5-21　　3位二进制优先编码器编码表

输入								输出		
I_7	I_6	I_5	I_4	I_3	I_2	I_1	I_0	Y_2	Y_1	Y_0
1	×	×	×	×	×	×	×	1	1	1
0	1	×	×	×	×	×	×	1	1	0
0	0	1	×	×	×	×	×	1	0	1
0	0	0	1	×	×	×	×	1	0	0
0	0	0	0	1	×	×	×	0	1	1
0	0	0	0	0	1	×	×	0	1	0
0	0	0	0	0	0	1	×	0	0	1
0	0	0	0	0	0	0	1	0	0	0

由编码表可写出逻辑表达式为：

$$Y_2 = I_7 + \overline{I_7}I_6 + \overline{I_7}\,\overline{I_6}I_5 + \overline{I_7}\,\overline{I_6}\,\overline{I_5}I_4 = I_7 + I_6 + I_5 + I_4$$

$$Y_1 = I_7 + \overline{I_7}I_6 + \overline{I_7}\,\overline{I_6}\,\overline{I_5}\,\overline{I_4}I_3 + \overline{I_7}\,\overline{I_6}\,\overline{I_5}\,\overline{I_4}\,\overline{I_3}I_2 = I_7 + I_6 + \overline{I_5}\,\overline{I_4}I_3 + \overline{I_5}\,\overline{I_4}I_2$$

$$Y_0 = I_7 + \overline{I_7}\,\overline{I_6}I_5 + \overline{I_7}\,\overline{I_6}\,\overline{I_5}\,\overline{I_4}I_3 + \overline{I_7}\,\overline{I_6}\,\overline{I_5}\,\overline{I_4}\,\overline{I_3}\,\overline{I_2}I_1 = I_7 + \overline{I_6}I_5 + \overline{I_6}\,\overline{I_4}I_3 + \overline{I_6}\,\overline{I_4}\,\overline{I_2}I_1$$

根据上述表达式可画出如图5-50所示的逻辑图。

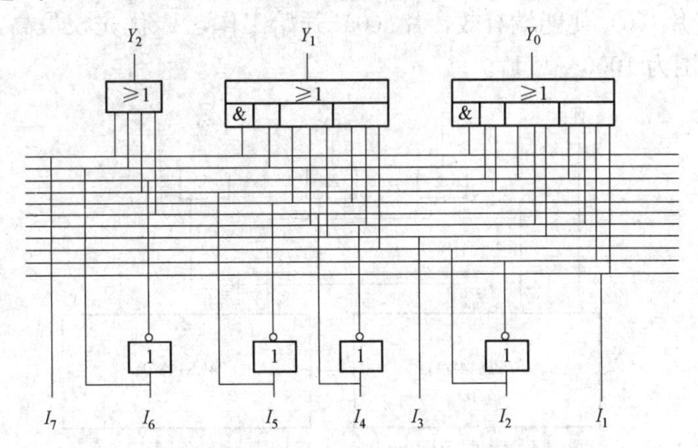

图 5-50　3位二进制优先编码器逻辑图

74LS148型编码器是8线－3线优先编码器，输入端低电平有效，输出端低电平有效（反码编码，$\overline{I_7}$ 有效编码为000，$\overline{I_0}$ 有效编码为111）。74LS148逻辑符号如图5-51所示，$\overline{ST}$ 为使能断，低电平有效；$\overline{I_0}\sim\overline{I_7}$ 为8个输入变量；$\overline{Y_0}\sim\overline{Y_2}$ 为3个输出变量；$\overline{Y}_{EX}$ 为优先扩展输出端；Y_S 为选通输出端，在级联和扩展时使用。74LS148逻辑功能表如表5-22所示。

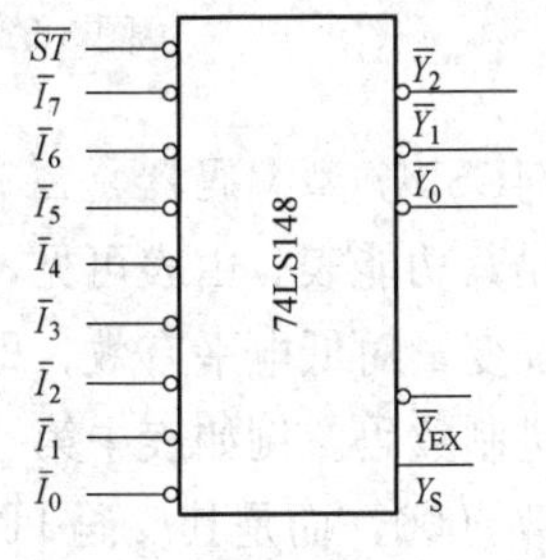

图 5-51　74LS148 逻辑符号

表 5-22　　74LS148 逻辑功能表

输入									输出				
$\overline{ST}$	$\overline{I_7}$	$\overline{I_6}$	$\overline{I_5}$	$\overline{I_4}$	$\overline{I_3}$	$\overline{I_2}$	$\overline{I_1}$	$\overline{I_0}$	$\overline{Y_2}$	$\overline{Y_1}$	$\overline{Y_0}$	$\overline{Y}_{EX}$	Y_S
1	×	×	×	×	×	×	×	×	1	1	1	1	1
0	1	1	1	1	1	1	1	1	1	1	1	1	0
0	0	×	×	×	×	×	×	×	0	0	0	0	1
0	1	0	×	×	×	×	×	×	0	0	1	0	1
0	1	1	0	×	×	×	×	×	0	1	0	0	1
0	1	1	1	0	×	×	×	×	0	1	1	0	1
0	1	1	1	1	0	×	×	×	1	0	0	0	1
0	1	1	1	1	1	0	×	×	1	0	1	0	1
0	1	1	1	1	1	1	0	×	1	1	0	0	1
0	1	1	1	1	1	1	1	0	1	1	1	0	1

【例 5-18】 试用两片 74LS148 构成 16 线—4 线优先编码器。

解　设 $\overline{A_0}\sim\overline{A_{15}}$ 为 16 个输入变量，低电平有效；$\overline{A_{15}}$ 优先权最高，其余依此类推；$\overline{Z_0}\sim\overline{Z_3}$ 为 4 个输出变量，低电平有效（即输出为 4 位二进制反码）。电路图如图 5-52 所示。片（1）使能端接地，一直有效，当 $\overline{A_{15}}\sim\overline{A_8}$ 有低电平信号输入时，片（1）Y_S 为 1，导致片（0）使能端无效，所以片（0）所有输出端为 1。这时片（1）工作，$\overline{A_{15}}$ 优先权最高，$\overline{A_8}$ 优先权最低，输出 $Z_3Z_2Z_1Z_0$ 范围为 0000～0111。当 $\overline{A_{15}}\sim\overline{A_8}$ 全为高电平时，片（1）Y_S 为 0，其他输出端均为 1，片（0）使能端有效，片（0）开始工作，$\overline{A_7}$ 优先权最高，$\overline{A_0}$ 优先权最低，输出 $Z_3Z_2Z_1Z_0$ 范围为 1000～1111。

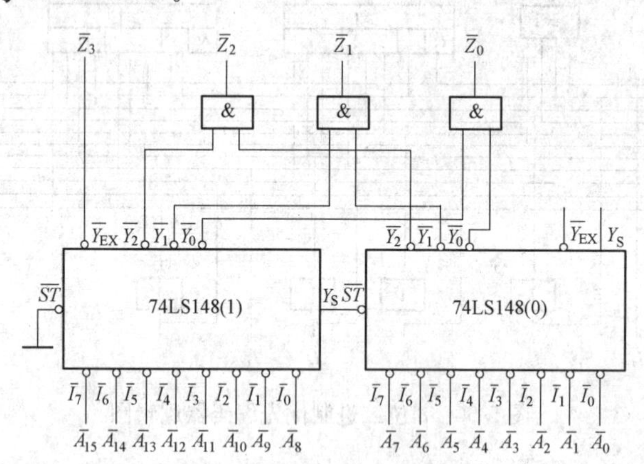

图 5-52　两片 74LS148 构成的 16 线—4 线优先编码器

74LS147 型编码器是二—十进制优先编码器，也称为 10 线—4 线优先编码器，表 5-23 所示是其功能表。由表可见，此编码器有 9 个输入变量 $\overline{I_1}\sim\overline{I_9}$，4 个输出变量 $\overline{Y_0}\sim\overline{Y_3}$。输入的反变量对低电平有效，即有有效信号时，输入为 0。输出为反码编码，对应于 0～9 十个十进制数码。例如表中第一行，所有输入端无信号，输出的不是与十进制数码 0 对应的二进制数 0000，而是其反码 1111。输入信号的优先次序为 $\overline{I_9}\sim\overline{I_1}$。当 $\overline{I_9}=0$ 时，无论其他输入端是 0 还是 1，输出端只对 $\overline{I_9}$ 编码，输出为 0110（原码为 1001）。当 $\overline{I_9}=1$、$\overline{I_8}=0$ 时，无论其他输入端为何值，输出端只对 $\overline{I_8}$ 编码，输出为0111（原码为1000）。依此类推。

表 5-23　**74LS147 型编码器功能表**

输入									输出			
$\overline{I_9}$	$\overline{I_8}$	$\overline{I_7}$	$\overline{I_6}$	$\overline{I_5}$	$\overline{I_4}$	$\overline{I_3}$	$\overline{I_2}$	$\overline{I_1}$	$\overline{Y_3}$	$\overline{Y_2}$	$\overline{Y_1}$	$\overline{Y_0}$
1	1	1	1	1	1	1	1	1	1	1	1	1
0	×	×	×	×	×	×	×	×	0	1	1	0
1	0	×	×	×	×	×	×	×	0	1	1	1
1	1	0	×	×	×	×	×	×	1	0	0	0
1	1	1	0	×	×	×	×	×	1	0	0	1
1	1	1	1	0	×	×	×	×	1	0	1	0
1	1	1	1	1	0	×	×	×	1	0	1	1
1	1	1	1	1	1	0	×	×	1	1	0	0
1	1	1	1	1	1	1	0	×	1	1	0	1
1	1	1	1	1	1	1	1	0	1	1	1	0

5.8.2　译码器

译码是编码的逆过程，它的功能是将具有特定含义的二进制码转换成对应的输出信号。具有译码功能的逻辑电路称为译码器（Decoder）。

译码器的种类很多，有二进制译码器（Binary Decoder）、二—十进制译码器（Binary-Coded Decimal Decoder）、显示译码器等（Display Decoder）。各种译码器工作原理类似，设计方法也相同。

1. 二进制译码器

二进制译码器具有 n 个输入端、2^n 个输出端和使能输入端。在使能输入端为有效电平时，对应每一组输入代码，只有其中一个输出端为有效电平，其余输出端则为非有效电平。

2输入变量的二进制译码器（2线—4线译码器）74LS139的逻辑图及其逻辑符号如图5-53所示。

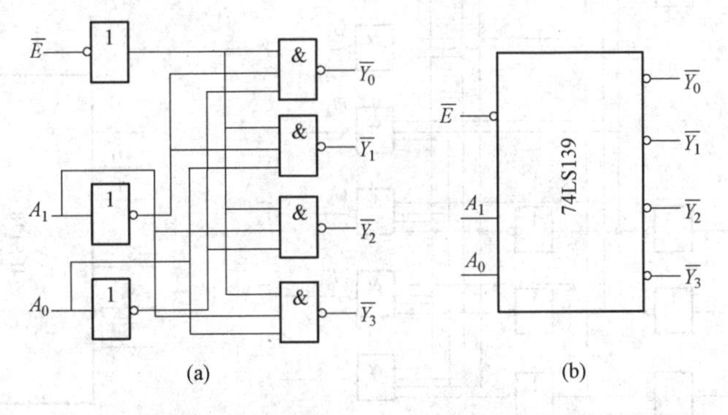

图 5-53　2线—4线译码器 74LS139 的逻辑图及其逻辑符号

（a）逻辑图；（b）逻辑符号

由逻辑图可写出输出端的逻辑表达式为：

$$\overline{Y_0} = \overline{\overline{\overline{E}}\,\overline{A_1}\,\overline{A_0}}$$
$$\overline{Y_1} = \overline{\overline{\overline{E}}\,\overline{A_1}A_0}$$
$$\overline{Y_2} = \overline{\overline{\overline{E}}A_1\,\overline{A_0}}$$
$$\overline{Y_3} = \overline{\overline{\overline{E}}A_1A_0}$$

根据逻辑表达式可列出功能表，如表 5-24 所示。由表可知，当 $\overline{E}$ 为 1 时，无论 A_1、A_0 为何种状态，输出全为 1，译码器处于非工作状态；而当 $\overline{E}$ 为 0 时，对于 A_1、A_0 的某种状态组合，其中只有一个输出量为 0，其余各输出量均为 1。所以该译码器使能端为输入低电平有效。由此可见，译码器是通过输出端的逻辑电平以识别不同代码的。

表 5-24　　2 输入变量二进制译码器功能表

输入			输出			
$\overline{E}$	A_1	A_0	$\overline{Y_0}$	$\overline{Y_1}$	$\overline{Y_2}$	$\overline{Y_3}$
1	×	×	1	1	1	1
0	0	0	0	1	1	1
0	0	1	1	0	1	1
0	1	0	1	1	0	1
0	1	1	1	1	1	0

图 5-54（a）所示是常用的集成译码器 74LS138 的逻辑图，其逻辑符号如图 5-54（b）所示，功能表如表 5-25 所示。由逻辑图可知，该译码器有 3 个输入 A_2、A_1、A_0，它们共有 8 种状态的组合，即可译出 8 个输出信号 $\overline{Y_0} \sim \overline{Y_7}$，所以该译码器也称为 3 线—8 线译码器。该译码器设置 3 个使能输入端 S_1、$\overline{S_2}$、$\overline{S_3}$。由功能表可知，当 S_1 为 1，且 $\overline{S_2}$ 和 $\overline{S_3}$ 均为 0 时，译码器处于工作状态，输出为低电平有效。

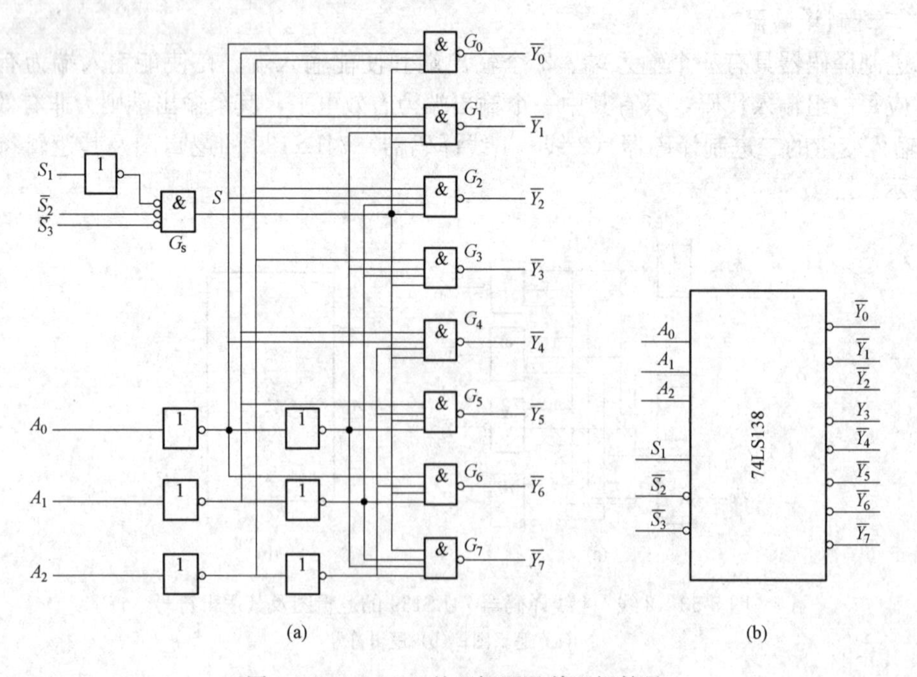

图 5-54　74LS138 的逻辑图及其逻辑符号

（a）逻辑图；（b）逻辑符号

表 5-25　　**74LS138 的功能表**

输入						输出							
S_1	$\overline{S_2}$	$\overline{S_3}$	A_2	A_1	A_0	$\overline{Y}_0$	$\overline{Y}_1$	$\overline{Y}_2$	$\overline{Y}_3$	$\overline{Y}_4$	$\overline{Y}_5$	$\overline{Y}_6$	$\overline{Y}_7$
×	1	×	×	×	×	1	1	1	1	1	1	1	1
×	×	1	×	×	×	1	1	1	1	1	1	1	1
0	×	×	×	×	×	1	1	1	1	1	1	1	1
1	0	0	0	0	0	0	1	1	1	1	1	1	1
1	0	0	0	0	1	1	0	1	1	1	1	1	1
1	0	0	0	1	0	1	1	0	1	1	1	1	1
1	0	0	0	1	1	1	1	1	0	1	1	1	1
1	0	0	1	0	0	1	1	1	1	0	1	1	1
1	0	0	1	0	1	1	1	1	1	1	0	1	1
1	0	0	1	1	0	1	1	1	1	1	1	0	1
1	0	0	1	1	1	1	1	1	1	1	1	1	0

由功能表可得，当 S_1 为 1，且 $\overline{S_2}$ 和 $\overline{S_3}$ 均为 0 时，有以下表达式：

$$\overline{Y}_0=\overline{\overline{A}_2\,\overline{A}_1\,\overline{A}_0}\,,\overline{Y}_1=\overline{\overline{A}_2\,\overline{A}_1A_0}\,,\overline{Y}_2=\overline{\overline{A}_2A_1\,\overline{A}_0}\,,\overline{Y}_3=\overline{\overline{A}_2A_1A_0}$$

$$\overline{Y}_4=\overline{A_2\,\overline{A}_1\,\overline{A}_0}\,,\overline{Y}_5=\overline{A_2\,\overline{A}_1A_0}\,,\overline{Y}_6=\overline{A_2A_1\,\overline{A}_0}\,,\overline{Y}_7=\overline{A_2A_1A_0}$$

从表达式可以看出，一个 3 线－8 线译码器能产生 3 变量函数的全部最小项，利用这一点可以方便地实现 3 变量的逻辑函数。

【例 5-19】 用一个 3 线－8 线译码器 74LS138 实现下列逻辑函数。

(1) $Y_1=\overline{A}\,\overline{B}\,\overline{C}+AB+AC$ 。

(2) $Y_2=A\overline{B}\,\overline{C}+AC\overline{D}$。

解　(1) 将逻辑式用最小项表示。

$$\begin{aligned}Y_1&=\overline{A}\,\overline{B}\,\overline{C}+AB+AC=\overline{A}\,\overline{B}\,\overline{C}+AB(C+\overline{C})+AC(B+\overline{B})\\&=\overline{A}\,\overline{B}\,\overline{C}+ABC+AB\overline{C}+ABC+A\overline{B}C\\&=\overline{A}\,\overline{B}\,\overline{C}+ABC+AB\overline{C}+A\overline{B}C\end{aligned}$$

将输入变量 A、B、C 分别对应接到 3 线—8 线译码器的输入端 A_2、A_1、A_0，在使能端有效的情况下，3 线—8 线译码器输出端为：

$$\overline{Y}_0=\overline{\overline{A}\,\overline{B}\,\overline{C}}\,,\overline{Y}_5=\overline{A\overline{B}C}\,,\overline{Y}_6=\overline{AB\overline{C}}\,,\overline{Y}_7=\overline{ABC}$$

因此可得出 $Y=Y_0+Y_5+Y_6+Y_7=\overline{\overline{Y}_0\,\overline{Y}_5\,\overline{Y}_6\,\overline{Y}_7}$。

在 3 线—8 线译码器上，使使能端有效，输出按上式选用与非门实现即可，逻辑图如图 5-55（a）所示。

(2) 该逻辑函数有 4 个输入变量，而 74LS138 只有 3 个地址输入端，因此选 3 个变量从地址端输入，1 个变量从使能端输入。这里选 B、C、D 从地址端输入，A 从使能端 S_1 输入。把逻辑函数变换为 BCD 最小项的形式：

$$\begin{aligned}Y_2&=A\overline{B}\,\overline{C}+AC\overline{D}=A\overline{B}\,\overline{C}(\overline{D}+D)+A(\overline{B}+B)C\overline{D}\\&=A\overline{B}\,\overline{C}\,\overline{D}+A\overline{B}\,\overline{C}D+A\overline{B}C\overline{D}+ABC\overline{D}\end{aligned}$$

$$=A(\overline{B}\,\overline{C}\,\overline{D}+\overline{B}\,\overline{C}D+\overline{B}C\overline{D}+BC\overline{D})$$
$$=A(m_0+m_1+m_2+m_6)$$
$$=\overline{\overline{Am_0}\cdot\overline{Am_1}\cdot\overline{Am_2}\cdot\overline{Am_6}}$$
$$=\overline{\overline{Y_0}\cdot\overline{Y_1}\cdot\overline{Y_2}\cdot\overline{Y_6}}$$

按表达式连接电路，如图 5-55（b）所示。

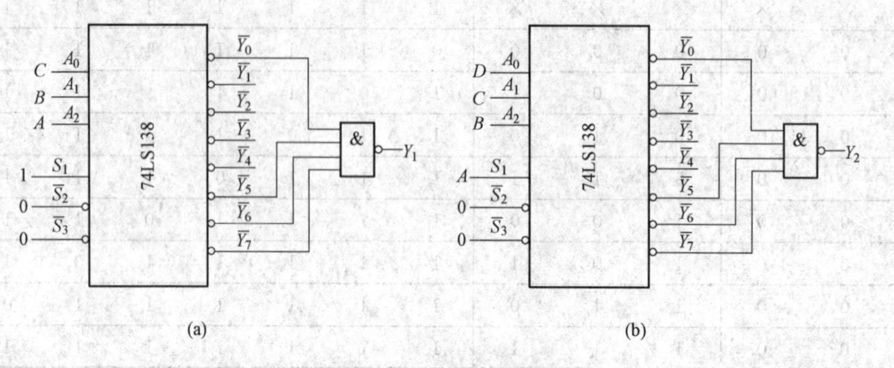

图 5-55　例 5-19 的逻辑图

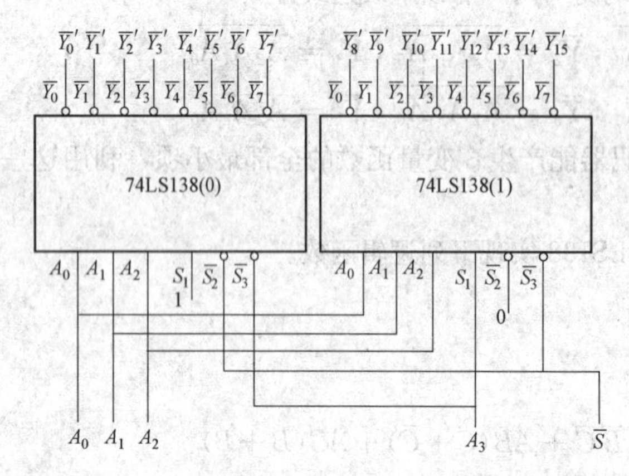

图 5-56　两片 74LS138 扩展成 4 线—16 线译码器

【例 5-20】 试用两片 74LS138 扩展成 4 线—16 线译码器。

解　利用 74LS138 的使能端可以实现扩展，电路如图 5-56 所示。$\overline{S}$ 为扩展后电路的使能端，低电平有效。当 $\overline{S}$ 为低电平，A_3也为低电平时，片（0）工作，片（1）被禁止，按照地址 $A_2A_1A_0$ 从 000～111 变化，分别从 $\overline{Y_0}'\sim\overline{Y_7}'$ 输出低电平译码信号；A_3为高电平时，片（1）工作，片（0）被禁止，按照地址 $A_2A_1A_0$ 从 000～111 变化，分别从 $\overline{Y_8}'\sim\overline{Y_{15}}'$ 输出低电平译码信号。

2. 显示译码器

在数字测量仪表和各种数字系统中，经常需要将数字、文字和符号直观地显示出来，用来驱动各种显示器件。将用二进制代码表示的数字、文字、符号翻译成人们习惯的形式直观地显示出来的电路，称为显示译码器。显示译码器的种类很多，在数字电路中最常用的是半导体显示器（又称为发光二极管显示器，LED）和液晶显示器（LCD）。LED 主要用于显示数字和字母，LCD 可以显示数字、字母、文字和图形等。7 段 LED 数码显示器俗称数码管，其工作原理是将要显示的十进制数码分成 7 段，每段为一个发光二极管，利用不同发光段的组合来显示不同的数字。图 5-57 所示是数码管的外形结构。

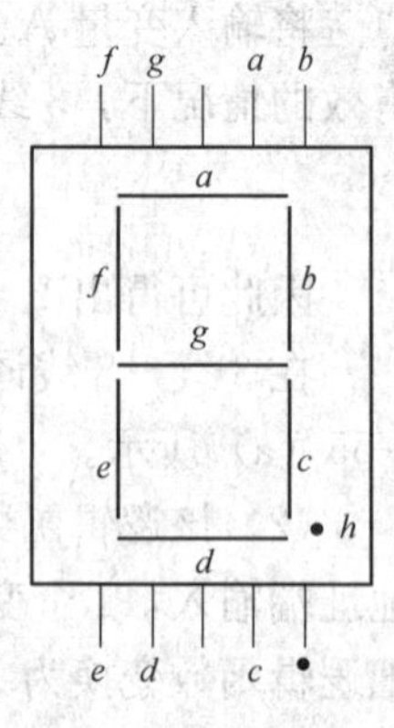

图 5-57　数码管的外形结构

数码管中的 7 个发光二极管有共阴极和共阳极两种接法，如图 5-58

所示。共阴极电路中，7 个发光二极管的阴极连在一起接低电平，需要某一段发光，就将相应二极管的阳极接高电平；共阳极电路正好相反。

为了使数码管能显示十进制数，必须将其代码经译码器译出，然后经驱动器点亮对应的段。例如对于 8421BCD 码的 0011 状态，对应的十进制数为 3，则译码驱动器应使 a、b、c、d、g 各段点亮。显示译码器的功能就是，对应于某一组数码输入，相应的几个输出端有有效信号输出。

74HC4511 七段显示译码器逻辑符号如图 5-59 所示，功能表如表 5-26 所示。

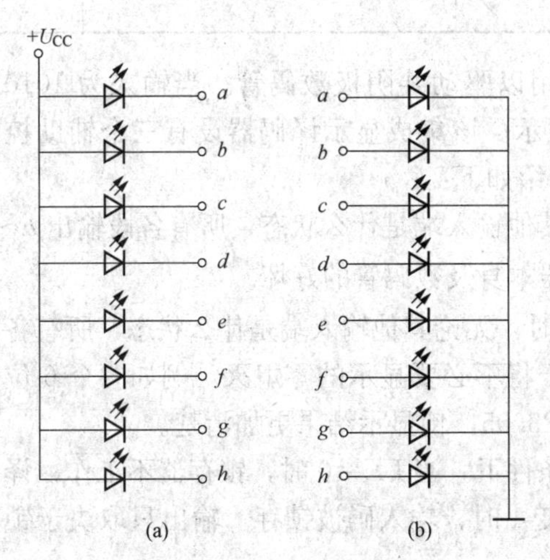

图 5-58　数码管两种接法

（a）共阳极；（b）共阴极

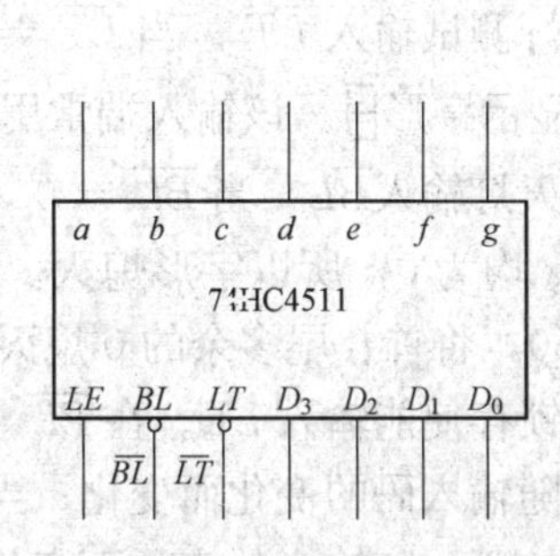

图 5-59　74HC4511

七段显示译码器逻辑符号

表 5-26　　74HC4511 七段显示译码器功能表

十进制数或功能	输入							输出							字形
	LE	$\overline{BL}$	$\overline{LT}$	D_3	D_2	D_1	D_0	a	b	c	d	e	f	g	
0	0	1	1	0	0	0	0	1	1	1	1	1	1	0	0
1	0	1	1	0	0	0	1	0	1	1	0	0	0	0	1
2	0	1	1	0	0	1	0	1	1	0	1	1	0	1	2
3	0	1	1	0	0	1	1	1	1	1	1	0	0	1	3
4	0	1	1	0	1	0	0	0	1	1	0	0	1	1	4
5	0	1	1	0	1	0	1	1	0	1	1	0	1	1	5
6	0	1	1	0	1	1	0	0	0	1	1	1	1	1	6
7	0	1	1	0	1	1	1	1	1	1	0	0	0	0	7
8	0	1	1	1	0	0	0	1	1	1	1	1	1	1	8
9	0	1	1	1	0	0	1	1	1	1	1	0	1	1	9
10	0	1	1	1	0	1	0	0	0	0	0	0	0	0	熄灭
11	0	1	1	1	0	1	1	0	0	0	0	0	0	0	熄灭
12	0	1	1	1	1	0	0	0	0	0	0	0	0	0	熄灭
13	0	1	1	1	1	0	1	0	0	0	0	0	0	0	熄灭

续表

十进制数或功能	输入							输出							字形
	LE	$\overline{BL}$	$\overline{LT}$	D_3	D_2	D_1	D_0	a	b	c	d	e	f	g	
14	0	1	1	1	1	1	0	0	0	0	0	0	0	0	熄灭
15	0	1	1	1	1	1	1	0	0	0	0	0	0	0	熄灭
灯测试	×	×	0	×	×	×	×	1	1	1	1	1	1	1	8
灭灯	×	0	1	×	×	×	×	0	0	0	0	0	0	0	熄灭
锁存	1	1	1	×	×	×	×				*				*

当输入 8421BCD 码时，输出高电平有效，用以驱动共阴极数码管。当输入为 1010～1111 六个状态时，输出全为低电平，数码管无显示。该集成显示译码器设有三个辅助控制端 LE、$\overline{BL}$、$\overline{LT}$，以增加器件的功能，现分别介绍如下：

(1) 灯测试输入 $\overline{LT}$。当 $\overline{LT}=0$ 时，无论其他输入端是什么状态，所有各段输出 a～g 均为 1，显示字形8。该输入端常用于检查译码器本身及数码管的好坏。

(2) 灭灯输入$\overline{BL}$。当 $\overline{BL}=0$，且 $\overline{LT}=1$ 时，无论其他输入端是什么状态，所有各段输出 a～g 均为 0，所以字形熄灭。该输入端用于将不必要显示的零熄灭，例如一个 6 位数字 023.050，将首、尾多余的 0 熄灭，则显示为 23.05，使显示结果更加清楚。

(3) 锁存使能输入 LE。在 $\overline{BL}=\overline{LT}=1$ 的条件下，当 $LE=0$ 时，锁存器不工作，译码器的输出随输入码的变化而变化；当 LE 由 0 跳变 1 时，输入码被锁存，输出只取决于锁存器的内容，不再随输入的变化而变化。

【例 5-21】 由 74HC4511 构成 24 小时及分钟的译码显示电路如图 5-60 所示，试分析小时高位是否具有零熄灭功能。

解 根据 74HC4511 功能表可知，译码器正常工作时，LE 接低电平，$\overline{BL}$ 和 $\overline{LT}$ 均接高电平。如果输入的 8421BCD 码为 0000 时，数码管不显示，要求 $\overline{BL}$ 接低电平，$\overline{LT}$ 仍为高电平，而 LE 可以是任意值。图 5-60 中，小时高位的 BCD 码经或门连接到 $\overline{BL}$ 端，当输入为 0000 时，或门的输出为 0，使 $\overline{BL}$ 为 0，高位零被熄灭。

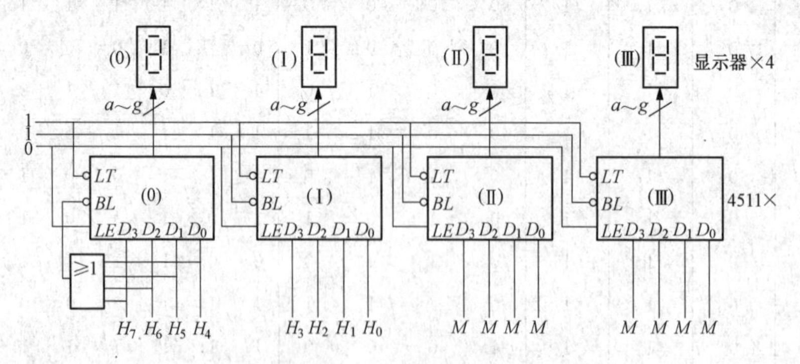

图 5-60 例 5-21 的译码显示电路

5.9 数据分配器和数据选择器

数据分配器和数据选择器都是数字电路中的多路开关。数据分配器（Demultiplexer）

的功能是将一路数据根据需要送到不同的通道上去。数据选择器（Multiplexer）的功能是选择多路数据中的某一路数据作为输出。

5.9.1　数据分配器

数据分配器可以用译码器来实现。例如用74LS138译码器可以把一个数据信号分配到8个不同的通道上去，实现电路如图5-61所示。将译码器的使能端S_1接高电平，$\overline{S_2}$接低电平，$\overline{S_3}$接数据输入D。译码器的输入端A_2、A_1、A_0作为分配器的地址输入端，根据地址的不同，数据D从8个不同的输出端输出。例如，当$A_2A_1A_0=000$时，数据D从$\overline{Y_0}$端输出；当$A_2A_1A_0=001$时，数据D从$\overline{Y_1}$端输出，依此类推。

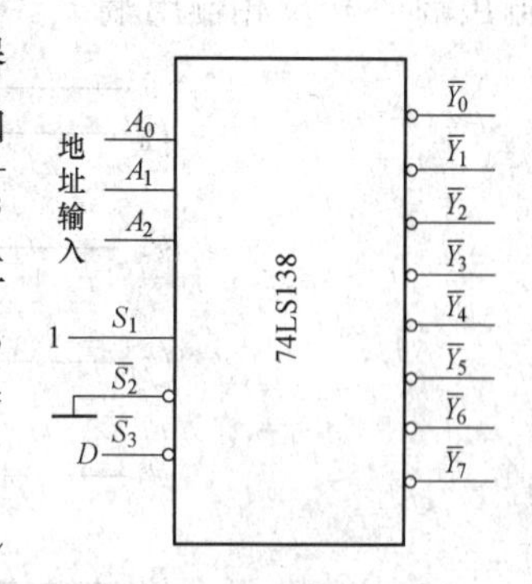

图5-61　74LS138构成的数据分配器

如果D端输入的是时钟脉冲，则可将时钟脉冲分配到$\overline{Y_0}\sim\overline{Y_7}$的某一个输出端，从而构成时钟脉冲分配器。

数据分配器的用途比较多，比如用它将一台PC与多台外部设备连接，将计算机的数据分送到外部设备中。它还可以与计数器结合组成脉冲分配器，与数据选择器连接组成分时数据传送系统。

5.9.2　数据选择器

数据选择器的功能是选择多路数据中的某一路数据作为输出。下面以74LS153型双4选1数据选择器为例，说明其工作原理及基本功能。其逻辑图如图5-62所示，$D_3\sim D_0$是4个数据输入端；A_1和A_0是地址输入端；$\overline{S}$是使能端，低电平有效；Y是输出端。由逻辑图可写出逻辑表达式

$$Y=D_0\overline{A_1}\,\overline{A_0}S+D_1\overline{A_1}A_0S+D_2A_1\overline{A_0}S+D_3A_1A_0S \quad (5\text{-}12)$$

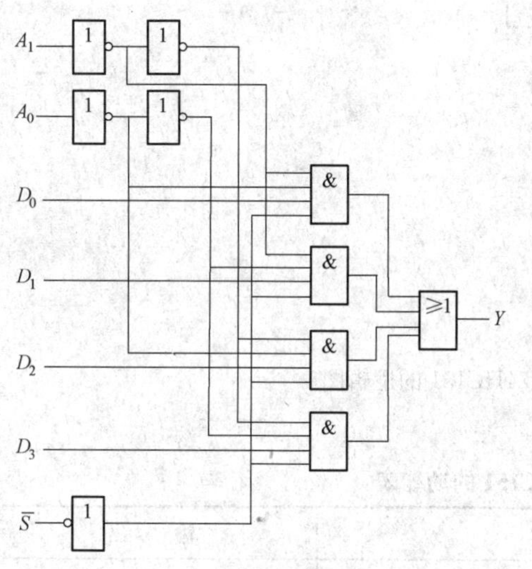

图5-62　74LS153型双4选1数据选择器逻辑图

由逻辑表达式写出功能表，如表5-27所示。

当$\overline{S}=1$时，$Y=0$，选择器不工作；当$\overline{S}=0$时，选择器按照地址的不同选择一路数据。

表5-27　74LS153型双4选1数据选择器功能表

输入			输出
$\overline{S}$	A_1	A_0	Y
1	×	×	0
0	0	0	D_0
0	0	1	D_1
0	1	0	D_2
0	1	1	D_3

8选1数据选择器74HC151的逻辑图如图5-63所示。它有3个地址输入端A_2、A_1、A_0，可选择D_0～D_7共8个数据；$\overline{S}$是使能端，低电平有效；具有两个互补输出端，即同相输出端Y和反相输出端$\overline{Y}$。其功能表如表5-28所示。

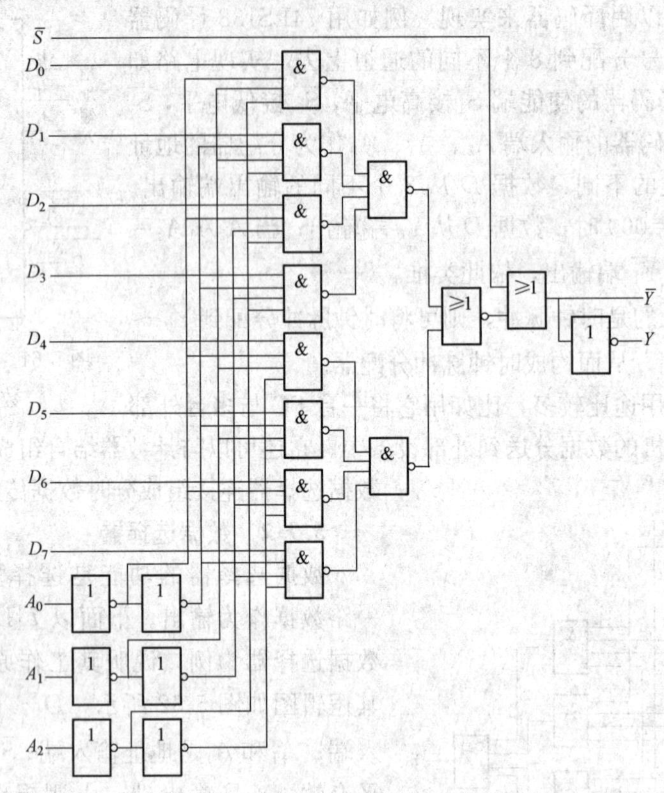

图5-63　8选1数据选择器74HC151的逻辑图

表5-28　　8选1数据选择器74HC151的功能表

输入				输出	
$\overline{S}$	A_2	A_1	A_0	Y	$\overline{Y}$
1	×	×	×	0	1
0	0	0	0	D_0	$\overline{D_0}$
0	0	0	1	D_1	$\overline{D_1}$
0	0	1	0	D_2	$\overline{D_2}$
0	0	1	1	D_3	$\overline{D_3}$
0	1	0	0	D_4	$\overline{D_4}$
0	1	0	1	D_5	$\overline{D_5}$
0	1	1	0	D_6	$\overline{D_6}$
0	1	1	1	D_7	$\overline{D_7}$

两片数据选择器连接可以实现扩展，图5-64所示是两片74HC151型8选1数据选择器构成的16选1数据选择器的逻辑图。当$D=0$时，第一片工作；当$D=1$时，第二片工作。

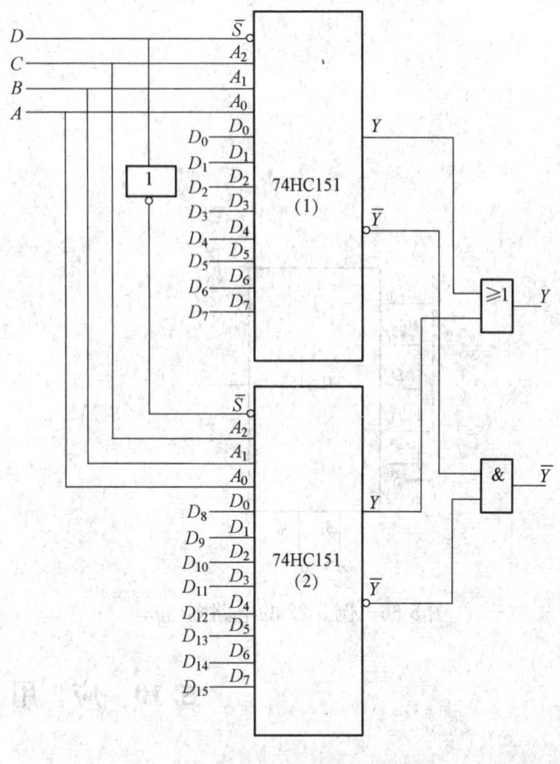

图5-64　16选1数据选择器的逻辑图

数据选择器能够实现并行数据到串行数据的转换，在图5-65（a）中数据选择器的数据输入端并行输入数据10010110，数据选择器地址端的波形按图5-65（b）变换，则在数据选择器输出端可依次得到串行输出的数据10010110。

数据选择器还可以实现组合逻辑函数，举例如下。

【例5-22】 试用74LS153（4选1数据选择器）实现$Y=\overline{A}\,\overline{B}+AB$。

解　将A、B分别对应接到数据选择器的地址输入端A_1、A_0，则选择器的输出函数为

$$Y=D_0\overline{A}\,\overline{B}+D_1\overline{A}B+D_2A\overline{B}+D_3AB$$

要实现的函数为

$$Y=\overline{A}\,\overline{B}+AB$$

两者比较，可得：$D_0=D_3=1$，$D_2=D_4=0$。

电路图如图5-66所示。

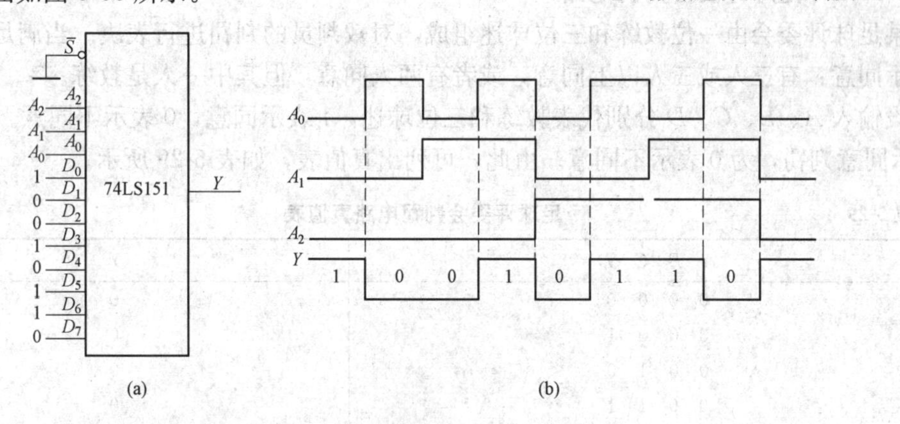

(a)　(b)

图5-65　并行数据到串行数据的转换

【例5-23】 用74HC151（8选1数据选择器）实现$Y=\overline{A}BC+A\overline{B}C+ABC+AB\overline{C}$。

解　将A、B、C分别对应接到数据选择器的地址输入端A_2、A_1、A_0，则选择器的输出函数为

$$Y=D_0\overline{A}\,\overline{B}\,\overline{C}+D_1\overline{A}\,\overline{B}C+D_2\overline{A}B\overline{C}+D_3\overline{A}BC+D_4A\overline{B}\,\overline{C}+D_5A\overline{B}C+D_6AB\overline{C}+D_7ABC$$

要实现的函数为

$$Y=\overline{A}BC+A\overline{B}C+ABC+AB\overline{C}$$

两者比较，可得：$D_0=D_1=D_2=D_4=0$，$D_3=D_5=D_6=D_7=1$。

电路图如图5-67所示。

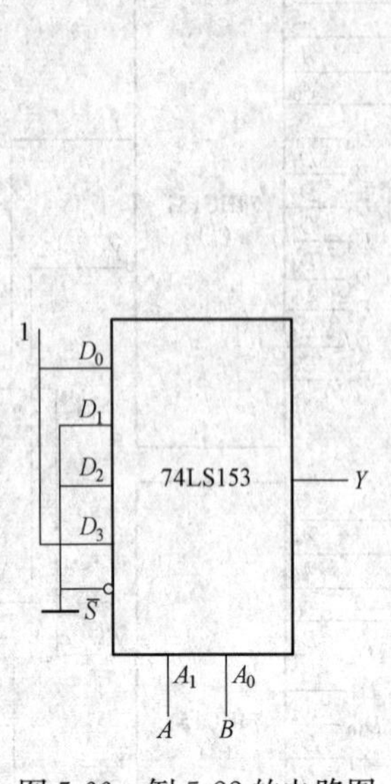

图 5-66 例 5-22 的电路图

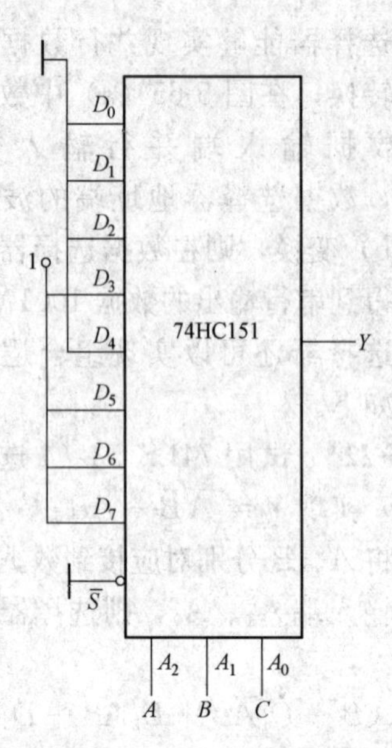

图 5-67 例 5-23 的电路图

5.10 应 用 举 例

5.10.1 足球评委会判罚电路

某足球评委会由一位教练和三位球迷组成，对裁判员的判罚进行表决。当满足以下条件时表示同意：有三人或三人以上同意，或者有两人同意，但其中一人是教练。

设输入 A、B、C、D 分别代表教练和三位球迷，1 表示同意，0 表示不同意。输出 Y 为 1 表示同意判罚，为 0 表示不同意。由此，可列出真值表，如表 5-29 所示。

表 5-29 足球评委会判罚电路真值表

A B C D	Y
0 0 0 0	0
0 0 0 1	0
0 0 1 0	0
0 0 1 1	0
0 1 0 0	0
0 1 0 1	0
0 1 1 0	0
0 1 1 1	1
1 0 0 0	0
1 0 0 1	1
1 0 1 0	1
1 0 1 1	1
1 1 0 0	1
1 1 0 1	1
1 1 1 0	1
1 1 1 1	1

根据真值表可写出表达式

$$Y = AB + AD + AC + BCD$$

电路图如图 5-68 所示。对判罚同意，输出 Y 为 1，三极管 V 导通，继电器 KA 通电，其动合触点闭合，指示灯亮；当 Y 为低电平时，三极管截止，继电器复位，指示灯灭。

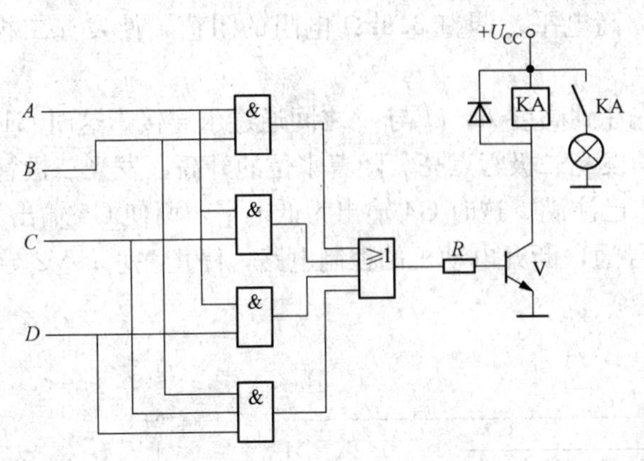

图 5-68　足球评委会判罚电路

5.10.2　智力竞赛抢答电路

图 5-69 所示是智力竞赛抢答电路，供四组使用。每一路由 TTL 四输入与非门、指示灯（发光二极管）、抢答开关 S 组成。与非门 G5 以及由其输出端接出的晶体管电路和蜂鸣器电路是共用的。当没有参赛者按下开关时，开关均处于低电平，G1～G4 均输出高电平，指示灯不亮。G5 输出低电平，蜂鸣器不响。假如某一参赛者首先按下开关 S1，则 S1 变为高电平，与 G2～G4 输出的高电平共同输入到 G1，使 G1 输出低电平，对应的指示灯亮。G5 输出高电平，使蜂鸣器响。同时，G1 输出的低电平又同时输入到 G2～G4，使 G2～G4 输出为高电平，即使再有参赛者按下开关 S2～S4，也不起作用。这样便完成一次抢答。再次抢

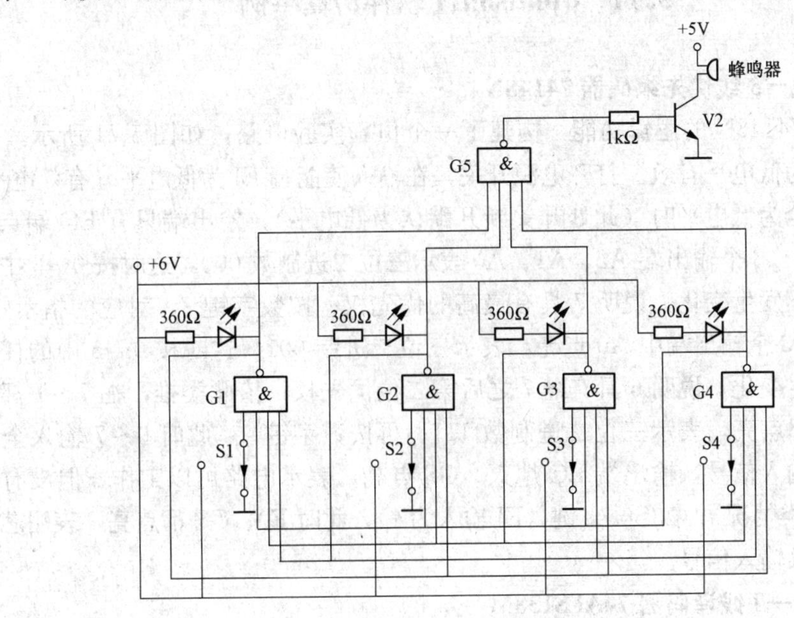

图 5-69　智力竞赛抢答电路

答前，需把抢答开关复位。

5.10.3 水位检测电路

图 5-70 所示是用 CMOS 非门组成的水位检测电路。工作时，开关 S 闭合。当水箱无水时，检测杆上的铜箍 A~D 与 U 端（电源正极）之间断开，非门 G1～G4 的输入状态端均为低电平，输出端均为高电平。调整 3.3kΩ 电阻的阻值，使发光二极管处于微导通状态，微亮度适中。

当水箱注水时，先注到高度 A，U 与 A 之间通过水连接，这时 G1 的输入为高电平，输出为低电平，将相应的发光二极管点亮。随着水位的升高，发光二极管逐个依次点亮。当最后一个点亮时，说明水已注满。这时 G4 输出为低电平，而使 G5 输出为高电平，晶体管 V1 和 V2 因而导通。V1 导通，断开电动机的控制电路，停止注水；V2 导通，使蜂鸣器发出报警声响。

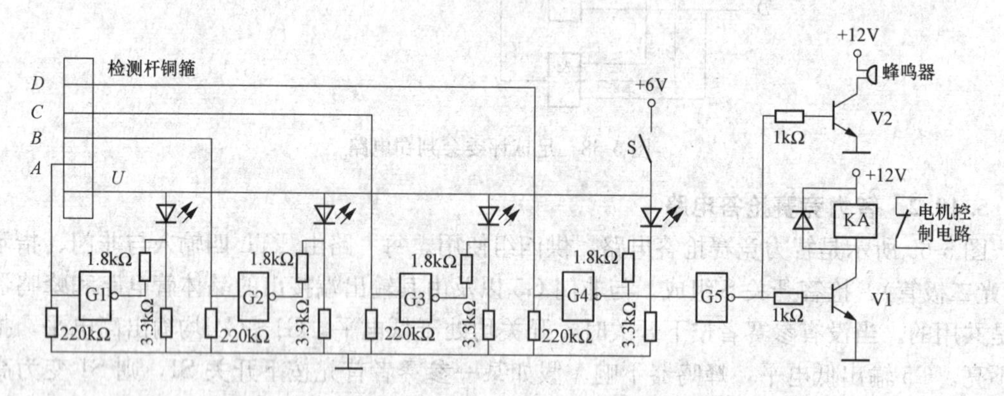

图 5-70 CMOS 非门组成的水位检测电路

5.11 Multisim11 软件仿真举例

5.11.1 8 线—3 线优先编码器 74148N

为仿真验证 74148N 的逻辑功能，构建了一个仿真实验电路，如图 5-71 所示。74148N 输入、输出端皆为低电平有效。打开电源开关，在输入使能端 EI 为低电平（有效电平），所有输入（0～7）全为低电平时（此处开关断开默认为低电平），输出端只有 EO 端点亮，说明输入端 D7 有效，3 个输出端 A2、A1、A0 表示三位二进制数 000，这时按 0～6 中的任何数字键，输出都不发生变化，说明 7 具有最高的优先权；按数字键 7，对应的指示灯点亮，输入端 D7 失效，3 个输出端中 A0 点亮，表示三位二进制 001，这时按 0～5 中的任何数字键，输出都不发生变化，说明 6 具有继 7 之后第二位优先权；依此类推，在 7～1 都点亮以后，3 个输出灯都点亮，表示三位二进制数 111；再按数字键 0，此时 0～7 输入全为高电平，表示无有效输入信号，输出端 EO 熄灭，GS 点亮，表示电路可以工作，但没有输入信号（图 5-71 为此类情况）；按 Space 键（EI 输入为 1），此时 E0、GS 都点亮，表明芯片不可以工作，无法接收输入信号。

5.11.2 3 线—8 线译码器 74ALS138M

3 线—8 线译码器 74ALS138M 构成的仿真实验电路如图 5-72 所示。译码器的使能端接

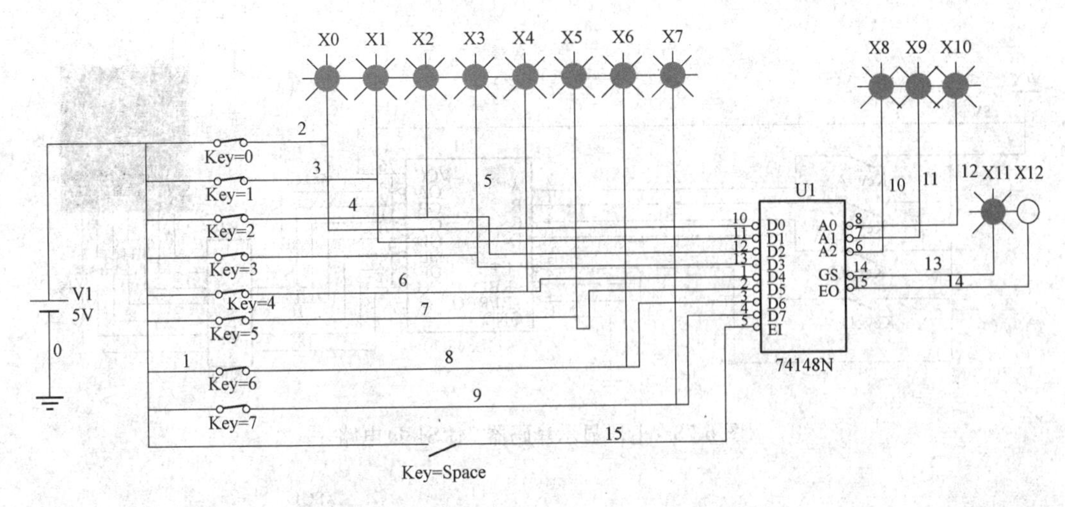

图 5-71　8 线—3 线优先编码器 74148N 电路

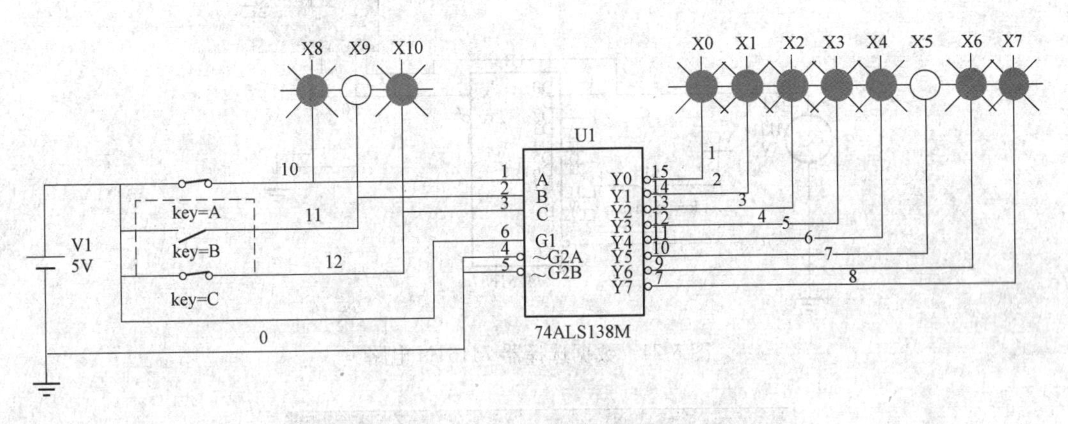

图 5-72　3 线—8 线译码器 74ALS138M 电路

成有效电平，输入端 C、B、A 对应 000～111 不同输入时，芯片输出端分别从管脚 15～7 输出低电平，对应小灯灭，例如图中 C、B、A 输入为 101，管脚 10 输出低电平，小灯 X5 灭。

5.11.3　显示译码器

图 5-73 所示是七段显示译码器 74LS48D 电路。三个使能控制端接高电平，A、B、C、D 为四位二进制输入端，如果四个输入端皆为低电平（如图中所示），则输出端数码管显示为 0，在输入端分别输入 0001～1001 时，输出分别是 1～9；对应 1010～1110，分别显示相应的符号，而输入为 1111 时，数码管不显示，一般 1010～1111 这 6 种输入当作伪码处理。

5.11.4　数据选择器

在数字逻辑设计中，有时需要从一组输入数据中选出某一数据，选择哪个数据可通过数据选择端来进行控制，这种控制芯片就是数据选择器。

数据选择器 74151N 电路如图 5-74 所示。输入信号采用信号发生器，给出 1kHz、5V 的方波信号，由 D0 输入，则选择器地址输入端 CBA 必须处于 000 状态时，才可以把信号送到输出端，得到如图 5-75 所示的输入与输出波形。同理，如果方波送到 D1 输入端，则 CBA 必须处于 001 状态，才可以把信号送到输出端。

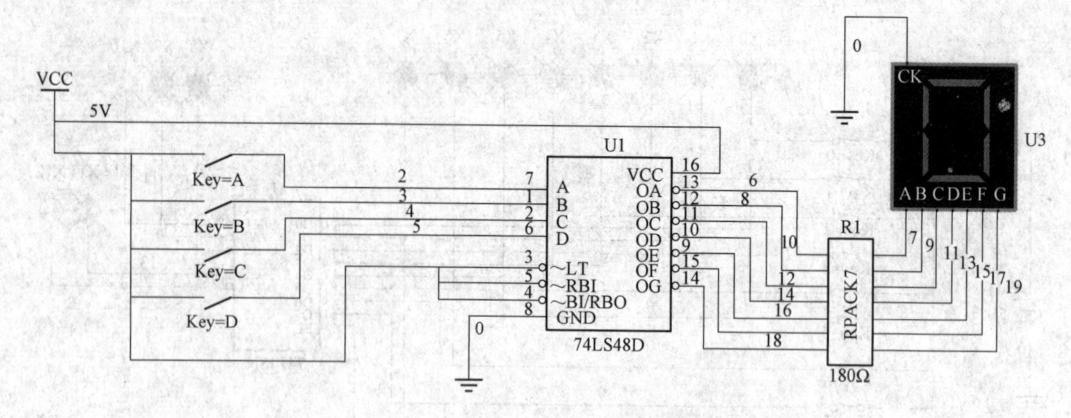

图 5-73 七段显示译码器 74LS48D 电路

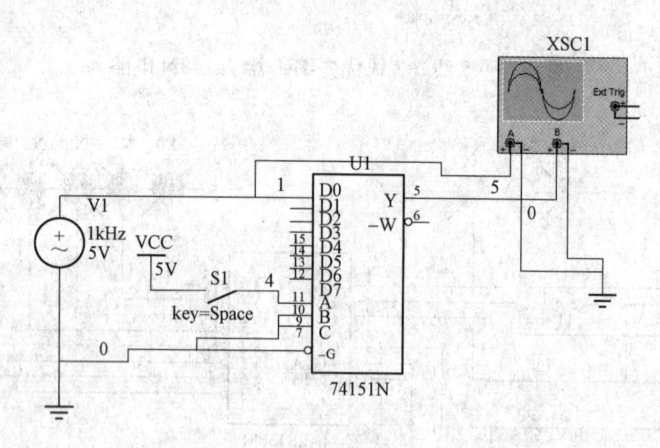

图 5-74 数据选择器 74151N 电路

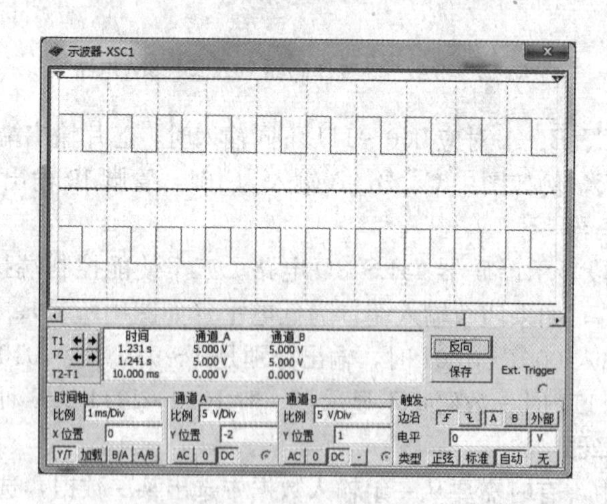

图 5-75 输入与输出波形

小 结

1. 数字电路中主要使用二进制数 0 和 1，这里的 0 和 1 主要表示两个对立的逻辑状态，例如相当于电流的有和无、电压的高和低、开关的连接和断开等。与模拟电路相比，数字电路具有以下特点：稳定性高，可靠性强，保密性好，价格低廉，通用性强，具有可编程性，高速度、低功耗。

2. 数字集成电路按照集成度的不同可分为小规模集成电路（SSI）、中规模集成电路（MSI）、大规模集成电路（LSI）、超大规模集成电路（VLSI）和甚大规模集成电路（ULSI）。

3. 数字电路中常用二进制数制，二进制是以2为基数的计数体制，它的进位规则是逢二进一。

4. 逻辑代数是分析和设计数字逻辑电路的主要数学工具。在逻辑代数中，逻辑变量只有0和1两种情况，这里的0和1不代表数值的大小，而是表示对立的两个逻辑状态，如电平的高与低、信号的有和无、开关的断开与连接、三极管的截止和饱和等。

5. 逻辑代数的基本运算包含与逻辑（有0出0，全1出1）、或逻辑（有1出1，全0出0）、非逻辑（有0出1，有1出0）、与非（有0出1，全1出0）、或非（有1出0，全0出1）、同或（相同出1，相异出0）和异或（相异出1，相同出0）。

6. 利用逻辑代数的反演规则和对偶规则可以方便地求出逻辑函数非函数和对偶式。在运用反演规则和对偶规则时，要注意运算的优先顺序：先算括号内的，再进行与运算，最后进行或运算，对于反变量以外的非号应保留不变。

7. 逻辑函数反映了数字电路的输出信号与输入信号之间的逻辑关系。逻辑函数的表示方法有真值表、逻辑表达式、逻辑图、波形图和卡诺图。只要知道其中一种表示形式，就可以转为其他几种表示形式。

8. 集成逻辑门电路主要有TTL门电路和CMOS门电路。TTL门电路由双极型晶体管组成，工作速度快，但功耗比较大，集成度不高；CMOS门电路由单极型MOS管组成，功耗小，集成度高，但工作速度不及TTL门电路。

9. 数字系统中常用的各种数字部件，就其结构和工作原理而言可分为两大类，即组合逻辑电路和时序逻辑电路。组合逻辑电路在功能上的特点是：电路在任意时刻的输出状态只取决于该时刻的输入状态，而与该时刻前的状态无关，即没有记忆功能。组合逻辑电路之所以没有记忆功能，归根结底是因为结构上没有记忆（存储）元件，也不存在输出到输入的反馈回路。

10. 常用的组合逻辑电路有编码器、译码器、加法器、比较器、数据选择器和数据分配器，为使用方便，它们通常被做成中规模集成电路。这些中规模组合逻辑电路器件除具有基本逻辑功能外，通常还有使能端、扩展端等，使逻辑电路的使用更加灵活，便于扩展功能和构成较复杂的系统。

习　题

5-1　两个输入信号 A、B 如图5-76所示，分别加入与门、或门、与非门、或非门电路中，画出对应的输出波形。

5-2　在图5-77所示的电路中，在控制端 $C=1$ 和 $C=0$ 两种情况时，求输出 Y 的逻辑式，并画出其波形。输入 A 和 B 的波形如图中所示。

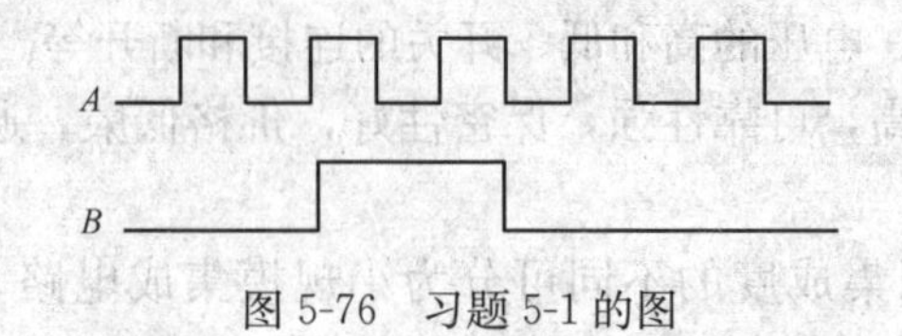

图 5-76 习题 5-1 的图

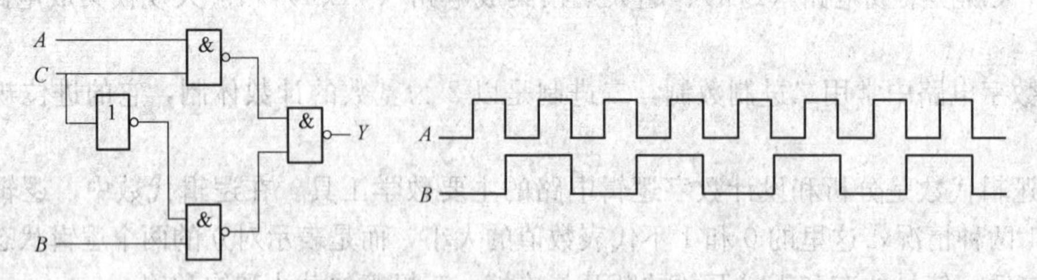

图 5-77 习题 5-2 的图

5-3 在图 5-78 所示两个电路中，试计算当输入端分别接 0、5V 和悬空时输出电压 u_o的数值，并指出晶体管工作在什么状态。设 $U_{BE}\approx0.7V$，$U_{CES}=0.3V$，电路参数如图中所示。

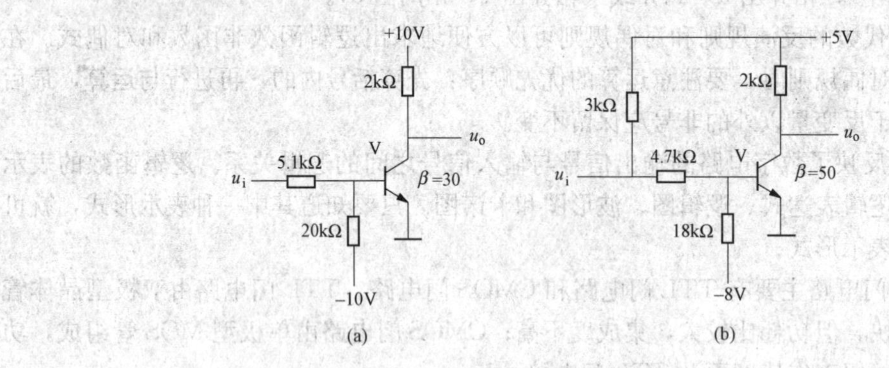

图 5-78 习题 5-3 的图

5-4 在图 5-79 所示两个电路中，在控制端 $\overline{E}=1$ 和 $\overline{E}=0$ 两种情况时，求输出 Y 的波形。输入 A 和 B 的波形如图中所示。

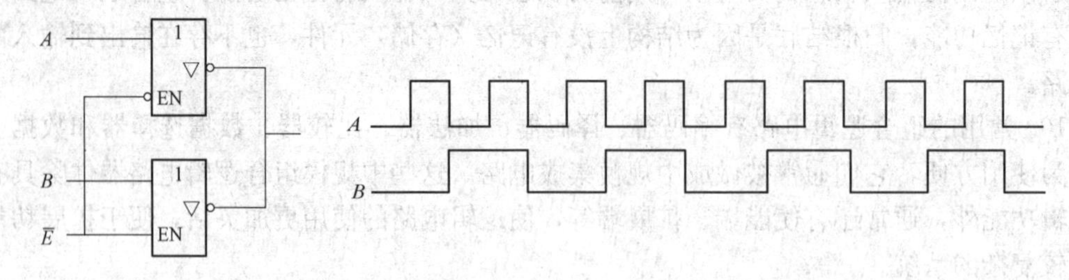

图 5-79 习题 5-4 的图

5-5 在图 5-80 所示电路中，在控制端 $C=1$ 和 $C=0$ 两种情况时，求输出 Y 的逻辑式，并画出其波形。输入 A 和 B 的波形如图中所示。

5-6 用真值表证明下列恒等式。

(1) $A(B+C)=AB+AC$。

(2) $Y=A\oplus0=A$。

(3) $Y=A\oplus1=\overline{A}$。

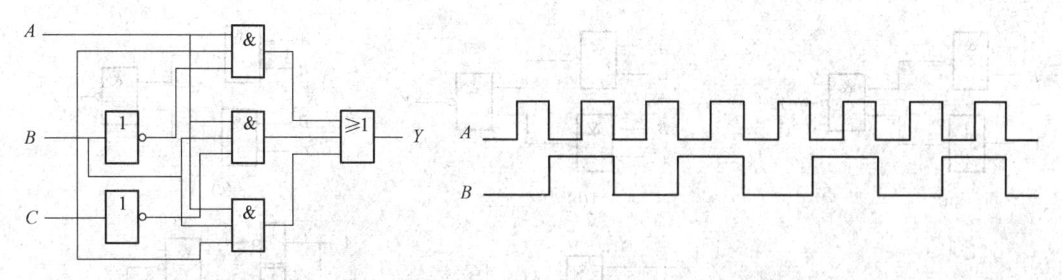

图 5-80　习题 5-5 的图

5-7　试说明下列各种门电路中哪些可以将输出端并联使用（输入端的状态不一定相同）。

（1）具有推拉式输出级的 TTL 电路。

（2）TTL 电路的 OC 门。

（3）TTL 电路的三态输出门。

（4）普通的 CMOS 门。

（5）漏极开路输出的 CMOS 门。

（6）CMOS 电路的三态输出门。

5-8　用与非门和非门实现下列逻辑关系，画出逻辑图。

（1）$Y=AB+C$。

（2）$Y=(A+B)C$。

（3）$Y=\overline{AB\overline{C}+A\overline{B}C+\overline{A}BC}$。

（4）$Y=A\overline{BC}+\overline{(\overline{\overline{AB}}+\overline{A}\,\overline{B}+BC)}$。

5-9　用逻辑代数的基本公式和常用公式将下列逻辑函数化为最简与或形式。

（1）$Y=A\overline{B}+B+\overline{A}B$。

（2）$Y=A\overline{B}C+\overline{A}+B+\overline{C}$。

（3）$Y=\overline{\overline{A}BC}+\overline{A\overline{B}}$。

（4）$Y=A\overline{B}(\overline{A}CD+\overline{AD+\overline{B}\,\overline{C}})(\overline{A}+B)$。

（5）$Y=A+\overline{(B+\overline{C})}(A+\overline{B}+C)(A+B+C)$。

（6）$Y=B\overline{C}+AB\overline{C}E+\overline{B}(\overline{\overline{A}\,\overline{D}+AD})+B(A\overline{D}+\overline{A}D)$。

5-10　试写出图 5-81 所示组合逻辑电路的逻辑表达式。

5-11　求下列函数的反函数并化为最简与或形式。

（1）$Y=AB+C$。

（2）$Y=(A+BC)\overline{C}D$。

（3）$Y=\overline{E}\,\overline{F}\,\overline{G}+\overline{E}\,\overline{F}G+\overline{E}F\overline{G}+\overline{E}FG+E\overline{F}\,\overline{G}+E\overline{F}G+EF\overline{G}+EFG$。

5-12　根据反演规则和对偶规则求下列逻辑函数的反函数和对偶式。

（1）$Y=AB+(A\overline{B}C+A)$。

（2）$Y=AC+\overline{\overline{A}(B+\overline{A}C)}$。

（3）$Y=\overline{AB+CD}+\overline{\overline{C+D}+ABC}$。

5-13　用卡诺图化简法将下列函数化为最简与或形式。

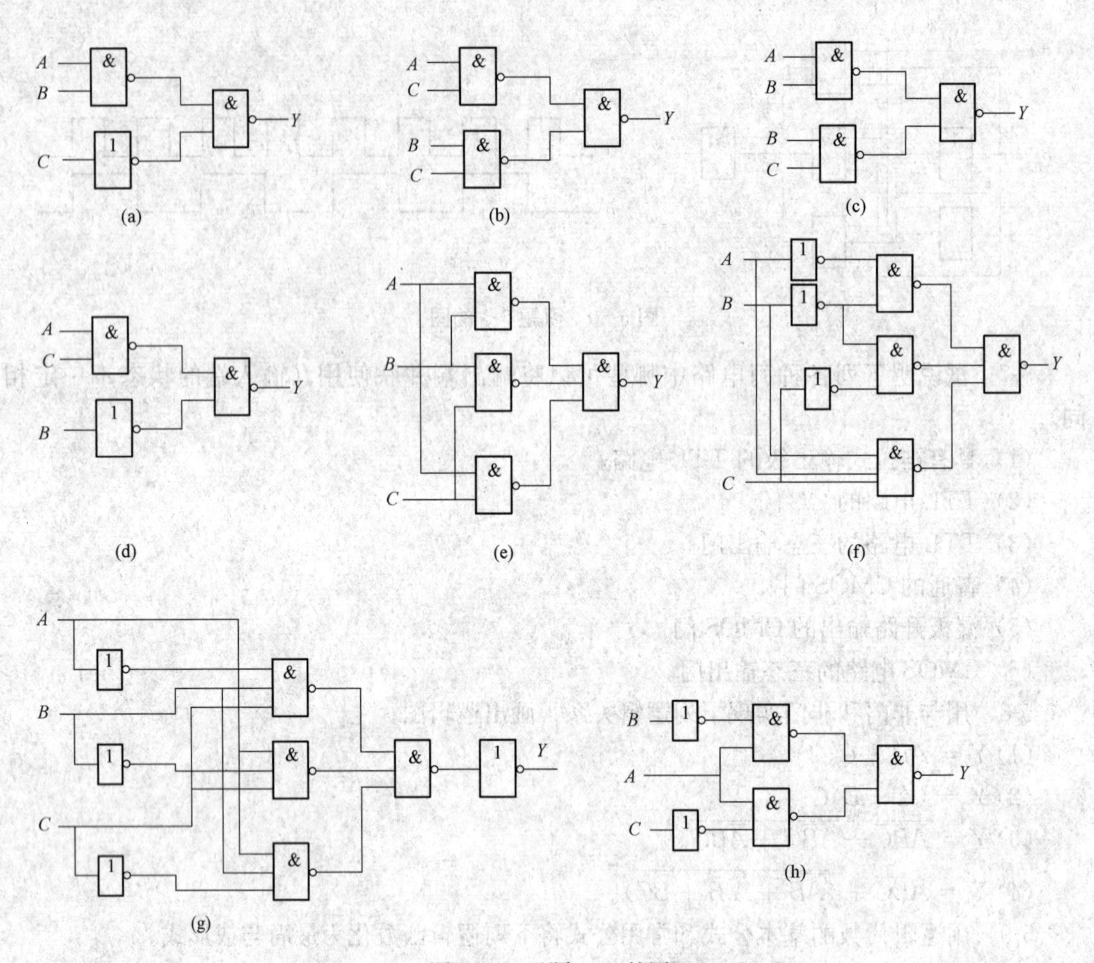

图 5-81　习题 5-10 的图

(1) $Y=\overline{A}\,\overline{B}\,\overline{C}+A\overline{B}C+A\,\overline{B}\,\overline{C}+AB\overline{C}+ABC$。

(2) $Y=AC+\overline{\overline{A}(BD+\overline{A}C)}$。

(3) $Y(A,B,C,D)=\sum m(0,2,3,6,7,8,9,10,11,12,13)$。

(4) $Y(A,B,C,)=\sum(m_1,m_3,m_5,m_7)$。

(5) $Y(A,B,C,D)=\sum(m_0,m_1,m_2,m_5,m_8,m_9,m_{10},m_{12},m_{14})$。

5-14　如图 5-82 所示电路，写出 Y_1、Y_2 的逻辑函数式，列出真值表。指出电路完成什么逻辑功能。

5-15　某一组合逻辑电路如图 5-83 所示，分析其逻辑功能。

5-16　74LS148 为 8 线—3 线优先编码器，输入端和输出端均为低电平有效，使能端低电平有效，图 5-84 所示是 74LS148 的扩展应用电路，试分析其功能。

5-17　试分析图 5-85 所示电路的逻辑功能。

5-18　图 5-86 所示是一密码锁控制电路。开锁条件是：拨对密码；钥匙插入锁眼将开关 S 闭合。当两个条件同时满足时，开锁信号为 1，将锁打开；否则，报警信号为 1，接通警铃。试分析密码 $ABCD$ 是多少？

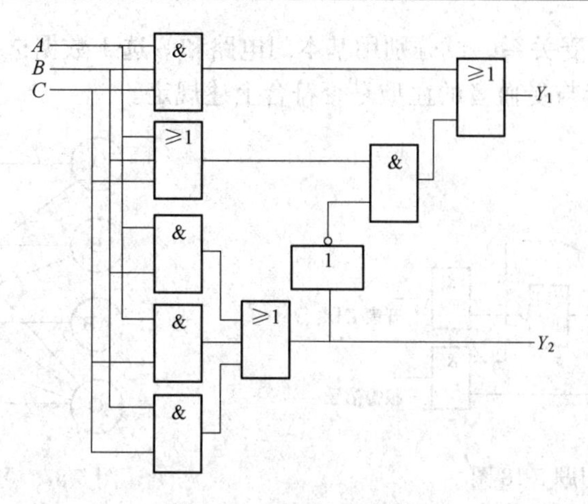

图 5-82 习题 5-14 的图

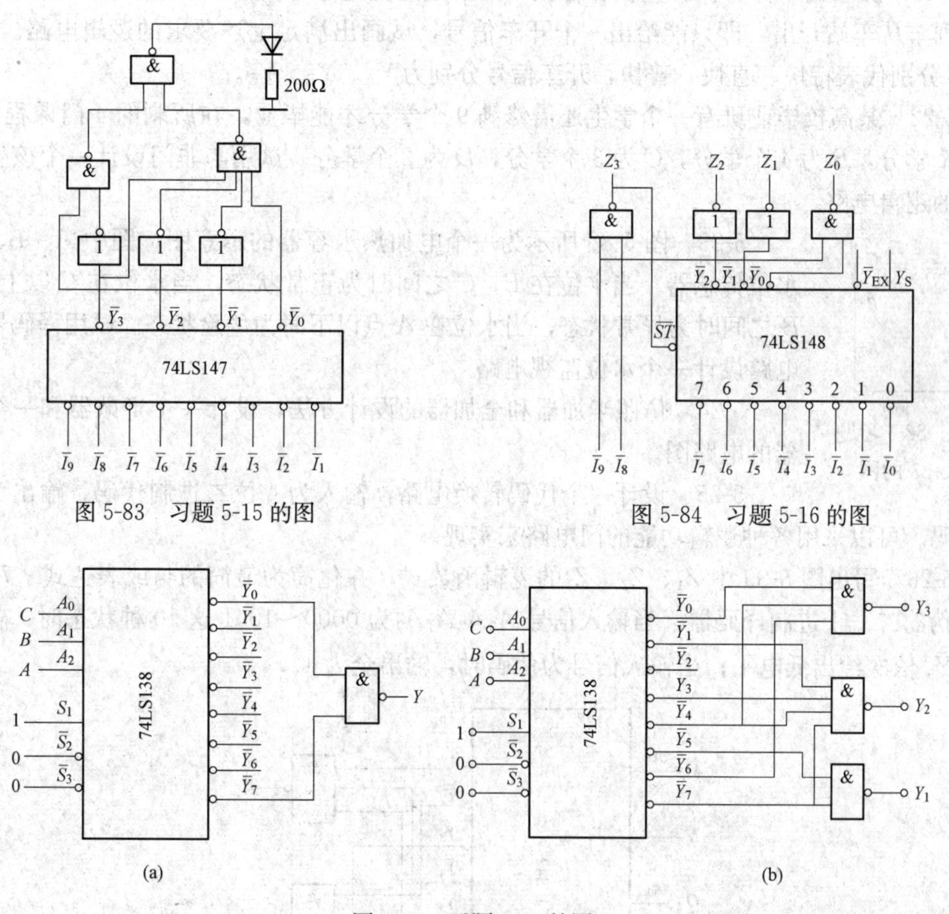

图 5-83 习题 5-15 的图

图 5-84 习题 5-16 的图

图 5-85 习题 5-17 的图

5-19 用 8 选 1 数据选择器 74LS151 设计以下逻辑函数。

$$\begin{cases} Y_1 = \overline{A}\,\overline{B}\,\overline{C} + B\overline{C} + AC \\ Y_2 = A + B\overline{D} + C \end{cases}$$

5-20 人的血型有 A、B、AB、O 四种。输血时输血者的血型与受血者血型必须符合图

5-87中用箭头指示的授受关系。试分别用基本门电路和 8 选 1 数据选择器 74LS151 设计一个逻辑电路，判断输血者与受血者的血型是否符合上述规定。

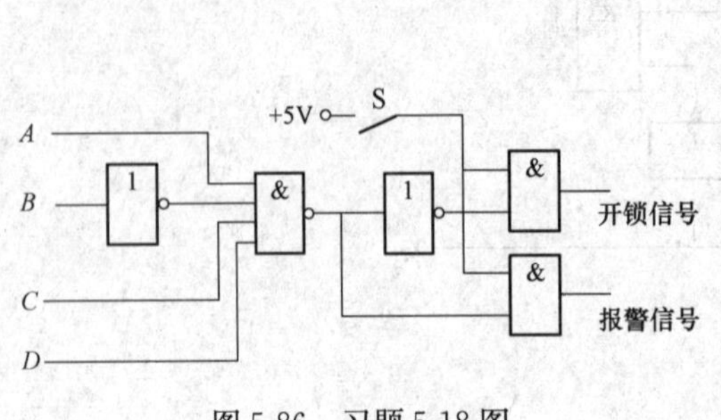

图 5-86　习题 5-18 图

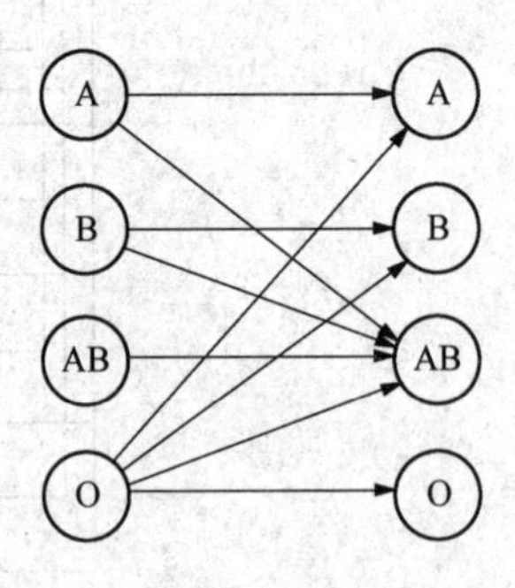

图 5-87　习题 5-20 的图

5-21　旅客列车分特快、直快和普快，并依此为优先通行次序。某站在同一时间只能有一趟列车从车站开出，即只能给出一个开车信号，试画出满足上述要求的逻辑电路。设 A、B、C 分别代表特快、直快、普快，开车信号分别为 Y_A、Y_B、Y_C。

5-22　某高校毕业班有一个学生还需修满 9 个学分才能毕业，在所剩的 4 门课程中，A 为 5 个学分，B 为 4 个学分，C 为 3 个学分，D 为 2 个学分。试用与非门设计一个该生能够毕业的逻辑电路。

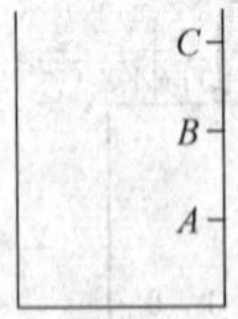

5-23　图 5-88 所示为一个电加热水容器的示意图，图中 A、B、C 为水位传感器，当水位在 B、C 之间时为正常状态；当水位在 C 以上或 A、B 之间时为异常状态；当水位在 A 点以下时为危险状态。试用译码器和门电路设计一个水位监视电路。

图 5-88　习题 5-23 的图

5-24　仿照半加器和全加器的设计方法，设计一个半减器和一个全减器的电路图。

5-25　设计一个代码转换电路，输入为 4 位二进制代码，输出为 4 位循环码。可以采用各种逻辑功能的门电路来实现。

5-26　写出图 5-89 中 Z_1、Z_2、Z_3 的逻辑函数式，并化简为最简的与或表达式。74LS42 为拒伪的二—十进制译码器。当输入信号 $A_3A_2A_1A_0$ 为 0000～1001 这 10 种状态时，输出端 $\overline{Y}_0$～$\overline{Y}_9$ 依次给出低电平；当输入信号为伪码时，输出全为 1。

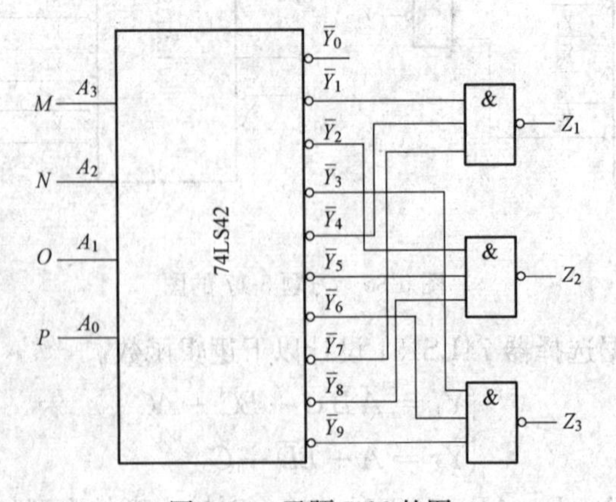

图 5-89　习题 5-26 的图

5-27　试画出用 3 线—8 线译码器 74LS138 和门电路产生多输出逻辑函数的逻辑图（74LS138 逻辑图如图 5-54 所示，功能表如表 5-25 所示）。

$$\begin{cases} Y_1 = AC \\ Y_2 = \overline{A}\,\overline{B}C + A\overline{B}\,\overline{C} + BC \\ Y_3 = \overline{B}\,\overline{C} + AB\overline{C} \end{cases}$$

5-28　用 3 线—8 线译码器 74LS138 和门电路设计 1 位二进制全减器电路。输入为被减数、减数和来自低位的借位，输出为两数之差及向高位的借位信号。

5-29　在图 5-90 中，若 u 为正弦电压，其频率 f 为 1Hz，试问七段 LED 数码管显示什么字母？

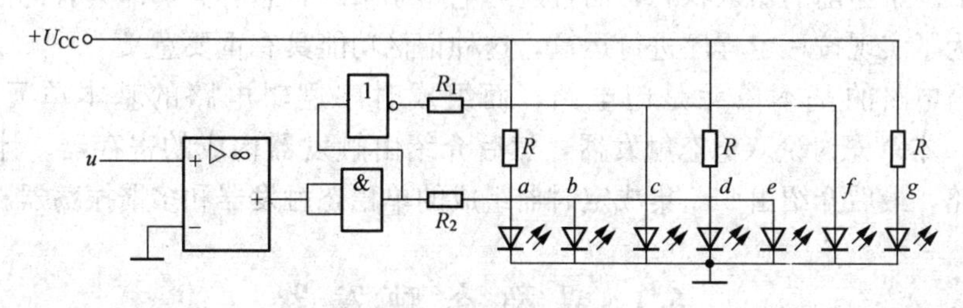

图 5-90　习题 5-29 的图

5-30　试用 4 选 1 数据选择器 74LS153 产生逻辑函数 $Y = \overline{A}\,\overline{C} + \overline{A}\,\overline{C} + BC$ 。

5-31　设计用三个开关控制一个电灯的逻辑电路，要求改变任何一个开关的状态都控制电灯由亮变灭或由灭变亮。要求用数据选择器实现。

第 6 章　双稳态触发器和时序逻辑电路

第 5 章介绍的由各种门电路构成的组合逻辑电路，其输出状态完全取决于输入的当前状态，与电路原来的状态无关。输入一旦改变，输出依据逻辑关系立刻跟着改变，也就是说，组合逻辑电路没有记忆功能。本章要介绍时序逻辑电路（Sequential Logic Circuit），它的输出状态不仅取决于当前的输入状态，而且还与电路原来的状态有关，即具有记忆功能。在数字系统中，为了实现按一定程序进行运算，这种记忆功能具有重要意义。

组合逻辑电路的基本单元是门电路，而组成时序逻辑电路的基本单元则是触发器（Flip-Flop）。本章先讨论双稳态触发器，然后介绍由触发器构成的寄存器、计数器等集成时序逻辑电路，最后介绍由 555 集成定时器组成的单稳态触发器和多谐振荡器。

6.1　双稳态触发器

双稳态触发器能够存储 1 位二进制信息，它有一个或多个输入端和两个互补输出端 Q 和 $\overline{Q}$。触发器具有以下两个特点：

（1）具有两个能够自保持的稳定状态。通常用输出 Q 的状态表示触发器的状态。即 $Q=0$，$\overline{Q}=1$，称触发器为复位（reset）状态（0 态）；$Q=1$，$\overline{Q}=0$，称触发器为置位（set）状态（1 态）。因为触发器输出有两种状态，故称为双稳态触发器。

（2）在输入信号的作用下，可从一个稳定状态转换到另一个稳定状态。通常将输入信号以前的状态称为现态，用 Q^n 表示；输入信号以后的状态称为次态，用 Q^{n+1} 表示。

触发器的分类有三种：

（1）按照触发方式来分，有电平触发和脉冲边沿触发。

（2）按照电路的结构来分，有基本触发器、同步触发器、主从触发器、维持阻塞触发器和边沿触发器。

（3）按照逻辑功能来分，有 RS 触发器、D 触发器、JK 触发器、T 触发器和 T' 触发器。触发器的逻辑功能可用特性表、特性方程、状态图和波形图（时序图）来描述。

6.1.1　*RS* 触发器

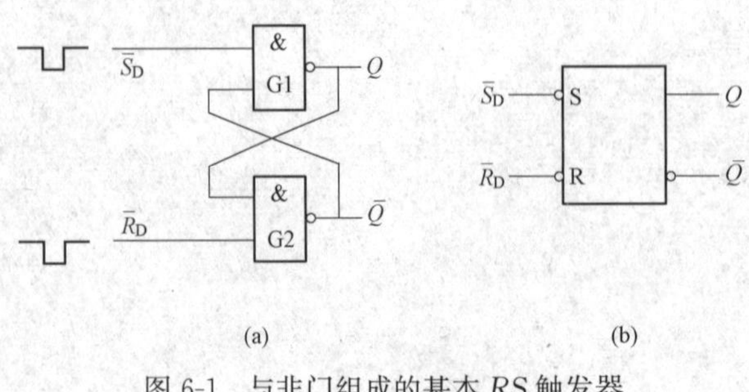

图 6-1　与非门组成的基本 *RS* 触发器

（a）逻辑图；（b）逻辑符号

1. 基本 *RS* 触发器

把两个与非门 G1 和 G2 的输入、输出端交叉连接，即可构成基本 RS 触发器（或称为复位置位触发器），其逻辑图如图 6-1（a）所示，图 6-1（b）是它的逻辑符号。图中，$\overline{R}_D$（直接复位端或直接置 0 端）和 $\overline{S}_D$（直接置位端或直接置 1 端）是信号输入端，低电平有效，即 $\overline{R}_D$ 和 $\overline{S}_D$ 端为低电平时表示有信号，为高电平时表示无信号。Q 和 $\overline{Q}$ 是输出端，两者的逻辑状态相反。Q 的状态规定为触发器的状态，即 $Q=0, \overline{Q}=1$，称触发器为复位状态（0 态）；$Q=1, \overline{Q}=0$，称触发器为置位状态（1 态）。

下面分 4 种情况分析基本 RS 触发器输出与输入之间的逻辑关系。

(1) $\overline{R}_D=0, \overline{S}_D=1$。由于 $\overline{R}_D=0$，不论 Q 原来为 0 还是 1，都有 $\overline{Q}=1$，再由 $\overline{S}_D=1$、$\overline{Q}=1$ 可得 $Q=0$。即不论触发器原来处于什么状态都将变成 0 状态，这种情况称将触发器置 0 或复位。由于是在 $\overline{R}_D$ 端加输入信号（负脉冲）将触发器置 0，因此把 $\overline{R}_D$ 端称为触发器的直接置 0 端或直接复位端。

(2) $\overline{R}_D=1, \overline{S}_D=0$。由于 $\overline{S}_D=0$，不论 Q 原来为 0 还是 1，都有 $Q=1$，再由 $\overline{R}_D=1$、$Q=1$ 可得 $\overline{Q}=0$。即不论触发器原来处于什么状态都将变成 1 状态，这种情况称将触发器置 1 或置位。由于是在 $\overline{S}_D$ 端加输入信号（负脉冲）将触发器置 1，因此把 $\overline{S}_D$ 端称为触发器的直接置 1 端或直接置位端。

(3) $\overline{R}_D=1, \overline{S}_D=1$。若触发器的初始状态为 0，即 $Q=0, \overline{Q}=1$，则由 $\overline{R}_D=1$、$Q=0$ 可得 $\overline{Q}=1$，再由 $\overline{S}_D=1$、$\overline{Q}=1$ 可得 $Q=0$，即触发器保持 0 状态不变。若触发器的初始状态为 1，即 $Q=1$、$\overline{Q}=0$，则由 $\overline{R}_D=1$、$Q=1$ 可得 $\overline{Q}=0$，再由 $\overline{S}_D=1$、$\overline{Q}=0$ 可得 $Q=1$，即触发器保持 1 状态不变。可见，当 $\overline{R}_D=1$、$\overline{S}_D=1$ 时，触发器保持原有状态不变，即原来的状态被触发器存储起来，这体现了触发器具有记忆功能。

(4) $\overline{R}_D=0, \overline{S}_D=0$。这种情况两个与非门的输出端 Q 和 $\overline{Q}$ 全为 1，不符合触发器输出端互为逻辑反的关系。又由于与非门的延迟时间不可能完全相等，在两输入端的 0 信号同时撤除后，将不能确定触发器是处于 1 状态还是 0 状态。所以触发器不允许出现这种情况，这是基本 RS 触发器的约束条件。

根据以上分析，可列出基本 RS 触发器的逻辑功能表（也称逻辑状态表），如表 6-1 所示。

表 6-1　与非门组成的基本 *RS* 触发器的逻辑功能表

$\overline{S}_D$	$\overline{R}_D$	Q^n	Q^{n+1}	功能
1	1	0	0	保持
		1	1	
1	0	0	0	置 0
		1	0	
0	1	0	1	置 1
		1	1	
0	0	0	×	禁用
		1	×	

表 6-1 中 Q^n 表示触发器原来的状态，称为现态；Q^{n+1} 表示触发器后来的状态，称为次态。

基本 RS 触发器也可用或非门组成，图 6-2 所示为其逻辑图和逻辑符号。

与非门构成的基本 RS 触发器不同，它用正脉冲置 0 和置 1，即高电平有效。其逻辑功能表如表 6-2 所示。

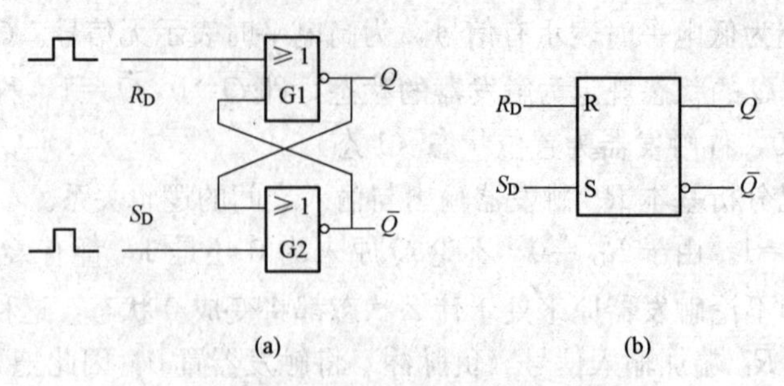

图 6-2 或非门组成的基本 RS 触发器

(a) 逻辑图；(b) 逻辑符号

表 6-2 或非门组成的基本 *RS* 触发器的逻辑功能表

S_D	R_D	Q^n	Q^{n+1}	功 能
0	0	0	0	保持
		1	1	
0	1	0	0	置 0
		1	0	
1	0	0	1	置 1
		1	1	
1	1	0	×	禁用
		1	×	

2. 可控 RS 触发器

基本 RS 触发器直接由输入信号控制着输出端 Q 和 $\overline{Q}$ 的状态，这不仅使电路的抗干扰能力下降，而且也不便于多个触发器同步工作。可控 RS 触发器可以克服上述缺点。可控 RS 触发器在基本 RS 触发器的基础上增加了两个控制门 G3、G4 和一个输入控制信号 CP（称为时钟脉冲）。输入信号 R、S 通过控制门进行传送，如图 6-3（a）所示。图 6-3（b）所示为可控 RS 触发器的逻辑符号。$\overline{R}_D$ 和 $\overline{S}_D$ 是直接复位和直接置位端（低电平有效），就是不经过时钟脉冲 CP 的控制可以对基本触发器置 0 或置 1。一般用在工作之初，预先使触发器处于某一给定状态。在工作过程中一般使它们处于高电平（逻辑 1 状态）。

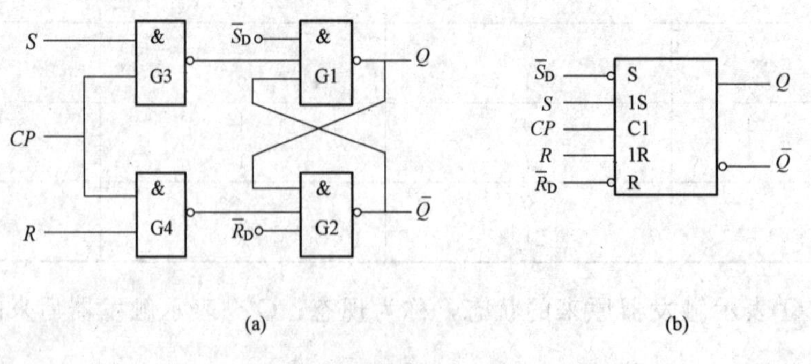

图 6-3 可控 RS 触发器

(a) 逻辑图；(b) 逻辑符号

当 $\overline{R}_D=\overline{S}_D=1$ 时，从图 6-3（a）所示电路可知，$CP=0$ 时控制门 G3、G4 被封锁，基

本 RS 触发器保持原来状态不变。只有当 $CP=1$ 时，控制门被打开，电路才会接收输入信号。当 $R=0$、$S=1$ 时，触发器置 1；当 $R=1$、$S=0$ 时，触发器置 0；当 $R=0$、$S=0$ 时，触发器保持原来状态不变；当 $R=1$、$S=1$ 时，触发器的两个输出全为 1，是不允许的。可见当 $CP=1$ 时可控 RS 触发器与高电平有效的基本 RS 触发器功能相同。根据上述分析，可得可控 RS 触发器的逻辑功能表，如表 6-3 所示。

表 6-3　可控 RS 触发器的逻辑功能表

S	R	Q^n	Q^{n+1}	功能
0	0	0	0	保持
		1	1	
0	1	0	0	置 0
		1	0	
1	0	0	1	置 1
		1	1	
1	1	0	×	禁用
		1	×	

6.1.2　*JK* 触发器

图 6-4（a）所示是主从 JK 触发器的逻辑图，它是由两个可控 RS 触发器级联起来构成的。主触发器的控制信号是 CP，从触发器的控制信号是 $\overline{CP}$。$\overline{R}_D$ 和 $\overline{S}_D$ 为直接置 0 端和直接置 1 端，低电平有效。图 6-4（b）所示为主从 JK 触发器的逻辑符号，图中 CP 端的三角号加小圆圈表示触发器在时钟 CP 的下降沿（即 CP 由 1 变为 0 时刻）触发翻转。在主从 JK 触发器中，接收信号和输出信号是分两步进行的。$CP=1$ 时，主触发器被打开，可以接收输入信号 J、K。但由于 $\overline{CP}=0$，从触发器被封锁，触发器的输出状态保持不变。当 CP 下降沿到来时，即 CP 由 1 变为 0 时刻，主触发器被封锁，无论输入信号如何变化，对主触发器均无影响，即在 $CP=1$ 期间接收的内容被存储起来。由于此时 $\overline{CP}$ 由 0 变为 1，从触发器被打开，可以接收由主触发器送来的信号。

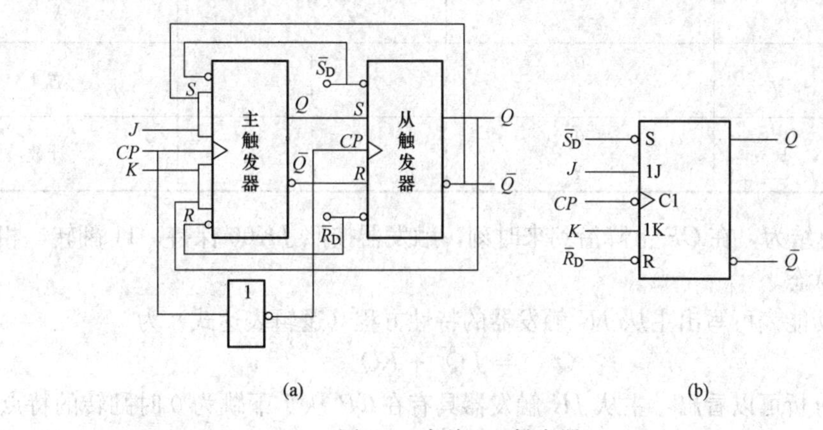

图 6-4　主从 JK 触发器

（a）逻辑图；（b）逻辑符号

下面分 4 种情况分析主从 JK 触发器的逻辑功能（设 $\overline{R}_D=\overline{S}_D=1$）。

（1）$J=0$，$K=0$。设触发器的初始状态为0。当$CP=1$时，由于主触发器的$S=0$、$R=0$，它的状态保持不变。当CP下降沿到来时，由于从触发器的$S=0$、$R=1$，也保持原态不变。如果初始状态为1，也如此。

（2）$J=1$，$K=1$。设触发器的初始状态为0。当$CP=1$时，由于主触发器的$S=J\overline{Q}=1$、$R=KQ=0$，它翻转为1态。当CP下降沿到来时，由于从触发器的$S=1$、$R=0$，使从触发器也翻转为1态。反之，设触发器的初始状态为1，当CP下降沿到来时，使从触发器翻转为0态。可见JK触发器在$J=K=1$时，来一个脉冲的下降沿，就使它翻转一次，即$Q^{n+1}=\overline{Q^n}$。这种情况下，触发器具有计数功能。

（3）$J=1$，$K=0$。设触发器的初始状态为0。当$CP=1$时，由于主触发器的$S=1$、$R=0$，它翻转为1态。当CP下降沿到来时，由于从触发器的$S=1$、$R=0$，使从触发器也翻转为1态。反之，设触发器的初始状态为1，当$CP=1$时，由于主触发器的$S=0$、$R=0$，它的状态保持不变。当CP下跳沿到来时，由于从触发器的$S=1$、$R=0$，也保持原态1不变。可见，不论触发器原来的状态如何，当$J=1$、$K=0$时，来一个脉冲的下降沿后，触发器的状态均为1状态，即$Q^{n+1}=1$。

（4）$J=0$，$K=1$。设触发器的初始状态为0。当$CP=1$时，由于主触发器的$S=0$、$R=0$，它的状态保持不变。当CP下降沿到来时，由于从触发器的$S=0$、$R=1$，使从触发保持原状态0态。反之，设触发器的初始状态为1，当$CP=1$时，由于主触发器的$S=0$、$R=1$，使从触发器置0。当CP下跳沿到来时，由于从触发器的$S=0$、$R=1$，使主触发器置0。可见，不论触发器原来的状态如何，当$J=0$、$K=1$时，来一个脉冲的下降沿后，触发器的状态均为0状态，即$Q^{n+1}=0$。表6-4所示为主从JK触发器的逻辑功能表。

表6-4 主从JK触发器的逻辑功能表

J	K	Q^n	Q^{n+1}	功能
0	0	0	0	保持
		1	1	
0	1	0	0	置0
		1	0	
1	0	0	1	置1
		1	1	
1	1	0	1	计数
		1	0	

表6-4可总结为，在CP下降沿到来时刻，触发器按照JK00保持、11翻转、相异随J特点进行刷新状态。

根据逻辑功能表可写出主从JK触发器的特性方程（逻辑表达式）为

$$Q^{n+1}=J\overline{Q^n}+\overline{K}Q^n \tag{6-1}$$

从以上的分析可以看出，主从JK触发器具有在CP从1下跳为0时翻转的特点，也就是具有在时钟下降沿触发的特点。在时钟的其他时刻，触发器的状态都保持不变。

【例6-1】 图6-4中主从JK触发器的输入波形如图6-5（a）所示，试画出输出端Q、$\overline{Q}$的电压波形，设$\overline{R}_D=\overline{S}_D=1$，触发器的初始状态$Q=0$。

解 该JK触发器下降沿触发，其他时刻保持；当下降沿到来时刻按照JK00保持、11

翻转、相异随 J 刷新状态（按照功能表也可得到新的状态），可画出触发器输出端 Q、$\overline{Q}$ 的电压波形，如图 6-5（b）所示。

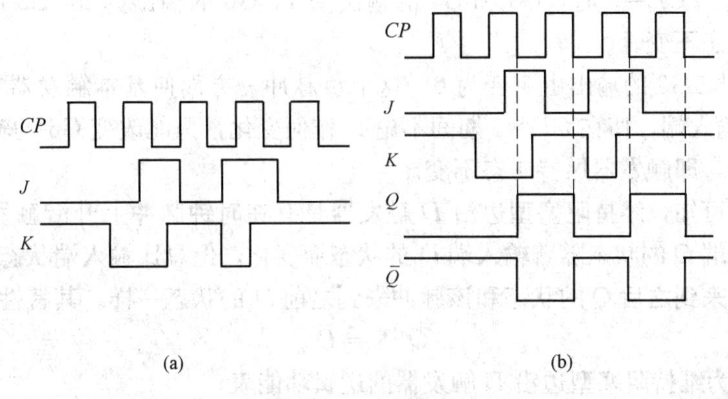

图 6-5　例 6-1 的图

6.1.3　D 触发器

D 触发器的种类很多，除了有主从结构的，还有边沿结构的。边沿触发器的次态仅取决于 CP 边沿（上升沿或下降沿）到达时刻输入信号的状态，而与此边沿时刻以前或以后的输入状态无关，因而可以提高它的可靠性和抗干扰能力。边沿 D 触发器有利用 CMOS 传输门的边沿 D 触发器、TTL 维持阻塞型边沿 D 触发器、利用传输延迟时间的边沿 D 触发器等。下面只介绍一种维持阻塞型边沿 D 触发器，其逻辑图和逻辑符号如图 6-6 所示。它由 6 个与非门组成，其中 G1、G2 组成基本 RS 触发器，G3、G4 组成时钟控制电路，G5、G6 组成数据输入电路。$\overline{R}_D$ 和 $\overline{S}_D$ 为直接置 0 端和直接置 1 端，低电平有效。

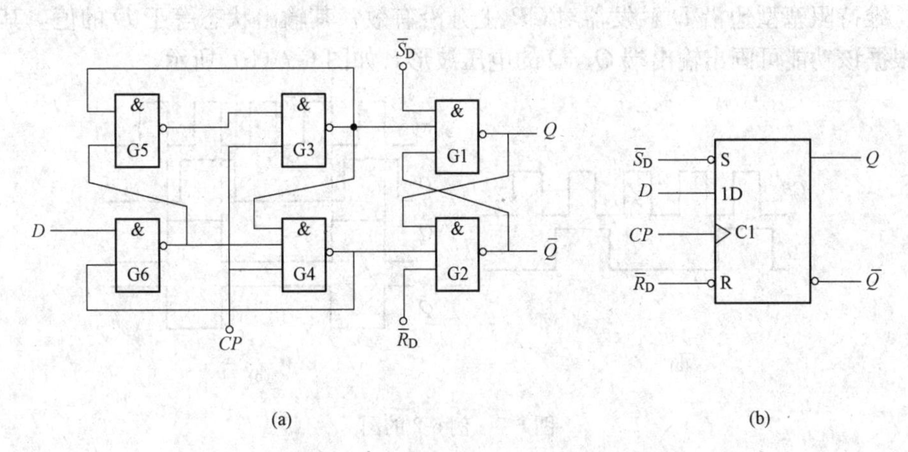

图 6-6　维持阻塞型边沿 D 触发器

（a）逻辑图；（b）逻辑符号

下面分两种情况分析其功能（$\overline{R}_D=\overline{S}_D=1$）。

（1）$D=0$。当时钟脉冲来到之前，即 $CP=0$ 时，G3、G4 和 G6 的输出均为 1，G5 因输入端全 1 而输出为 0。这时触发器的状态不变。

当时钟脉冲从 0 上跳为 1，即 $CP=1$ 时，G6、G5 和 G3 的输出保持原状态不变，而 G4

因输入端全 1，输出由 1 变为 0。这个负脉冲一方面使基本触发器置 0，同时反馈到 G6 的输入端，使在 $CP=1$ 期间不论 D 作何变化，触发器保持 0 态不变。

（2）$D=1$。当 $CP=0$ 时，G3 和 G4 的输出为 1，G6 的输出为 0，G5 的输出为 1。这时，触发器的状态不变。

当 $CP=1$ 时，G3 的输出由 1 变为 0。这个负脉冲一方面使基本触发器置 1，同时反馈到 G4 和 G5 的输入端，使在 $CP=1$ 期间不论 D 作何变化，只能改变 G6 的输出状态，而其他门均保持不变，即触发器保持 1 态不变。

由以上分析可知，维持阻塞型边沿 D 触发器具有在时钟脉冲上升沿触发的特点，其逻辑功能为：输出端 Q 的状态随着输入端 D 的状态而变化，但总比输入端状态的变化晚一步，即某个时钟脉冲来到之后 Q 的状态和该脉冲来到之前 D 的状态一样。其特性方程为

$$Q^{n+1}=D \tag{6-2}$$

表 6-5 所示为维持阻塞型边沿 D 触发器的逻辑功能表。

表 6-5　　维持阻塞型边沿 D 触发器的逻辑功能表

D	Q^n	Q^{n+1}	功能
0	0	0	置 0
	1	0	
1	0	1	置 1
	1	1	

【例 6-2】 图 6-6 中维持阻塞型边沿 D 触发器的输入波形如图 6-7（a）所示，试画出输出端 Q、$\overline{Q}$ 的电压波形，设 $\overline{R}_D=\overline{S}_D=1$。

解　维持阻塞型边沿 D 触发器对 CP 上升沿有效，其输出状态等于 D 的值，其他时刻保持。根据该功能可画出输出端 Q、$\overline{Q}$ 的电压波形，如图 6-7（b）所示。

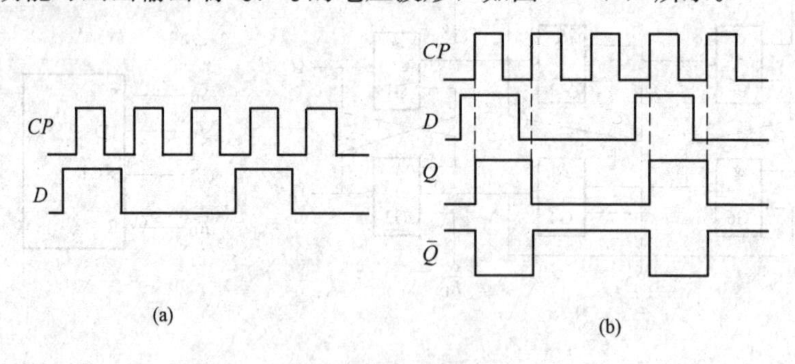

图 6-7　例 6-2 的图

6.1.4　触发器逻辑功能的转换

触发器按逻辑功能可分为 RS 触发器、JK 触发器、D 触发器、T 触发器和 T' 触发器。根据实际需要，可将某种逻辑功能的触发器通过改接或附加一些门电路之后，转换为另一种逻辑功能的触发器。

1. 将 JK 触发器转换为 D 触发器

D 触发器的特性方程为 $Q^{n+1}=D$，JK 触发器的特性方程为 $Q^{n+1}=J\overline{Q^n}+\overline{K}Q^n$ 。为了将

JK 触发器转换为 D 触发器，可令 $J=D$，$K=\overline{D}$，这样把其带入 JK 触发器的特性方程，可得 $Q^{n+1}=D\overline{Q^n}+\overline{\overline{D}}Q^n=D$，则与 D 触发器的特性方程相同。电路如图 6-8 所示。

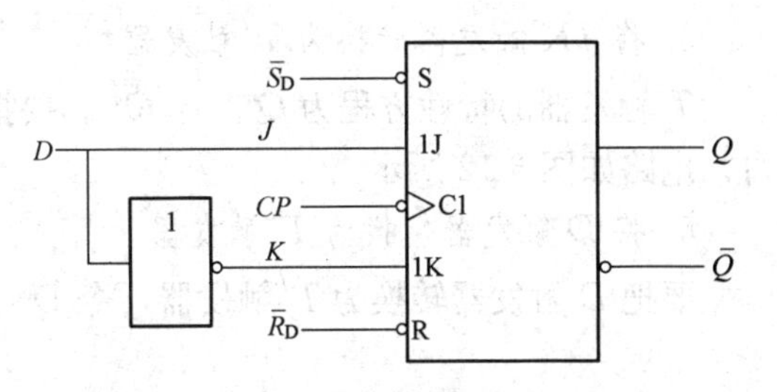

图 6-8　将 JK 触发器转换为 D 触发器

2. 将 JK 触发器转换为 T 触发器

T 触发器的特性方程为 $Q^{n+1}=T\overline{Q^n}+\overline{T}Q^n$，其逻辑功能表如表 6-6 所示。

表 6-6　　T 触发器的逻辑功能表

T	Q^n	Q^{n+1}	功　能
0	0	0	保持
	1	1	
1	0	1	翻转
	1	0	

为了将 JK 触发器转换为 T 触发器，可令 $J=T,K=T$，把其带入 JK 触发器的特性方程，可得 $Q^{n+1}=T\overline{Q^n}+\overline{T}Q^n$，则与 T 触发器的特性方程相同。电路如图 6-9 所示。

3. 将 D 触发器转换为 JK 触发器

D 触发器的特性方程为 $Q^{n+1}=D$，JK 触发器的特性方程为 $Q^{n+1}=J\overline{Q^n}+\overline{K}Q^n$。令 $D=J\overline{Q^n}+\overline{K}Q^n$，即可将 D 触发器转换为 JK 触发器。电路如图 6-10 所示。

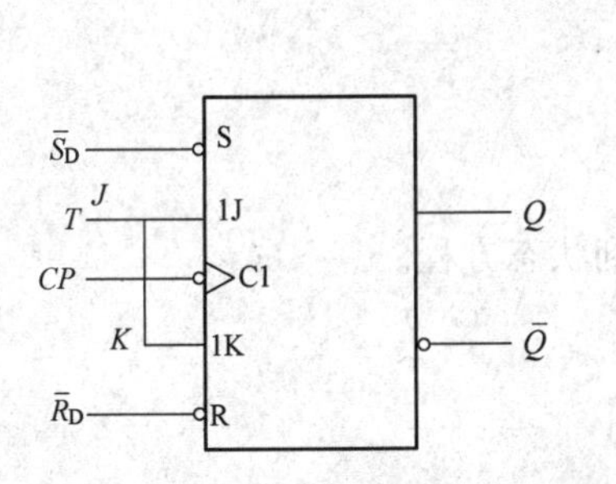

图 6-9　将 JK 触发器转换为 T 触发器

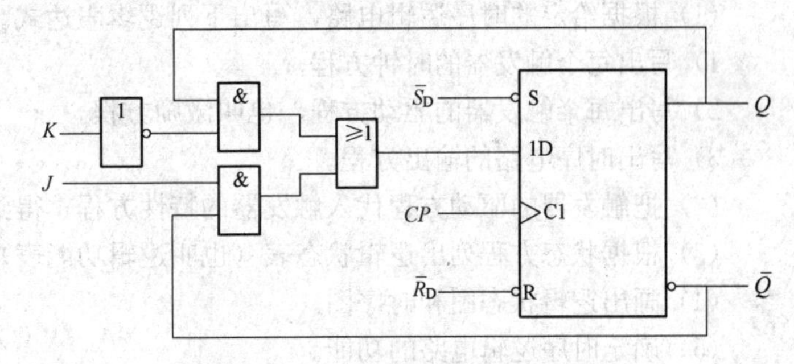

图 6-10　将 D 触发器转换为 JK 触发器

4. 将 D 触发器转换为 T 触发器

D 触发器的特性方程为 $Q^{n+1}=D$，T 触发器的特性方程为 $Q^{n+1}=T\overline{Q^n}+\overline{T}Q^n$。要把 D 触发器转换为 T 触发器，则令 $D=T\overline{Q^n}+\overline{T}Q^n=T\oplus Q^n=T\odot\overline{Q^n}$ 即可。两种接法的电路如图 6-11 所示。

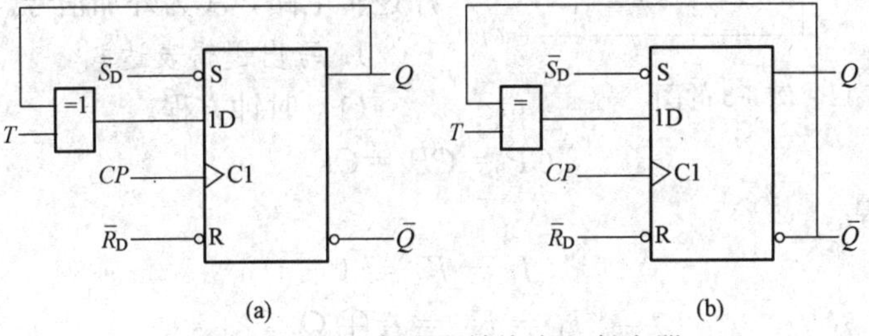

图 6-11　将 D 触发器转换为 T 触发器

5. 将 JK 触发器转换为 T' 触发器

T' 触发器的特性方程为 $Q^{n+1}=\overline{Q^n}$。要把 JK 触发器转换为 T' 触发器，令 $J=K=1$ 即可。电路如图 6-12 所示。

6. 将 D 触发器转换为 T' 触发器

要把 D 触发器转换为 T' 触发器，令 $D=\overline{Q^n}$ 即可。电路如图 6-13 所示。

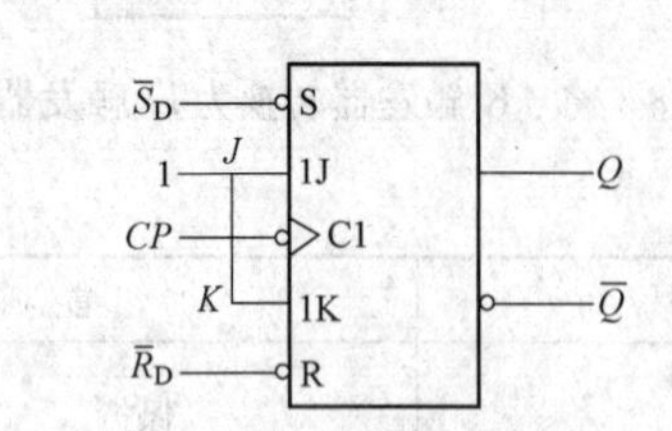

图 6-12　将 JK 触发器转换为 T' 触发器

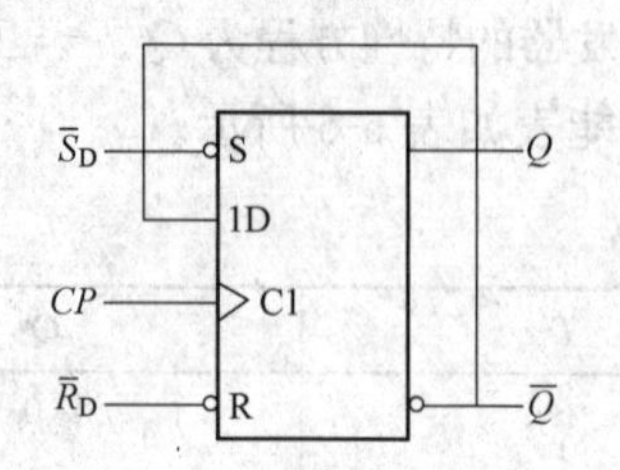

图 6-13　将 D 触发器转换为 T' 触发器

6.2　时序逻辑电路的分析

前已述及，时序逻辑电路具有记忆功能，其基本单元是触发器，将触发器与门电路按一定规律组合，就构成了时序逻辑电路，可以实现对数据的寄存、计数等功能。对时序逻辑电路的功能进行分析，步骤如下：

（1）根据给定的时序逻辑电路，写出下列逻辑表达式。

1）写出每个触发器的时钟方程。

2）写出每个触发器的驱动方程，也叫激励方程。

3）写出时序电路的输出方程。

（2）把触发器的驱动方程代入触发器的特性方程，得到状态方程。

（3）根据状态方程列出逻辑状态表（也叫逻辑功能表）。

（4）画出逻辑状态图和时序图。

（5）确定时序逻辑电路的功能。

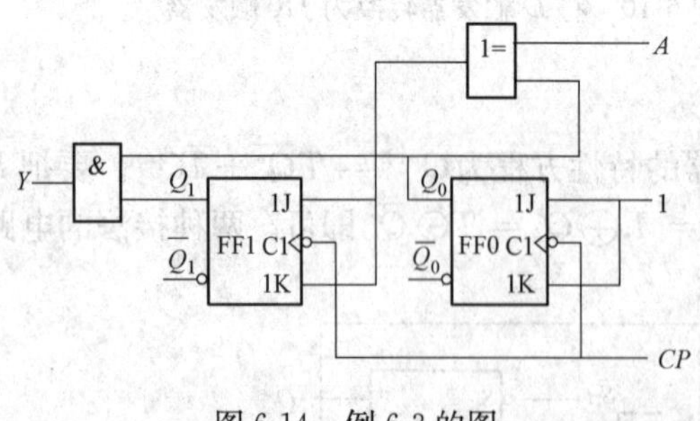

图 6-14　例 6-3 的图

【例 6-3】 分析图 6-14 所示时序逻辑电路。

解　该电路的时钟脉冲 CP 同时接到每个触发器的脉冲输入端，这种时序电路称为同步时序逻辑电路。从该电路可以看出，这是一个由两个下降沿触发的 JK 触发器构成的同步时序逻辑电路，A 为外加信号。

1. 写出逻辑表达式

（1）时钟方程。

$$CP_0=CP_1=CP$$

（2）驱动方程。

$$J_0=K_0=1$$

$$J_1=K_1=A\oplus Q_0$$

(3) 输出方程。

$$Y = Q_1 Q_0$$

2. 写出状态方程

把两个驱动方程分别代入触发器的特性方程，得到状态方程。

$$Q_0^{n+1} = J_0 \overline{Q}_0^n + \overline{K}_0 Q_0^n = \overline{Q}_0^n$$

$$\begin{aligned} Q_1^{n+1} &= J_1 \overline{Q}_1^n + \overline{K}_1 Q_1^n \\ &= (A \oplus Q_0^n)\overline{Q}_1^n + \overline{A \oplus Q_0^n} Q_1^n \\ &= A \oplus Q_0^n \oplus Q_1^n \end{aligned}$$

3. 列出逻辑状态表

逻辑状态表如表 6-7 所示。

表 6-7　例 6-3 逻辑状态表

Q_1^n Q_0^n	Q_1^{n+1} Q_0^{n+1}		Y
	A=0	A=1	
00	01	11	0
01	10	00	0
10	11	01	0
11	00	10	1

4. 画出逻辑状态图和时序图

逻辑状态图如图 6-15 所示。

时序图如图 6-16 所示。

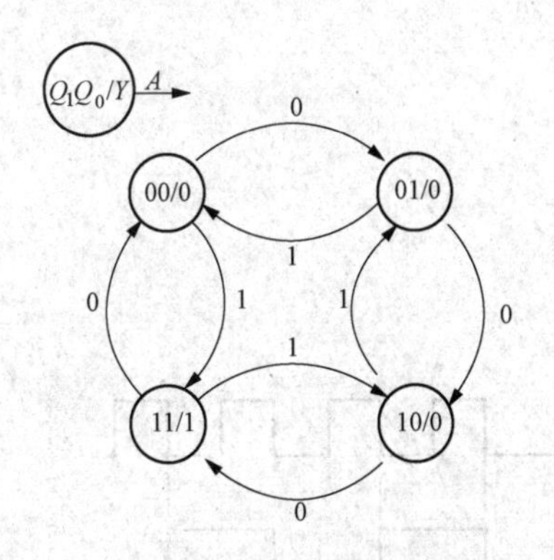

图 6-15　例 6-3 逻辑状态图

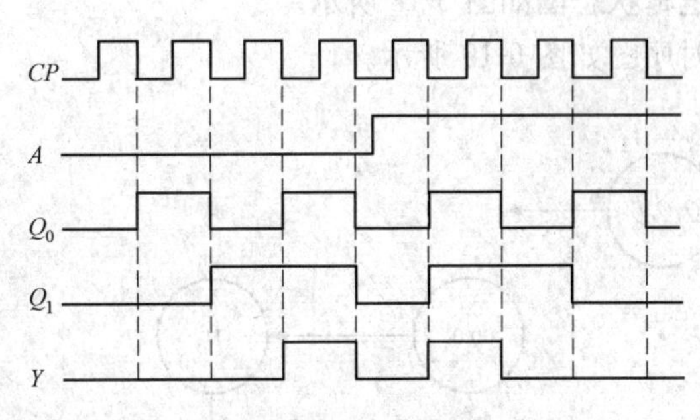

图 6-16　例 6-3 时序图

5. 确定时序逻辑电路的功能

根据逻辑状态表或逻辑状态图可知，该电路是一个可逆的二位二进制（也叫四进制）计数器。当 A=0 时，进行加计数；当 A=1 时，进行减计数。

【例 6-4】 分析图 6-17 所示时序逻辑电路。

解　该电路的两个触发器未共用时钟脉冲信号，因此是异步时序逻辑电路。

1. 写出逻辑表达式

(1) 时钟方程。

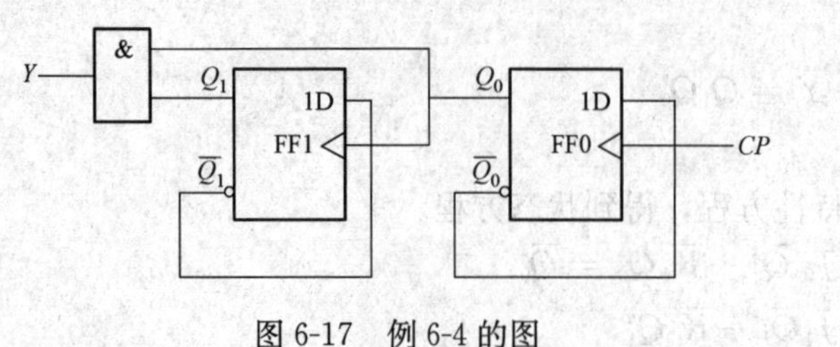

图 6-17 例 6-4 的图

$$CP_0 = CP$$
$$CP_1 = Q_0$$

(2) 驱动方程。

$$D_0 = \overline{Q}_0$$
$$D_1 = \overline{Q}_1$$

(3) 输出方程。

$$Y = Q_1 Q_0$$

2. 写出状态方程

$$Q_0^{n+1} = D_0 = \overline{Q}_0^n (CP \uparrow)$$
$$Q_1^{n+1} = D_1 = \overline{Q}_1^n (Q_0 \uparrow)$$

3. 列出逻辑状态表

根据状态方程，对 FF0 触发器，每来一个脉冲都会有一个上升沿，触发器翻转，与原状态相反；而对于 FF1 触发器，只有 Q_0 出现上升沿时，触发器翻转，其他情况保持。逻辑状态表如表 6-8 所示。

表 6-8　　例 6-4 逻辑状态表

CP 顺序	Q_1　Q_0	Y
0	0　0	0
1	1　1	1
2	1　0	0
3	0　1	0
4	0　0	0

4. 画出逻辑状态图和时序图

逻辑状态图如图 6-18 所示。

时序图如图 6-19 所示。

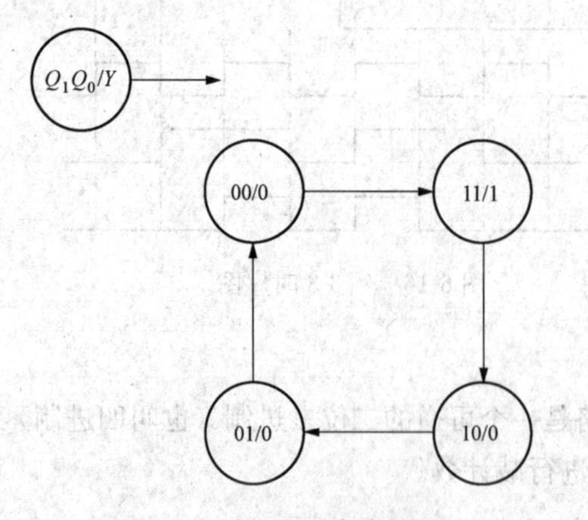

图 6-18 例 6-4 逻辑状态图

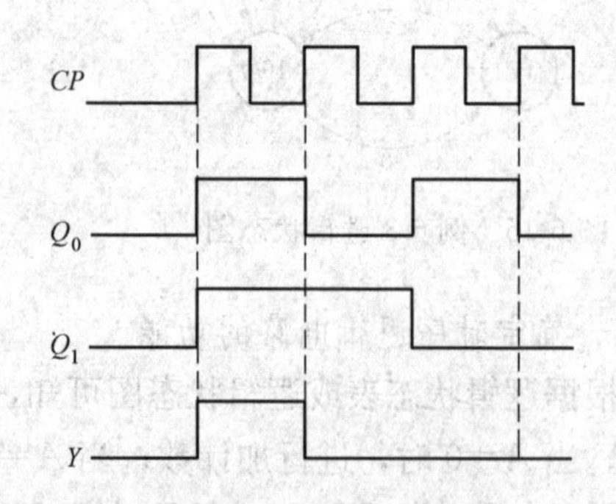

图 6-19 例 6-4 时序图

5. 确定时序逻辑电路的功能

该电路为异步二位二进制（四进制）减法计数器。

6.3 寄 存 器

寄存器（Register）是计算机和其他数字系统中用来存储数码或数据的逻辑器件。它的主要组成部分是触发器。一个触发器能存储1位二进制数码，所以要存储 n 位二进制数码的寄存器就需要用 n 个触发器。

寄存器存放数码的方式有并行和串行两种。并行方式就是数码从各对应位输入端同时输入寄存器中；串行方式就是数码从一个输入端逐位输入寄存器中。

从寄存器取出数码的方式也有并行和串行两种。在并行方式中，被取出的数码在对应于各位的输出端上同时出现；而在串行方式中，被取出的数码在一个输出端逐位出现。

按照有无移位的功能，寄存器常分为数码寄存器和移位寄存器两种。

6.3.1 数码寄存器

图6-20所示是一种4位数码寄存器（Digital Register）。工作之初，先用触发器的清零端把触发器清零。输入端是四个与门，如果要寄存4位二进制数码 $d_3 \sim d_0$，可使与门的输入控制信号 $IE=1$，把它们打开，$d_3 \sim d_0$ 便输入。当时钟脉冲 CP 的上升沿到达时，$d_3 \sim d_0$ 以反变量的形式寄存在四个触发器的 $\overline{Q}$ 端。输出端是四个三态非门，当要取出 $d_3 \sim d_0$ 时，可使三态门的输出控制信号 $OE=1$，$d_3 \sim d_0$ 便可以从三态门的 $Q_3 \sim Q_0$ 端输出。

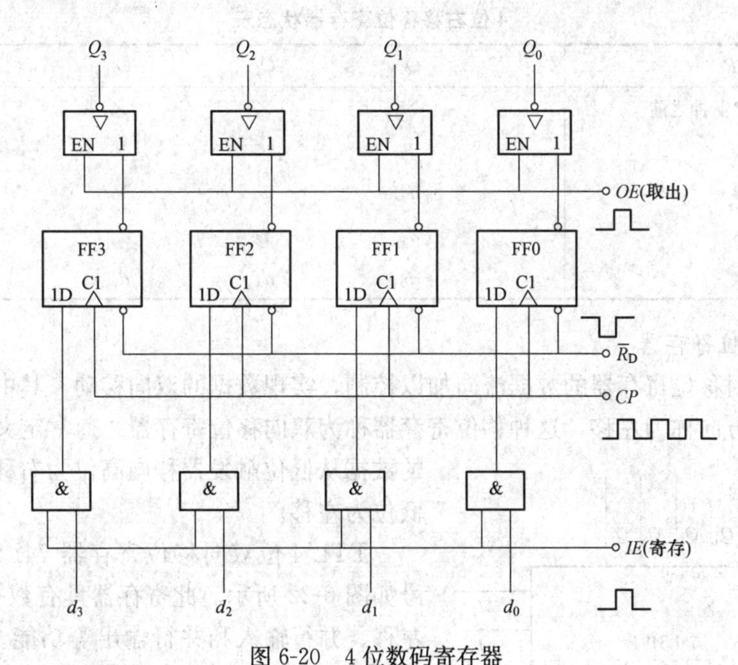

图6-20 4位数码寄存器

6.3.2 移位寄存器

移位寄存器（Shift Register）不仅可以存放数码，而且有移位的功能。寄存器的数码在移位脉冲的控制下依次移位，用来实现数据的串行/并行或并行/串行的转换、数值运算以及其他数据处理功能。移位寄存器在计算机中应用广泛，属于同步时序电路。

按照移位情况的不同，移位寄存器又分为单向移位寄存器和双向移位寄存器。

1. 单向移位寄存器

图 6-21 所示为 4 位右移移位寄存器，它由 4 个上升沿触发的 D 触发器组成。串行二进制数据从输入端 D_{SI} 输入，左端触发器的输出作为右端触发器的数据输入。若将串行数码 $d_3 \sim d_0$ 从高位至低位按时钟序列依次送到 D_{SI} 端，经过第一个脉冲后，$Q_0 = d_3$。由于跟随数码 d_3 后面的数码是 d_2，则经过第二个时钟脉冲后，触发器 FF0 的状态移入触发器 FF1，而 FF0 变为新的状态，即 $Q_1 = d_3$，$Q_0 = d_2$。依此类推，可得到该移位寄存器的状态，如表 6-9 所示（×表示不确定状态）。由表 6-9 可知，输入数码依次由低位触发器移到高位触发器，经过 4 个时钟脉冲后，4 个触发器的输出状态 $Q_3 \sim Q_0$ 与输入数码 $d_3 \sim d_0$ 相对应。这样就将串行输入数据转换为并行输出数据。

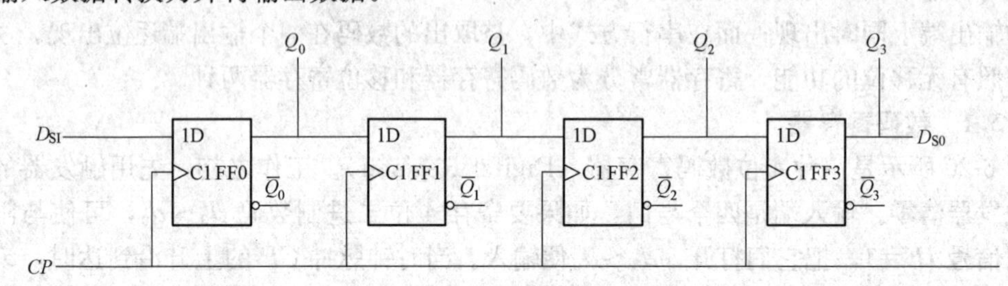

图 6-21 4 位右移移位寄存器

表 6-9 4 位右移移位寄存器状态表

CP	Q_0	Q_1	Q_2	Q_3
第一个 CP 脉冲之前	×	×	×	×
1	d_3	×	×	×
2	d_2	d_3	×	×
3	d_1	d_2	d_3	×
4	d_0	d_1	d_2	d_3

2. 双向移位寄存器

有时需要对移位寄存器的数据流向加以控制，实现数据的双向移动，其中一个方向称为右移，另一个方向称为左移，这种移位寄存器称为双向移位寄存器。通常定义移位寄存器中的数据从低位触发器移向高位为右移，从高位移向低位为左移。

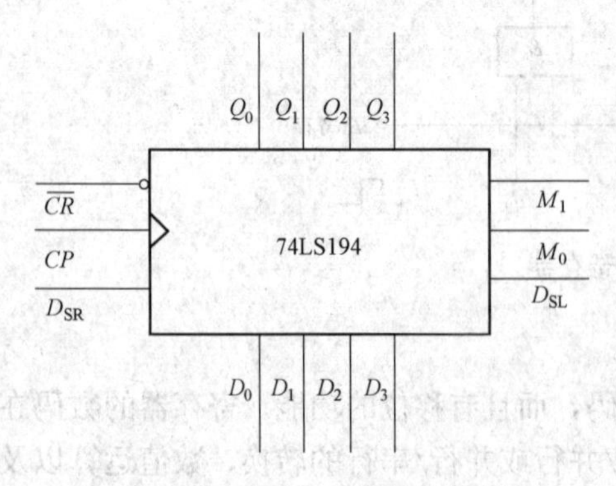

图 6-22 74LS194 的逻辑符号

TTL 4 位双向移位寄存器 74LS194 的逻辑符号如图 6-22 所示。此寄存器具有数据保持、右移、左移、并行输入和并行输出等功能。D_{SR} 是右移串行数据输入端，D_{SL} 是左移串行数据输入端，$\overline{CR}$ 是异步清零输入端。表 6-10 所示是 74LS194 的逻辑功能表。表中第 1 行为寄存器异步清零操作；第 2 行为保持状态；第 3、4 行为串行数据右移操作；第 5、6 行为串行数据左移操作；第 7 行为并行输入数据的同步置入操作。

有时要求在移位过程中，数据仍保持在寄存器中不丢失。这时可将移位寄存器最高位的输出接至最低位的输入，或将最低位的输出接至最高位的输入，即可实现这个功能，称为环形移位寄存器。

表 6-10　　74LS194 的逻辑功能表

输入										输出				行
清零	控制信号		串行输入		时钟	并行输入								
$\overline{CR}$	M_1	M_0	右移 D_{SR}	左移 D_{SL}	CP	D_0	D_1	D_2	D_3	Q_0^n	Q_1^n	Q_2^n	Q_3^n	
0	×	×	×	×	×	×	×	×	×	0	0	0	0	1
1	0	0	×	×	×	×	×	×	×	Q_0^n	Q_1^n	Q_2^n	Q_3^n	2
1	0	1	0	×	↑	×	×	×	×	0	Q_0^n	Q_1^n	Q_2^n	3
1	0	1	1	×	↑	×	×	×	×	1	Q_0^n	Q_1^n	Q_2^n	4
1	1	0	×	0	↑	×	×	×	×	Q_1^n	Q_2^n	Q_3^n	0	5
1	1	0	×	1	↑	×	×	×	×	Q_1^n	Q_2^n	Q_3^n	1	6
1	1	1	×	×	↑	D_0	D_1	D_2	D_3	D_0	D_1	D_2	D_3	7

图 6-23 所示是用两片 74LS194 型 4 位移位寄存器构成的 8 位双向移位寄存器。$G=0$，数据右移；$G=1$，数据左移。

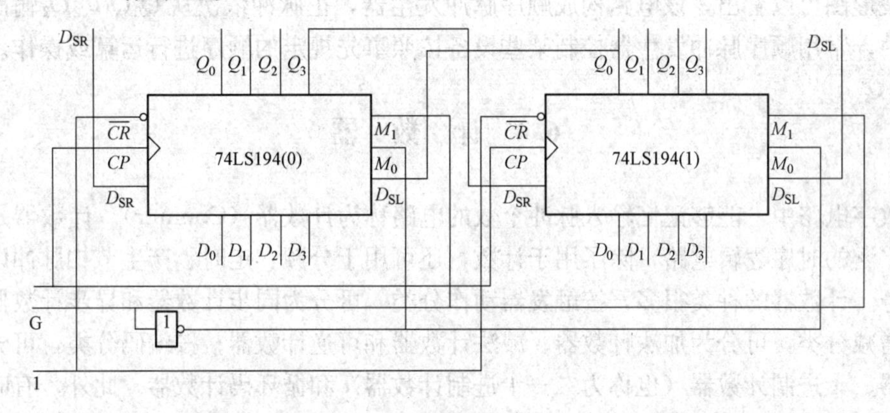

图 6-23　两片 74LS194 构成的 8 位双向移位寄存器

【例 6-5】 由 74LS194 构成的顺序脉冲发生器如图 6-24 所示，试分析其功能，画出状态图和波形图。

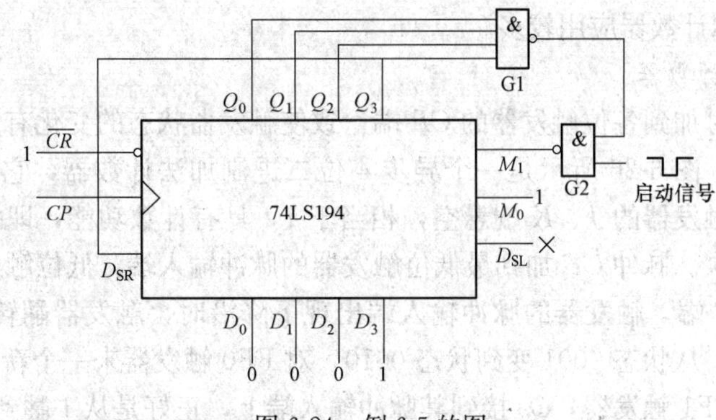

图 6-24　例 6-5 的图

解 该电路给出启动信号负脉冲后，$M_1M_0=11$，在 CP 上升沿到来时刻，实现置数，$Q_0Q_1Q_2Q_3=0001$，之后 G1 门输出高电平，启动信号也已变成高电平，G2 输出低电平，此时 $M_1M_0=01$，在 CP 上升沿到来时刻，实现右移。状态图和波形图如图 6-25 所示。

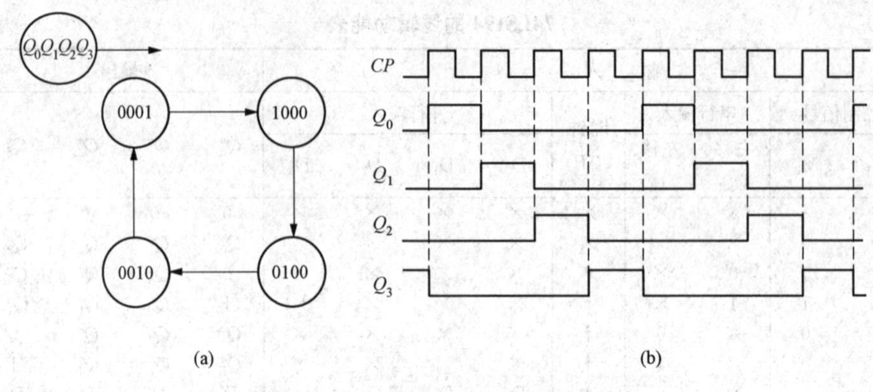

图 6-25 例 6-5 的状态图和波形图

(a) 状态图；(b) 波形图

由波形图可以看出，该电路构成顺序脉冲发生器，正脉冲依次从 $Q_0Q_1Q_2Q_3$ 输出。在数字系统中，常用顺序脉冲发生器控制某些设备按照事先规定的顺序进行运算或操作。

6.4 计 数 器

在数字电路中，能够记忆输入脉冲个数的电路称为计数器（Counter）。计数器是一种应用十分广泛的时序逻辑电路，除了用于计数，还可用于分频、定时、产生节拍脉冲以及其他时序信号。计数器的种类很多，按触发器动作分类，可分为同步计数器和异步计数器；按计数数值增减分类，可分为加法计数器、减法计数器和可逆计数器；按编码分类，可分为二进制计数器、十进制计数器（也称为二—十进制计数器）和循环码计数器。此外，有时也按计数器的计数容量来区分，例如五进制、六十进制等，计数器的容量也称为模，一个计数器的模等于其状态数。

6.4.1 二进制计数器

二进制计数器按照其位数可分为 2 位二进制计数器、3 位二进制计数器、4 位二进制计数器等。4 位二进制计数器应用较多。

1. 异步二进制计数器

计数脉冲不同时加到各位触发器的 CP 端，致使触发器状态的变化有先有后，这种计数器称为异步计数器。图 6-26 所示是一个异步 4 位二进制加法计数器，它由 4 个主从型 JK 触发器组成，每个触发器的 J、K 端悬空，相当于 1，具有计数功能，即每输入一个计数脉冲，触发器翻转一次。脉冲 CP 加到最低位触发器的脉冲输入端，低位触发器的 Q 端送到相邻高位触发器的 CP 端，触发器的脉冲输入端出现下降沿时，触发器翻转，没有下降沿时，触发器保持。例如，从状态 0001 变到状态 0010，对 FF0 触发器来一个新的脉冲，因此，状态从 1 翻到 0；对 FF1 触发器，Q_0 接到其脉冲输入端上，正好是从 1 翻到 0，是下降沿，因此 FF1 状态从 0 翻到 1；而 FF2 、FF3 触发器的脉冲输入端没有下降沿，因此保持原状态不变。其他情况依此类推。

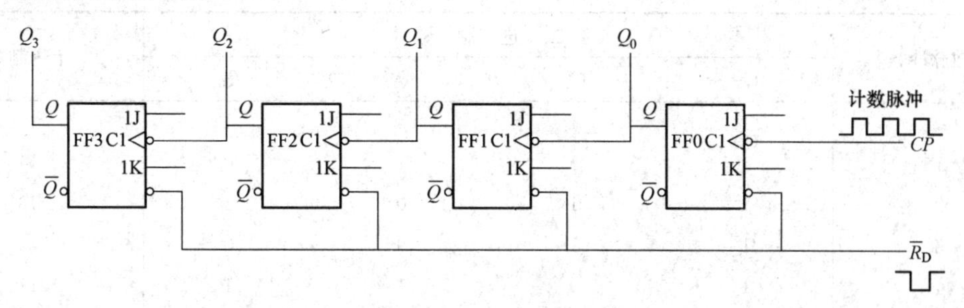

图 6-26　异步 4 位二进制加法计数器

表 6-11 所示是该计数器的逻辑状态表。

表 6-11　　异步 4 位二进制加法计数器的逻辑状态表

计数脉冲数	二进制数				十进制数
	Q_3	Q_2	Q_1	Q_0	
0	0	0	0	0	0
1	0	0	0	1	1
2	0	0	1	0	2
3	0	0	1	1	3
4	0	1	0	0	4
5	0	1	0	1	5
6	0	1	1	0	6
7	0	1	1	1	7
8	1	0	0	0	8
9	1	0	0	1	9
10	1	0	1	0	10
11	1	0	1	1	11
12	1	1	0	0	12
13	1	1	0	1	13
14	1	1	1	0	14
15	1	1	1	1	15
16	0	0	0	0	0

只要把图 6-19 稍做修改，即把低位触发器的 $\overline{Q}$ 端送到相邻高位触发器的 CP 端，就可构成异步 4 位二进制减法计数器，如图 6-27 所示。其逻辑状态表如表 6-12 所示，请自行分析。

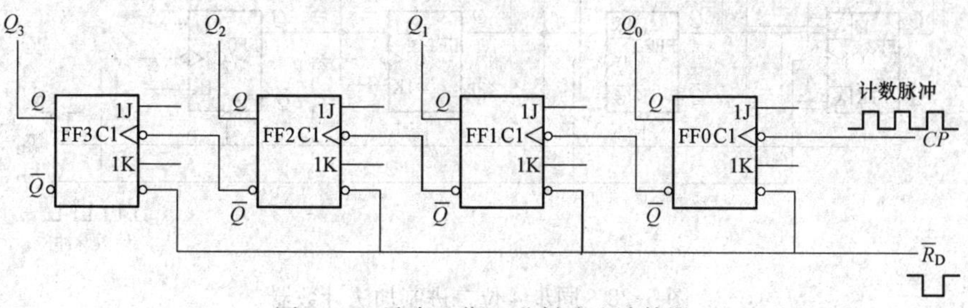

图 6-27　异步 4 位二进制减法计数器

表 6-12 异步 4 位二进制减法计数器的逻辑状态表

计数脉冲数	二进制数				十进制数
	Q_3	Q_2	Q_1	Q_0	
0	1	1	1	1	15
1	1	1	1	0	14
2	1	1	0	1	13
3	1	1	0	0	12
4	1	0	1	1	11
5	1	0	1	0	10
6	1	0	0	1	9
7	1	0	0	0	8
8	0	1	1	1	7
9	0	1	1	0	6
10	0	1	0	1	5
11	0	1	0	0	4
12	0	0	1	1	3
13	0	0	1	0	2
14	0	0	0	1	1
15	0	0	0	0	0
16	1	1	1	1	15

异步计数器的优点是结构简单，缺点是工作速度低。

2. 同步二进制计数器

为了提高工作速度，可采用同步计数器，其特点是：计数脉冲作为时钟信号同时接在各位触发器的 CP 端。以 4 位二进制加法计数器为例，根据表 6-11 可知，Q_0 在每个计数脉冲到来时都要翻转一次；Q_1 需要在 $Q_0=1$ 时准备好翻转条件，下一个计数脉冲沿到达时立即翻转；Q_2 需要在 $Q_1=Q_0=1$ 时准备好翻转条件，在其次态翻转；Q_3 需要在 $Q_2=Q_1=Q_0=1$ 时准备好翻转条件，在其次态翻转。用主从 JK 触发器构成的同步 4 位二进制加法计数器如图 6-28 所示。每个触发器的 J、K 端都相连，构成 T 触发器，T 触发器的特点是 $T=1$ 时，来一个脉冲触发器翻转一次；$T=0$ 时，触发器保持。这样，Q_0 在每个计数脉冲到来时都要

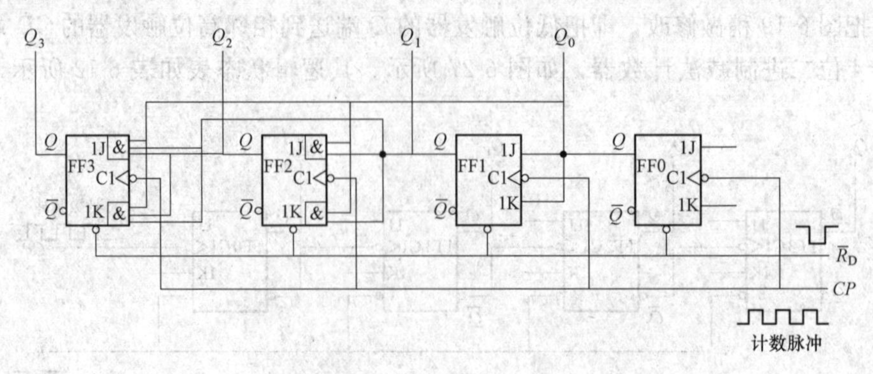

图 6-28 同步 4 位二进制加法计数器

翻转一次；Q_1 在 $Q_0=1$ 时下一个计数脉冲沿到达时立即翻转；Q_2 在 $Q_1=Q_0=1$ 时，在其次态翻转；Q_3 在 $Q_2=Q_1=Q_0=1$ 时，在其次态翻转。

在上述的同步 4 位二进制加法计数器中，当输入第十六个计数脉冲时，又会返回到起始状态 0000，如果还有第五个触发器的话，应是 10000，即十进制数 16。但现在只有四位，只能显示 0000，这称为计数器的溢出。因此，4 位二进制加法计数器，能记的最大十进制数为 $2^4-1=15$；n 位二进制加法计数器，能记的最大十进制数为 2^n-1。

图 6-29 所示是同步 4 位二进制加法计数器 74LS161 的外引线排号和逻辑符号。

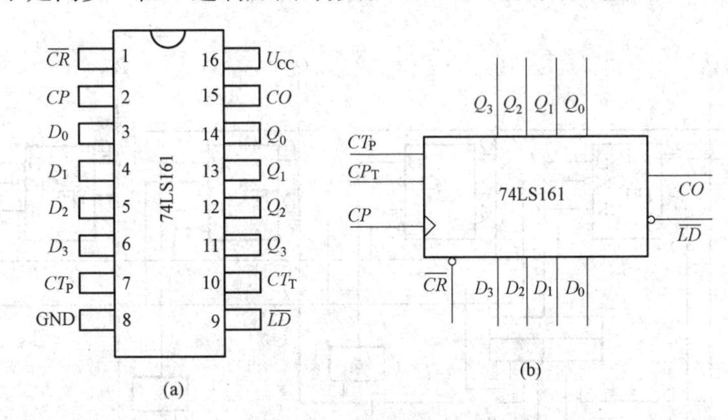

图 6-29　74LS161 的外引线排号和逻辑符号

(a) 外引线排号；(b) 逻辑符号

表 6-13 所示为 74LS161 的逻辑功能表。

表 6-13　　74LS161 的逻辑功能表

输入						输出	
$\overline{CR}$	CP	$\overline{LD}$	CT_P	CT_T	$D_3\ D_2\ D_1\ D_0$	$Q_3^{n+1}\ Q_2^{n+1}\ Q_1^{n+1}\ Q_0^{n+1}$	CO
0	×	×	×	×	×	0 0 0	0
1	↑	0	×	×	$d_3\ d_2\ d_1\ d_0$	$d_3\ d_2\ d_1\ d_0$	$CO=CT_T\cdot Q_3^nQ_2^nQ_1^nQ_0$
1	↑	1	1	1	×	计数	$CO=Q_3^nQ_2^nQ_1^nQ_0^n$
1	×	1	0	×	×	保持	$CO=CT_T\cdot Q_3^nQ_2^nQ_1^nQ_0$
1	×	1	×	0	×	保持	0

74LS161 的功能有：

（1）清 0 功能。当 $\overline{CR}=0$ 时，计数器异步清 0。

（2）同步并行置数功能。当 $\overline{CR}=1$，$\overline{LD}=0$，且有 CP 上升沿到来时，计数器同步并行置数，$Q_3^{n+1}Q_2^{n+1}Q_1^{n+1}Q_0^{n+1}=d_3d_2d_1d_0$。

（3）计数功能。当 $\overline{CR}=\overline{LD}=CT_P=CT_T=1$ 时，计数器在 CP 上升沿到达时刻实现加法计数，计数状态为 0000～1111。

（4）保持功能。当 $\overline{CR}=\overline{LD}=1$，且 $CT_P\cdot CT_T=0$ 时，计数器处于保持状态。

(5) 进位输出功能。当 $CT_T=1$，且 $Q_3Q_2Q_1Q_0=1111$ 时，进位输出端 $CO=1$。

6.4.2 十进制计数器

二进制计数器结构简单，但是读数不方便，所以在很多场合都使用十进制计数器。使用最多的十进制计数器是按照 8421 码编码的，即用 0000～1001 表示十进制的 0～9 十个数码。

1. 同步十进制计数器

同步十进制计数器可分为同步十进制加计数器、同步十进制减计数器和同步十进制可逆计数器。图 6-30 所示为同步十进制加计数器的逻辑图。

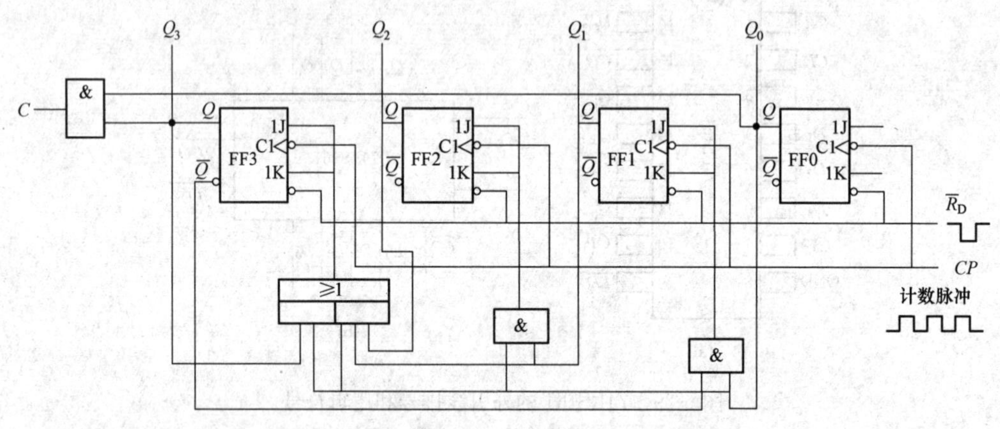

图 6-30 同步十进制加计数器的逻辑图

按照时序电路分析的步骤进行分析。

时钟方程为：

$$CP_0=CP_1=CP_2=CP_3=CP$$

驱动方程为：

$$J_0=K_0=1$$

$$J_1=K_1=\overline{Q}_3^nQ_0^n$$

$$J_2=K_2=Q_0^nQ_1^n$$

$$J_3=K_3=Q_0^nQ_1^nQ_2^n+Q_3^nQ_0^n$$

输出方程为：

$$C=Q_0^nQ_3^n$$

把驱动方程分别代入触发器的特性方程，得到状态方程：

$$Q_0^{n+1}=\overline{Q}_0^n$$

$$Q_1^{n+1}=\overline{Q}_3^nQ_0^n\oplus Q_1^n$$

$$Q_2^{n+1}=Q_1^nQ_0^n\oplus Q_2^n$$

$$Q_3^{n+1}=(Q_0^nQ_1^nQ_2^n+Q_3^nQ_0^n)\oplus Q_3^n$$

根据状态方程可得状态表，如表 6-14 所示。

表 6-14　　同步十进制加计数器的状态表

CP 脉冲顺序	Q_3	Q_2	Q_1	Q_0	等效十进制数	输出 C
0	0	0	0	0	0	0
1	0	0	0	1	1	0
2	0	0	1	0	2	0
3	0	0	1	1	3	0
4	0	1	0	0	4	0
5	0	1	0	1	5	0
6	0	1	1	0	6	0
7	0	1	1	1	7	0
8	1	0	0	0	8	0
9	1	0	0	1	9	1
10	0	0	0	0	0	0
0	1	0	1	0	10	0
1	1	0	1	1	11	1
2	0	1	1	0	6	0
0	1	1	0	0	12	0
1	1	1	0	1	13	1
2	0	1	0	0	4	0
0	1	1	1	0	14	0
1	1	1	1	1	15	0
2	0	0	1	0	2	0

根据状态方程画出状态图和时序图，如图 6-31 所示。

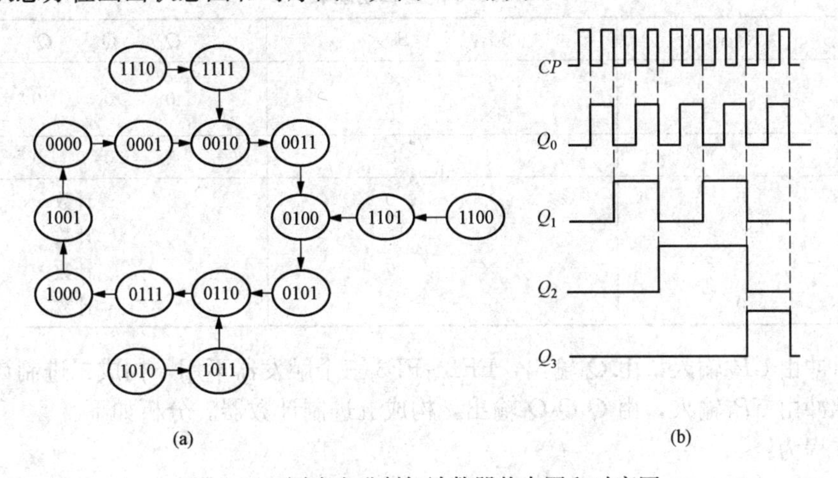

图 6-31　同步十进制加计数器状态图和时序图

（a）状态图；（b）时序图

凡决定使用了的状态，称为有效状态，如表 6-14 中的 0000～1001 可视为有效状态，即构成十进制计数器。不使用的状态称为无效状态，如表 6-14 中的 1010～1111。由于电源或干扰信号的干扰，电路一旦进入无效状态后，在 CP 脉冲作用下能够自动返回到有效循环的电路叫做自启动电路。该电路当进入无效状态时就能在脉冲的作用下进入有效状态，因此是自启动电路。74LS160 为同步十进制加计数器，除了模为十外，其功能和逻辑符号均与 74LS161 相同。

2. 异步十进制计数器

图 6-32 所示是 74LS290 型异步二一五一十进制计数器的逻辑图。其逻辑功能表如表 6-15 所示。$S_{9(1)}$ 和 $S_{9(2)}$ 是置 9 输入端，当两者全为 1 时，$Q_3Q_2Q_1Q_0=1001$，即十进制数 9；$R_{0(1)}$ 和 $R_{0(2)}$ 是清零输入端，当两者全为 1 时，且 $S_{9(1)}$ 和 $S_{9(2)}$ 中至少有一个为 0 时，四个触发器全部清零。它有两个时钟脉冲输入端 CP_0 和 CP_1，脉冲从不同的输入端输入，从不同的输出端输出可分别构成二、五、十进制计数器。

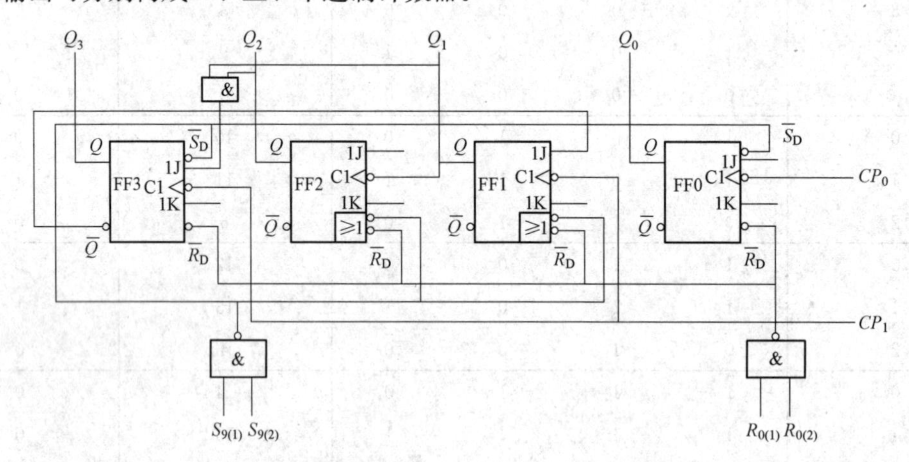

图 6-32　74LS290 型异步二一五一十进制计数器逻辑图

表 6-15　　74LS290 的逻辑功能表

$R_{0(1)}$	$R_{0(2)}$	$S_{9(1)}$	$S_{9(2)}$	Q_3	Q_2	Q_1	Q_0
1	1	0	×	0	0	0	0
		×	0				
×	×	1	1	1	0	0	1
×	0	×	0	计数			
0	×	0	×	计数			
0	×	×	0	计数			
×	0	0	×	计数			

(1) 脉冲由 CP_0 输入，由 Q_0 输出，FF1～FF3 三个触发器不用，构成二进制计数器。

(2) 脉冲由 CP_1 输入，由 $Q_3Q_2Q_1$ 输出，构成五进制计数器。分析如下。

时钟方程为：

$CP_1=CP_1$，$CP_2=Q_1$，$CP_3=CP_1$

驱动方程为：

$J_1=\overline{Q}_3^n$，　$K_1=1$

$J_2=1$，　　$K_2=1$

$J_3=Q_1^nQ_2^n$，$K_3=1$

把驱动方程分别代入触发器的特性方程，得到状态方程：

$Q_1^{n+1}=\overline{Q_3^n}\,\overline{Q_1^n}$（$CP_1\downarrow$）

$Q_2^{n+1}=\overline{Q_2^n}$（$Q_1\downarrow$）

$Q_3^{n+1}=Q_1^nQ_2^n\,\overline{Q_3^n}$（$CP_1\downarrow$）

根据状态方程可得逻辑状态表，如表 6-16 所示。

表 6-16　　五进制逻辑状态表

CP 脉冲顺序	Q_3	Q_2	Q_1
0	0	0	0
1	0	0	1
2	0	1	0
3	0	1	1
4	1	0	0
5	0	0	0
0	1	0	1
1	0	1	0
0	1	1	0
1	0	1	0
0	1	1	1
1	0	0	0

由逻辑状态表可知，此时构成具有自启动能力的五进制计数器。

(3) 将 Q_0 端与 FF1 的 CP_1 端连接，脉冲由 CP_0 输入，由 $Q_3Q_2Q_1Q_0$ 输出，此时构成 8421 码异步十进制计数器。工作原理请读者自行分析。

6.4.3　任意进制计数器的设计

利用集成二进制或集成十进制计数器芯片可以方便地构成任意进制计数器，采用的方法有两种，一种是反馈清零法，另一种是反馈置数法。下面分别加以介绍。

1. 反馈清零法

利用计数器清零端的清零作用，截取计数过程中的某一个中间状态控制清零端，使计数器由此状态返回到零重新开始计数，这样就把模较大的计数器改成了模较小的计数器。

清零信号的选择与芯片的清零方式有关，前面介绍的计数器芯片 74LS160 和 74LS161 均为异步清零方式，其特点是：只要清零端有效，输出就清零。同步清零方式的特点是：输出清零除了要求清零端有效外，还必须有有效脉冲 CP 到来。74LS162（除了同步清零，其他与 74LS160 完全相同）和 74LS163（除了同步清零，其他与 74LS161 完全相同）均为同步清零方式。将产生清零信号的状态称为反馈识别码，要构成 N 进制计数器：①当芯片为异步清零方式时，可用状态 N 作为反馈识别码，通过门电路组合输出清零信号，使芯片瞬间清零，即 N 状态几乎不持续，故其有效循环状态从 $0\sim N-1$ 共 N 个，构成了 N 进制计数器。②当芯片为同步清零方式时，可用 $N-1$ 作识别码，通过门电路组合输出清零信号，使芯片在下一个 CP 到来时清零，所保留的有效状态仍是 $0\sim N-1$ 共 N 个，构成了 N 进制计数器。

【例 6-6】 试分别用 16 进制计数器 74LS161 和 74LS163 构成 12 进制计数器。

解 由于 74LS161 是异步清零方式，要构成 12 进制计数器，反馈识别码应选择 12，对应的二进制数为 1100。当此状态出现时，要得到清零信号，可通过与非门来实现。把反馈识别码 1 所对应的输出端引出，接到与非门的输入端，与非门的输出接清零端 $\overline{CR}$ 。置数控制端 $\overline{LD}$ 和使能控制端均接高电平，数据输入端 D_0～D_3 均接地。电路如图 6-33（a）所示。这样当计数到 1100 时，就马上返回 0000，1100 不会持续，在脉冲的作用下，继续计数，有效状态为 0000～1011，构成 12 进制计数器。

74LS163 是同步清零方式，要构成 12 进制计数器，反馈识别码应选择 11，对应的二进制数为 1011。当计数到 1011 时，使清零端出现清零信号（可把 1 所对应的输出端接到与非门上），但由于是同步清零方式，要等下一个脉冲到来，才能够清零，因此 1011 这个状态可以保持一个脉冲周期的时间，同样构成 12 进制计数器。电路如图 6-33（b）所示。

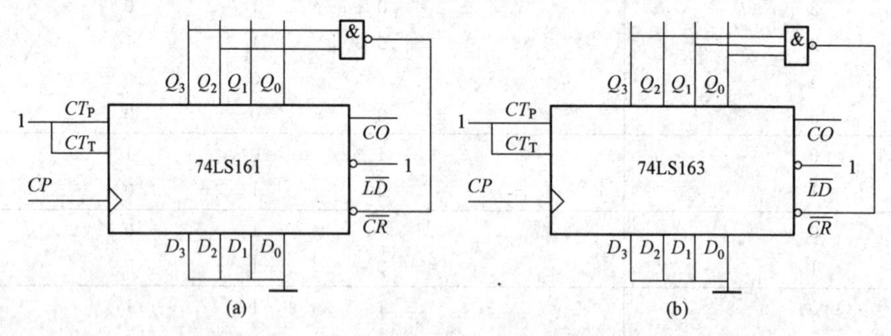

图 6-33 74LS161 和 74LS163 构成的 12 进制计数器

（a）74LS161 构成的 12 进制计数器；（b）74LS163 构成的 12 进制计数器

【例 6-7】 试用两片十进制计数器 74LS160 构成 24 进制计数器。

解 构成 24 进制计数器，需要两片 74LS160 芯片。首先把低位芯片的进位端 CO 通过非门接到高位芯片的脉冲输入端上，这样当低位芯片从 1001 返回到 0000 时，高位芯片有一个有效脉冲到达，往上计一次数，构成一百进制计数器。74LS160 是异步清零方式，要构成 24 进制计数器，反馈识别码应选择 24，对应的二进制数为 00100100，把 1 对应的输出端通过与非门接到清零端 $\overline{CR}$ 即可。其他各端接法如图 6-34 所示。

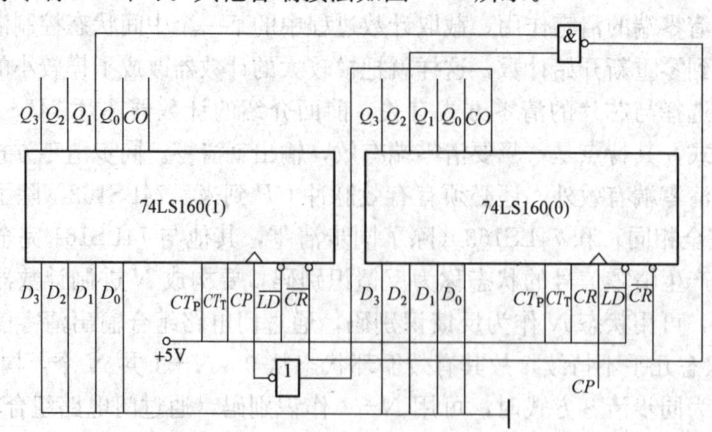

图 6-34 两片 74LS160 构成的 24 进制计数器

【例 6-8】 试用两片十进制计数器 74LS290 构成 64 进制计数器。

解　74LS290 为二－五－十进制计数器，先把每片接成十进制情况。74LS290 为下降沿触发，因此把低位的 Q_3 端直接接到高位的 CP 端即可构成一百进制计数器。另外，在置 9 端无效的情况下，它为高电平异步清零方式，因此要把反馈识别码 64（01100100）中 1 所对应的输出端通过与门接到清零端，电路如图 6-35 所示。

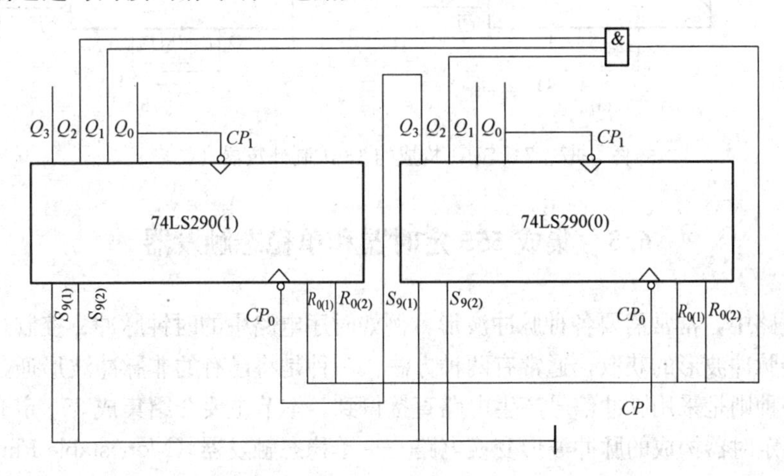

图 6-35　74LS290 构成的 64 进制计数器

2. 反馈置数法

利用具有置数功能的计数器，截取从 N_a 到 N_b 之间的 N 个有效状态，构成 N 进制计数器。其方法是当计数器状态计数到 N_b 时，由 N_b 构成的反馈信号提供置数指令，把状态 N_a 通过数据输入端输入进来，再来计数脉冲，计数器将在 N_a 基础上继续计数，直到循环到 N_b，又进行新一轮置数、计数。

【例 6-9】 试用 16 进制计数器 74LS161 构成 13 进制计数器。

解　用 74LS161 构成 13 进制计数器的方法有多种，例如取 0000～1100 为有效状态，可把 1100 中 1 对应的输出端通过与非门接到置数端 LD 上，数据输入端 D_3～D_0 接 0000，清零端和使能控制端均接高电平。这样当计数到 1100 时，置数端$LD=0$，在下一个脉冲到来时，实现置数，即把计数器置成 0000，此时，$\overline{LD}=1$，在脉冲的作用下计数，有效状态为 0000～1100。电路如图 6-36 所示。取 0011～1111、0101～0001 为有效状态的电路接法如图 6-37 所示。

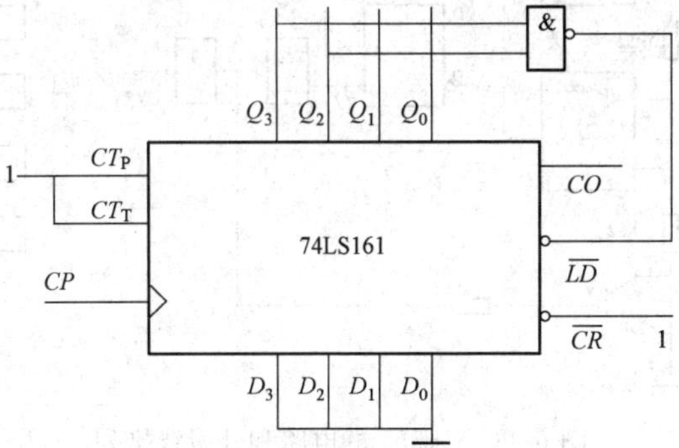

图 6-36　74LS161 构成的 13 进制计数器（一）

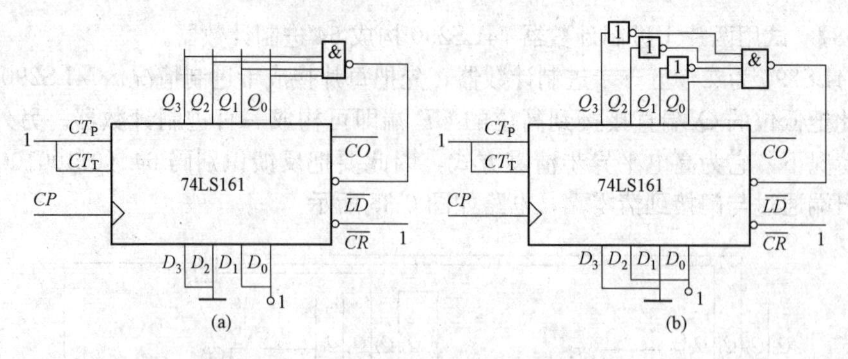

图 6-37 74LS161 构成的 13 进制计数器（二）

6.5 集成 555 定时器和单稳态触发器

在数字电路中，常常需要各种脉冲波形，例如时序电路中的时钟脉冲、控制过程中的定时信号等。这些脉冲波形的获取，通常有两种方法：一种是将已有的非脉冲波形通过波形变换电路获得；另一种则是采用脉冲信号产生电路直接得到。本节主要介绍集成 555 定时器的工作原理以及由 555 定时器构成的脉冲波形变换电路——单稳态触发器（Monostable Flip-Flop）。

6.5.1 集成 555 定时器

555 定时器是一种模拟、数字混合的中规模集成电路，只要添加有限的外围元器件，就可以方便地构成实用的电子电路，如单稳态触发器、施密特触发器和多谐振荡器等。由于使用灵活方便、性能优良，因而在家用电器和电子玩具等许多领域都得到了广泛的应用。

555 定时器有 TTL 和 CMOS 两种类型的产品，它们的结构及工作原理基本相同，没有本质区别。一般来说，TTL 型 555 定时器的驱动能力较强，电源电压范围为 5～16V，最大负载电流可达 200mA；而 CMOS 555 定时器的电源电压范围为 3～18V，最大负载电流在 4mA 以下，它具有功耗低、输入阻抗高等优点。

TTL 型 555 定时器 CB555 的电路和外引线排列如图 6-38 所示。它由电阻分压器、电压比较器 C1 和 C2、基本 RS 触发器、放电三极管 V、一个与非门和一个非门组成。

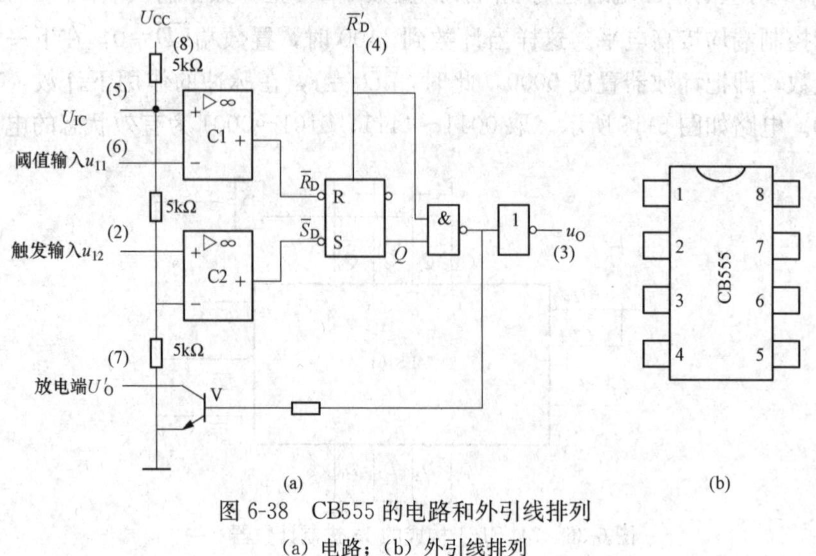

图 6-38 CB555 的电路和外引线排列

（a）电路；（b）外引线排列

6.5.2　集成 555 定时器的工作原理

在图 6-38 中，三个 5kΩ 的电阻串联组成分压器，为比较器 C1 和 C2 提供参考电压。当控制电压端 U_{IC}（5）悬空时（可对地接上 0.01μF 左右的滤波电容以防干扰引入），比较器 C1 和 C2 的基准电压分别为 $\frac{2}{3}U_{CC}$ 和 $\frac{1}{3}U_{CC}$。u_{I1}是比较器 C1 的信号输入端，称为阈值输入端；u_{I2}是比较器 C2 的信号输入端，称为触发输入端。如果控制电压端（5）外接电压 U_{IC}，则比较器 C1 和 C2 的基准电压就变为 U_{IC}和 $\frac{1}{2}U_{IC}$。比较器 C1 和 C2 的输出控制基本 *RS* 触发器的输出和放电三极管 V 的状态。放电三极管 V 为外接电路提供放电通路，在使用定时器时，该三极管的集电极（7）一般都要外接上拉电阻。

$\overline{R}'_D$ 为直接复位输入端，为低电平时，不管其他输入端的状态如何，输出端 u_O 即为低电平。

当 $u_{I1}>\frac{2}{3}U_{CC}$、$u_{I2}>\frac{1}{3}U_{CC}$时，比较器 C1 输出低电平，比较器 C2 输出高电平，基本 *RS* 触发器 *Q* 端置 0，放电三极管 V 导通，输出端 u_O 为低电平。

当 $u_{I1}<\frac{2}{3}U_{CC}$、$u_{I2}<\frac{1}{3}U_{CC}$时，比较器 C1 输出高电平，比较器 C2 输出低电平，基本 *RS* 触发器 *Q* 端置 1，放电三极管 V 截止，输出端 u_O 为高电平。

当 $u_{I1}<\frac{2}{3}U_{CC}$、$u_{I2}>\frac{1}{3}U_{CC}$时，比较器 C1 输出高电平，比较器 C2 输出高电平，基本 *RS* 触发器保持原状态不变，输出端及放电三极管 V 都保持不变。根据以上分析，可得 555 定时器的功能表，如表 6-17 所示。

表 6-17　555 定时器的功能表

输　入			输　出	
阈值输入（u_{I1}）	触发输入（u_{I2}）	复位（$\overline{R}'_D$）	输出（u_O）	放电三极管 V
×	×	0	0	导通
$<\frac{2}{3}U_{CC}$	$<\frac{1}{3}U_{CC}$	1	1	截止
$>\frac{2}{3}U_{CC}$	$>\frac{1}{3}U_{CC}$	1	0	导通
$<\frac{2}{3}U_{CC}$	$>\frac{1}{3}U_{CC}$	1	不变	不变

6.5.3　单稳态触发器

前面讲过的触发器有两个稳定状态，从一个稳定状态翻转为另一个稳定状态必须靠信号脉冲触发，脉冲消失后，稳定状态能一直保持下去。单稳态触发器与此不同，在没有触发脉冲作用时，电路处于一种稳定状态，经脉冲触发后，电路由稳态翻转为暂稳态，由于电路中 *RC* 延时环节的作用，电路的暂稳态在维持一段时间后，会自动返回到稳态。暂稳态的持续时间决定于电路中的 *RC* 参数值。单稳态触发器的这些特性被广泛地应用于脉冲的整形、延时和定时等。

1. CB555 定时器构成的单稳态触发器

由 CB555 定时器构成的单稳态触发器如图 6-39 所示。触发脉冲 u_I 由（2）端输入，下降沿触发；清 0 端 $\overline{R}'_D(4)$ 接高电平 U_{CC}；放电三极管 V 的集电极输出 $U'_O(7)$ 上端通过电阻 R 接 U_{CC}，下端通过电容 C 接地；$U'_O(7)$ 端和 $u_{I1}(6)$ 端连在一起；$U_{IC}(5)$ 端对地接 0.01μF电容以防干扰。单稳态触发器的工作波形如图 6-40 所示。其工作过程如下。

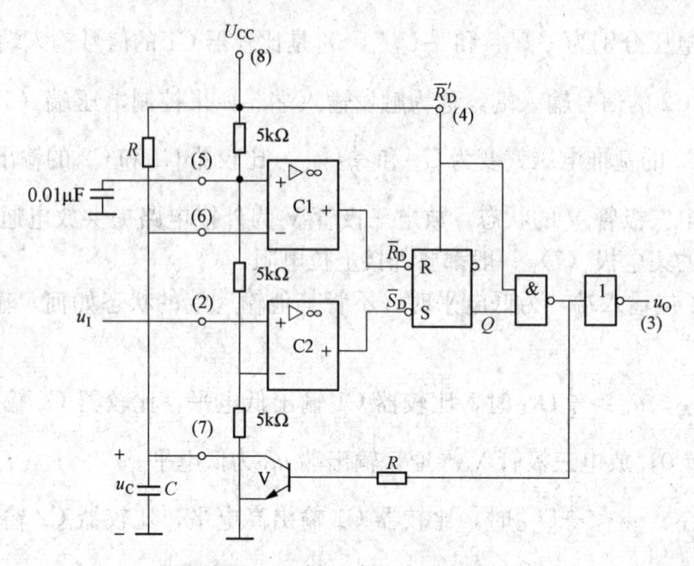

图 6-39 单稳态触发器电路图

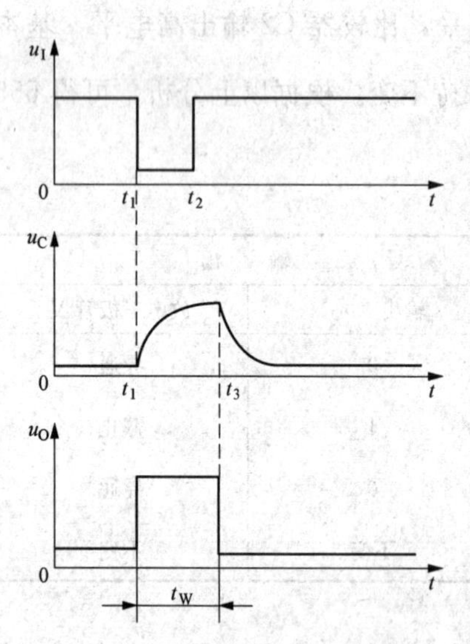

图 6-40 单稳态触发器波形图

在 t_1 以前，触发脉冲未输入，u_I 为 1，其值大于 $\frac{1}{3}U_{CC}$，故比较器 C2 的输出为 1。如果触发器原状态为 $Q=0$、$\overline{Q}=1$，则放电三极管 V 饱和导通，$u_C\approx0.3$V，故 C1 的输出也为 1、触发器的状态保持不变。如果 $Q=1$、$\overline{Q}=0$，则 V 截止，U_{CC}通过 R 对电容 C 充电，当 u_C 上升到略高于 $\frac{2}{3}U_{CC}$ 时，比较器的 C1 输出为 0，使触发器翻转为 $Q=0$、$\overline{Q}=1$。可见，在稳定状态时，$Q=0$，即输出电压 u_O为 0。

在 t_1 时刻，输入触发负脉冲，小于 $\frac{1}{3}U_{CC}$，故 C2 的输出为 0，将触发器置 1，u_O 由 0 变为 1，电路进入暂稳态。放电三极管 V 截止，电源对电容充电。当 u_C上升到略高于 $\frac{2}{3}U_{CC}$ 时（t_3 时刻），比较器 C1 的输出为 0，从而使触发器自动翻转到 $Q=0$ 的稳定状态。此后电容 C 迅速放电到 0。输出的是矩形脉冲，其宽度（暂稳态持续时间）为电容 C 的电压从 0 上升到 $\frac{2}{3}U_{CC}$ 所需的时间。

根据电路三要素公式 $u_C(t)=u_C(\infty)-[u_C(\infty)-u_C(0)]e^{-\frac{t}{\tau}}$，可导出

$$t=\tau\ln\frac{u_C(\infty)-u_C(0)}{u_C(\infty)-u_C(t)} \tag{6-3}$$

将 $\tau = RC$，$u_C(\infty) = U_{CC}$，$u_C(0) = 0$，$u_C(t) = \frac{2}{3}U_{CC}$ 代入式（6-3），可得

$$t_W = RC\ln\frac{U_{CC} - 0}{U_{CC} - \frac{2}{3}U_{CC}} = RC\ln 3 = 1.1RC \tag{6-4}$$

可以看出，暂稳态的持续时间取决于电路本身的参数，即外接定时元件 R 和 C，而与外界触发脉冲无关。通常，电阻 R 取值在几百欧至几兆欧，电容 C 取值在几百皮法至几百微法，所以 t_W 对应范围在几微秒到几分钟。t_W 越大，电路的精度和稳定度会相对下降。另外，输入触发脉冲的宽度必须小于 t_W，否则，应在 u_{I2}(2) 端加 RC 微分电路，请读者自行分析。

2. 单稳态触发器的应用

（1）定时。在图 6-41（a）所示电路中，只有在单稳态触发器输出脉冲的 t_W 时间内，脉冲信号才能通过与门，工作波形如图 6-41（b）所示。单稳态触发器的 RC 取值不同，与门的开启时间不同，通过与门的脉冲个数也随之改变。

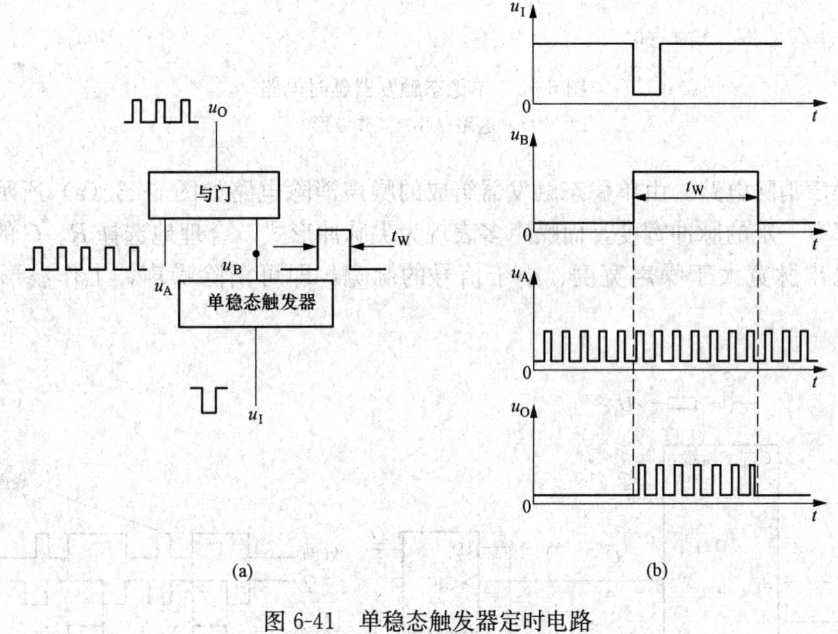

图 6-41　单稳态触发器定时电路

（a）电路；（b）工作波形

（2）延时。单稳态触发器的另一用途是实现脉冲的延时。图 6-42（a）所示为用两片 74121 单稳态触发器构成的脉冲延时电路。74121 的逻辑功能如表 6-18 所示。

表 6-18　74121 的逻辑功能

输入			输出		输入			输出	
A_1	A_2	B	Q	$\overline{Q}$	A_1	A_2	B	Q	$\overline{Q}$
0	×	1	0	1	↓	1	1	⊓	⊔
×	0	1	0	1	↓	↓	1	⊓	⊔
×	×	0	0	1	0	×	↑	⊓	⊔
1	1	×	0	1	×	0	↑	⊓	⊔
1	↓	1	⊓	⊔					

该脉冲延时电路的工作波形如图 6-42（b）所示，从波形图可以看出，u_O脉冲的上升沿相对输入信号 u_I的上升沿延迟了 t_{W1}时间。

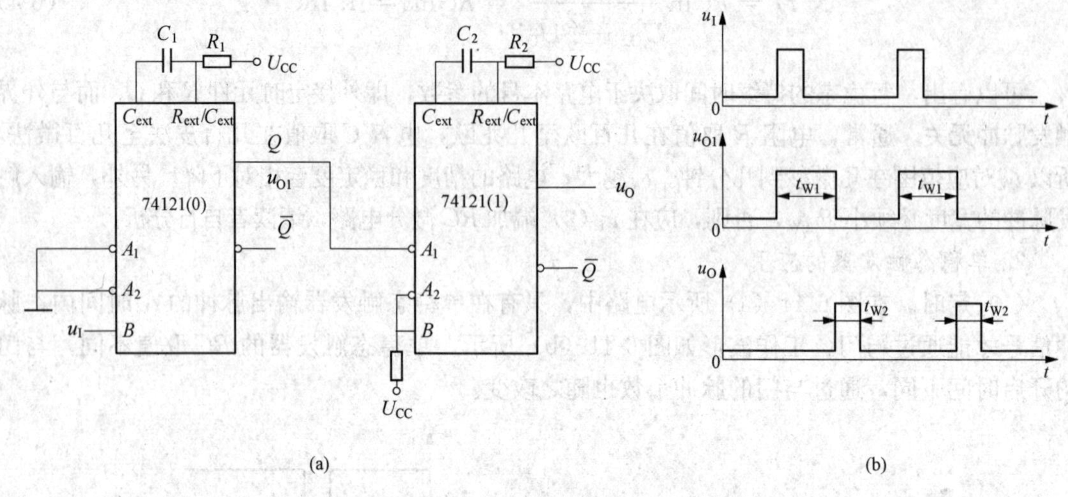

图 6-42 单稳态触发器延时电路

（a）电路；（b）工作波形

（3）噪声消除电路。由单稳态触发器组成的噪声消除电路如图 6-43（a）所示。有用的信号一般都有一定的脉冲宽度，而噪声多表现为尖脉冲形式。合理地选择 R、C 的值，使单稳电路的输出脉宽大于噪声宽度、小于信号的脉宽，即可消除噪声，工作波形如图 6-43（b）所示。

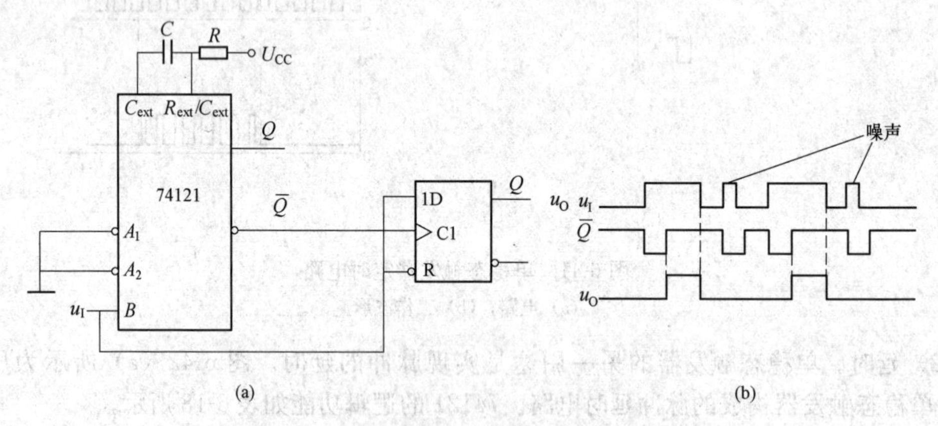

图 6-43 单稳态触发器组成的噪声消除电路

（a）电路；（b）工作波形

6.6 施密特触发器和多谐振荡器

6.6.1 施密特触发器

施密特触发器（Schmitt Trigger）是脉冲波形变换中经常使用的一种电路，具有以下两个特点：

（1）输入信号从低电平上升的过程中，电路状态转换时对应的输入电平与输入信号从高电平下降过程中电路状态转换对应的输入电平不同，分别称为正向阈值电压 U_{T+} 和负向阈值电压 U_{T-}，正向阈值电压与负向阈值电压之差称为回差电压，用 ΔU_T 表示（$\Delta U_T = U_{T+} - U_{T-}$）。

（2）在电路状态转换时，通过电路内部的正反馈过程使输出电压波形的边沿变得很陡。根据输入相位、输出相位关系的不同，施密特触发器有同相输出和反相输出两种电路形式，其电压传输特性曲线及逻辑符号分别如图 6-44 所示。

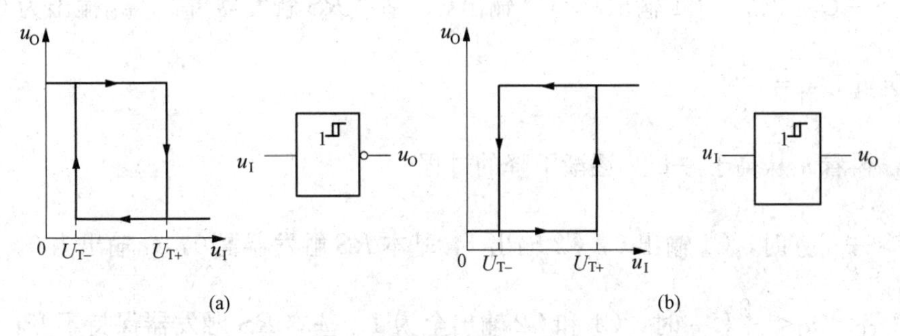

图 6-44　施密特触发器的电压传输特性曲线及逻辑符号

（a）反相输出；（b）同相输出

1. 555 定时器构成的施密特触发器

将 555 定时器的 u_{I1} 和 u_{I2} 两个输入端连在一起作为信号输入端，如图 6-45 所示，即可得到施密特触发器。

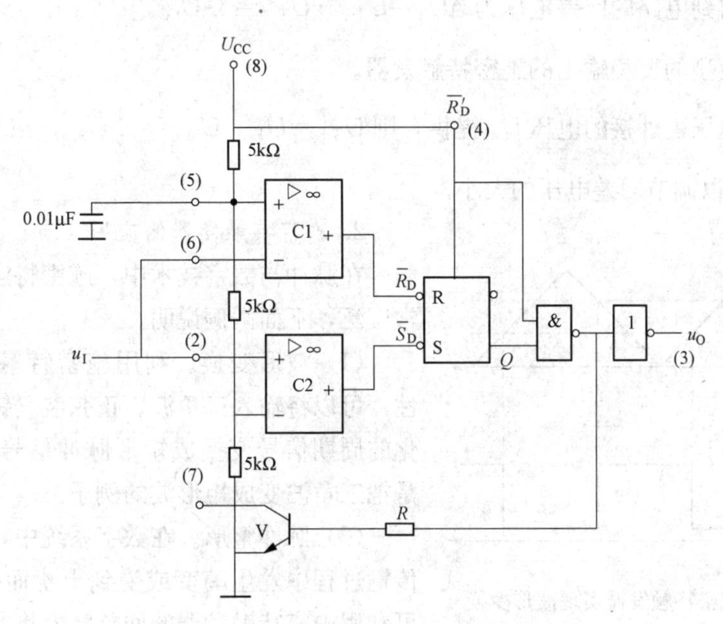

图 6-45　555 定时器构成的施密特触发器

由于比较器 C1 和 C2 的参考电压不同，因而基本 RS 触发器的置 0 信号和置 1 信号必然

发生在输入信号 u_I的不同电平。因此，输出电压由高电平变为低电平和由低电平变为高电平所对应的 u_I值也不同。

首先，分析 u_I从 0 逐渐升高的过程：

当 $u_I < \frac{1}{3}U_{CC}$ 时，C1 输出 1，C2 输出 0，基本 RS 触发器置 1，u_O 输出为 1。

当 $\frac{1}{3}U_{CC} < u_I < \frac{2}{3}U_{CC}$ 时，C_1 和 C_2 输出全为 1，基本 RS 触发器保持不变，u_O保持不变。

当 $u_I > \frac{2}{3}U_{CC}$ 以后，C1 输出 0，C2 输出 1，基本 RS 触发器置 0，u_O输出为 0，输出发生跳变。因此 $U_{T+} = \frac{2}{3}U_{CC}$ 。

其次，再看 u_I从高于 $\frac{2}{3}U_{CC}$ 逐渐下降的过程：

当 $u_I > \frac{2}{3}U_{CC}$ 时，C1 输出 0，C2 输出 1，基本 RS 触发器置 0，u_O输出为 0。

当 $\frac{1}{3}U_{CC} < u_I < \frac{2}{3}U_{CC}$ 时，C1 和 C2 输出全为 1，基本 RS 触发器保持不变，u_O保持不变，仍为 0。

当 $u_I < \frac{1}{3}U_{CC}$ 以后，C1 输出 1，C2 输出 0，基本 RS 触发器置 1，u_O 输出为 1，输出发生跳变。因此 $U_{T-} = \frac{1}{3}U_{CC}$ 。

由此可以得到电路的回差电压为 $\Delta U_T = U_{T+} - U_{T-} = \frac{1}{3}U_{CC}$。

这是一个典型的反相输出的施密特触发器。

如果参考电压由外接的电压 U_{IC} 提供，则 $U_{T+} = U_{IC}$，$U_{T-} = \frac{1}{2}U_{IC}$ ，$\Delta U_T = \frac{1}{2}U_{IC}$ 。通过改变 U_{IC}值可以调节回差电压的大小。

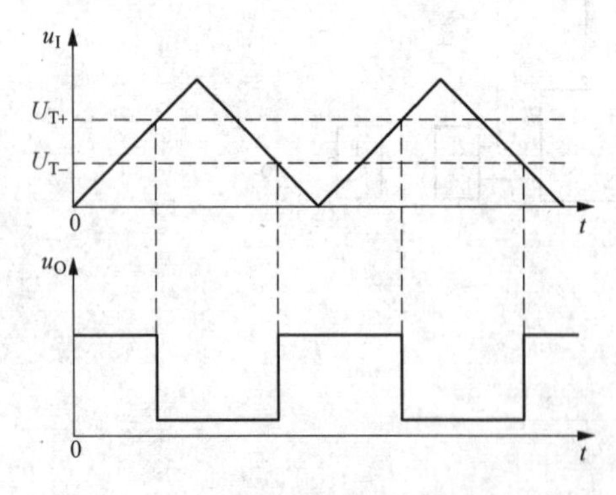

图 6-46 用施密特触发器实现波形变换

2. 施密特触发器的应用

在脉冲与数字技术中，施密特触发器的应用非常广泛，下面举例说明。

(1) 波形变换。利用施密特触发器的回差特性，可以将输入三角波、正弦波、锯齿波等缓慢变化的周期信号变换成矩形脉冲信号。图 6-46 所示是把三角波变成矩形波的例子。

(2) 脉冲整形。在数字系统中，当矩形脉冲在传输过程中发生畸变或受到干扰而变得不规则时，可利用施密特触发器的回差特性将其整形，进而获得比较满意的矩形脉冲波，如图 6-47 所示。整形时，若适当增大回差电压，可提高电路的抗干扰能力。

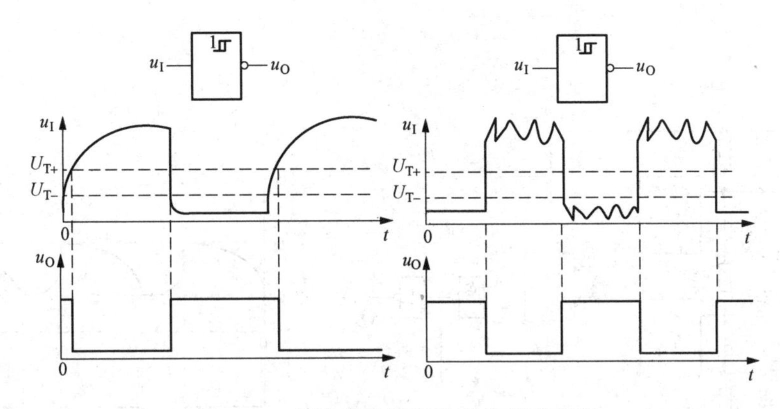

图 6-47　用施密特触发器实现脉冲整形

（3）脉冲鉴幅。由于施密特触发器的输出状态取决于输入信号电平的高低，因此可通过调整电路的 U_{T+} 和 U_{T-} 来甄别输入脉冲的幅度。在图 6-48 中，施密特触发器被用作幅度鉴别器，电路的输入信号是一系列幅度各异的脉冲信号，只有那些幅度大于 U_{T+} 的脉冲才能在输出端产生输出信号。因此可将幅度大于 U_{T+} 的脉冲选出，而将幅度小于 U_{T+} 的脉冲消除。

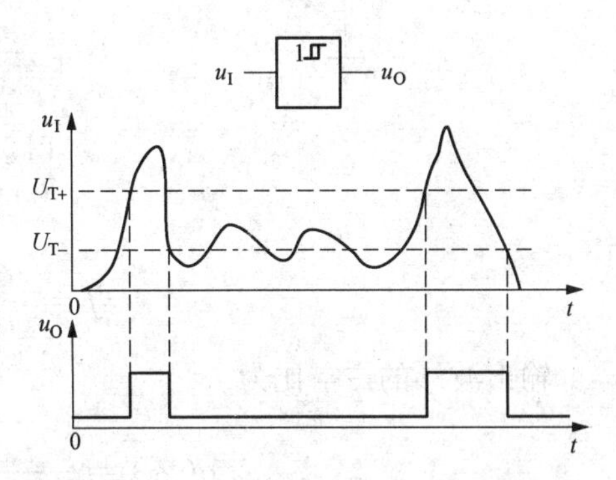

图 6-48　用施密特触发器进行幅度鉴别

6.6.2　多谐振荡器

多谐振荡器（Astable Multivibrator）是常用的矩形脉冲产生电路。它是一种自激振荡器，在接通电源后，不需要外加触发信号，就能自动地产生矩形脉冲或方波。由于矩形波中除基波外还包含了丰富的高次谐波，因此习惯称之为多谐振荡器。

多谐振荡器工作时没有一个稳定状态，属于无稳态电路。电路的输出高电平和低电平的切换是自动进行的。

由 555 定时器构成的多谐振荡器如图 6-49（a）所示，R_1、R_2 和 C 是外接元件。接通电源后，它经 R_1 和 R_2 对电容 C 充电，当 u_C 上升到略高于 $\frac{2}{3}U_{CC}$ 时，比较器 C1 输出为 0，将触发器置 0，u_O 为 0。这时放电管 V 导通，电容 C 通过 R_2 和 V 放电，u_C 下降。当 u_C 下降到略低于 $\frac{1}{3}U_{CC}$ 时，比较器 C2 输出为 0，将触发器置 1，u_O 由 0 变为 1，这时放电管 V 截止，U_{CC} 又经 R_1 和 R_2 对电容 C 充电。如此反复，输出连续的矩形波，如图 6-49（b）所示。

电容 C 的充电时间，即 t_{p1} 为

$$t_{p1} \approx (R_1 + R_2)c\ln 2 = 0.7(R_1 + R_2)C \tag{6-5}$$

电容 C 的放电时间，即 t_{p2} 为

$$t_{p2} \approx R_2 c\ln 2 = 0.7R_2C \tag{6-6}$$

振荡周期为

$$T = t_{p1} + t_{p2} \approx 0.7(R_1 + 2R_2)C \tag{6-7}$$

振荡频率为

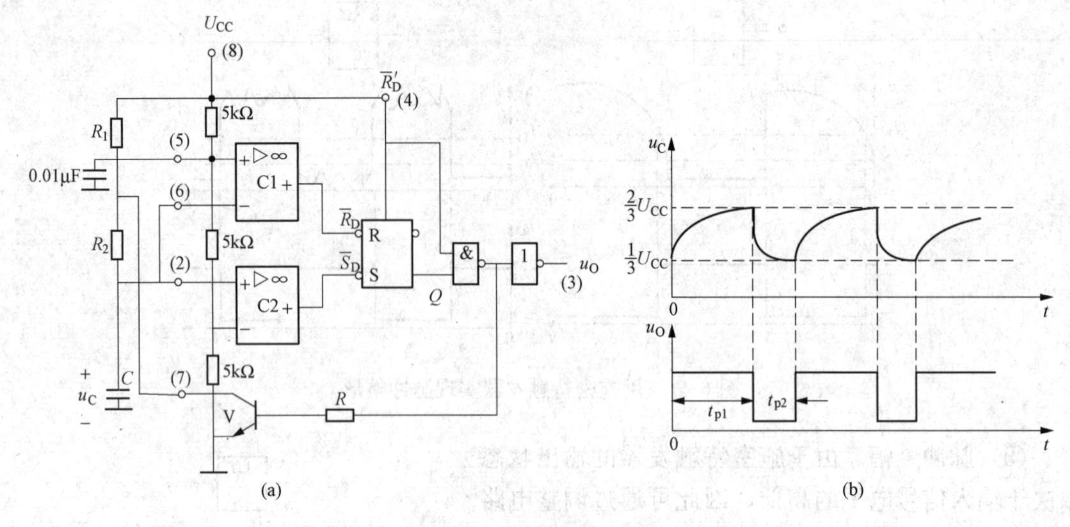

图 6-49　多谐振荡器

(a) 电路；(b) 波形图

$$f = \frac{1}{T} = \frac{1.43}{(R_1 + 2R_2)C} \tag{6-8}$$

输出波形的占空比为

$$q(\%) = \frac{t_{p1}}{t_{p1} + t_{p2}} = \frac{R_1 + R_2}{R_1 + 2R_2} \times 100\% \tag{6-9}$$

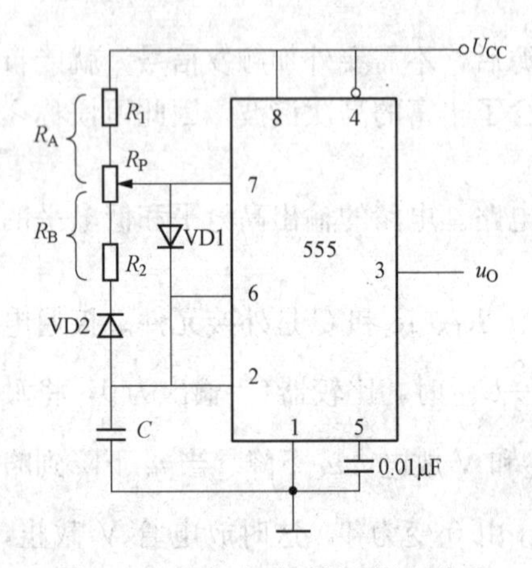

图 6-50　占空比可调的多谐振荡器

图 6-50 所示是占空比可调的多谐振荡器。由于电路中二极管 VD1、VD2 的单向导电特性，使电容 C 的充放电回路分开，调节电位器，就可以调节多谐振荡器的占空比。

图 6-50 中，U_{CC} 通过 R_A 和 VD1 对电容 C 充电，充电时间为

$$t_{p1} \approx 0.7R_AC \tag{6-10}$$

电容 C 通过 VD2、R_B 及 555 定时器中的三极管 V 放电，放电时间为

$$t_{p2} \approx 0.7R_BC \tag{6-11}$$

因而，振荡频率为

$$f = \frac{1}{t_{p1} + t_{p2}} \approx \frac{1.43}{(R_A + R_B)C} \tag{6-12}$$

输出波形的占空比为

$$q(\%) = \frac{R_A}{R_A + R_B} \times 100\% \tag{6-13}$$

由于 555 定时器内部的比较器灵敏度高，而且采用差分电路形式，故用 555 定时器构成的多谐振荡器的振荡频率受电源电压和温度变化的影响很小。

6.7 应 用 举 例

6.7.1 防抖开关

基本 RS 触发器可用于防抖开关，其工作电路如图 6-51 所示。开关 S 在不加触发器时，在由 A 搬到 B，再由 B 搬到 A 的过程中会产生多次抖动，A、B 两点电位 u_A 和 u_B 发生多次跳变，这在电路中一般是不允许的，否则会引起电路的误动作。接入基本 RS 触发器后，将触发器的 Q 和 $\overline{Q}$ 作为开关状态输出，由于触发器具有保持功能，就可以避免抖动现象。

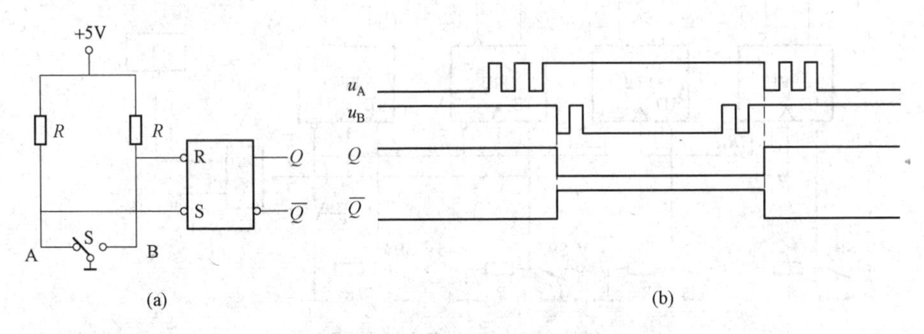

图 6-51　基本 RS 触发器构成的防抖开关

6.7.2 多路控制公共照明灯电路

图 6-52 所示为多路控制公共照明灯电路，它由下降沿触发的 JK 触发器 74LS112、三极管 V、继电器 KA、灯 A 以及一些开关、电阻构成。开关 S0～Sn 安在不同地方，用以控制公共照明灯 A 的亮和灭。触发器输出为 0 时，三极管 V 截止，继电器 K 的动合触点断开，灯 A 熄灭。当按下某一个开关时，给触发器一个下降沿脉冲，触发器翻转到 1，三极管 V 饱和导通，继电器 K 的动合触点闭合，灯 A 点亮。如果再按下另一个开关，则触发器又翻转到 0，灯熄灭。

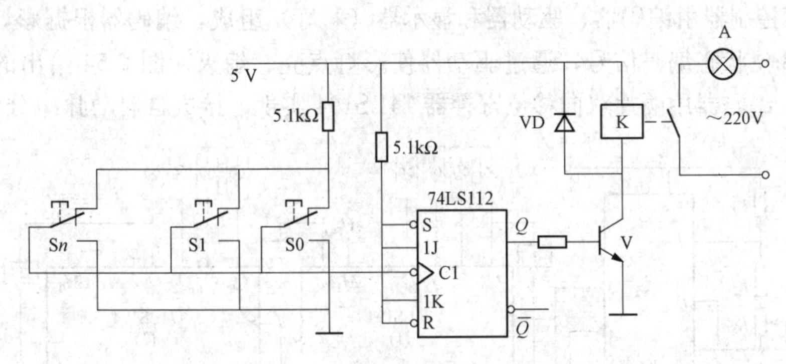

图 6-52　多路控制公共照明灯电路

6.7.3 智力竞赛抢答器

在智力竞赛中，参赛者通过抢先按动按钮，取得答题权。图 6-53 所示是用 4 个 D 触发器和 2 个与非门、1 个非门等组成的 4 人抢答电路。

抢答前，主持人按下复位按钮 SB，4 个 D 触发器全部清 0，4 个发光二极管均不亮，与非门 G1 输出为 0，三极管 V 截止，扬声器不发声。同时，G2 输出为 1，时钟信号 CP 经 G3

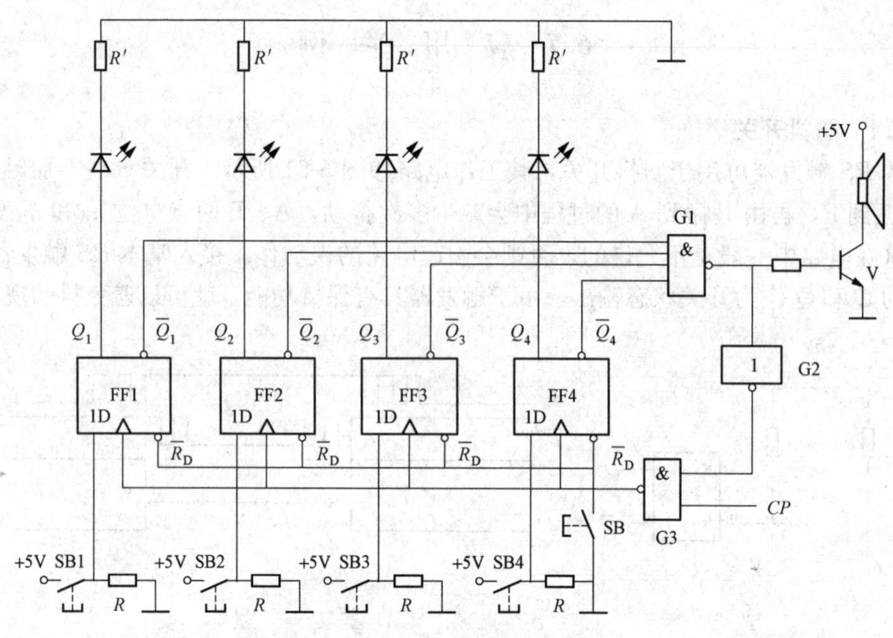

图 6-53　智力竞塞抢答器

送入触发器的时钟控制端。此时，抢答按钮 SB1～SB4 未被按下，均为低电平，4 个 D 触发器输入的全是 0，触发器保持 0 状态不变。时钟信号 CP 可用 555 定时器组成的多谐振荡器提供。

当抢答按钮 SB1～SB4 中有一个被按下时，相应的 D 触发器输出为 1，相应的发光二极管点亮，同时 G1 输出为 1，扬声器发声，表示抢答成功。另外，G2 输出为 0，封锁 G3，时钟信号 CP 不能通过，若其他按钮再按下，就不会起作用了，相应的触发器状态不会改变。

6.7.4　8 路彩灯控制器

8 路彩灯控制器由编码器、驱动器和显示器（彩灯）组成，编码器根据彩灯显示的花型按节拍送出 8 位状态编码信号，通过驱动器使彩灯点亮、熄灭。图 6-54 给出的 8 路彩灯控制器电路中，编码器用两片双向移位寄存器 74LS194 实现，接成自启动脉冲分配器（扭环

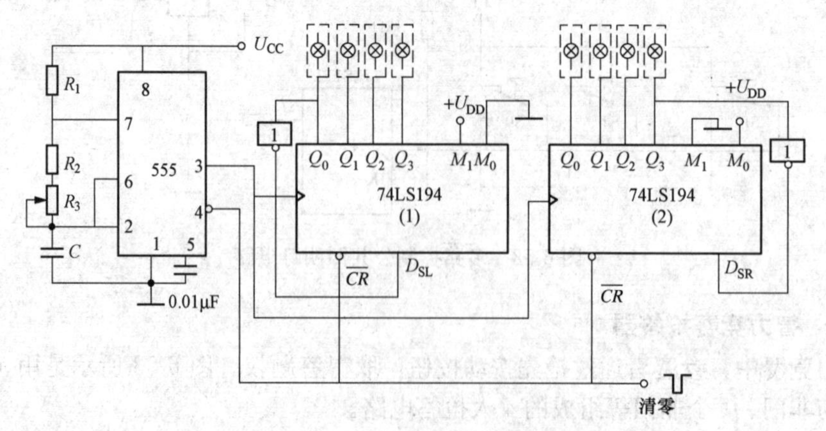

图 6-54　8 路彩灯控制器

形计数器），其中 74LS194（1）为左移方式，74LS194（2）为右移方式。驱动器电路如图 6-55 所示，当寄存器输出 Q 为高电平时，三极管 V 导通，继电器 KA 通电，其动合触点闭合，彩灯亮；当 Q 为低电平时，三极管截止，继电器复位，彩灯灭。

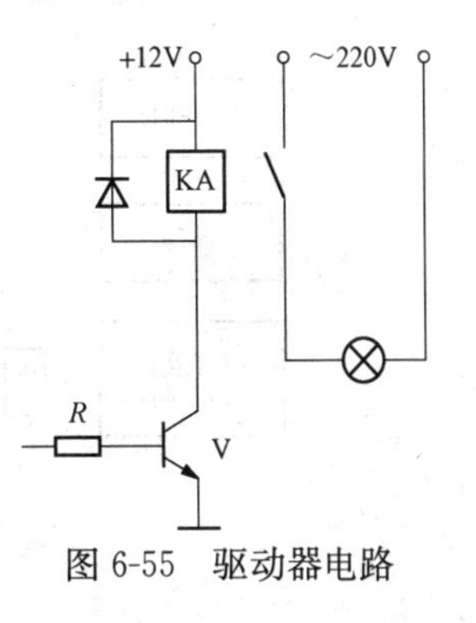

图 6-55　驱动器电路

工作时，先用负脉冲使寄存器清 0，然后在节拍脉冲（可用 555 定时器构成的多谐振荡器提供）的控制下，寄存器的各个输出 Q 按表 6-19 所示的状态变化，每 8 个节拍脉冲循环一次。这里 8 路彩灯的花型是：由中间向两边对称地逐次点亮，全亮后，再由中间向两边逐次熄灭。

表 6-19　　8 路彩灯控制器状态表

节拍脉冲（CP）	74LS194（1）				74LS194（2）			
	Q_0	Q_1	Q_2	Q_3	Q_0	Q_1	Q_2	Q_3
1	0	0	0	0	0	0	0	0
1	0	0	0	1	1	0	0	0
2	0	0	1	1	1	1	0	0
3	0	1	1	1	1	1	1	0
4	1	1	1	1	1	1	1	1
5	1	1	1	0	0	1	1	1
6	1	1	0	0	0	0	1	1
7	1	0	0	0	0	0	0	1
8	0	0	0	0	0	0	0	0

6.7.5　数字钟

图 6-56 所示是数字钟的原理电路，它由以下三部分构成。

1. 标准秒脉冲发生电路

这部分电路由石英晶体振荡器和六级十分频器组成。

石英晶体的振荡频率极为稳定，因而用它构成的多谐振荡器产生的矩形波脉冲的稳定性很高。为了进一步改善输出波形，在其输出端再接一非门，作整形用。

所谓分频，就是脉冲频率每经一级触发器就减低一半，即周期增加一倍。由 4 位二进制计数器可知，第一级触发器输出端 Q_0 的波形的频率是计数脉冲的 $\frac{1}{2}$。因此一位二进制计数器是一个二分频器。同理，第二级触发器输出端 Q_1 的波形的频率是计数脉冲的 $\frac{1}{4}$。依此类推，当二进制计数器有 n 位时，第 n 级触发器输出脉冲的频率是计数脉冲的 $\frac{1}{2^n}$。十进制计数器就是一个十分频器。如果石英晶体振荡器的振荡频率为 1MHz（即 10^6Hz），则经六级十分频后，输出脉冲的频率为 1Hz，即周期为 1s。此脉冲为标准秒脉冲。

2. 时、分、秒计数、译码、显示电路

这部分包括两个 60 进制计数器、一个 24 进制计数器以及相应的译码显示器。标准秒脉冲进入秒计数器进行 60 分频后，得出分脉冲；分脉冲进入分计数器再经 60 分频得出时脉

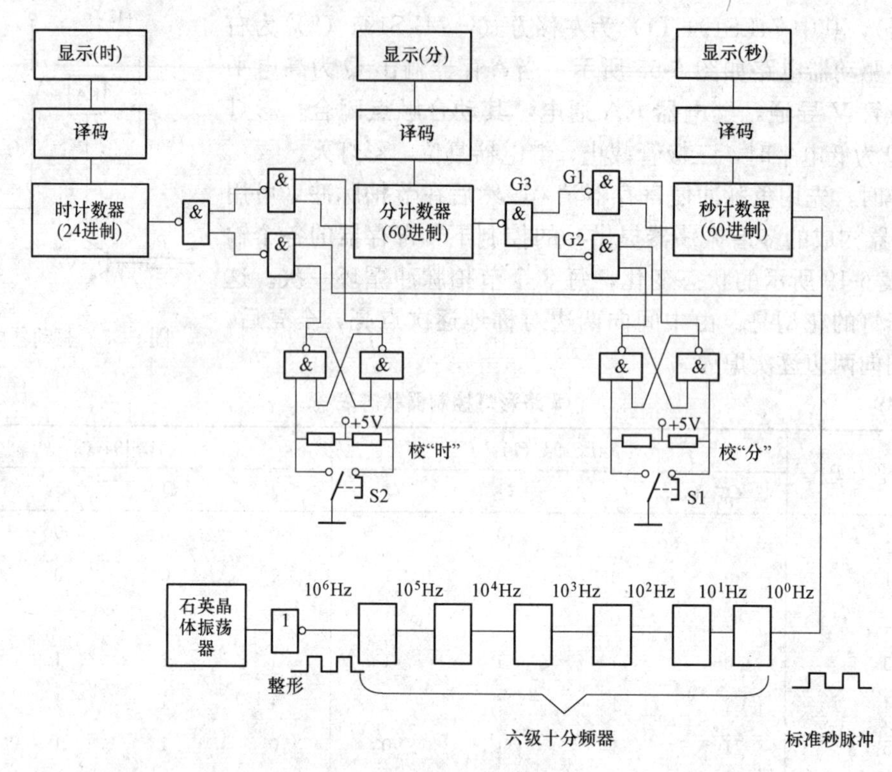

图 6-56　数字钟的原理电路

冲；时脉冲进入时计数器。时、分、秒各计数器的计数经译码显示。最大显示值为 23 小时 59 分 59 秒，再输入一个秒脉冲后，显示复零。

3. 时、分校准电路

校“时”和校“分”的校准电路是相同的，现以校“分”电路来说明。

(1) 在正常计时时，与非门 G1 一个输入端为 1，将它开通，使秒计数器输出的分脉冲加到 G1 的另一输入端，并经 G3 进入分计数器。而此时 G2 由于一个输入端为 0，因此被关闭，校准用的秒脉冲进不去。

(2) 在校“分”时，按下开关 S1，情况与 (1) 相反。G1 被封锁，G2 被打开，标准秒脉冲直接进入分计数器进行快速校“分”。

同理，在校“时”时，按下开关 S2，标准秒脉冲直接进入时数器进行快速校“时”。

6.7.6　防盗报警电路

图 6-57 所示是一个防盗报警电路，由 555 定时器和其他外围元件构成。a、b 之间接有一细铜丝，放在盗窃者必经之路上。S 为报警电路开关，当其闭合时表示报警电路可工作，断开时表示不工作。当 S 闭合，没有盗窃者进入时，4 号管脚（555 定时器的置 0 输入端）为低电平，555 定时器输出为 0，扬声器不响。当有盗窃者进入时，铜丝断开，4 号管脚为高电平，555 定时器构成

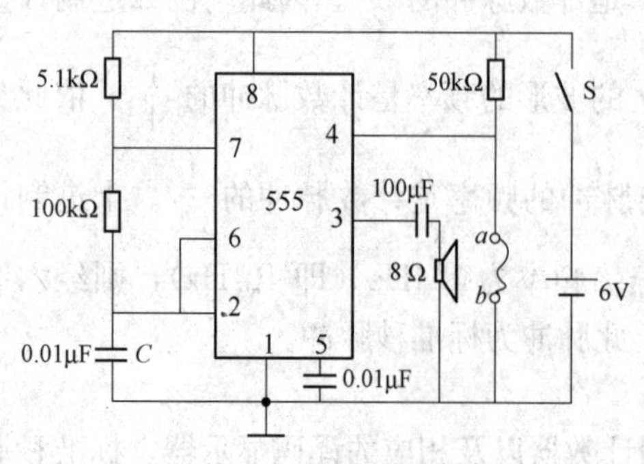

图 6-57　防盗报警电路

的多谐振荡器输出一定频率的矩形波脉冲信号，驱动扬声器发出报警声。

6.7.7　延迟报警器

图6-58所示是用两个555定时器构成的延迟报警器，当开关S闭合时，片（0）的6号和2号引脚为0，片（0）输出为1，G1输出为0，片（1）复位端为0，片（1）输出为0，扬声器不工作。当开关S断开后，电源通过电阻对C充电，当充到$\frac{2}{3}U_{CC}$时，片（0）输出为0，G1输出为1，片（1）（构成多谐振荡器）工作，输出一定频率的信号，驱动扬声器发出声响。延迟时间为u_C从0充到$\frac{2}{3}U_{CC}$的时间。延迟时间为

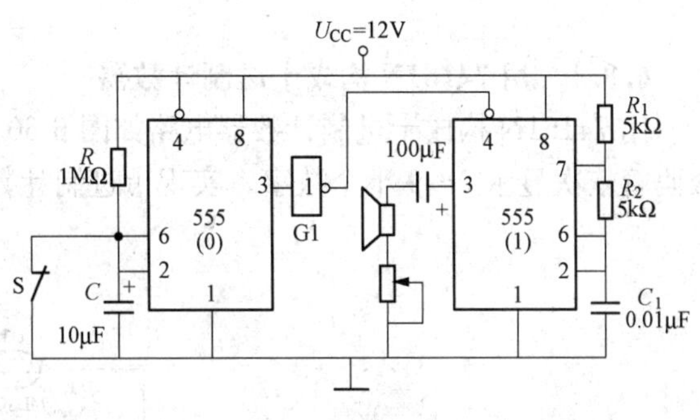

图6-58　延迟报警器

$$t_d = RC\ln\frac{U_{CC}}{U_{CC}-\frac{2}{3}U_{CC}} = 1\times10^6\times10\times10^{-6}\ln\frac{12}{12-8}\text{s}\approx 11\text{s}$$

扬声器发声频率为

$$f = 1/(R_1+2R_2)C\ln2 = 1/15\times10^3\times0.01\times10^{-6}\ln2\text{kHz}\approx 9.62\text{kHz}$$

如果在延迟时间内S重新闭合，扬声器不会发出声音。

6.7.8　数字转速测量系统

在许多场合需要测量旋转部件的转速，如电机转速、机动车车速等，转速多以十进制数字显示。图6-59所示是测量电机转速的数字转速测量系统。

电机每转一周，光线透过圆盘上的小孔照射光电元件一次，光电元件产生一个电脉冲。光电元件每秒发出的脉冲个数就是电机的转速。光电元件产生的电脉冲信号较弱，且不够规则，必须经放大、整形后，才能作为计数器的计数脉冲。定时脉冲发生器产生一个单位脉冲宽度的矩形脉冲，去控制门电路，让“门”打开一个时间单位。在这一个时间单位，来自整形电路的脉冲可以经过门电路进入计数器。根据转速范围，采用多位十进制计数器。计数器以8421码输出，经过译码器后，再接数字显示器，显示电机转速。

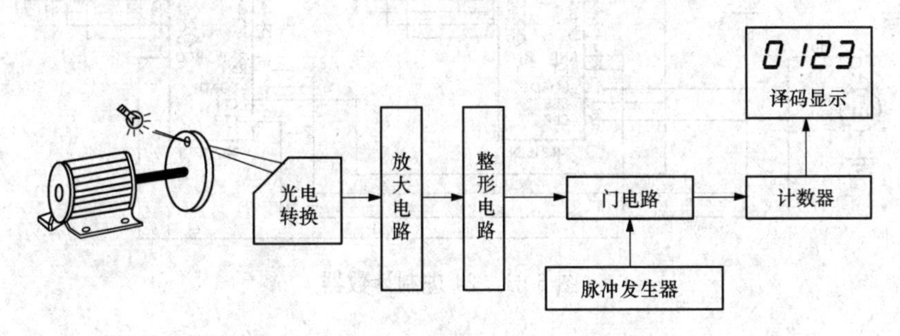

图6-59　测量电机转速的数字转速测量系统

6.8 Multisim11 软件仿真举例

6.8.1 用 74161N 构成十进制计数器

用 74161N 构成十进制计数器电路如图 6-60 所示，本电路采用置数方法，经仿真运行，数码管依次显示 0～9 十个数字，实现十进制计数器功能。

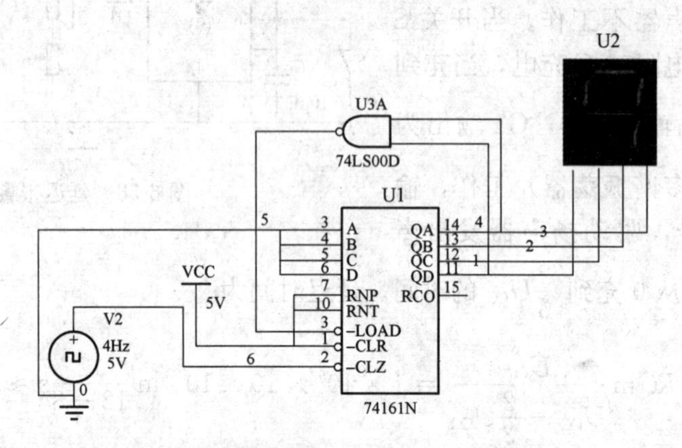

图 6-60 用 74161N 构成十进制计数器

6.8.2 用 74161N 和 74160N 构成 24 进制计数器

图 6-61 所示是用 74161N 和 74160N 构成的 24 进制计数器，采用同步连接、反馈清零方法，低位片用 74160（十进制计数器），与 74161N 相同，具有同步置数和异步清零的功能。当 74160N 计数到最大数 1001 时，其进位输出端 RCO 输出为 1，其他时刻输出为 0，据此功能，把 RCO 与高位片 74161N 的使能控制端 ENP、ENT 相连，可以完成低位片向高位片进位的功能。经仿真运行，数码管依次显示 00～23，实现 24 进制计数功能。

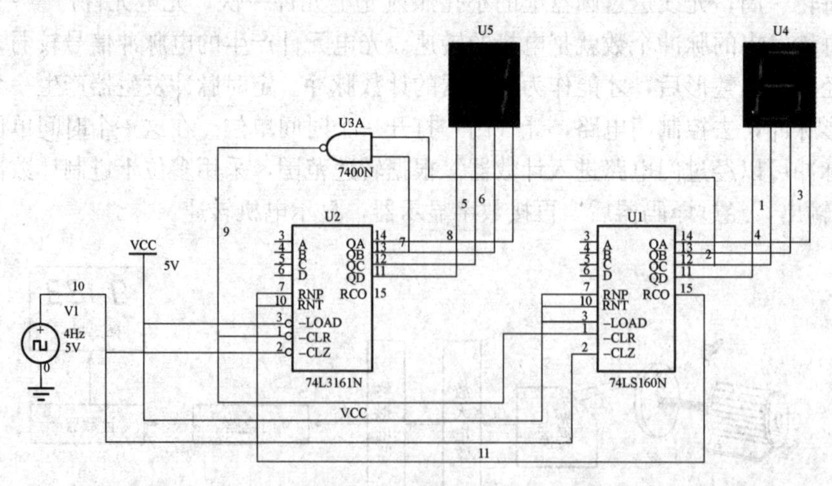

图 6-61 24 进制计数器

6.8.3 555 定时器

在 Multisim11 中有专门针对 555 定时器设计的向导，通过向导可以很方便地构建 555

定时器应用电路。在菜单“工具”中，单击“Circuit Wizards”，再单击“555 Timer Wizard”，得到如图 6-62 所示对话框。在对话框中，“类型”下拉框中有两种类型可以选择，分别是多谐振荡器和单稳态两种工作方式。

在图 6-62 中，当工作类型选择“多谐振荡器”时，设定输出信号频率为 1kHz，占空比设为 60%，定时电路工作电压设为 12V。单击“编译电路”按钮，即可生成多谐振荡器电路，如图 6-63 所示。输出信号波形如图 6-64 所示。555 定时器工作在单稳态方式下的仿真分析方法类似。

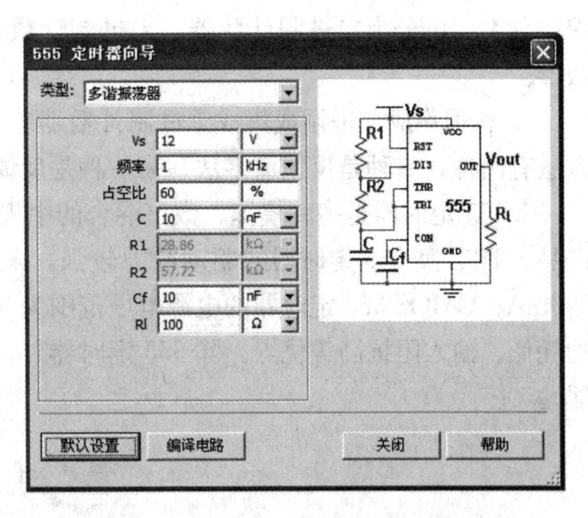

图 6-62　“555 定时器向导”对话框

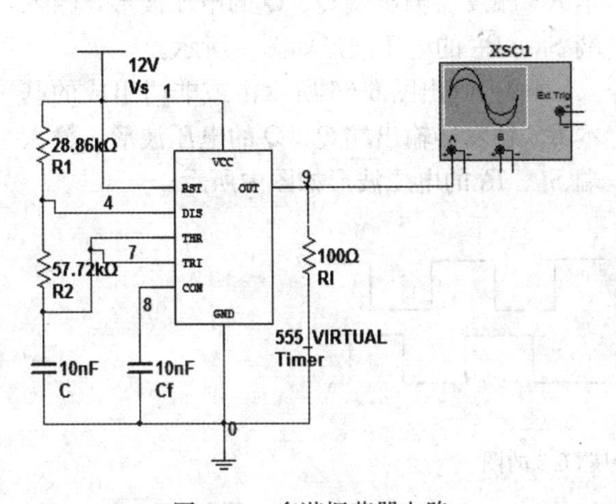

图 6-63　多谐振荡器电路

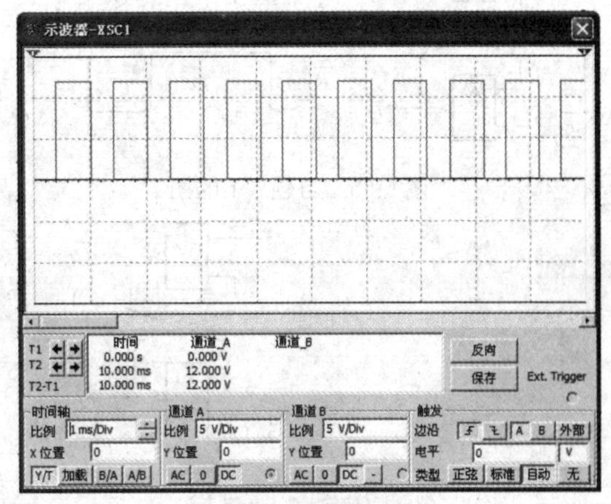

图 6-64　输出信号波形

小　结

1. 触发器是数字电路的记忆单元，是构成时序逻辑电路的基本部件，它有两个稳定状态，这两个稳定状态在外界信号作用下可以相互转换。一个触发器能够存储 1 位二进制信息。

2. 寄存器是计算机和其他数字系统中用来存储数码或数据的逻辑部件，它的主要组成部分是触发器，要存储 n 位二进制数码的寄存器需要用 n 个触发器。移位寄存器不仅可以存放数码，而且具有移位的功能。移位寄存器可以实现数据的串行/并行或并行/串行的转换、数值运算以及其他数据处理功能。

3. 计数器是一种应用十分广泛的时序逻辑电路，除了用于计数，还可用于分频、定时、产生节拍脉冲以及其他时序信号。计数器的种类很多，按触发器动作分类，可分为同步计数器和异步计数器；按计数数值增减分类，可分为加法计数器、减法计数器和可逆计数器；按编码分类，可分为二进制计数器、十进制计数器（也称为二—十进制计数器）和循环码计数器。

4. 利用集成二进制或集成十进制计数器芯片可以方便地构成任意进制计数器，采用的方法有两种，一种是反馈清零法，另一种是反馈置数法。

5. 555 定时器是一种模拟、数字混合的中规模集成电路，有 TTL 和 CMOS 两种类型的产品。TTL 型 555 定时器的驱动能力较强，电源电压范围为 5～16V，最大负载电流可达 200mA；CMOS 555 定时器的电源电压范围为 3～18V，最大负载电流在 4mA 以下，它具有功耗低、输入阻抗高等优点。除 555 定时器外，目前还有 556（双定时器）和 558（四定时器）。

习题

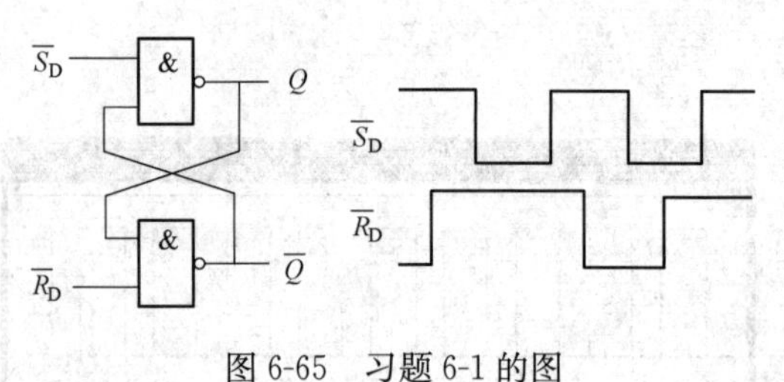

图 6-65 习题 6-1 的图

6-1 画出图 6-65 所示由与非门组成的基本 RS 触发器输出端 Q、$\overline{Q}$ 的电压波形，输入端 $\overline{S}_D$、$\overline{R}_D$ 的电压波形如图中所示。

6-2 画出图 6-66 所示由或非门组成的基本 RS 触发器输出端 Q、$\overline{Q}$ 的电压波形，输入端 S_D、R_D 的电压波形如图中所示。

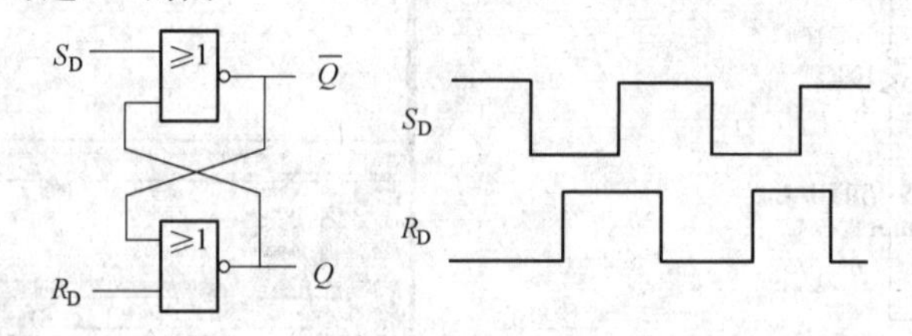

图 6-66 习题 6-2 的图

6-3 在图 6-67 中，各 D 触发器的初始状态为 $Q=0$，试画出在时钟脉冲 CP 作用下，各触发器 Q 端的波形图。

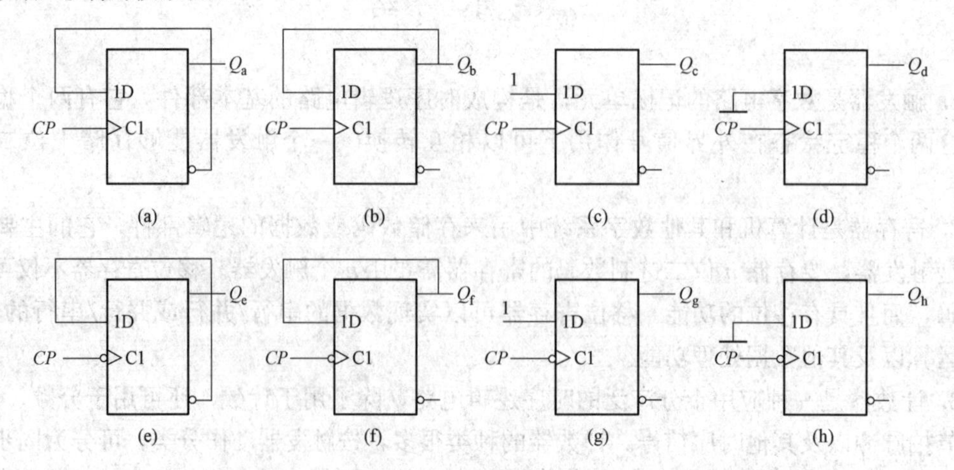

图 6-67 习题 6-3 的图

6-4　在图6-68中，各JK触发器的初始状态为$Q=0$，试画出在时钟脉冲CP作用下，各触发器Q端的波形图。

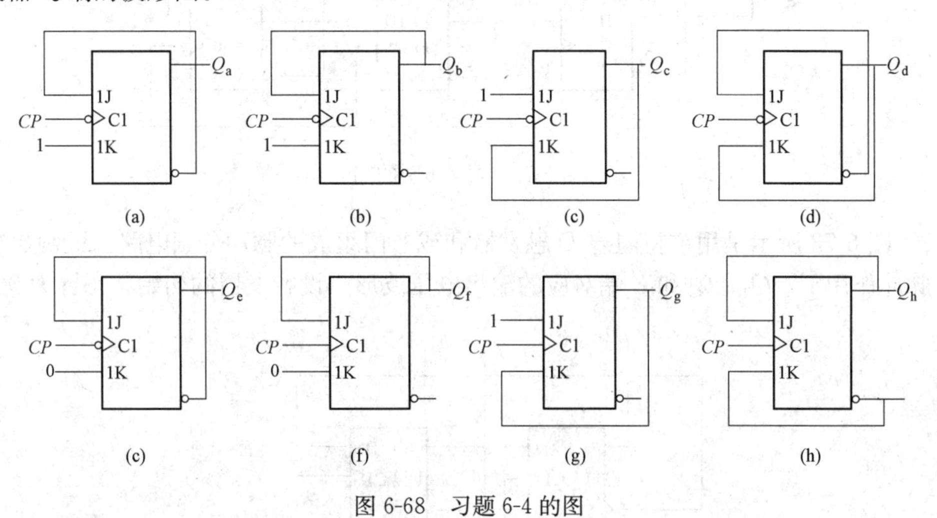

图6-68　习题6-4的图

6-5　已知JK触发器输入端J、K和CP的电压波形如图6-69所示，试画出Q、$\overline{Q}$端对应的电压波形。设触发器的初始状态为$Q=0$。

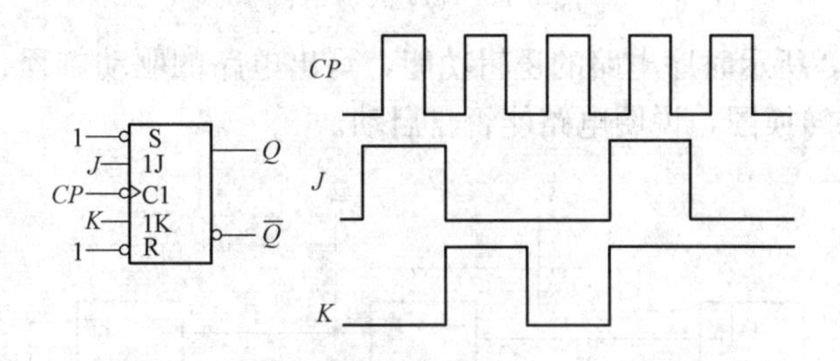

图6-69　习题6-5的图

6-6　图6-70所示是由上升沿触发的D触发器构成的同步单项脉冲产生电路，R、S是直接复位端（置0）和直接置位端（置1），高电平有效。试分析其工作原理。

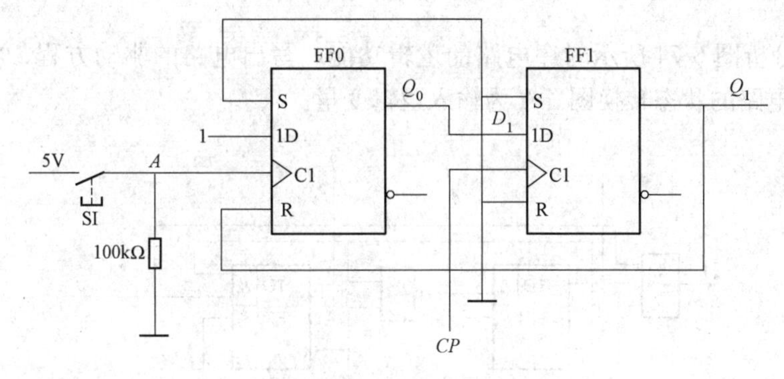

图6-70　习题6-6的图

6-7　分析图6-71所示时序逻辑电路。

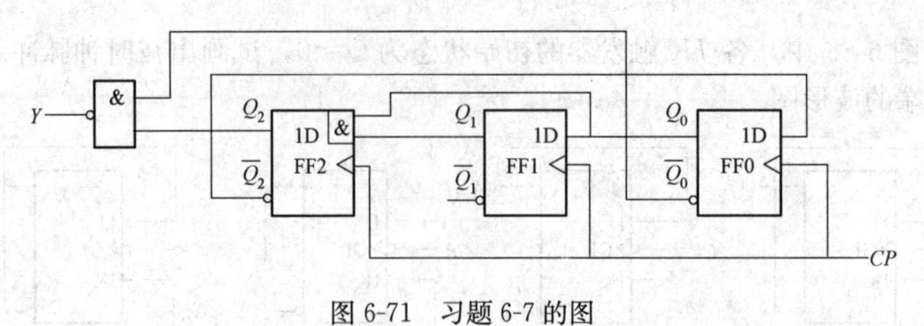

图 6-71　习题 6-7 的图

6-8　图 6-72 所示是用维持阻塞 D 触发器和或非门组成的脉冲分频电路。试画出在一系列 CP 脉冲作用下，Q_0、Q_1 和 Z 端对应的输出电压波形。设触发器的初始状态皆为 0。

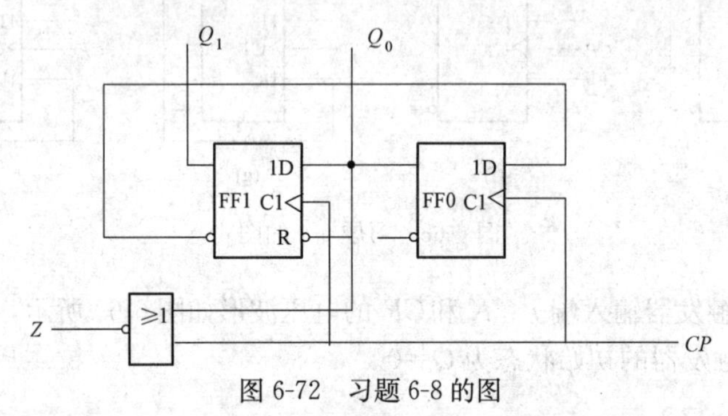

图 6-72　习题 6-8 的图

6-9　分析图 6-73 所示时序电路的逻辑功能，写出电路的驱动方程、状态方程和输出方程，画出电路的状态转换图，说明电路能否自启动。

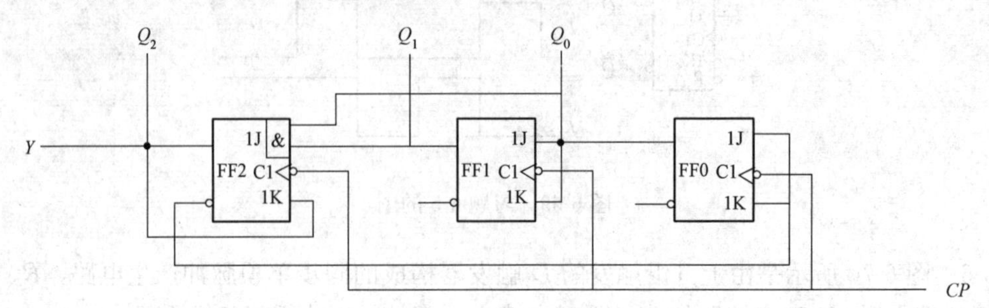

图 6-73　习题 6-9 的图

6-10　试分析图 6-74 所示时序电路的逻辑功能，写出电路的驱动方程、状态方程和输出方程，画出电路的状态转换图。A 为输入逻辑变量。

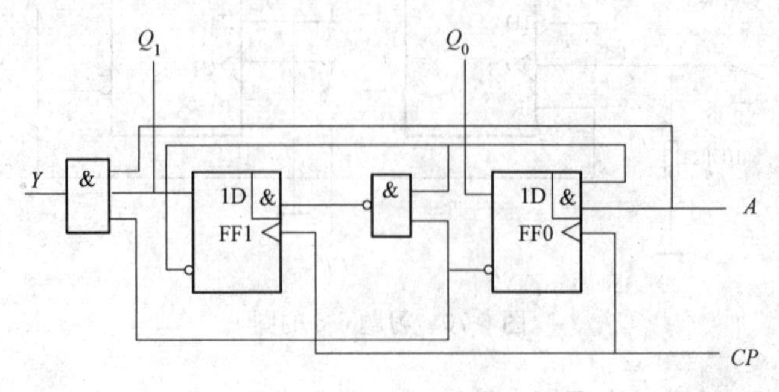

图 6-74　习题 6-10 的图

6-11 试画出用两片 74LS194 构成 8 位双向移位寄存器的逻辑图。

6-12 试分析图 6-75 所示由 74LS194 构成的电路的逻辑功能，画出状态图和波形图。

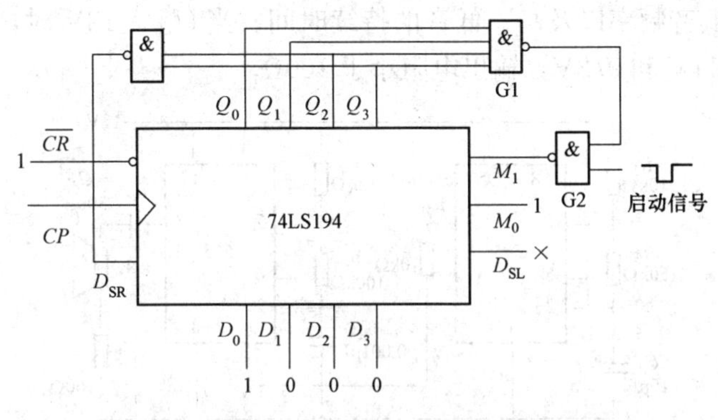

图 6-75 习题 6-12 的图

6-13 试用 4 位同步二进制计数器 74LS161 构成 13 进制计数器，标出输入、输出端。可以附加必要的门电路。

6-14 试用同步十进制计数芯片 74LS160 设计一个 365 进制的计数器。要求各位间为十进制关系，允许附加必要的门电路。

6-15 试用两片异步二—五—十进制计数器 74LS290 组成 24 进制计数器。

6-16 在图 6-45 所示用 555 定时器构成的施密特触发器电路中，试求：

(1) 当 $U_{CC}=14V$ 且没有外接控制电压时，U_{T+}、U_{T-} 及 ΔU_T 的值。

(2) 当 $U_{CC}=12V$，外接控制电压 $U_{CO}=6V$ 时，U_{T+}、U_{T-}、ΔU_T 的值。

6-17 在图 6-76 所示由 555 定时器构成的多谐振荡器中，为了提高输出信号的振荡频率，下列哪些方法可行？

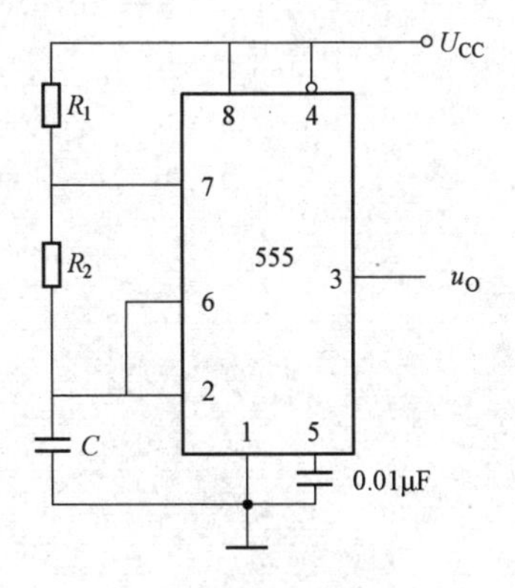

图 6-76 多谐振荡器

(1) 减小 R_1 的阻值。

(2) 减小 R_2 的阻值。

(3) 减小电容 C 的值。

(4) 降低电源电压 U_{CC}。

(5) 5 号管脚接大于 $\frac{2}{3}U_{CC}$ 的电压。

（6）提高 1 号管脚电位至接近 U_{CC}。

6-18　图 6-77 所示是救护车扬声器发音电路。在图中给出的电路参数下，试计算扬声器发出声音的高、低音频率以及高、低音的持续时间。当 $U_{CC}=12V$ 时，555 定时器输出的高、低电平分别为 11V 和 0.2V，输出电阻小于 100Ω。

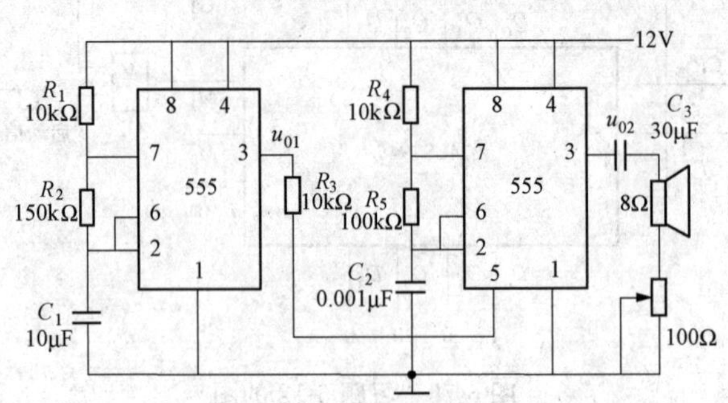

图 6-77　习题 6-18 的图

第 7 章　D/A 转换器和 A/D 转换器

本章主要介绍了 D/A 转换器和 A/D 转换器。在 D/A 转换器中，首先介绍了权电阻网络、倒 T 形电阻网络 D/A 转换器，然后介绍了 D/A 转换器的主要性能指标，最后介绍了集成 D/A 转换器及其应用。在 A/D 转换器中，首先介绍了并行比较、逐次比较型 A/D 转换电路，最后介绍了其主要性能指标和集成 A/D 转换器及其应用。

7.1　概　　述

在工程实际中，需要处理的各种物理量（如温度、压力、流量、湿度等）都是通过各种传感器转换得到的连续的模拟电信号（如电压或电流），而计算机和数字系统只能识别数字信号，因此要用计算机和数字系统识别或处理模拟电信号，必须通过接口电路，使接口电路把模拟信号转换成为数字信号。而经过数字系统分析、处理过的数字信号往往需要转换成为模拟信号，去控制模拟控制器。把模拟信号转换成为数字信号的电路称为模数转换器，简称 ADC；把数字信号转换成为模拟信号的电路称为数模转换器，简称 DAC。

在进行数模和模数转换的过程中，为保证数据的准确性，DAC 和 ADC 必须有足够的转换精度。同时，为适应数字系统处理信息速度快的特点，DAC 和 ADC 还必须有足够快的转换速度。因此转换精度和转换速度是衡量 DAC 和 ADC 性能优劣的主要性能指标。

7.2　D/A 转换器

D/A 转换器是把数字信号转换成为模拟信号的电路，一般 D/A 转换器用图 7-1 所示的框图表示。

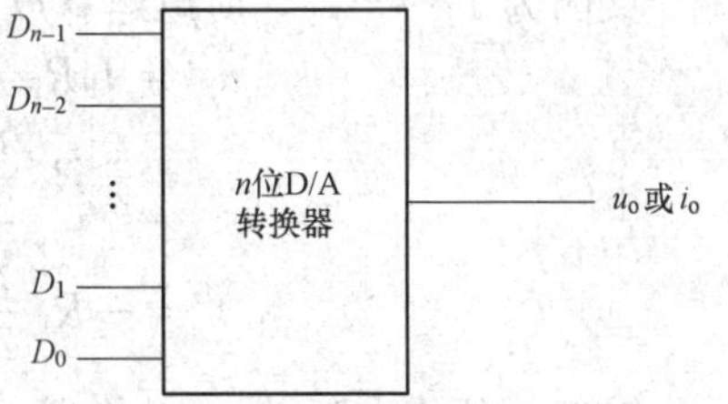

其中，$D_{n-1}D_{n-2}\cdots D_1D_0$ 为输入的 n 位二进制代码，构成一个输入数字量；u_o 或 i_o 为输出模拟量。其输出与输入的关系为

$$u_o \text{ 或 } i_o = K\sum_{i=0}^{n-1} D_i 2^i \tag{7-1}$$

图 7-1　D/A 转换器框图

任意一个二进制数 $D_{n-1}D_{n-2}\cdots D_1D_0$ 均可通过表达式

$$DATA = D_{n-1}\times 2^{n-1} + D_{n-2}\times 2^{n-2} + \cdots + D_1\times 2^1 + D_0\times 2^0 \tag{7-2}$$

来转换为十进制数。式中 $D_i = 0$ 或 $1(i=0,1,2,\cdots,n-1)$；$2^{n-1},2^{n-2},\cdots,2^1,2^0$ 分别为对应数位的权。要实现 D/A 转换，就必须先把每一位代码按其权的大小转换成相应的模拟量，然后将各模拟分量相加，其总和就是与数字量相对应的模拟量，这就是 D/A 转换的基本原理。

7.2.1 权电阻网络 D/A 转换器

4 位权电阻网路 D/A 转换器如图 7-2 所示，它主要由权电阻网络、电子模拟开关 S0～S3、基准电压 U_R 和运算放大器等组成。权电阻网络是 D/A 转换器的核心，其电阻阻值与 4 位二进制数的权值相对应，D_0～D_3 所对应电阻的比值为 8∶4∶2∶1。电子模拟开关 S0～S3 受输入的数字量控制，当输入数字量为 1 时，电子模拟开关接到 1 端，即基准电压 U_R 端；当输入数字量为 0 时，电子模拟开关接到 0 端，即接地。

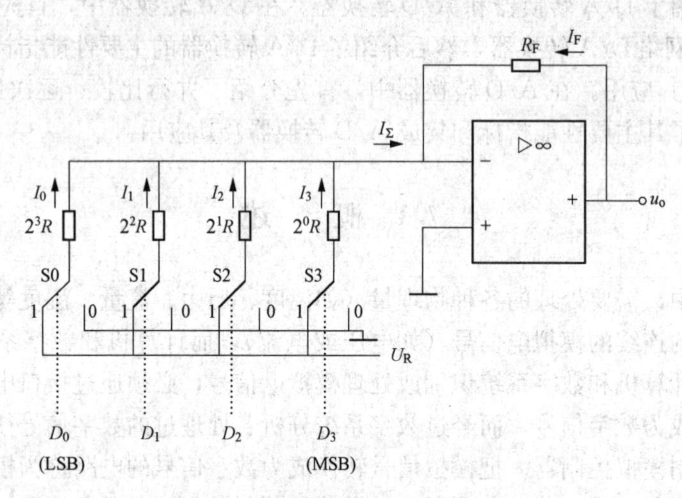

图 7-2 4 位权电阻网络 D/A 转换器

由该电路可知，流入到运算放大器的电流 I_Σ 为

$$
\begin{aligned}
I_\Sigma &= I_3 + I_2 + I_1 + I_0 \\
&= \frac{U_R}{2^0R}D_3 + \frac{U_R}{2^1R}D_2 + \frac{U_R}{2^2R}D_1 + \frac{U_R}{2^3R}D_0 \\
&= \frac{U_R}{2^3R}(2^3D_3 + 2^2D_2 + 2^1D_1 + 2^0D_0)
\end{aligned} \tag{7-3}
$$

又因为 $I_\Sigma = -I_F$，所以运算放大器的输出为

$$
\begin{aligned}
u_o &= I_FR_F = -I_\Sigma R_F \\
&= -R_F\frac{U_R}{2^3R}(2^3D_3 + 2^2D_2 + 2^1D_1 + 2^0D_0) \\
&= -R_F\frac{U_R}{2^3R}\sum_{i=0}^{3}2^iD_i
\end{aligned} \tag{7-4}
$$

对于 n 位权电阻 D/A 转换器，输出为

$$
\begin{aligned}
u_o &= -I_\Sigma R_F \\
&= -R_F\frac{U_R}{2^{n-1}R}(2^{n-1}D_{n-1} + 2^{n-2}D_{n-2} + \cdots + 2^1D_1 + 2^0D_0) \\
&= -R_F\frac{U_R}{2^{n-1}R}\sum_{i=0}^{n-1}2^iD_i
\end{aligned} \tag{7-5}
$$

由式（7-5）可以看出，输出模拟电压 u_o 的大小与输入的数字量成正比，从而实现了数字量到模拟量的转换。

7.2.2 倒 T 形电阻网络 D/A 转换器

在单片集成 D/A 转换器中，使用最多的是倒 T 形电阻网络 D/A 转换器。下面以 4 位倒

T形电阻网络D/A转换器为例说明其工作原理。

4位倒T形电阻网络D/A转换器的原理图如图7-3所示。

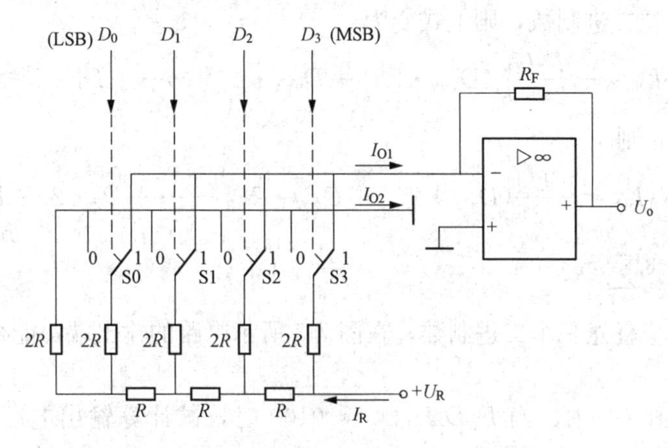

图7-3　4位倒T形电阻网络D/A转换器原理图

图中S0～S3为模拟电子开关，R-2R电阻网络呈倒T形，运算放大器组成求和电路。模拟电子开关Si由输入数码D_i控制，当$D_i=1$时，Si接运算放大器的反相输入端，电流流入求和电路；当$D_i=0$时，Si则接地。根据运算放大器线性运用时“虚地”的概念可知，无论模拟开关Si处于何种位置，与Si相连的2R电阻均将接“地”（地或虚地），其等效电路如图7-4所示。

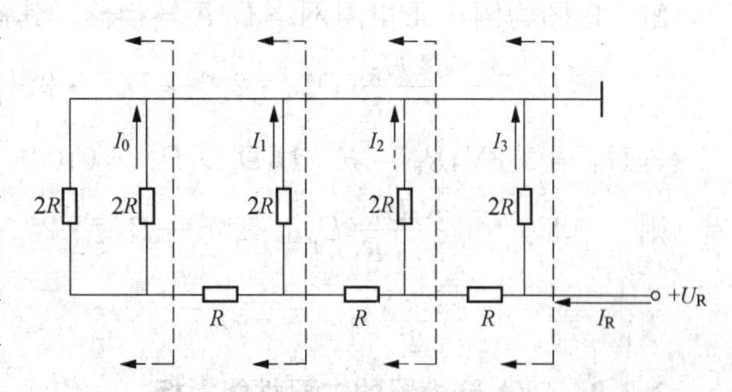

图7-4　倒T形电阻网络输出电流计算

分析R-2R电阻网络可以发现，从每个节点向左看的二端网络等效电阻均为R，因此

$$I_R=\frac{U_R}{R}$$

根据分流公式，可得各支路电流为

$$I_3=\frac{1}{2}I_R=\frac{U_R}{2^1\cdot R}$$

$$I_2=\frac{1}{4}I_R=\frac{U_R}{2^2\cdot R}$$

$$I_1=\frac{1}{8}I_R=\frac{U_R}{2^3\cdot R}$$

$$I_0=\frac{1}{16}I_R=\frac{U_R}{2^4\cdot R}$$

在图7-3中可得电阻网络的输出电流为

$$I_{O1}=\frac{U_R}{2^4\cdot R}(D_3\cdot 2^3+D_2\cdot 2^2+D_1\cdot 2^1+D_0\cdot 2^0)$$

输出电压U_o为

$$U_o = -R_F I_{O1} = -\frac{R_F U_R}{2^4 \cdot R}(D_3 \cdot 2^3 + D_2 \cdot 2^2 + D_1 \cdot 2^1 + D_0 \cdot 2^0)$$

若输入的是 n 位二进制数，则上式变为

$$U_o = -R_F I_{O1} = -\frac{R_F U_R}{2^n \cdot R}(D_{n-1} \cdot 2^{n-1} + D_{n-2} \cdot 2^{n-2} + \cdots + D_1 \cdot 2^1 + D_0 \cdot 2^0)$$

当 $R_F = R$ 时，则

$$U_o = -R_F I_{O1} = -\frac{U_R}{2^n}(D_{n-1} \cdot 2^{n-1} + D_{n-2} \cdot 2^{n-2} + \cdots + D_1 \cdot 2^1 + D_0 \cdot 2^0)$$

$$= -\frac{U_R}{2^n}\sum_{i=0}^{n-1} D_i 2^i \tag{7-6}$$

结果表明，对应任意一个二进制数，在图 7-3 所示电路的输出端都能得到与之成正比的模拟电压。

【例 7-1】 在图 7-3 中，当 $D_3 D_2 D_1 D_0 = 0100$ 时，试计算输出电压 U_o。其中 $U_R = 2.8\text{V}, R_F = R$ 。

解 该图为倒 T 形电阻网络 D/A 转换器，其输出电压为

$$U_o = -\frac{R_F U_R}{2^n \cdot R}(D_{n-1} \cdot 2^{n-1} + D_{n-2} \cdot 2^{n-2} + \cdots\cdots + D_1 \cdot 2^1 + D_0 \cdot 2^0)$$

若 $U_R = 2.8\text{V}, R_F = R$, $D_3 D_2 D_1 D_0 = 0100$

则

$$U_o = -\frac{R_F U_R}{2^n \cdot R}(D_{n-1} \cdot 2^{n-1} + D_{n-2} \cdot 2^{n-2} + \cdots\cdots + D_1 \cdot 2^1 + D_0 \cdot 2^0)$$

$$= -\frac{2.8\text{V}}{2^4} \times 4 = -0.7\text{V}$$

7.2.3　D/A 转换器的主要性能指标

1. 分辨率

分辨率（Resolution）是指 D/A 转换器能分辨最小输出电压变化量 U_{LSB} 与最大输出电压 U_{MAX}（满量程输出电压）之比。最小输出电压变化量就是对应于输入数字信号最低位为 1、其余各位为 0 时的输出电压，记为 U_{LSB} ；满量程输出电压就是对应于输入数字信号的各位全是 1 时的输出电压，记为 U_{MAX} 。

对于一个 n 位的 D/A 转换器可以证明：

$$\frac{U_{LSB}}{U_{MAX}} = \frac{1}{2^n - 1} \approx \frac{1}{2^n} \tag{7-7}$$

例如对于一个 10 位的 D/A 转换器，其分辨率是

$$\frac{U_{LSB}}{U_{MAX}} = \frac{1}{2^{10} - 1} \approx \frac{1}{2^{10}} = \frac{1}{1024}$$

由式（7-7）可见，分辨率与 D/A 转换器的位数有关，所以分辨率有时直接用位数表示，如 8 位、10 位等。位数越多，能够分辨的最小输出电压变化量就越小。U_{LSB} 的值越小，分辨率就越高。

2. 精度

D/A 转换器的精度（Precision）是指实际输出电压与理论输出电压之间的偏离程度，通常用最大误差与满量程输出电压之比的百分数表示。例如，D/A 转换器满量程输出电压是 7.5V，如果精度为 1%，就意味着输出电压的最大误差为 ±0.075V ，也就是说输出电压

的范围为7.425～7.575V。

转换精度是一个综合指标，它不仅与D/A转换器中元件参数的精度有关，还与环境温度、求和运算放大器的温度漂移以及转换器的位数有关。所以要获得较高的D/A转换精度，除了正确选用D/A转换器的位数外，还要选用低零漂的运算放大器。

3. 转换时间

D/A转换器的转换时间是指从输入数字信号开始转换到输出电压（或电流）达到稳定时所需要的时间。它是一个反映D/A转换器工作速度的指标，转换时间的数值越小，表示D/A转换器工作速度越高。

转换时间也称输出时间，有时手册上规定将输出上升到满刻度的某一百分数所需要的时间作为转换时间。转换时间一般为几纳秒到几微秒。目前，在不包含参考电压源和运算放大器的单片集成D/A转换器中，转换时间一般不超过1μs。

7.2.4　集成D/A转换器及其应用

随着集成技术的迅猛发展，单片集成D/A转换器产品的种类越来越多。按输入二进制的位数分类有8位、10位、12位和16位等；按其内部电路结构不同一般分为两类：一类集成芯片内部只集成了电阻网络（或恒流源网络）和模拟电子开关，另一类则集成了组成D/A转换器的全部电路。D/A转换器在实际电路中应用很广，它不仅常作为接口电路用于微机系统，而且还可利用其电路结构特征和输入、输出电量之间的关系构成数控电流源、电压源、数字式可编程增益控制电路和波形产生电路等。

1. 集成D/A转换器AD7520

AD7520是10位CMOS D/A转换器，其结构简单、通用性好。AD7520芯片内只含倒T形电阻网络、CMOS电流开关和反馈电阻（$R=10\text{k}\Omega$），该集成D/A转换器在应用时必须外接参考电压源和运算放大器。AD7520的引脚排列如图7-5所示。

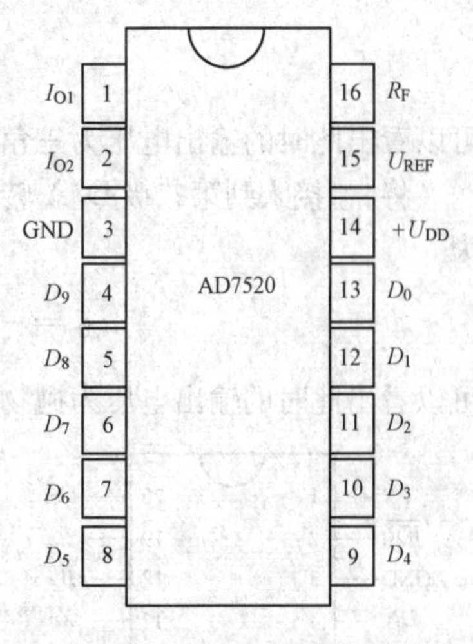

图7-5　AD7520的引脚排列

AD7520共有16个引脚，各引脚的功能如下：

I_{O1}：模拟电流输出端，接到运算放大器的反相输入端。

I_{O2}：模拟电流输出端，一般接"地"。

GND：接"地"端。

D_0～D_9：10位数字量的输入端。

$+U_{DD}$：CMOS模拟开关的电源接线端。

U_{REF}：参考电压电源接线端，可为正值或负值。

R_F：集成芯片内部一个电阻的引出端，该电阻作为运算放大器的反馈电阻，它的另一端接在芯片内部的I_{O1}端。

由D/A转换器AD7520和10位二进制可逆计数器及加减控制电路构成的波形产生电路如图7-6所示。图中的加减控制电路与10位二进制可逆计数器配合工作，当计数器处于加法计数器状态并计到全1时，将加减控制电路复位，使计数器进入减法计数器状态；而当减法计数器计到全0时，又使计数器进入加法计数器状态；如此周而复始。

第一级D/A转换器输出电压u_{O1}为

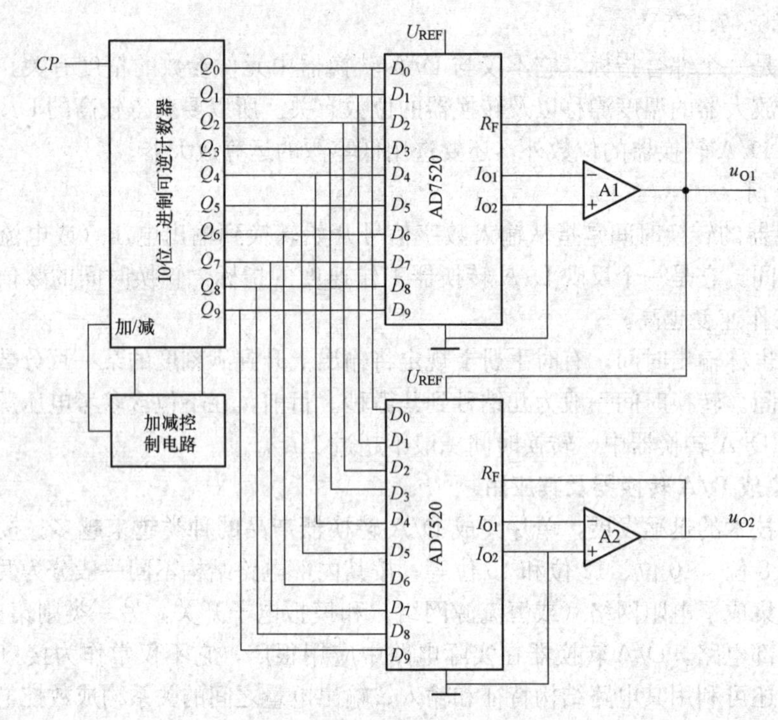

图 7-6　波形产生电路

$$u_{O1} = -\frac{U_{REF}}{2^{10}}\sum_{i=0}^{9}(2^i D_i) \tag{7-8}$$

可以看出此时的输出电压为三角波。

将 u_{O1} 接入到第二级 D/A 转换器的参考电压端 U_{REF}，则第二级 D/A 转换器输出电压 u_{O2} 为

$$u_{O2} = -\frac{u_{O1}}{2^{10}}\sum_{i=0}^{9}(2^i D_i) = \frac{U_{REF}}{2^{20}}\left[\sum_{i=0}^{9}(2^i D_i)\right]^2 \tag{7-9}$$

可以看出此时的输出电压为抛物波。

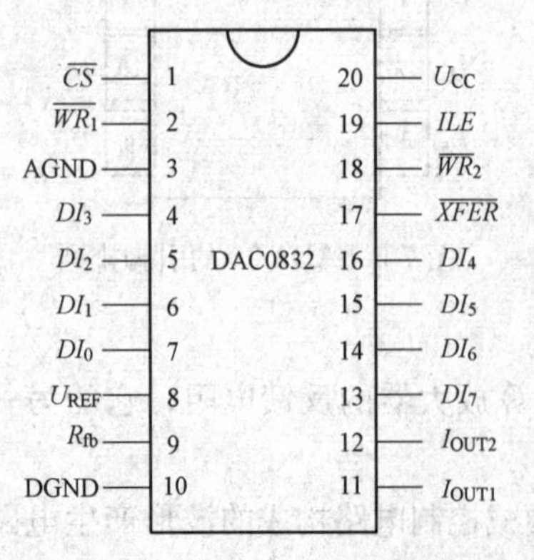

图 7-7　DAC0832 的引脚排列

2. 集成 D/A 转换器 DAC0832

DAC0832 是电流输出型 8 位 D/A 转换电路，它采用 R-$2R$ 倒 T 形电阻网络、乘法式 DAC，采用 CMOS 制造工艺，可以直接与 8 位微处理器相连而不需另加 I/O 接口。该芯片和 TTL 系列及低压 CMOS 系列相兼容，是目前微机控制系统常用的 D/A 芯片。DAC0832 需要外接运算放大器才能得到模拟电压输出。

DAC0832 的引脚排列如图 7-7 所示。其引脚功能如下：

$DI_0 \sim DI_7$：8 位数字量输入端。其中 DI_0 为最低位，DI_7 为最高位。

$\overline{CS}$：片选输入端，低电平有效。与 ILE 共同作用，对 $\overline{WR_1}$ 信号进行控制。

ILE：允许输入锁存端，高电平有效。

$\overline{WR_1}$：写信号1，低电平有效。只有当ILE=1，且$\overline{CS}=0$、$\overline{WR_1}=0$时，才允许写入输入数字信号；$\overline{WR_1}=1$时，8位输入寄存器的数据被锁定。

$\overline{WR_2}$：写信号2，低电平有效。当$\overline{WR_2}=0$和$\overline{XFER}=0$时，DAC寄存器输出给D/A转换器；$\overline{WR_2}=1$时，D/A寄存器输入数据。

$\overline{XFER}$：传送控制信号端，低电平有效。用来选通$\overline{WR_2}$。

I_{OUT1}：电流输出1端。DAC寄存器输出全为1时，I_{OUT1}最大；DAC寄存器输出为0时，$I_{OUT1}=0$。

I_{OUT2}：电流输出2端。DAC寄存器输出全为0时，I_{OUT2}最大；反之I_{OUT2}为0，满足$I_{OUT1}+I_{OUT2}=$常数。外接运放时，I_{OUT1}接运放的反相输入端，I_{OUT2}接运放的同相输入端或模拟地。

R_{fb}：反馈电阻连接端。在构成电压输出DAC时，此端应接运算放大器的输出端。

U_{REF}：基准电压输入端，要求是一精密电源，电压范围为−10～+10V。

U_{CC}：电源电压端，一般为+5～+15V。

AGND、DGND：模拟地和数字地，一般情况下将它们连在一起，以提高抗干扰能力。

DAC0832内部有两个数据寄存器，所以可接成单缓冲、双缓冲、直通工作三种工作方式。

4位二进制计数器74LS161（接成计数状态）、D/A转换器DAC0832和集成运放组成阶梯波发生器，电路如图7-8所示。

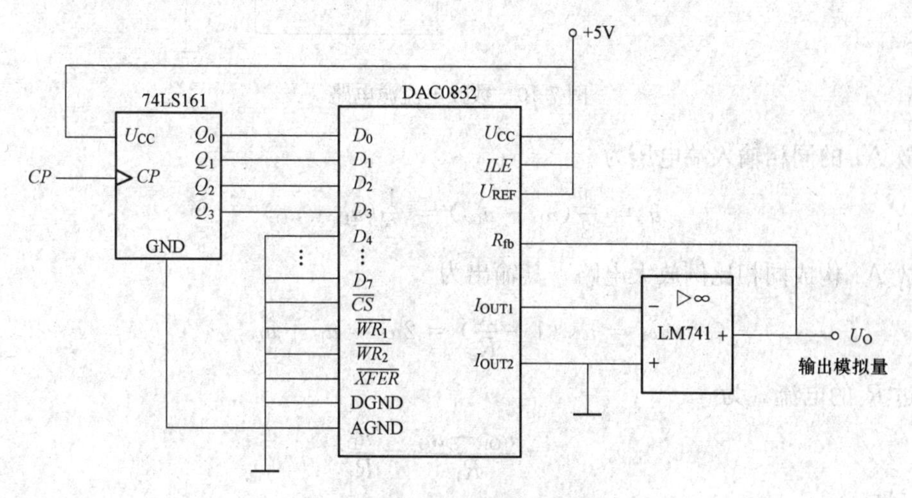

图7-8　附梯波发生器电路

由图7-8可知，$U_O=-\frac{U_{REF}}{2^8}\sum_{i=0}^{7}(D_i\cdot 2^i)$，则当74LS161输出为0000时，$U_O$=0V；当输出为0001时，$U_O=-0.02V=-20mV$，其他依此类推。输出电压$U_O$波形图如图7-9所示。

3. D/A转换器构成的数控电流源

由D/A转换器、集成运放构成的数控电流源电路如图7-10所示，其中D/A转换器为单极性或双极性输出，其输出电压由输入的数字量决定。

由图7-10可知，集成运放A2构成电压跟随器，因此$u_O=u_{O2}$，根据电路叠加定理可

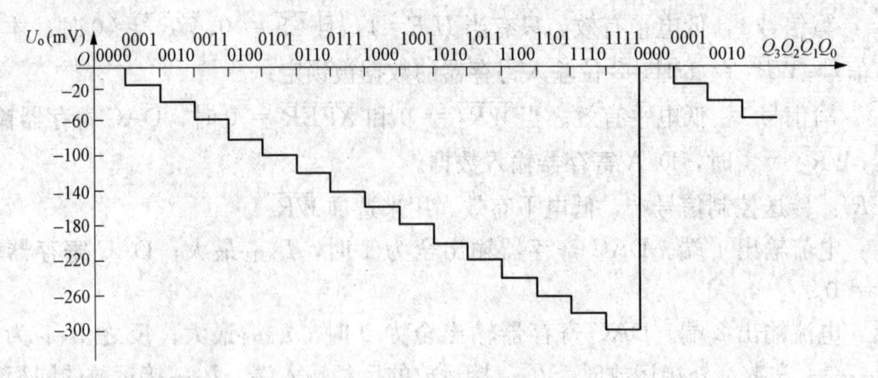

图 7-9 阶梯波发生器输出波形

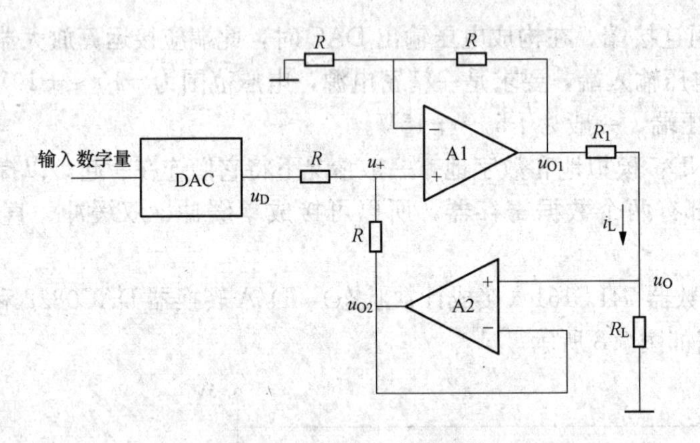

图 7-10 数控电流源电路

求得运放 A1 的同相输入端电压为

$$u_+ = \frac{1}{2}(u_D + u_{O2}) = \frac{1}{2}(u_D + u_O)$$

运放 A1 构成同相比例放大电路，其输出为

$$u_{O1} = u_+ \left(1 + \frac{R}{R}\right) = 2u_+ = u_D + u_O$$

流过 R_1 的电流 i_L 为

$$i_L = \frac{u_{O1} - u_O}{R_1} = \frac{u_D}{R_1} \tag{7-10}$$

由此可知，i_L 由 D/A 转换器的输出 u_D 决定，而 u_D 由 D/A 转换器输入的数字量决定，与负载电阻 R_L 无关，因此称为数控电流源。

7.3 A/D 转换器

A/D 转换器的作用是将时间连续、幅值也连续的模拟信号转换为时间离散、幅值也离散的数字信号。

7.3.1 A/D 转换的基本原理

A/D 转换一般要经过采样、保持、量化及编码四个过程。在实际电路中，这些过程有的是合并进行的，例如，采样和保持、量化和编码往往都是在转换过程中同时实现的。

1. 采样和保持

采样是将随时间连续变化的模拟量转换为时间离散的模拟量。采样电路如图 7-11（a）所示，传输门受采样信号 $S(t)$ 控制。在 $S(t)$ 的脉宽 τ 期间，传输门导通，输出信号 $u_0(t)$ 为输入信号 $u_i(t)$；而在（$T_S-\tau$）期间，传输门关闭，输出信号 $u_0(t)=0$。电路中各信号波形如图 7-11（b）所示。

通过分析可以看到，采样信号 $S(t)$ 的频率越高，所得信号经滤波器后越能真实地复现输入信号，但带来的问题是数据量增大。为保证有合适的采样频率，它必须满足采样定理。

采样定理：设采样信号 $S(t)$ 的频率为 f_S，输入模拟信号 $u_i(t)$ 的最高频率分量的频率为 f_{imax}，则 f_S 与 f_{imax} 必须满足关系 $f_S \geqslant 2f_{imax}$，工程上一般取 $f_S>(3\sim5)f_{imax}$。

将采样电路每次取得的模拟信号转换为数字信号都需要一定时间，为了给后续的量化编码过程提供一个稳定值，每次取得的模拟信号必须通过保持电路保持一段时间。

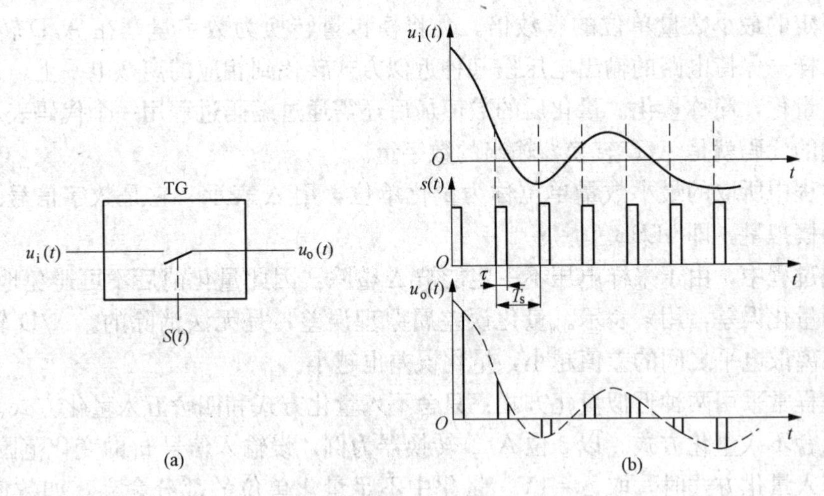

图 7-11　采样过程示意图

（a）采样电路；（b）采样电路中的信号波形

采样与保持过程往往是通过采样—保持电路同时完成的。采样—保持电路的原理图及输出波形如图 7-12 所示。

采样—保持电路由输入放大器 A1、输出放大器 A2、保持电容 C_H 和开关驱动电路组成。电路中要求 A1 具有很高的输入阻抗，以减少对输入信号源的影响。为使保持阶段 C_H 上所存电荷不易泄放，A2 应具有较高的输入阻抗，同时为提高电路的带负载能力，A2 还应具有较低的输出阻抗。一般还要求电路中 $A_{u1}\cdot A_{u2}=1$。

在图 7-12 中，当 $t=t_0$ 时，开关 S 闭合，电容被迅速充电，由于 $A_{u1}\cdot A_{u2}=1$，因此 $u_o=u_i$，在 $t_0\sim t_1$ 时间间隔内是采样阶段。在 $t=t_1$ 时刻 S 断开。若 A2 的输入阻抗为无穷大、S 为理想开关，这样可以认为电容 C_H 没有放电回路，其两端电压保持为 u_o 不变，则 $t_1\sim t_2$ 时间段就是保持阶段。

目前，采样—保持电路已有多种型号的单片集成电路产品，可根据需要选择相应的集成采样—保持电路。

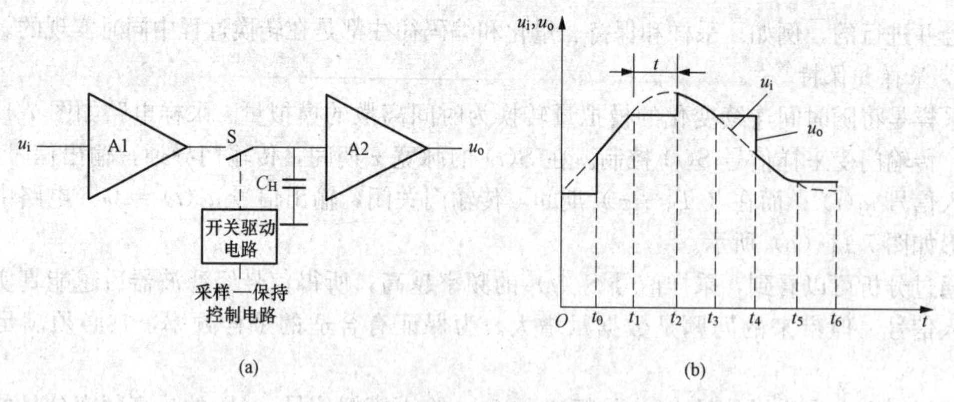

图 7-12 采样—保持电路的原理图及输出波形

(a) 原理图；(b) 输出波形

2. 量化和编码

数字信号不仅在时间上是离散的，而且在幅值上也是离散的。任何一个数字量的大小只能是某个规定的最小数量单位的整数倍。为将模拟量转换为数字量，在 A/D 转换过程中，还必须将采样—保持电路的输出电压按某种近似方式转化到相应的离散电平上，这一转化过程称为数值量化，简称量化。量化后的数值最后还需通过编码过程用一个代码表示出来，经编码后得到的代码就是 A/D 转换器输出的数字量。

量化过程中所取的最小数量单位称为量化单位，用 Δ 表示。它是数字信号最低位为 1 时所对应的模拟量，即 1LSB。

在量化过程中，由于采样电压不一定能被 Δ 整除，因此量化前后不可避免地存在误差，该误差称为量化误差，用 ε 表示。量化误差属原理误差，是无法消除的。A/D 转换器的位数越多，各离散电平之间的差值越小，量化误差也越小。

量化过程常采用两种近似量化方式：只舍不入量化方式和四舍五入量化方式。

(1) 只舍不入量化方式。以 3 位 A/D 转换器为例，设输入信号 u_i 的变化范围为 0～8V，采用只舍不入量化方式时，取 Δ=1V，量化中不足量化单位的部分舍弃，如数值在 0～1V 之间的模拟电压都当作 0Δ，用二进制数 000 表示；而数值在 1～2V 之间的模拟电压都当作 1Δ，用二进制数 001 表示等，这种量化方式的最大误差为 Δ。

(2) 四舍五入量化方式。如采用四舍五入量化方式，则取量化单位 Δ=16/15V，量化过程将不足半个量化单位的部分舍弃，对于等于或大于半个量化单位的部分按一个量化单位处理。它将数值在 0～8/15V 之间的模拟电压都当作 0Δ，用二进制数 000 表示；而数值在 8/15～24/15V 之间的模拟电压均当作 1Δ，用二进制数 001 表示等。两种量化方式如图 7-13 所示。

采用只舍不入量化方式的最大量化误差 $|\varepsilon_{max}|$=1LSB，而采用四舍五入量化方式时 $|\varepsilon_{max}|$=1LSB/2，后者量化误差比前者小，所以多数 A/D 转换器都采用四舍五入量化方式。

A/D 转换器的种类很多，按其工作原理不同分为直接 A/D 转换器和间接 A/D 转换器两类。直接 A/D 转换器可将模拟信号直接转换为数字信号，这类 A/D 转换器具有较快的转换速度，其典型电路有并行比较型 A/D 转换器、逐次比较型 A/D 转换器；而间接 A/D 转换器则是先将模拟信号转换成某一中间电量（如时间或频率），然后再将中间电量转换为数字量输出，此类 A/D 转换器的速度较慢，其典型电路有双积分型 A/D 转换器、电压频率转换型

A/D 转换器。

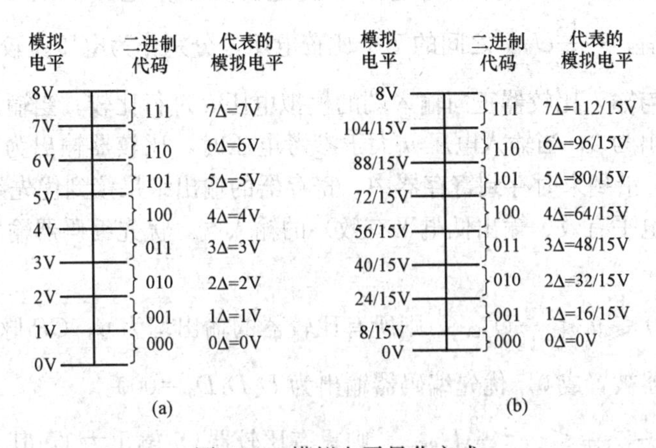

图 7-13　模拟电平量化方式

(a) 只舍不入量化方式；(b) 四舍五入量化方式

7.3.2　并行比较型 A/D 转换器

并行比较型 A/D 转换器是一种直接型 A/D 转换器。3 位并行比较型 A/D 转换器如图 7-14 所示，它由电阻分压器、电压比较器、寄存器和优先编码器组成。输入 u_i 为 $0 \sim U_{REF}$ 之间的模拟电压，输出为 3 位二进制数码 $D_2D_1D_0$。

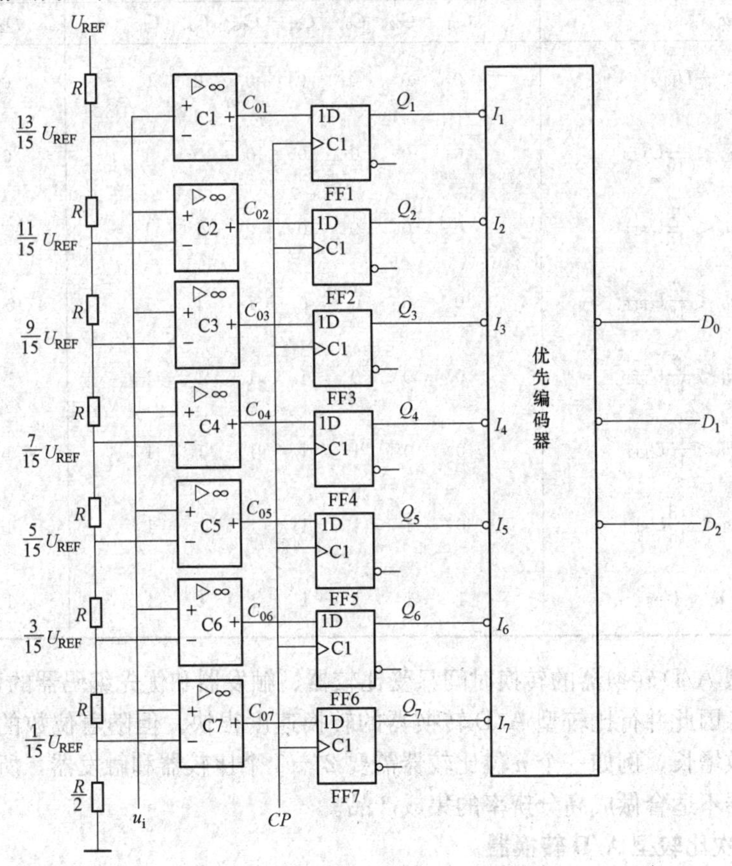

图 7-14　3 位并行比较型 A/D 转换器

在图 7-14 中，电阻分压器对参考电压 U_{REF} 进行分压，电路的最小量化单位为 $\Delta=\frac{2}{15}U_{REF}$，得到 $\frac{1}{15}U_{REF}\sim\frac{13}{15}U_{REF}$ 之间的 7 个比较电压，分别作为电压比较器 C1～C7 的反向输入端参考电压，与输入比较器正向输入端的模拟电压 u_i 进行比较，当输入电压 u_i 小于参考电压时，比较器输出为 0；当输入电压 u_i 大于参考电压时，比较器输出为 1。比较器的输出结果在 *CP* 脉冲上升沿到来时存到寄存器中，寄存器的输出结果接到优先编码器（这里的优先编码器为输入低电平有效、输出低电平有效）的输入端，优先编码器输出的就是转换后的数字量。

如果输入电压 $0\leqslant u_i<\frac{1}{15}U_{REF}$，则所有比较器的输出均为 0，*CP* 脉冲上升沿到来后，寄存器中所有触发器被置成 0。优先编码器输出为 $D_2D_1D_0=000$。

如果输入电压 $\frac{1}{15}U_{REF}\leqslant u_i<\frac{3}{15}U_{REF}$，则只有比较器 C7 输出为 1，其余比较器输出均为 0，*CP* 脉冲上升沿到来后，寄存器中触发器 FF7 被置成 1，其余触发器均为 0。优先编码器输出为 $D_2D_1D_0=001$。

依此类推得到 3 位并行比较型 A/D 转换器的转换真值表如表 7-1 所示。

表 7-1　3 位并行比较型 A/D 转换器的转换真值表

输入模拟电压	比较器输出状态							数字量输出		
u_i	C_{01}	C_{02}	C_{03}	C_{04}	C_{05}	C_{06}	C_{07}	D_2	D_1	D_0
$0\leqslant u_i<\frac{1}{15}U_{REF}$	0	0	0	0	0	0	0	0	0	0
$\frac{1}{15}U_{REF}\leqslant u_i<\frac{3}{15}U_{REF}$	0	0	0	0	0	0	1	0	0	1
$\frac{3}{15}U_{REF}\leqslant u_i<\frac{5}{15}U_{REF}$	0	0	0	0	0	1	1	0	1	0
$\frac{5}{15}U_{REF}\leqslant u_i<\frac{7}{15}U_{REF}$	0	0	0	0	1	1	1	0	1	1
$\frac{7}{15}U_{REF}\leqslant u_i<\frac{9}{15}U_{REF}$	0	0	0	1	1	1	1	1	0	0
$\frac{9}{15}U_{REF}\leqslant u_i<\frac{11}{15}U_{REF}$	0	0	1	1	1	1	1	1	0	1
$\frac{11}{15}U_{REF}\leqslant u_i<\frac{13}{15}U_{REF}$	0	1	1	1	1	1	1	1	1	0
$\frac{13}{15}U_{REF}\leqslant u_i<U_{REF}$	1	1	1	1	1	1	1	1	1	1

并行比较型 A/D 转换器的转换时间只受比较器、触发器和优先编码器的延迟时间限制，延迟时间较短，因此并行比较型 A/D 转换器的转换速度很快。但随着位数的增加，元件的数目成几何级数增长，例如一个 n 位比较器需要 2^n-1 个比较器和触发器，所以电路会很复杂，这种比较器不适合做成高分辨率的集成产品。

7.3.3　逐次比较型 A/D 转换器

逐次比较型 A/D 转换器是一种比较常见的 A/D 转换电路。逐次比较转换过程和用天平称重非常相似。天平称重过程是从最重的砝码开始试放，与被称物体进行比较，若物体重于砝码，则该砝码保留，否则移去。再加上第二个次重砝码，由物体的重量是否大于砝码的重量决定第二个砝码是留下还是移去。照此一直加到最小一个砝码为止。将所有留下的砝码重量相加，就得此物体的重量。仿照这一思路，逐次比较型 A/D 转换器就是将输入模拟信号与不同的参考电压作多次比较，使转换所得的数字量在数值上逐次逼近输入模拟量对应值。

4 位逐次比较型 A/D 转换器的逻辑电路如图 7-15 所示。

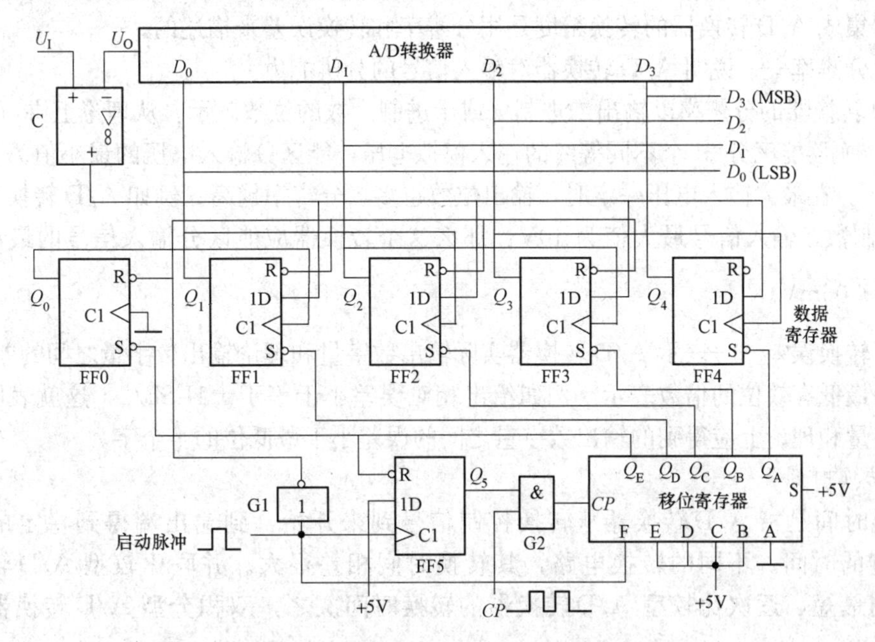

图 7-15　4 位逐次比较型 A/D 转换器的逻辑电路

图中 5 位移位寄存器可进行并入/并出或串入/串出操作，其输入端 F 为并行置数使能端，高电平有效。其输入端 S 为高位串行数据输入。数据寄存器由 D 边沿触发器组成，数字量从 $Q_4 \sim Q_1$（$D_3 \sim D_0$）输出。

电路工作过程如下：当启动脉冲上升沿到达后，FF0～FF4 被清零，Q_5 置 1，Q_5 的高电平开启与门 G2，时钟脉冲 CP 进入移位寄存器。在第一个 CP 脉冲作用下，由于移位寄存器的置数使能端 F 已由 0 变 1，并行输入数据 ABCDE 置入，$Q_AQ_BQ_CQ_DQ_E = 01111$，Q_A 的低电平使数据寄存器的最高位（Q_4）置 1，即 $Q_4Q_3Q_2Q_1 = 1000$。D/A 转换器将数字量 1000 转换为模拟电压 U_0，送入电压比较器 C 与输入模拟电压 U_I 比较，若 $U_I > U_0$，则比较器 C 输出为 1，否则为 0。

第二个 CP 脉冲到来后，移位寄存器的串行输入端 S 为高电平，Q_A 由 0 变 1，同时最高位 Q_A 的 0 移至次高位 Q_B。于是数据寄存器的 Q_3 由 0 变 1，这个正跳变作为有效触发信号加到 FF4 的 C1 端，使电压比较器的输出电平得以在 Q_4 保存下来。此时，由于其他触发器无正跳变触发脉冲，电压比较器的输出电平信号对它们不起作用。Q_3 变 1 后，建立了新的 D/A 转换器的数据，输入电压再与其输出电压 U_0 进行比较，比较结果在第三个时钟脉冲作用下存于 Q_3 ……。如此进行，直到 Q_E 由 1 变 0 时，使触发器 FF0 的输出端 Q_0 产生由 0 到 1 的正跳变，这个正跳变作为有效触发信号加到 FF1 的 C1 端，使上一次 A/D 转换后的电压比较器的输出电平保存于 Q_1 。同时使 Q_5 由 1 变 0 后将 G2 封锁，一次 A/D 转换过程结束。于是电路的输出端 $D_3D_2D_1D_0$ 得到与输入电压 U_I 成正比的数字量。

由以上分析可见，逐次比较型 A/D 转换器完成一次转换所需时间与其位数和时钟脉冲的频率有关，位数越少，时钟频率越高，转换所需时间越短。这种 A/D 转换器具有转换速度快、精度高的特点。

7.3.4 A/D 转换器的主要性能指标

1. 转换精度

单片集成 A/D 转换器的转换精度是用分辨率和转换误差来描述的。

(1) 分辨率——说明 A/D 转换器对输入信号的分辨能力。

A/D 转换器的分辨率以输出二进制（或十进制）数的位数表示。从理论上讲，n 位输出的 A/D 转换器能区分 2^n 个不同等级的输入模拟电压，能区分输入电压的最小值为满量程输入的 $1/2^n$ 。在最大输入电压一定时，输出位数越多，分辨率越高。例如 A/D 转换器输出为 8 位二进制数，输入信号最大值为 10V，那么这个转换器应能区分输入信号的最小电压为 $\frac{10}{2^8}\text{V} = 39.06\text{mV}$。

(2) 转换误差——表示 A/D 转换器实际输出数字量和理论输出数字量之间的差别。

常用最低有效位的倍数表示。例如给出相对误差小于等于±1LSB/2，这就表明实际输出的数字量和理论上应得到的输出数字量之间的误差小于最低位的半个字。

2. 转换时间

转换时间是指 A/D 转换器从转换控制信号到来开始，到输出端得到稳定的数字信号所经过的时间。不同的转换电路，其转换时间相差很大。并联比较型 A/D 转换器的转换时间最短，逐次比较型 A/D 转换器的转换时间次之，双积分型 A/D 转换器的转换时间最长。

7.3.5 集成 A/D 转换器及其应用

常用的集成逐次比较型 A/D 转换器有 ADC0808/0809 系列（8 位）、AD575（10 位）、AD574A（12 位）等，常用的双积分式 A/D 转换器有 ICL7107、CC7106 等。下面介绍集成 A/D 转换器 CC7106 的结构和使用。

CC7106 为双积分型 A/D 转换器，它将数字电路和模拟电路集成在一块芯片上，为大规模集成电路。它具有输入阻抗高、功耗低、抗干扰能力强、转换精度高等优点，可直接驱动液晶显示器，只需外接少量电子元件就可方便地构成 $3\frac{1}{2}$ 位（3 位半）数字电压表。

图 7-16（a）所示为 CC7106 的电路结构，图 7-16（b）所示为其引脚排列。各引脚功能如下：

V_{DD}、V_{EE}：电源正、负端。单电源供电时，常取 $U_{DD}=9\text{V}$。

$a_1 \sim g_1$：个位笔段驱动端。

$a_2 \sim g_2$：十位笔段驱动端。

$a_3 \sim g_3$：百位笔段驱动端。

bc_4：千位 b、c 笔段驱动端。

PM：负极性显示输出端。接千位 g 段，当 PM 为负值时，显示负号。

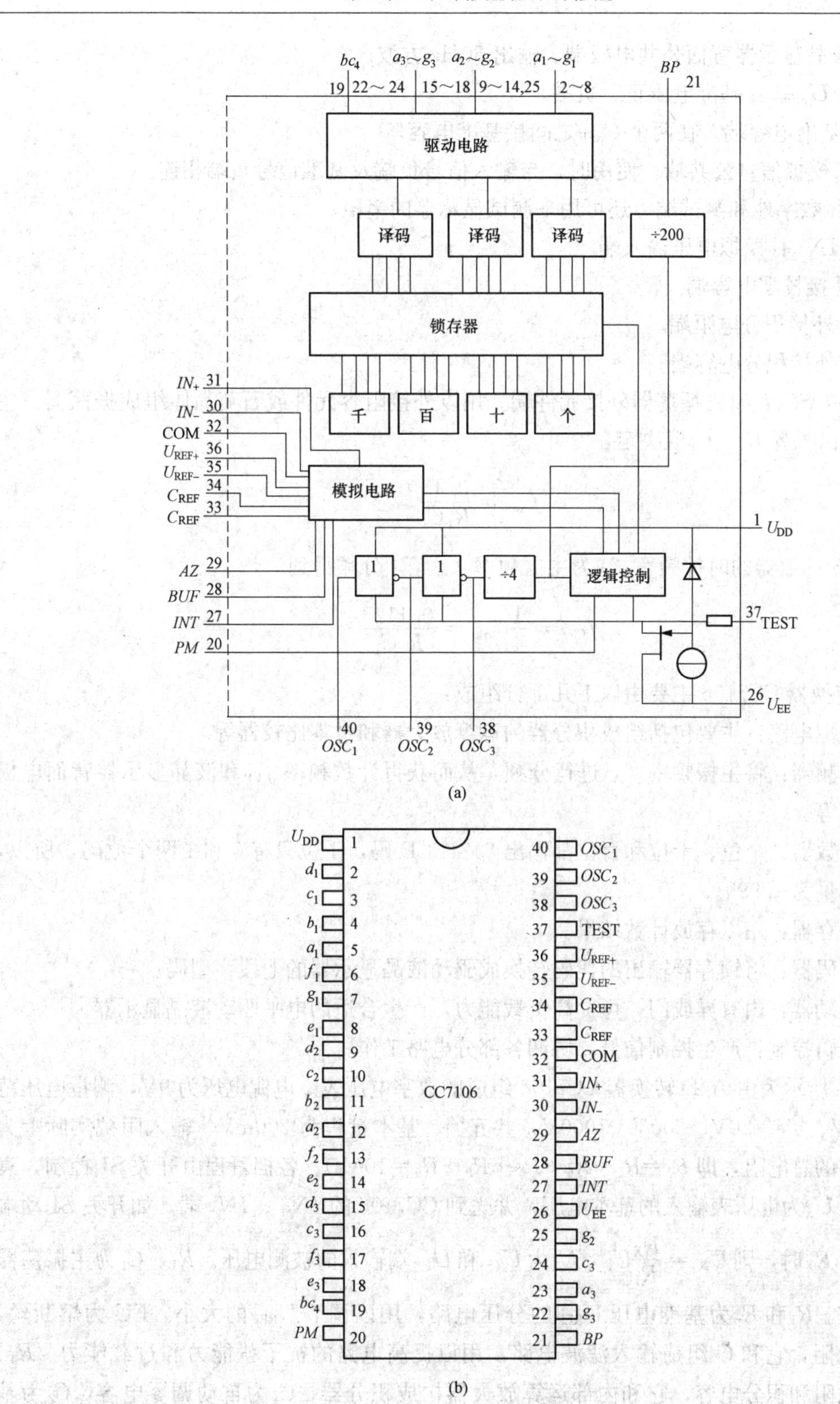

图 7-16　CC7106 电路结构和引脚排列

(a) 电路结构；(b) 引脚排列

BP：液晶显示器背面公共电极端。输出50Hz方波。

U_{REF+}、U_{REF-}：基准电压正、负端。

C_{REF}：基准电容端。在两个C_{REF}之间接基准电容。

COM：模拟信号公共端。使用时，与输入信号负端及基准信号负端相连。

TEST：数字地和测试端。还可用来测试显示器的笔段。

IN_{+}、IN_{-}：模拟电压输入端。

AZ：外接校零电容端。

BUF：外接积分电阻端。

INT：外接积分电容端。

OSC_1～OSC_3：时钟振荡器外接元件端。用以外接阻容元件或石英晶体组成振荡器。主振频率f_{osc}由外界R_1、C_1值决定

$$f_{osc}=\frac{0.45}{R_1C_1}$$

CC7106计数器的时钟频率f_{CP}为主振频率f_{osc}经4分频得到

$$f_{CP}=\frac{1}{4}f_{osc}=\frac{0.1125}{R_1C_1}$$

A/D转换器CC7106主要由以下几部分组成：

(1) 模拟电路：主要包括组成积分器的运算放大器和过零比较器等。

(2) 分频器：将主振频率f_{osc}进行分频，从而获得计数频率f_{CP}和液晶显示器背面电极的方波频率等。

(3) 计数器：个位、十位和百位都输出8421BCD码，千位只有0和1两个数码，所以，最大技术容量为1.999。

(4) 锁存器：用以存放计数结果。

(5) 译码器：将锁存器输出的代码转换成驱动液晶显示器的七段字型码。

(6) 驱动器：内有异或门，可提高负载能力，产生合适的电平驱动液晶显示器。

(7) 逻辑控制：产生控制信号，协调各部分电路工作。

图7-17所示为由A/D转换器CC7106组成的数字电压表。电源电压为9V，测量电压范围为200mV、2V、20V、200V、1000V，共五挡，基本量程为200mV。输入阻抗实际上为电阻分压器的总电阻，即$R_I=R_5+R_6+R_7+R_8+R_9=10M\Omega$。各挡量程由开关S1控制，衰减后的电压$U_x$为电压表输入的基本电压，并送到CC7106的$IN_{+}$、$IN_{-}$端。如开关S1动端对地电阻为$R_X$时，则$U_X=\frac{R_X}{R_I}U_I$，$U_I$为$U_{I+}$和$U_{I-}$端输入的被测电压。$R_1$、$C_1$为主振荡器的定时元件。$R_1$和$R_p$为基准电压$U_{REF}$的分压电路，用以调节$U_{REF}$的大小。FU为熔断丝，$R_3$为限流电阻，它和$C_3$组成输入滤波电路，用以提高电路的抗干扰能力和过载能力。R_4、C_5为积分电阻和积分电容，它和内部运算放大器构成积分器。C_4为自动调零电容，C_2为基准电容。R_{10}、R_{11}、R_{12}、三个异或门和开关S2用以控制小数点。

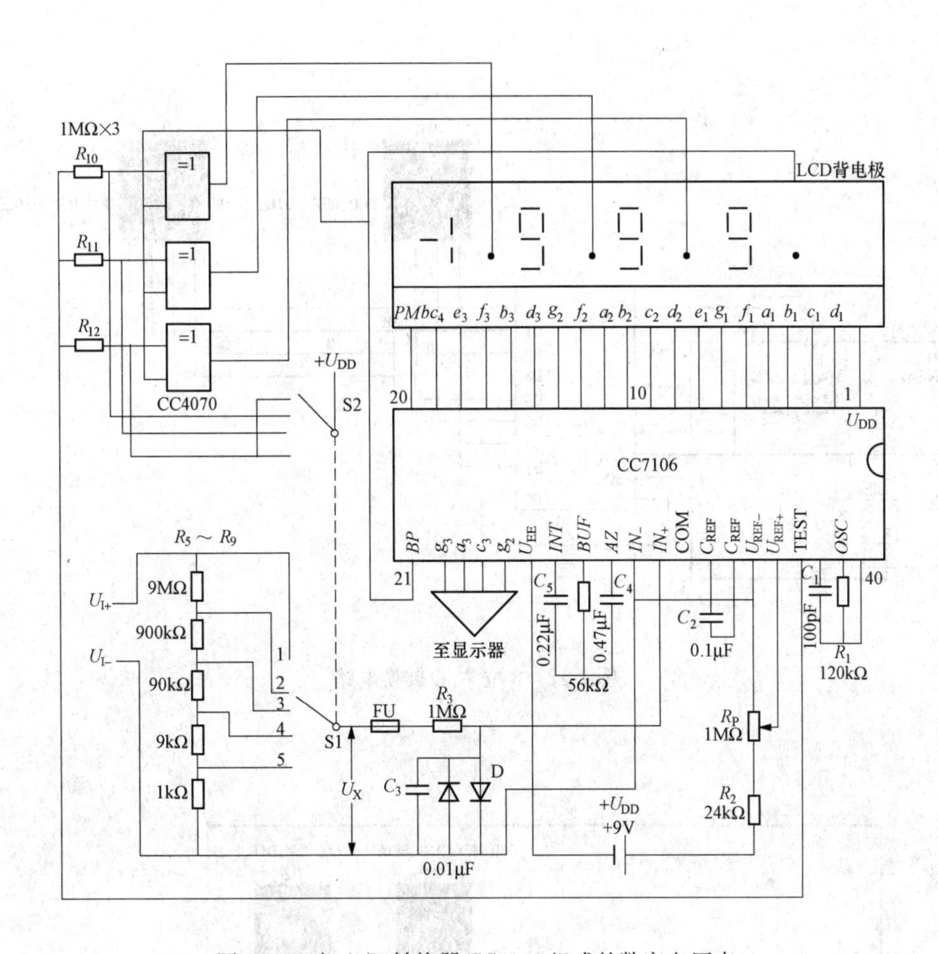

图 7-17　由 A/D 转换器 CC7106 组成的数字电压表

7.4　Multisim11 软件仿真举例

1. A/D 转换电路

8 位 A/D 转换电路如图 7-18 所示，Vin 为模拟电压信号输入端，经 A/D 转换电路输出 8 位数字量，并用两个数码管显示。图中 Vin 输入电压为 2.5V，输出 8 位数字量为 01111111，数码管显示为 16 进制 7FH。

2. A/D、D/A 转换电路

A/D、D/A 转换电路如图 7-19 所示。该电路是将输入模拟信号先进行模拟—数字转换，然后再进行数字—模拟转换，输出信号与输入信号频率相同，但受转换电路的影响，输出信号的幅值和精度与原信号相比，有一些变换。为了对比仿真结果，在 A/D 转换电路输入信号中叠加一个正弦信号。仿真该电路，得仿真结果如图 7-20 所示，上边信号为 A/D 转换电路的正弦输入信号，下边信号为 D/A 转换电路的输出模拟信号，从结果可见，D/A 转换电路的输出也为正弦信号，但精度比原信号差（表现为波形有锯齿）。

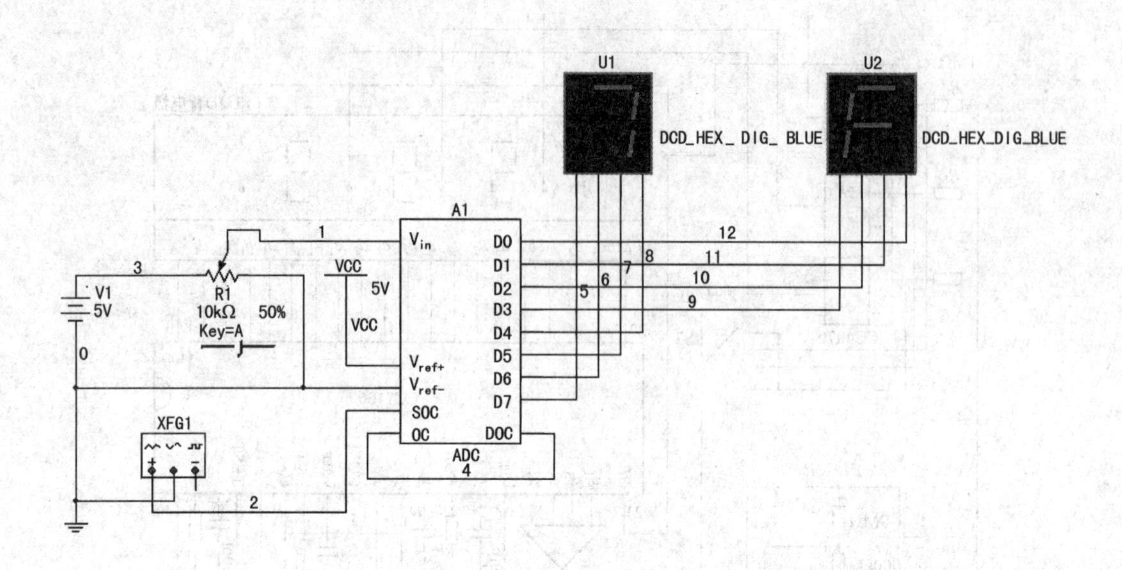

图 7-18　8 位 A/D 转换电路

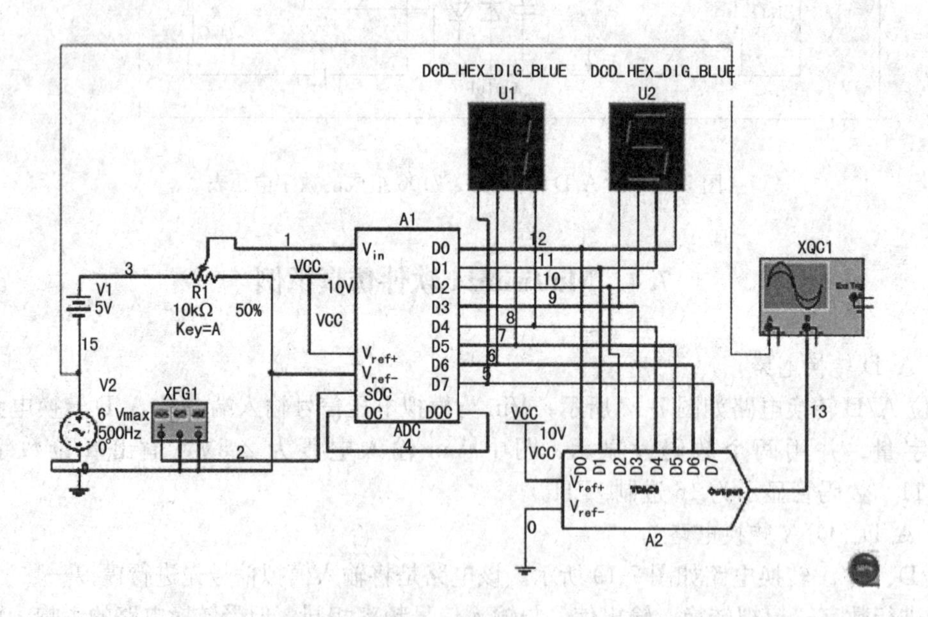

图 7-19　A/D、D/A 转换电路

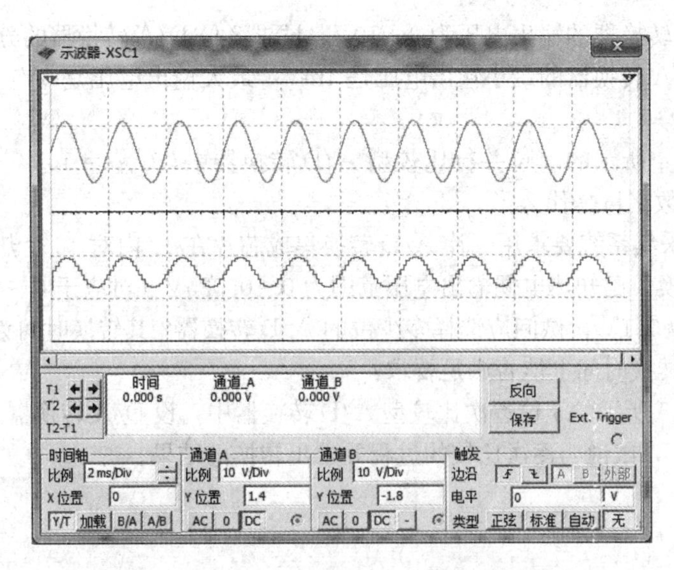

图 7-20 A/D、D/A 转换电路仿真结果

小 结

1. D/A 转换器和 A/D 转换器是数字系统和模拟系统的接口电路。在数字系统中，数字信号处理的精度和速度取决于 D/A 转换器和 A/D 转换器的转换精度和转换速度。因此，转换精度和转换速度是 D/A 转换器和 A/D 转换器的两个重要指标。

2. D/A 转换器的种类很多，常用的 D/A 转换器有权电阻网络、R-$2R$ 倒 T 形电阻网络和权电流网络 D/A 转换器等。R-$2R$ 倒 T 形电阻网络 D/A 转换器所需电阻种类少，转换速度快，便于集成化，但转换精度低。权电流网络 D/A 转换器转换精度和转换速度都比较高。

3. A/D 转换器的作用是将时间连续、幅值也连续的模拟量转换为时间离散、幅值也离散的数字信号。A/D 转换一般要经过采样、保持、量化及编码 4 个过程。

4. A/D 转换器分直接转换和间接转换两种类型。直接转换速度快，如并联比较型 A/D 转换器，通常用于高速转换场合；间接转换速度慢，如双积分型 A/D 转换器，其转换精度高，性能稳定，抗干扰能力强，目前使用较多。逐次比较型 A/D 转换器属于直接转换型，但要经过多次反馈比较，其转换速度比并联比较型慢，但比双积分型要快。

习 题

7-1 在图 7-2 所示的 4 位权电阻网络 D/A 转换器中，$U_R = 4V$，$R_F = R$，当 $D_3D_2D_1D_0 = 1001$ 时，试计算输出电压 U_o。

7-2 在图 7-2 所示的 4 位权电阻网络 D/A 转换器中，开关 S3 支路中的电阻为 40kΩ，试求其他支路中的电阻阻值。

7-3 在图 7-3 所示的倒 T 形 D/A 转换器中，当 $D_3D_2D_1D_0 = 1100$ 时，试计算输出电压 U_o。其中 $U_R = 8V, R_F = R$ 。

7-4　设 D/A 转换器的输出电压为 0～10V，试求 8 位 D/A 转换器的分辨率是多少？

7-5　已知 D/A 转换器的最小输出电压是 4mV，最大输出电压是 5V，则应该选择多少位的 D/A 转换器？

7-6　在图 7-14 所示的 3 位并行比较型 A/D 转换器中，$U_{REF}=10V$，试问当输入 $u_i=3.5V$ 时，输出的数字量是什么？

7-7　某信号采集系统要求用一片 A/D 转换集成芯片在 1s 内对 16 个热电偶的输出电压分时进行 A/D 转换。已知热电偶输出电压范围为 0～0.025V（对应于 0～450℃温度范围），需要分辨的温度为 0.1℃，试问应选择多少位的 A/D 转换器？其转换时间为多少？逐次比较型 A/D 转换器在转换时间上能否满足要求？

7-8　在图 7-15 所示的 4 位逐次比较型 A/D 转换器中，设 D/A 转换器的参考电压 $U_R=-10V$，$U_I=9.3V$，试说明逐次比较的过程并求出转换的结果。

*第 8 章　半导体存储器和可编程逻辑器件

本章首先分析 ROM 和 RAM 的基本结构和工作原理，然后介绍可编程逻辑器件的结构原理和主要类型，最后介绍用存储器实现组合逻辑函数。

8.1　概　　述

半导体存储器（Semiconductor Memory）是当今数字电路系统中不可缺少的重要组成部分，它不仅能够大量存放数据、资料和运算程序等二进制数码，而且可以大量存放文字、声音和图像等二元信息代码。

半导体存储器的种类很多，按存储器的存储功能可分为随机存取存储器（RAM）和只读存储器（ROM）；按构成元件可分为双极型（TTL）和 MOS 型存储器。双极型存储器速度快，但功耗大；MOS 型存储器速度较慢，但功耗小，集成度高。目前所使用的 ROM 大部分为 MOS 型存储器。

存储器又可分为易失性和非易失性两种类型。易失性是指电路掉电后所存储的数据会丢失，RAM 具有易失性；而非易失性是指掉电后数据能够保存下来，ROM 具有非易失性。易失性存储器（RAM）又分为动态随机存取存储器（DRAM）和静态随机存取存储器（SRAM）两种。非易失性存储器（ROM）则可分为固定 ROM、EPROM、E^2PROM 以及闪存（Flash）。

对存储器的操作通常分为两类。把信息存入存储器的过程称为“写入”或写操作，将信息从存储器取出的过程称为“读出”或读操作，并且常把这两个过程或操作统称为“访问”。

可编程逻辑器件（Programmable Logic Device，PLD）是一种新型的逻辑芯片。在这种芯片上，用户使用专用的编程器和编程软件，在计算机的控制下可以灵活地编制自己需要的逻辑程序。有的芯片还可以多次编程、多次修改逻辑设计，甚至可以先将芯片装配成产品，然后对芯片进行在系统编程，大大简化了设计和生产流程。

8.2　只读存储器（ROM）

只读存储器（ROM）具有结构简单和非易失性这两个显著的优点。ROM 一旦存储了信息，就不会在掉电时丢失。工作时，只能读出信息，不能写入信息。ROM 常用于存放系统程序、数据表、字符代码等不易变化的数据。

8.2.1　固定 ROM

1. 结构

固定 ROM 由地址译码器和存储矩阵两部分组成，为了增强带负载能力，在输出端接有读出电路，其结构示意图如图 8-1 所示。

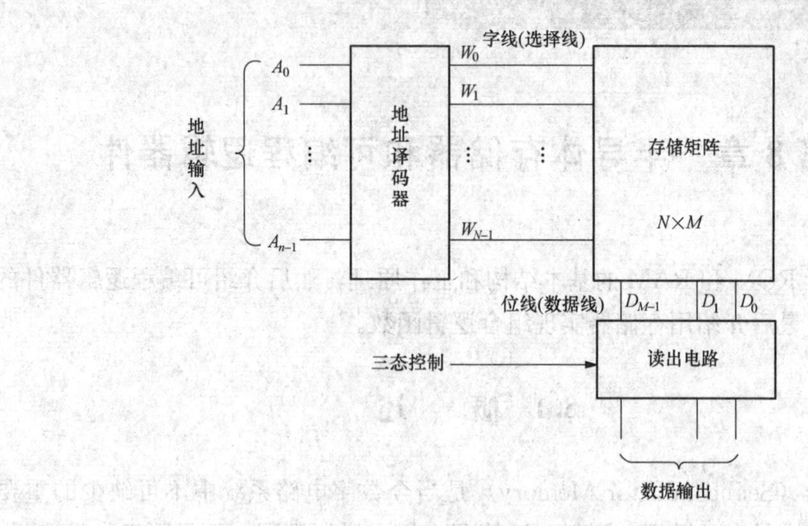

图 8-1 固定 ROM 结构示意图

存储矩阵由许多存储单元组成，每个存储单元存放一位二值数据。一般情况下，数据和指令是用一定位数的二进制数来表示的，这个二进制数称为字，其位数称为字长。在存储器中，以字为单位进行存储，即利用一组存储单元存储一个字，这样一组存储单元称为字单元。为了存入和取出信息方便，必须给每个字单元一个标号，即地址。图 8-1 中，W_0、W_1、…、W_{N-1}分别为 N 个单元的地址，这 N 条线称为字线，也称地址选择线；D_0、D_1、…、D_{M-1}称为输出信息的数据线，简称位线。

存储器中所存储的二进制信息的总位数（即存储单元数）称为存储器的存储容量。存储容量越大，存储的信息量就越多，存储功能就越强。一个具有 n 条地址输入线（即有 $N=2^n$ 条字线）和 M 条数据输出线（即有 M 条位线）的 ROM，其存储容量为字线数×位线数$=N\times M$（位）。

地址译码器是 ROM 的另一主要组成部分，它有 n 位输入地址码（$A_0\sim A_{n-1}$），由此组合出 N 个（$N=2^n$）输出译码地址，即 N 个最小项，用 $m_0\sim m_{N-1}$表示，它们对应于 N 条字线或 N 个字单元的地址（$W_0\sim W_{N-1}$）。选择哪一条字线，决定于地址码是哪一种取值。任何情况下，只能有一条字线被选中。于是，被选中的那条字线所对应的一组存储单元中各位数码便经位线（也成数据线）$D_0\sim D_{M-1}$通过读出电路输出。

2．工作原理

图 8-2 所示是一个由二极管构成的容量为 4×4 的固定 ROM。地址译码器就是一个由二极管与门构成的阵列，称为与阵列。存储矩阵是由二极管或门构成的阵列，称为或阵列。由此可以画出如图 8-3 所示的 ROM 逻辑图。由图 8-3 可知，该 ROM 的地址译码器部分由 4 个与门组成，存储矩阵部分由 4 个或门组成。两个输入地址代码 A_1A_0 经译码器译码后产生 4 个字单元的字线 $W_0\sim W_3$，地址译码器的输出接入相应的或门，4 个或门的输出为 4 位输出数据 $D_3D_2D_1D_0$。

由图 8-3 可得地址译码器的输出为

$$\begin{aligned} W_0 &= \overline{A}_1\overline{A}_0 \\ W_1 &= \overline{A}_1A_0 \\ W_2 &= A_1\overline{A}_0 \\ W_3 &= A_1A_0 \end{aligned} \tag{8-1}$$

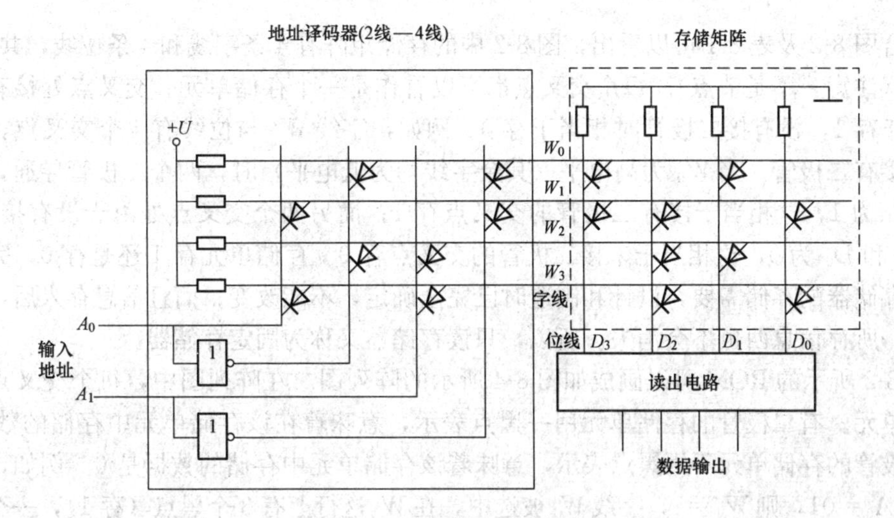

图 8-2　二极管 ROM 电路

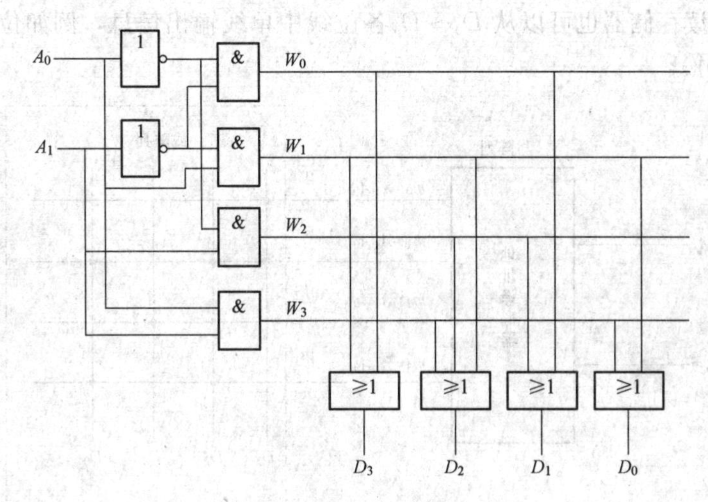

图 8-3　ROM 逻辑图

存储矩阵的输出为

$$
\begin{aligned}
D_0 &= W_1 + W_3 = \overline{A}_1 A_0 + A_1 A_0 \\
D_1 &= W_0 + W_2 = \overline{A}_1 \overline{A}_0 + A_1 \overline{A}_0 \\
D_2 &= W_1 + W_2 + W_3 = \overline{A}_1 A_0 + A_1 \overline{A}_0 + A_1 A_0 \\
D_3 &= W_0 + W_1 = \overline{A}_1 \overline{A}_0 + \overline{A}_1 A_0
\end{aligned}
\tag{8-2}
$$

由这些表达式可求出图 8-2 所示 ROM 的存储内容，如表 8-1 所示。

表 8-1　ROM 存储内容

地址代码		字线译码结果				存储内容			
A_1	A_0	W_3	W_2	W_1	W_0	D_3	D_2	D_1	D_0
0	0	0	0	0	1	1	0	1	0
0	1	0	0	1	0	1	1	0	1
1	0	0	1	0	0	0	1	1	0
1	1	1	0	0	0	0	1	0	1

结合图 8-2 及表 8-1 可以看出，图 8-2 中的存储矩阵有 4 条字线和 4 条位线，共有 16 个交叉点（注意，不是节点）。每个交叉点都可以看作是一个存储单元。交叉点处接有二极管时相当于存 1，没有接二极管时相当于存 0。例如，字线 W_0 与位线有 4 个交叉点，其中只有两处接有二极管。当 W_0 为高电平（其余字线均为低电平）时，两个二极管导通，使位线 D_3 和 D_1 为 1，这相当于接有二极管的交叉点存 1；而另两个交叉点处由于没有接二极管，位线 D_2 和 D_0 为 0，这相当于未接二极管的交叉点存 0。存储单元存 1 还是存 0，完全取决于只读存储器的存储需要，设计和制造时已完全确定，不能改变；而且信息存入后，即使断开电源，所存信息西也不会消失。所以，只读存储器又称为固定存储器。

图 8-2 所示的 ROM 可以画成如图 8-4 所示的阵列图。在阵列图中，每个交叉点表示一个存储单元。有二极管的存储单元用一黑点表示，意味着在该存储单元中存储的数据是 1；没有二极管的存储单元不用黑点表示，意味着该存储单元中存储的数据是 0。例如，若地址代码 $A_1A_0=01$，则 $W_1=1$，字线 W_1 被选中，在 W_1 这行上有 3 个黑点（存 1），一个交叉点上无黑点（存 0），此时字单元 W_1 中的数据被输出，即只读存储器输出的数据为 $D_3D_2D_1D_0=1101$。当然，只读存储器也可以从 $D_0 \sim D_3$ 各位线中单线输出信息，例如位线 D_2 的输出为 $D_2=W_1+W_2+W_3$。

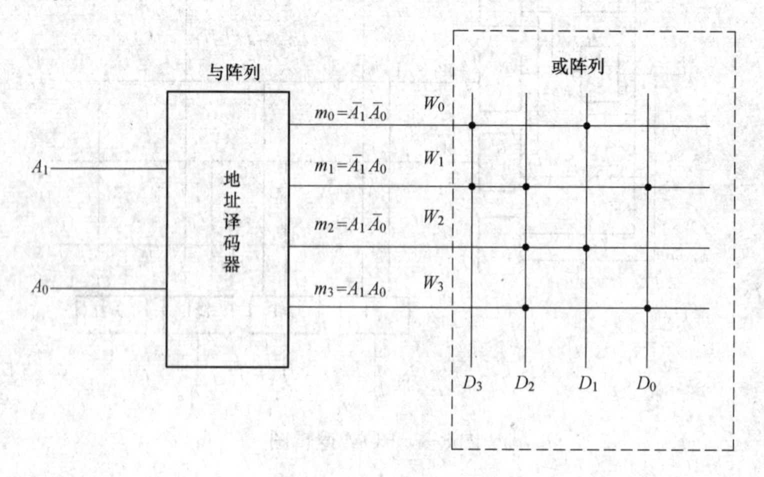

图 8-4 ROM 简化阵列图（点阵图）

存储矩阵也可由双极型晶体管或 MOS 型场效应管构成。这里每个存储单元存储的二进制数码也是以该单元有无管子来表示的。

8.2.2 可编程 ROM（PROM）

固定 ROM 存储的信息是固定的，用户不能改变。实际应用时，用户往往需要将一些新的数据和信息存储到存储器中，这样，就产生了 PROM、EPROM 等可编程只读存储器。下面介绍一次编程只读存储器（PROM）。

厂家为了满足用户的需求，在制造这种器件时，让存储矩阵中所有存储单元的内容为 1。其具体结构是：在存储矩阵的每个交叉点处都制作了二极管、双极型晶体管或 MOS 场效应管，而且每个管子都串联了一个快速熔丝，如图 8-5 所示。图 8-6 所示是一个 PROM 存储矩阵全部存 1 的示意图。这样 PROM 芯片实际上是个“空片”，就像一张白纸，什么信息也没有存储。用户编程时，根据逻辑要求，如果某些存储单元应当存 1，则保留其熔丝；而另一些存储单元应当存 0，就借助编程工具用脉冲电流将其熔丝烧断就行了。显然，PROM

的熔丝被烧断后，就不能恢复。因而 PROM 只能编程一次，一旦编好就不能再行修改，所以称为一次编程只读存储器。一次编程写入的信息，和 ROM 一样，可以长期保存。

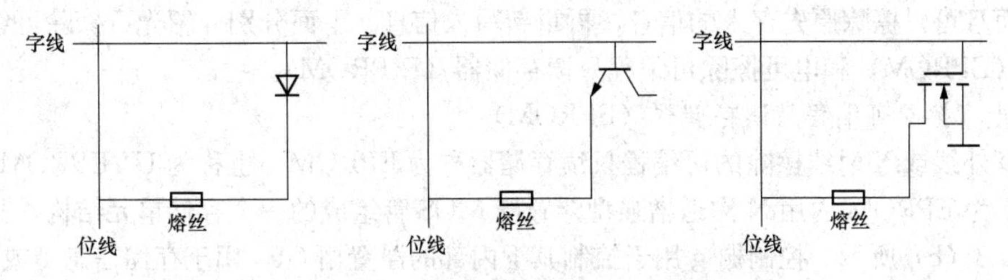

图 8-5　PROM 存储单元中的熔丝

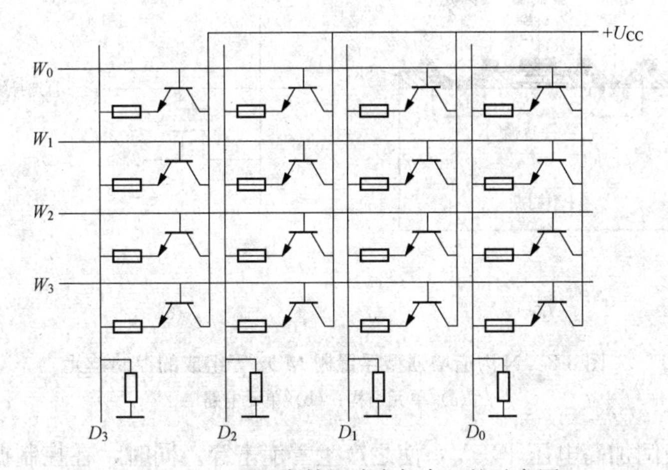

图 8-6　PROM 存储矩阵全部存 1 的示意图

PROM 的基本结构常用图 8-7 所示的阵列图表示。它由一个固定的与阵列（地址译码器）和一个可编程的或阵列（存储矩阵）组成，图中圆点表示固定的连接点，叉点表示编程点，这就是一个尚未编程的 PROM 阵列图。

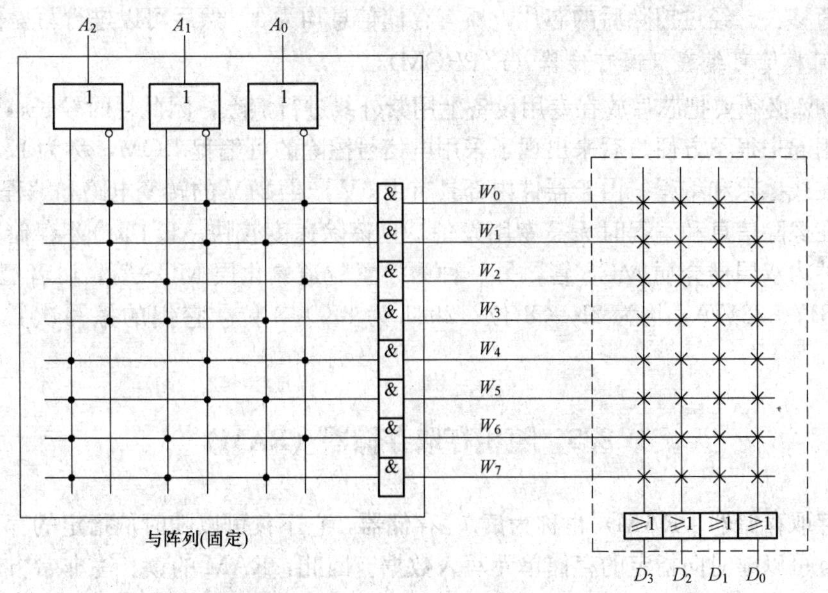

图 8-7　PROM 的基本结构（阵列图）

8.2.3 可擦除可编程 ROM

可擦除可编程 ROM 是由用户将自己所需要的信息代码写入存储单元内，不但具有可编程性，而且可以擦除原先存入的信息，再重新写入信息。下面分别介绍光可擦除可编程只读存储器（EPROM）和电可擦除可编程只读存储器（E^2PROM）。

1. 光可擦除可编程只读存储器（EPROM）

用紫外线或 X 射线擦除的可编程只读存储器称为 EPROM，也称为 UVEPROM。图 8-8（a）所示为 EPROM 内用 N 沟道增强型浮置栅 MOS 管组成的一个存储单元结构，其单元电路如图 8-8（b）所示。控制栅 g 用于控制其下内部的浮置栅 Gf，用于存储信息 1 或 0。

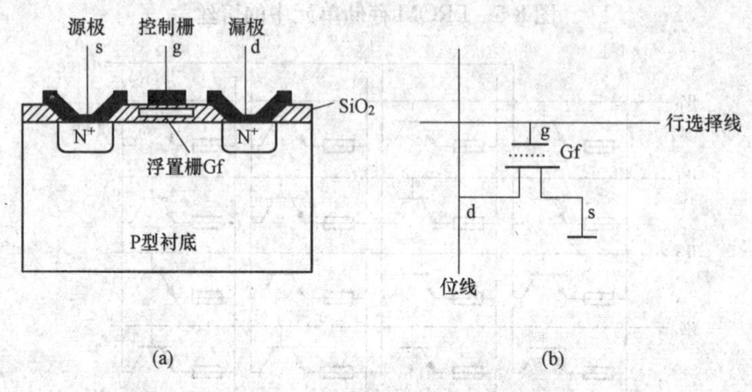

图 8-8 N 沟道增强型浮置栅 MOS 管组成的存储单元

（a）单元结构；（b）单元电路

在漏极和源极间加高电压＋25V，使之产生雪崩击穿。同时，在控制栅 g 上加幅度为＋25V、宽度为 50ms 左右的正脉冲，这样，在栅极电场作用下，高速电子能穿过 SiO_2，在浮置栅上注入负电荷，使单元管开启电压升高，控制栅在正常电压作用下，管子仍处于截止状态。这样该单元被编程为 0。产品出厂时，浮置栅上不带负电荷，全部单元为 1。

编程时，要擦除原有存储信息，可在器件的石英玻璃盖上用紫外线照射 15min，将浮置栅上的电荷移去。经过擦除后的芯片，所有存储信息均为 1，然后可以进行写操作。

2. 电可擦除可编程只读存储器（E^2PROM）

EPROM 必须要把芯片放在专用设备上用紫外线进行擦除，因此耗时较长，又不能在线进行，使用起来很不方便。后来出现了采用电信号擦除的可编程 ROM，称为 E^2PROM，它可以进行在线擦除和编程。由于器件内部具有由 5V 产生 21V 的转变电路和编程电压形成电路，因此在擦除信息和编程时无需专用设备，且擦除速度较快。E^2PROM 存储单元结构有两种，一种为双层栅介质 MOS 管，另一种为浮置隧道氧化层 MOS 管。后者型号有 2816、2816A、2817、2817A，均为 2K×8 位；2864 为 8K×8 位。它们的擦写次数可达 10^4 次以上。

8.3 随机存取存储器（RAM）

随机存取存储器（RAM）也称为读/写存储器，它不仅可以随时从指定的存储单元读出数据，而且可以随时向指定的存储单元写入数据。因此，RAM 的读、写非常方便，使用起来更加灵活。但 RAM 有丢失信息的缺点（断电时存储的数据会随之消失），不利于数据和信息的长期保存。RAM 有双极型和 MOS 型两大类。两者相比，双极型存储器速度快，但集成度较低，制造工艺复杂，功耗大，成本高，主要用于高速场合；MOS 型速度较低，但集成度高，制造工艺简单，功耗小，成本低，主要用于对速度要求不高的场合。RAM 又分为静态 RAM（SRAM）和动态 RAM（DRAM）两种，动态 RAM 存储单元所用元件少，集成度高，功耗小，比静态 RAM 使用起来方便。一般情况下，大容量存储器使用动态 RAM，小容量存储器使用静态 RAM。

8.3.1　静态随机存储器（SRAM）

1. SRAM 的基本结构及输入输出

SRAM 的基本结构与 ROM 类似，由存储阵列、地址译码器和输入/输出控制电路三部分组成，其结构框图如图 8-9 所示。其中 $A_0 \sim A_{n-1}$ 是 n 根地址线，$I/O_0 \sim I/O_{m-1}$ 是 m 根双向数据线，其容量为 $2^n \times m$ 位。$\overline{OE}$ 为输出使能信号，$\overline{WE}$ 为写使能信号，$\overline{CE}$ 为片选信号。只有在 $\overline{CE}=0$ 时，RAM 才能进行正常读/写操作，否则，三态缓冲器均为高阻，SRAM 不工作。为降低功耗，一般 SRAM 中都设计有电源控制电路，当片选信号 $\overline{CE}$ 无效时，将降低 SRAM 内部的工作电压，使其处于微功耗状态。I/O 电路主要包含数据输入驱动电路和读出放大器，以使 SRAM 内部的电平能更好的匹配。

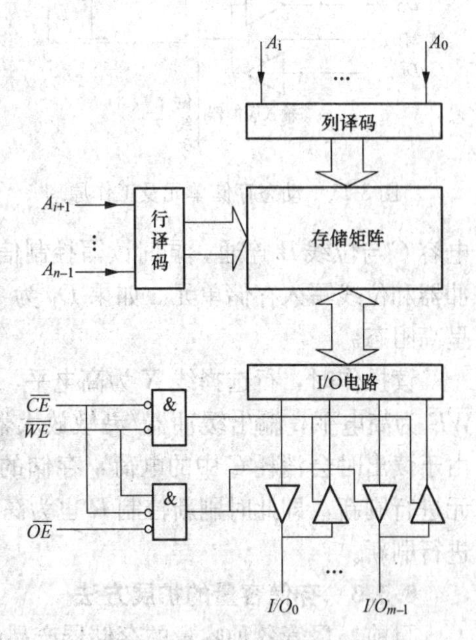

图 8-9　SRAM 结构框图

2. SRAM 存储单元

SRAM 与 ROM 的主要差别是存储单元。SRAM 的存储单元是由锁存器（或触发器）构成的，因此，SRAM 属于时序逻辑电路。图 8-10 所示为存储矩阵中第 j 列、第 i 行存储单元结构示意图。虚线框内为六管 SRAM 存储单元。其中，T1～T4 构成一个 SR 锁存器用来存储 1 位二值数据。X_i 为行译码器的输出，Y_j 为列译码器的输出。T5、T6 为本单元控制门，由行选择线 X_i 控制。$X_i=1$，T5、T6 导通，锁存器与位线接通；$X_i=0$ 时，T5、T6 截止，锁存器与位线隔离。T7、T8 为一列存储单元公用的控制门，用于控制位线与数据线的连接状态，由列选择线 Y_j 控制。显然，当行选择线和列选择线均为高电平时，T5～T8 都导通，锁存器的输出才与数据线接通，该单元才能通过数据线传送数据。因此，存储单元能够进行读/写操作的条件是与它相连的行、

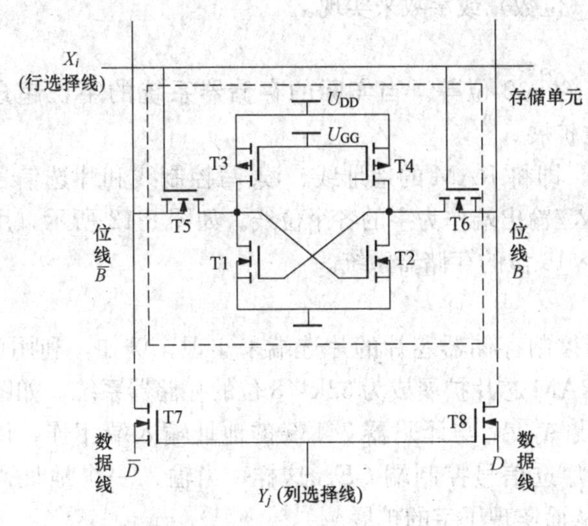

图 8-10　存储矩阵中第 j 列、第 i 行存储单元结构示意图

列选择线都是高电平。SRAM 中的数据由锁存器记忆，只要不断电，数据就会永久保存。

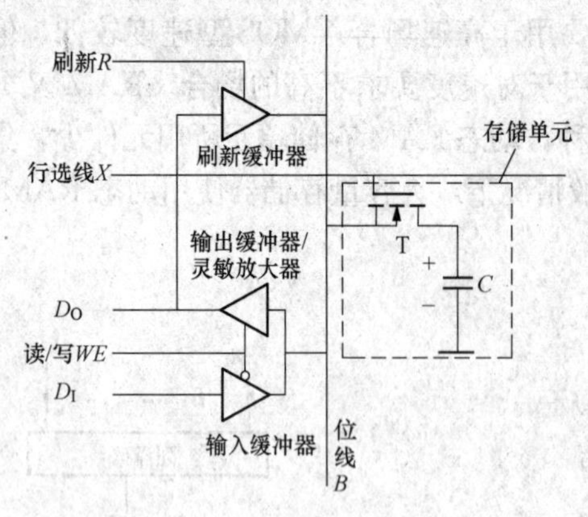

图 8-11　动态存储单元及工作原理

8.3.2　动态随机存储器（DRAM）

DRAM 的存储单元由一个 MOS 管和一个容量较小的电容组成，如图 8-11 中虚线框内所示。它存储数据的原理是电容的电荷存储效应。当电容 C 充有电荷、呈现高电压时，相当于存储 1 值，反之为 0 值。MOS 管则相当于一个开关，当行选择线为高电平时，MOS 管导通，C 与位线连通，反之则断开。由于电路中存有漏电流，电容上存储的数据不会长久保存，因此需要定期补充电荷，以免存储数据丢失。

写操作时，行选择线 X 为高电平，T 导通，电容 C 与位线 B 连通。同时读写控制信号 $\overline{WE}$ 为低电平，输入缓冲器被选通，数据 D_1 经缓冲器和位线写入存储单元。如果 D_1 为 1，则向电容充电，反之电容放电。未选通的缓冲器呈高阻态。

读操作时，行选择线 X 为高电平，T 导通，电容 C 与位线 B 连通。同时读写控制信号 $\overline{WE}$ 为高电平，输出缓冲器/灵敏放大器被选通，C 中存储的数据通过位线和缓冲器输出。由于读出时会消耗 C 中的电荷，存储的数据会被破坏，因此每次读出后必须及时对读出单元进行刷新，即此时刷新控制 R 也为高电平，则读出的数据又经刷新缓冲器和位线对电容 C 进行刷新。

8.3.3　存储容量的扩展方法

目前，尽管各种容量的存储器产品已经很丰富，且最大容量已达 1Gbit 以上，用户能够比较方便地选择所需要的芯片。但是，只用单个芯片不能满足存储容量要求的情况仍然存在，此时便涉及存储容量的扩展问题。

扩展存储器的方法可以通过增加字长（位数）或字数来实现。

1. 字长（位数）的扩展

通常 RAM 芯片的字长为 1、4、8、16、32 位等。当实际的存储器系统的字长超过 RAM 芯片的字长时，需要对 RAM 实行位扩展。

位扩展可以利用芯片的并联方式实现，即将 RAM 的地址线、读/写控制线和片选信号对应地并联在一起，而各个芯片的数据输入/输出端作为字的各个位线。如图 8-12 所示，用 4 个 4k×4 位的 RAM 芯片可以扩展成 4k×16 位的存储器系统。

2. 字数的扩展

字数的扩展可以通过利用外加译码器控制存储器芯片的片选端来实现。例如，利用 2 线—4 线译码器 74139 将 4 个 8k×8 位的 RAM 芯片扩展成为 32k×8 位的存储器系统，如图 8-13 所示，存储器扩展所要增加的地址线 $A_{14}A_{13}$ 与译码器 74139 的地址输入端相连，译码的输出 $Y_0 \sim Y_3$ 分别接至 4 片 RAM 的片选信号控制端 CE。这样，当输入一个地址码（$A_{14} \sim A_0$）时，只有一片 RAM 被选中，从而实现了字的扩展。

实际应用中，常将两种方法相互结合，以达到字和位均扩展的要求。可见，无论多大容量的存储器系统，均可以利用容量有限的存储器芯片，通过位数和字数的扩展来构成。

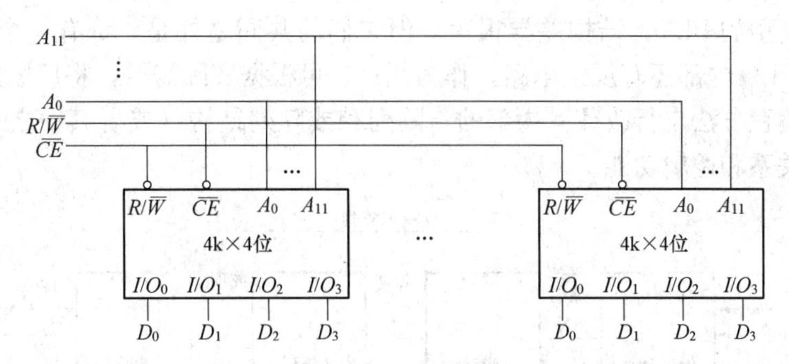

图 8-12　4 个 4k×4 位的 RAM 芯片扩展成 4k×16 位的存储器系统

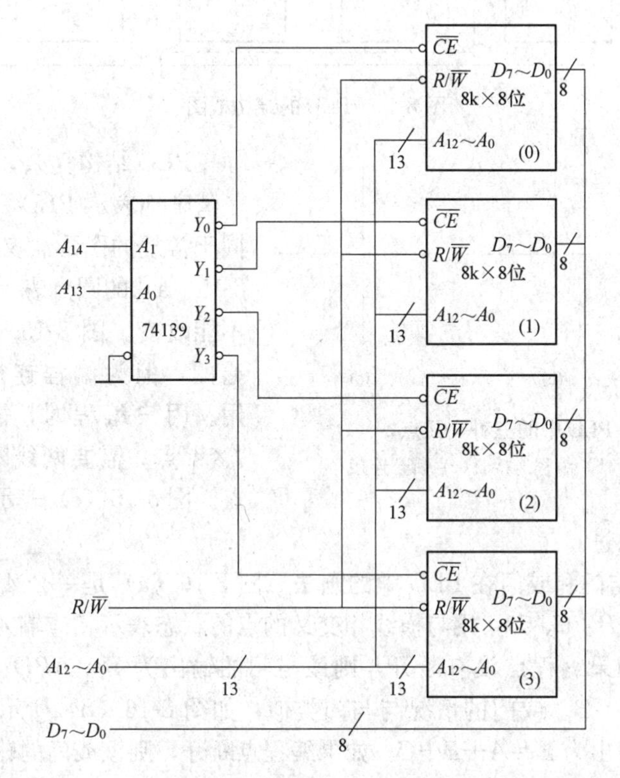

图 8-13　4 个 8k×8 位的 RAM 芯片扩展成 32k×8 位的存储器系统

8.4　可编程逻辑器件（PLD）

可编程逻辑器件（PLD）是 20 世纪末期蓬勃发展起来的新型半导体通用集成电路，它是可由用户自行定义功能（编程）的一类逻辑器件的总称。

现代数字系统越来越多地采用 PLD 来构成，这不仅能大大简化系统的设计过程，而且还能使系统结构简单，可靠性提高。PLD 技术从一个侧面反映了现代电子技术的发展趋势。

8.4.1　PLD 基本电路的结构、功能与习惯表示法

PLD 的结构框图如图 8-14 所示。其核心部分由两个逻辑门阵列（与阵列和或阵列）组成。与阵列在前，通过输入电路接受输入逻辑变量；或阵列在后，通过输出电路送出输出逻

辑变量。不同类型的PLD，结构差异很大，但它们的共同之处是，都有一个与阵列和一个或阵列。有的PLD内部还有反馈电路。作为用户，可根据实际需要，将厂家提供的PLD产品，按规定的编程方法自行改变其内部的与阵列和或阵列结构（或者其中之一），从而获得所需要的逻辑关系和逻辑功能。

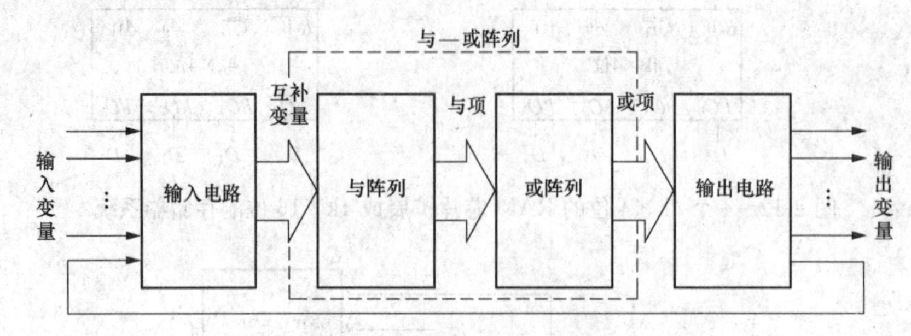

图 8-14　PLD 的结构框图

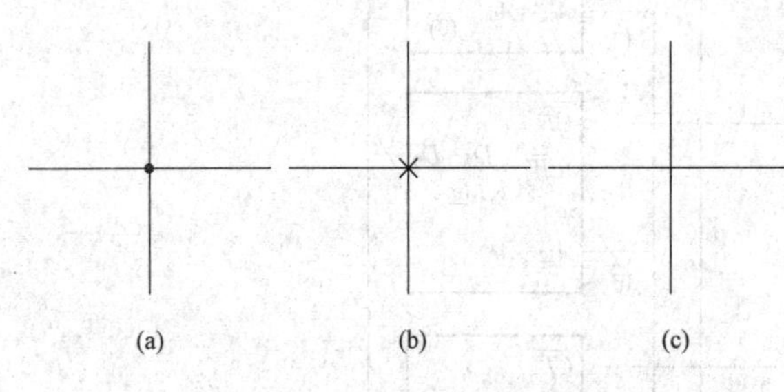

图 8-15　PLD 中的三种交叉点

（a）固定连接；（b）编程连接；（c）断开连接

PLD结构复杂，线路纵横交错。为了清晰地表示PLD，人们约定了一些不同于常规的图形含义和图形符号。如图8-15（a）的圆点表示固定连接点，用户不能改变。图8-15（b）的交叉点是连通的，但为编程连接，留给用户编程用。用户编程时，需要连通，则保留“×”点；需要两线断开，则擦除“×”点。图8-15（c）表示断开连接，或者编程时“×”点被擦除过。

图8-16所示为与门和或门在PLD中的画法。图8-16（a）是一个4输入的与门，竖线为4个输入信号A、B、C、D，用与横线相交叉的点的状态表示相应输入信号是否接到了该与门的输入端上。如果编程点没有断开，则该与门的输出为$Y=ABD$；如果编程点断开，则该与门的输出为$Y=$B。或门的情况与与门类似，如图8-16（b）所示，如果编程点没有断开，则该或门的输出为$Y=A+B+C$；如果编程点断开，则该或门的输出为$Y=C$。

图8-17（a）表示缓冲器。它可以提供互补的原变量A和反变量$\overline{A}$，还可增强带负载的能力。有的书中缓冲器的画法如图8-17（b）所示。

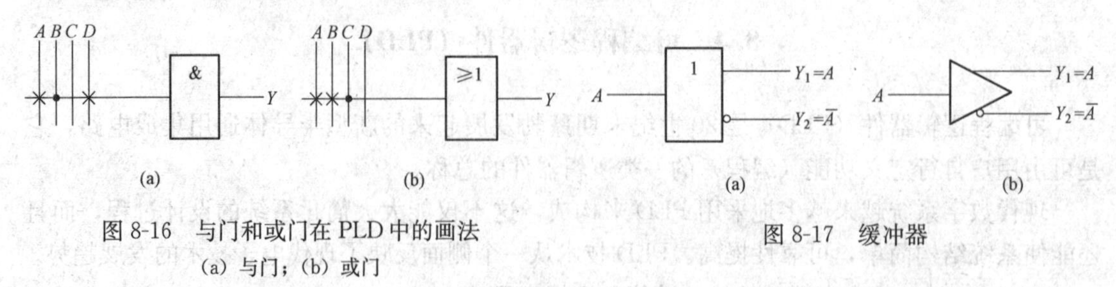

图 8-16　与门和或门在 PLD 中的画法

（a）与门；（b）或门

图 8-17　缓冲器

8.4.2　可编程逻辑阵列（PLA）

可编程逻辑阵列（Programmable Logic Array，PLA）是20世纪70年代中期在PROM

基础上发展起来的PLD，它的与阵列和或阵列均可编程。但由与阵列构成的地址译码器是一个非完全译码器，它的每一根输出线可以对应一个最小项，也可以对应一个由地址变量任意组成的与项，因此允许用多个地址码对应同一个字线。所以，PLA可以根据逻辑函数的最简与或式，直接产生所需要的与项，以实现相应的组合逻辑电路。用PLA进行组合逻辑电路设计时，只要将函数转换成最简与或式，由与阵列产生与项，再由或阵列完成与项相或的运算后便得到输出函数。

PLA器件的基本结构与PROM类似，都是基于与或表达式，但PLA器件的与阵列和或阵列都是可编程的。

【例8-1】 用PLA实现4位二进制码转换为格雷码的代码转换电路。

解 根据表8-2所示的真值表，将多输出函数化简后得到最简输出表达式

$$G_0 = B_1\overline{B}_0 + \overline{B}_1 B_0$$
$$G_1 = B_2\overline{B}_1 + \overline{B}_2 B_1$$
$$G_2 = B_3\overline{B}_2 + \overline{B}_3 B_2$$
$$G_3 = B_3$$

表8-2　二进制码转换为格雷码的真值表

二进制码				格雷码			
B_3	B_2	B_1	B_0	G_3	G_2	G_1	G_0
0	0	0	0	0	0	0	0
0	0	0	1	0	0	0	1
0	0	1	0	0	0	1	1
0	0	1	1	0	0	1	0
0	1	0	0	0	1	1	0
0	1	0	1	0	1	1	1
0	1	1	0	0	1	0	1
0	1	1	1	0	1	0	0
1	0	0	0	1	1	0	0
1	0	0	1	1	1	0	1
1	0	1	0	1	1	1	1
1	0	1	1	1	1	1	0
1	1	0	0	1	0	1	0
1	1	0	1	1	0	1	1
1	1	1	0	1	0	0	1
1	1	1	1	1	0	0	0

实现电路如图8-18所示。

在图8-18中所示的PLA电路中不包含触发器，这种结构的PLA只能用于设计组合逻辑电路，称为组合型PLA。如果设计时序逻辑电路，则需要增加触发器电路。这种含有内部触发器的PLA称为时序逻辑型PLA。图8-19所示为时序逻辑型PLA结构图，它由可编程的与阵列、或阵列和触发器存储电路构成。

PLA可以设计出各种组合逻辑电路和时序电路，电路的功能越复杂，利用PLA的优势越明显。但由于PLA出现较早，当时PC机还未普及，因此缺少成熟的编程工具和高质量的配套软件，且速度、价格优势不明显，因而未能像PAL、GAL那样得到广泛应用。

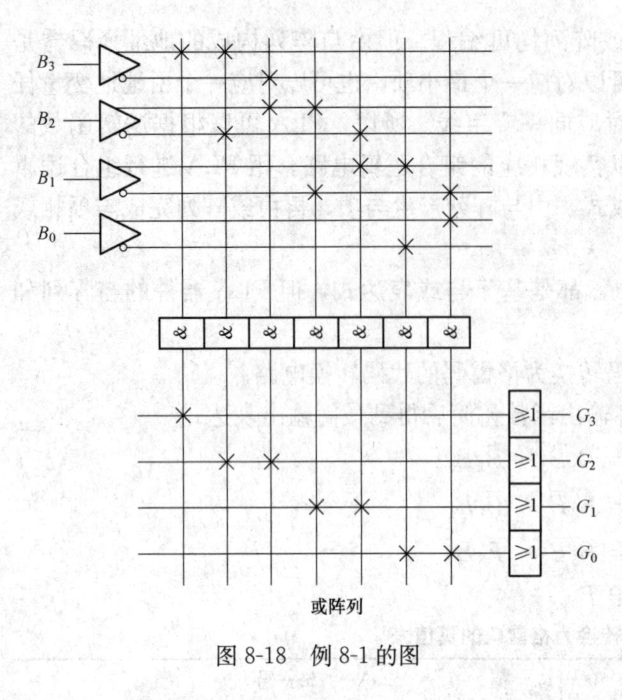

图 8-18 例 8-1 的图

8.4.3 可编程阵列逻辑（PAL）

可编程阵列逻辑（Programmable Array Logic，PAL）是 20 世纪 70 年代末期推出的第一个具有典型实用意义的可编程逻辑器件。PAL 与 SSI 和 MSI 统一标准器件相比，提高了功能密度，节省了空间。通常一片 PAL 可以代替 4～12 片 SSI 或 2 片 MSI。虽然 PAL 只有 20 多种型号，但可以代替 90%的通用 SSI 和 MSI 器件，因而进行系统设计时，可以大大减少器件的种类。采用熔丝式双极型工艺，增强了设计的灵活性，且编程和使用都比较方便。具有上电复位功能和加密功能，可以防止非法复制。在数字系统开发中采用 PAL，有利于简化和缩短开发过程，减少元器件数量，简化印制电路板的设计，提高系统可靠性，因而它得到了广泛的应用。PAL 的主要不足是采用了熔丝式双极型工艺，只能一次性编程。另外 PAL 器件输出电路结构的类型繁多，也给设计和使用带来不便。

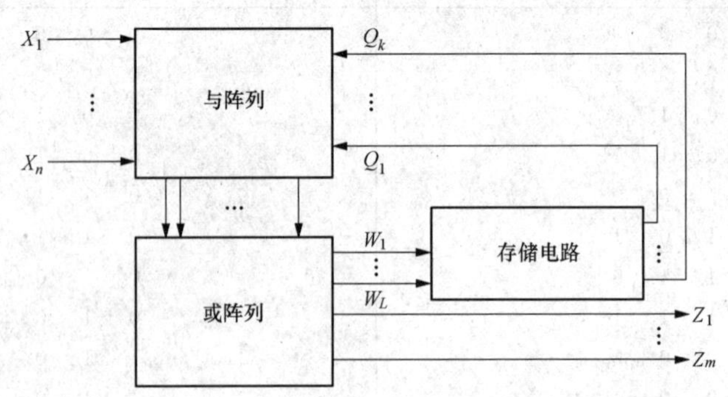

图 8-19 时序逻辑型 PLA 结构图

PAL 由可编程的与门阵列和固定的或门阵列构成。或门阵列中每个或门的输入与固定个数的与门输出（地址输入变量构成的与项）相连，每个或门的输出是若干个与项之和。由于与门阵列是可编程的，与项的内容可由用户自行定义，因此 PAL 可以实现各种逻辑关系。

PAL 器件根据输出及反馈电路的结构分为几种基本结构：专用输出结构、可编程输入/输出结构、带反馈的寄存器结构、带异或的寄存器结构等。

1. 专用输出结构

这种结构的输出只能输出信号，不能作反馈输入，图 8-20 所示为具有 4 个乘积项的或非门输出结构。输入信号经过输入缓冲器与输入行相连。图中的输出部分采用或非门，输出低电平有效。若是输出部分采用或门，则输出高电平有效。有的器件还用互补输出的或门，则称为互补型输出。这种输出结构只适用于实现组合逻辑函数。目前常用的产品有

PAL10H8（10输入，8输出，高电平有效）、PAL10L8和PAL16C1（16输入，1个输出，互补型）等。

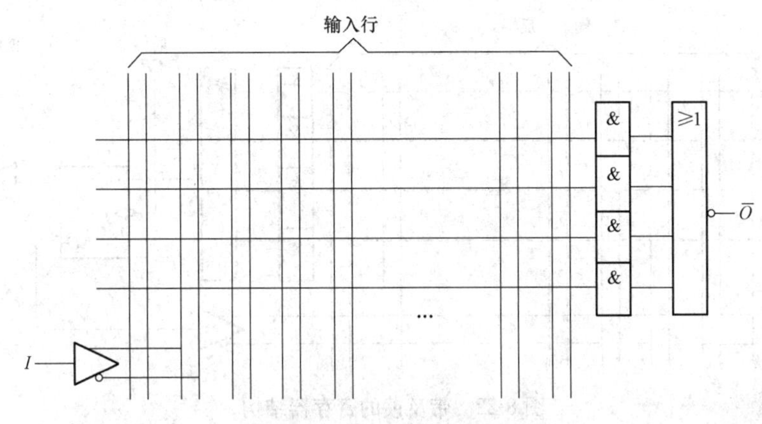

图 8-20　专用输出结构

专用输出型PAL器件输入和输出引出端是固定的，不能由设计者自行定义，因此在使用中缺乏一定的灵活性。这类器件只适用于简单的组合逻辑电路设计。

2. 可编程输入/输出结构

可编程输入/输出结构如图8-21所示。图中或门经三态缓冲器由I/O端引出，三态门受第一个与门所对应的乘积项控制，I/O端的信号也可以经过缓冲器反馈到与阵列的输入。当与门输出为0时，三态门禁止，输出呈高阻状态，I/O引脚作输入使用；当与门输出为1时，三态门被选通，I/O引脚作输出使用。与专用输出结构相比，这种PAL器件的引出端配置灵活，其输入/输出引出端的数目可根据实际应用加以改变，即提供双向输入/输出功能。利用可编程输入/输出型PAL器件，可方便地设计编码器、译码器、数据选择器等组合逻辑电路。这种结构的PAL产品有PAL16L8、PAL20L10等。

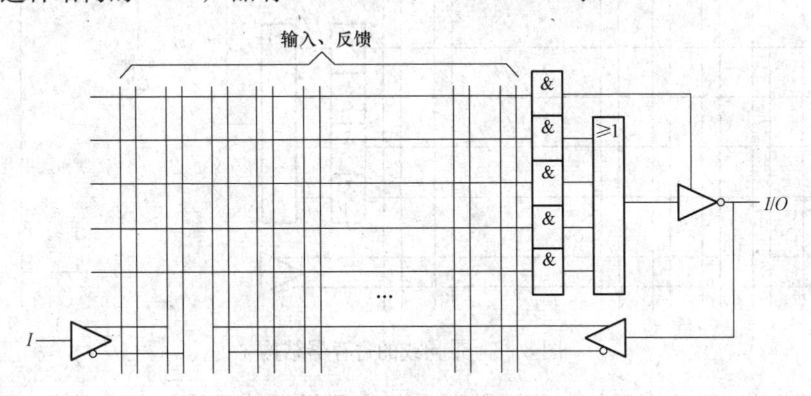

图 8-21　可编程输入/输出结构

3. 带反馈的寄存器结构

带反馈的寄存器结构如图8-22所示。这种结构输出端有一个D触发器，在时钟下降沿作用下先将或门的输出（输入乘积项的和）寄存在D触发器的Q端，当使能信号EN有效时，Q端的信号经三态缓冲器输出。触发器的$\overline{Q}$输出还可以通过反馈缓冲器送至与阵列的输入端，因而这种结构的PAL能记忆原来的状态，且整个器件只有一个公用时钟脉冲CP和一个使能信号输入端，从而实现时序逻辑功能，因此可构成计数器、移位寄存器等同步时序逻辑电路。这种结构的 PAL 产品有 PAL16R4、PAL16R8 等。

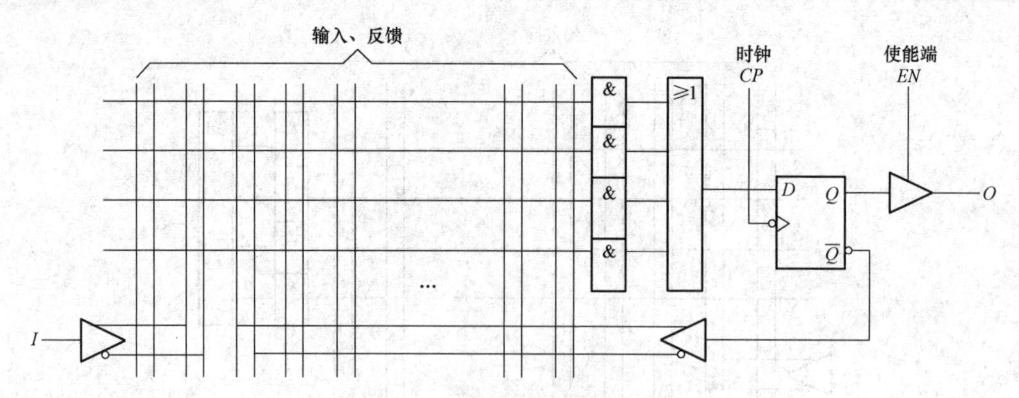

图 8-22 带反馈的寄存器结构

4. 带异或的寄存器结构

带异或的寄存器结构如图 8-23 所示。其输出部分有两个或门，它们的输出经异或门进行异或运算后再经 D 触发器和三态缓冲器输出。这种结构不仅便于对与—或逻辑阵列输出函数求反，还可以实现对寄存器状态进行保持操作。

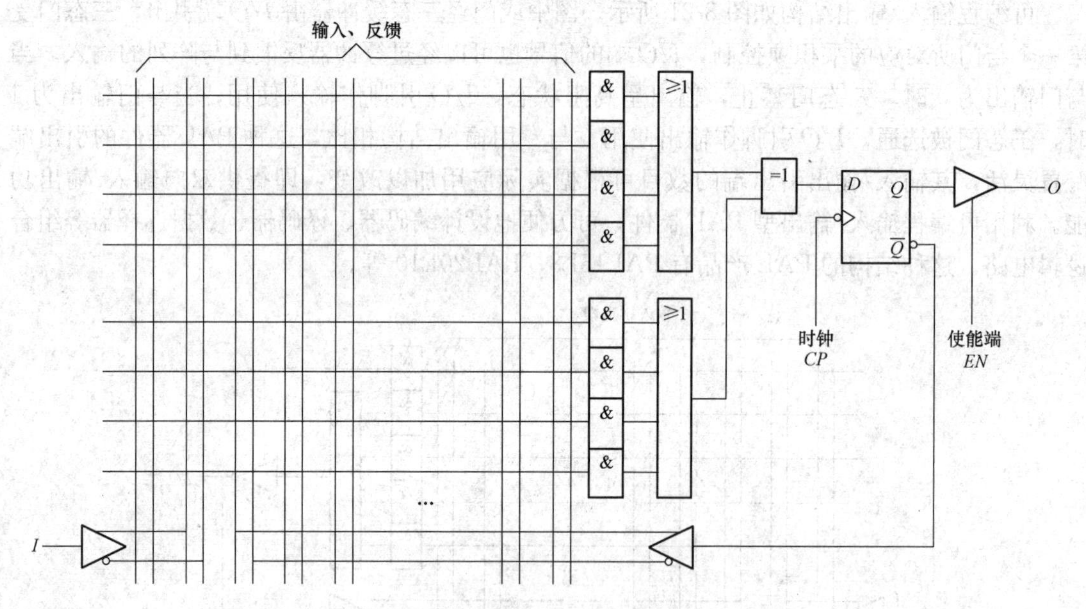

图 8-23 带异或的寄存器结构

利用这类 PAL 器件，可使一些计数器和时序逻辑电路的设计得到简化。这种结构的 PAL 产品有 PAL20X4、PAL20X8 等。

PAL 器件除了以上几种结构外，还有算数选通反馈结构、可编程继承权输出型、乘积项公用输出型和宏单元输出型等。

【例 8-2】 用 PAL 器件设计一个 3 线—8 线译码器。

解 设输入选通端为 $\overline{EN}$，译码器的地址输入为 A_0、A_1、A_2，其输出为 $\overline{Y}_0 \sim \overline{Y}_7$。3 线—8 线译码器的真值表如表 8-3 所示。

表 8-3　　3线—8线译码器的真值表

输　入				输　出							
$\overline{EN}$	A_2	A_1	A_0	$\overline{Y}_0$	$\overline{Y}_1$	$\overline{Y}_2$	$\overline{Y}_3$	$\overline{Y}_4$	$\overline{Y}_5$	$\overline{Y}_6$	$\overline{Y}_7$
1	×	×	×	1	1	1	1	1	1	1	1
0	0	0	0	0	1	1	1	1	1	1	1
0	0	0	1	1	0	1	1	1	1	1	1
0	0	1	0	1	1	0	1	1	1	1	1
0	0	1	1	1	1	1	0	1	1	1	1
0	1	0	0	1	1	1	1	0	1	1	1
0	1	0	1	1	1	1	1	1	0	1	1
0	1	1	0	1	1	1	1	1	1	0	1
0	1	1	1	1	1	1	1	1	1	1	0

由表 8-3 可知，当输入选通端 $\overline{EN}$ 为 0 时，3 线—8 线译码器输出表达式为

$$\overline{Y}_0=\overline{\overline{A}_2\,\overline{A}_1\,\overline{A}_0}\text{，}\overline{Y}_1=\overline{\overline{A}_2\,\overline{A}_1A_0}\text{，}\overline{Y}_2=\overline{\overline{A}_2A_1\,\overline{A}_0}\text{，}\overline{Y}_3=\overline{\overline{A}_2A_1A_0}$$

$$\overline{Y}_4=\overline{A_2\,\overline{A}_1\,\overline{A}_0}\text{，}\overline{Y}_5=\overline{A_2\,\overline{A}_1A_0}\text{，}\overline{Y}_6=\overline{A_2A_1\,\overline{A}_0}\text{，}\overline{Y}_7=\overline{A_2A_1A_0}$$

因为输出表达式为组合型负逻辑函数，需要输出低电平有效的 PAL 器件；又要求具有使能输出，需要带输出三态控制的 PAL 器件；另外需要 4 个输入端、8 个输出端。PAL16L8 为可编程输入/输出型结构的 PAL 器件，它有 16 个输入端、8 个输出端。每个输出中有 8 个乘积项，其中第一个乘积项为专用乘积项，用于控制三态输出缓冲器的输出。图 8-24 所示为用 PAL16L8 实现 3 线—8 线译码器。

8.4.4　通用阵列逻辑（GAL）

通用阵列逻辑（Generic Array Logic，GAL）是 Lattice 公司在 1985 年推出的一种新型可编程逻辑器件。它采用电擦除、电可编程的 E^2CMOS 工艺制作，可以反复编程上百次。GAL 器件的输出端设置了可编程的输出逻辑宏单元（OLMC），通过编程可以将 OLMC 设置成不同的输出方式。GAL 器件能够一次实现 PAL 器件所有的输出工作模式，几乎可以取代所有的中小规模数字集成电路和 PAL 器件，故称为通用可编程逻辑器件。GAL 器件可分为 3 种基本结构：PAL 型 GAL 器件，如 GAL16V8、GAL20V8，其与或结构与 PAL 相似；在系统编程型 GAL 器件，如 ispGAL16Z8、ispGAL22V10；FPLA 器件，如 GAL39V8，其与或阵列均可编程。GAL 器件具有以下优点：

（1）采用电擦除工艺和高速编程方法，使器件擦除改写方便、快速，改写整个芯片只需要几秒钟，一片可改写 100 次以上。

（2）采用先进的 E^2CMOS 工艺，使 GAL 器件既有双极型器件的高速性能，又有 CMOS 器件功耗低的优点。存取速度为几十纳秒，功耗仅为双极型 PAL 器件的几分之一，编程数据可保存 20 年以上。

（3）采用可编程逻辑宏单元（OLMC），使器件结构灵活，通用性强。

（4）具有加密功能，可有效防止电路设计被非法抄袭；具有电子标签，便于文档管理，提高生产效率。

8.4.5　复杂可编程逻辑器件（CPLD）

复杂可编程逻辑器件（CPLD）是在简单 PLD 的概念基础上做了进一步的扩展，从而改

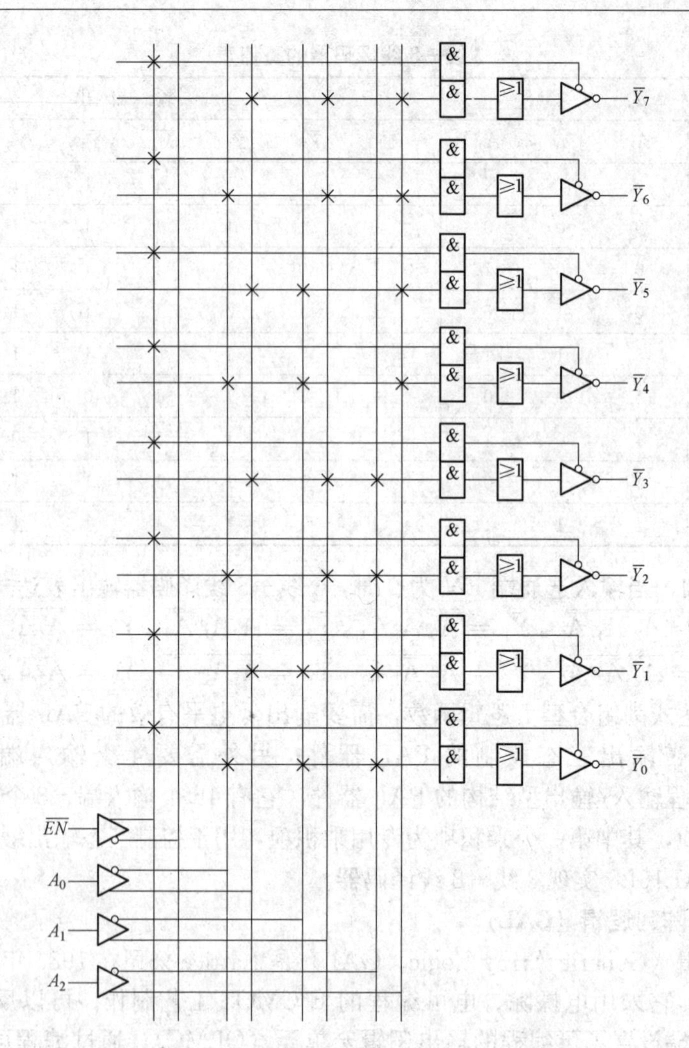

图 8-24 用 PAL16L8 实现 3 线—8 线译码器

善了系统的性能，提高了器件的集成度，使印制电路板的面积缩小，可靠性提高，成本降低。与简单 PLD 相比，CPLD 有更多的输入信号、更多的乘积项和宏单元。

目前，生产 CPLD 器件的公司主要有美国的 Altera、AMD、Lattice 和 Xilinx 等公司。尽管各厂商所生产的器件结构千差万别，但它们仍有共同之处。图 8-25 所示是 CPLD 器件的结构框图。其中逻辑块就相当于一个 GAL 器件，CPLD 中有多个逻辑块，这些逻辑块之间可以使用可编程内部连线实现相互连接。为了增强对 I/O 的控制能力，提高引脚的适应性，CPLD 中还增加了 I/O 控制块。每个 I/O 控制块中有若干个 I/O 单元。

1. 逻辑块

CPLD 中的逻辑块类似于一个低密度的 PLD，如 GAL。它包括实现乘积项的“与”阵列、乘积项分配和逻辑宏单元等。乘积项“与”阵列定义了每个宏单元乘积项的数量和每个逻辑块乘积项的最大容量。不同厂商的 CPLD 采用不同方式进行乘积项配置。CPLD 的逻辑宏单元一般都具有触发器和极性编程功能。

2. 可编程内部连线

可编程内部连线的作用是实现逻辑块与逻辑块之间、逻辑块与 I/O 块之间以及全局信

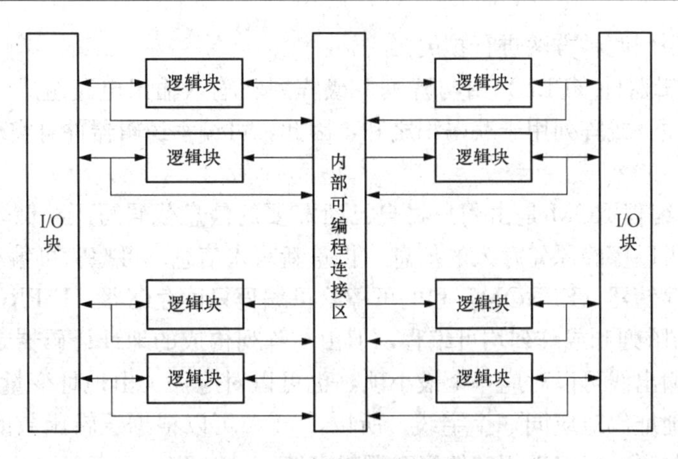

图 8-25　CPLD 器件的结构框图

号到逻辑块和 I/O 块之间的连接。连接区的可编程连接一般由 E^2CMOS管实现，其原理如图 8-26 所示。当 E^2CMOS 管被编程为导通时，纵线和横线连通；被编程为截止时，则不通。

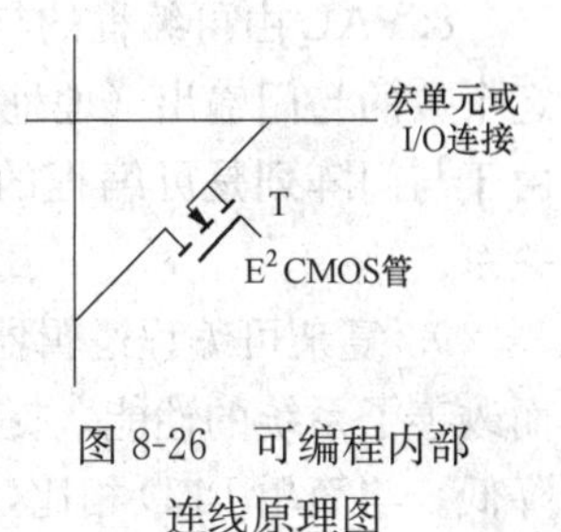

图 8-26　可编程内部连线原理图

3. I/O 单元

I/O 单元是 CPLD 外部封装引脚和内部逻辑间的接口。每个 I/O 单元对应一个封装引脚，通过对 I/O 单元中可编程单元的编程，可将引脚定义为输入、输出和双向功能。

小　结

1. 半导体存储器的种类很多，按存储器的存储功能可分为随机存取存储器（RAM）和只读存储器（ROM）；按构成元件可分为双极型（TTL）和 MOS 型存储器。双极型存储器速度快，但功耗大；MOS 型存储器速度较慢，但功耗小，集成度高。目前所使用的 ROM 大部分为 MOS 型存储器。

2. 存储器又可分为易失性和非易失性两种类型。易失性是指电路掉电后所存储的数据会丢失，RAM 具有易失性；而非易失性是指掉电后数据能够保存下来，ROM 具有非易失性。易失性存储器（RAM）又分为动态随机存取存储器（DRAM）和静态随机存取存储器（SRAM）两种。非易失性存储器（ROM）则可分为固定 ROM、EPROM、E^2PROM 以及闪存（Flash）。

3. 随机存取存储器（RAM）也称为读/写存储器，它不仅可以随时从指定的存储单元读出数据，而且可以随时向指定的存储单元写入数据。因此，RAM 的读、写非常方便，使用起来更加灵活。但 RAM 有丢失信息的缺点（断电时存储的数据会随之消失），不利于数据和信息的长期保存。RAM 有双极型和 MOS 型两大类。两者相比，双极型存储器速度快，但集成度较低，制造工艺复杂，功耗大，成本高，主要用于高速场合；MOS 型速度较低，但集成度高，制造工艺简单，功耗小，成本低，主要用于对速度要求不高的场合。

4. 一片 RAM 的存储容量不够用时，可用多片 RAM 来扩展存储容量。字数够用而位数不够用时，可采用位扩展法；位数够用而字数不够用时，可采用字扩展法；字数、位数都不够用时，可同时采用两种方法进行扩展。

5. 可编程逻辑器件（PLD）由与阵列、或阵列和输入输出电路组成。与阵列用于产生逻辑函数的乘积项，或阵列用于获得积之和，因此，可编程逻辑器件可实现一切复杂的组合逻辑电路。

6. 可擦除可编程 ROM 是由用户将自己所需要的信息代码写入存储单元内，不但具有可编程性，而且可以擦除原先存入的信息，再重新写入信息。可擦除可编程 ROM 包括光可擦除可编程只读存储器（EPROM）和电可擦除可编程只读存储器（E^2PROM）。

7. PLA 的与阵列和或阵列均可编程，但由与阵列构成的地址译码器是一个非完全译码器，它的每一根输出线可以对应一个最小项，也可以对应一个由地址变量任意组成的与项，因此允许用多个地址码对应同一个字线。所以，PLA 可以根据逻辑函数的最简与或式，直接产生所需要的与项，以实现相应的组合逻辑电路。

8. PAL 由可编程的与门阵列和固定的或门阵列构成。或门阵列中每个或门的输入与固定个数的与门输出（地址输入变量构成的与项）相连，每个或门的输出是若干个与项之和。由于与门阵列是可编程的，与项的内容可由用户自行定义，因此 PAL 可以实现各种逻辑关系。

9. 复杂可编程逻辑器件（CPLD）是在简单 PLD 的概念基础上做了进一步的扩展，从而改善了系统的性能，提高了器件的集成度，使印制电路板的面积缩小，可靠性提高，成本降低。与简单 PLD 相比，CPLD 有更多的输入信号、更多的乘积项和宏单元。

习题

8-1 试用 ROM 实现 1 位数值比较器。

8-2 现有 32k×8 RAM 一片，试回答以下问题：

（1）该 RAM 有多少位地址码？

（2）该 RAM 有多少个字？

（3）该 RAM 字长多少位？

（4）该 RAM 共有多少个存储单元？

（5）访问该 RAM 时，每次会选中多少个存储单元？

8-3 什么是 RAM 的位数扩展和字数扩展？存储容量为 8k×8 的 RAM 扩展为 64k×16 的 RAM，需用几片 8k×8 的存储芯片？

8-4 试把图 8-27 所示的 4k×4 位的 RAM 扩展为 8k×4 位的 RAM。

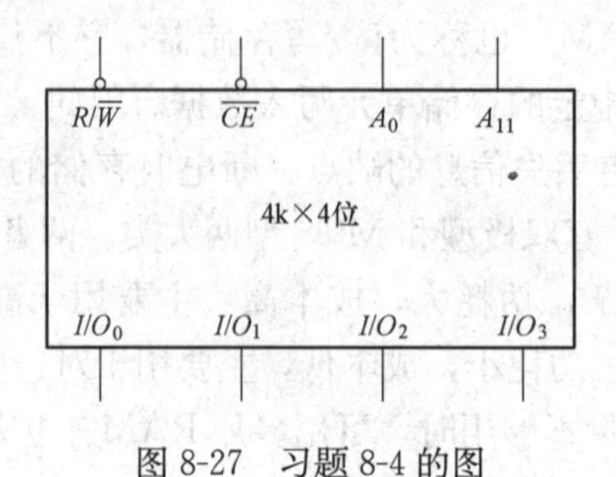

图 8-27 习题 8-4 的图

8-5　已知 ROM 的阵列图如图 8-28 所示，列表写出 ROM 存储的内容，写出 $D_0 \sim D_3$ 的逻辑式。

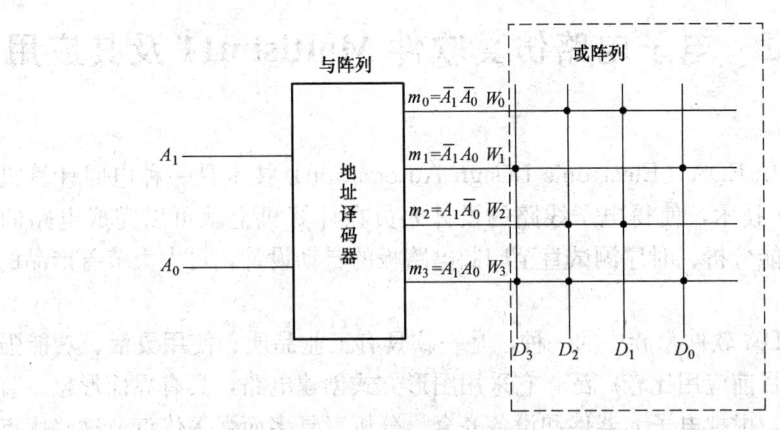

图 8-28　习题 8-5 的图

8-6　试用 8k×8 位的 RAM 芯片扩展成 16k×8 位的存储器系统。

8-7　试分析图 8-29 所示电路。

(1) 各片 RAM 有多少位地址？有多少字？每字多少位？

(2) 扩展后的 RAM 有多少位地址？有多少字？每字多少位？画出等效的 RAM 电路。

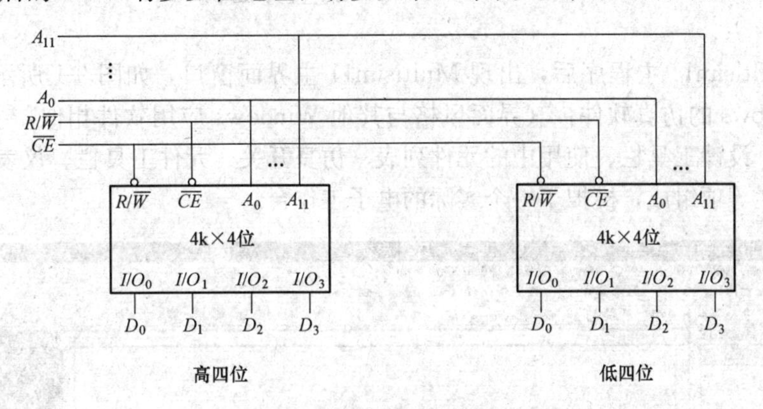

图 8-29　习题 8-9 的图

*第 9 章　电子电路仿真软件 Multisim11 及其应用

电子设计自动化 EDA（Electronic Design Automation）技术是一种电路计算机软件设计系统。采用 EDA 技术，使得电子线路的设计人员在计算机上就可以完成电路的功能设计、逻辑设计、性能分析、时序测试直至印制电路板的自动设计，可大大节省产品的研发周期和研发成本。

Multisim 是 EDA 软件家族中的一种，是一款具有工业品质、使用灵活、功能强大的电路电子仿真软件，目前应用比较广泛。它采用图形方式创建电路，具有界面形象、直观、友好，操作简单方便，虚拟电子元器件和设备齐全，分析工具多而强等优点，这些优点不仅为电子工程设计人员设计电子产品提供了重要工具，也非常适合电工电子课程的辅助教学。Multisim 为学习电工、电子技术的学生提供了一个直观的电路、电子虚拟实验平台。

本章以 Multisim11 版为例简单介绍该软件的基础知识以及用其实现电路仿真的方法。

9.1　Multisim11 的主界面窗口

运行 Multisim11 主程序后，出现 Multisim11 主界面窗口，如图 9-1 所示。Multisim11 是基于 Windows 的仿真软件，其界面风格与其他 Windows 应用软件相似，主要由菜单栏、系统工具栏、设计工具栏、使用中的元件列表、仿真开关、元件工具栏、仪表工具栏、电路窗口和状态栏等项组成，模拟了一个实际的电子工作台。

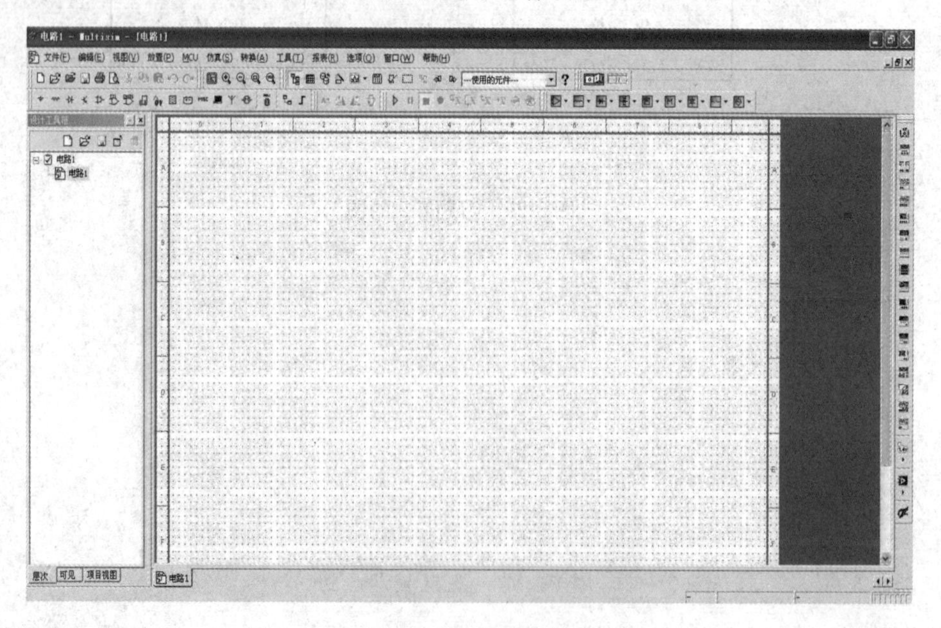

图 9-1　Multisim11 主界面窗口

Multisim11 的菜单栏位于主窗口的上方，包括文件、编辑、视图、放置、MCU、仿真、转换、工具、报表、选项、窗口和帮助共 12 个主菜单。每个主菜单下都有一个下拉菜单。

1. 文件菜单

文件菜单主要用于管理所创建的电路文件，其中包括新建、打开、关闭、保存、打印、退出程序等基本文件操作命令。其中的“打印选项”是 Multisim11 特有的功能。此外，还有“Recent Designs”和“历史项目”命令，用于调出最近使用过的文件和项目。

2. 编辑菜单

编辑菜单包括一些最基本的编辑操作命令，如剪切、复制、粘贴、删除等，类似于 Windows 的常规操作；以及元器件的位置操作命令，如对元器件进行旋转和对称操作的定位等。

3. 视图菜单

视图菜单包括调整窗口视图的命令，用于缩放电路图、配置程序工具栏等，还可在窗口界面中显示网格、边框、页边界，以提高在电路搭接时元器件相互位置的准确度。此外，菜单中的“记录仪”命令可以记录 Multisim11 里面的多种图形和表格，例如分析结果、示波器波形等。

4. 放置菜单

放置菜单包括放置元器件、连接点、导线、总线、注释、文本、图形等常用的绘图选项，同时包括创建新层次模块、层次模块替换、新建子电路等关于层次化电路设计的选项。其中，大部分选项有外部快捷按钮，需要时可在菜单“视图”→“工具栏”选项中选用。

5. MCU 菜单

MCU（微控制器）菜单包括一些与 MCU 调试相关的选项，如调试视图格式、MCU 窗口等，还包括一些调试状态的选项，如单步调试的部分选项，如图 9-2 所示。

6. 仿真菜单

仿真菜单包括一些与电路仿真相关的选项，如运行、暂停、停止、仪器、交互仿真设置等，如图 9-3 所示。其中，“仪器”选项提供各种仿真所需的仪器仪表，通常设置成快捷按钮方式的“仪器工具栏”，放置在 Multisim11 工作界面的右侧，以便使用。

7. 转换菜单

转换菜单用于将电路及分析结果传送给其他应用程序，如传到 Ultiboard10、Ultiboard9 或者其他早期版本，输出 PCB 设计图等，如图 9-4 所示。它主要是为生成其他 PCB 软件使用文件而设置的选项。

8. 工具菜单

工具菜单包括其他辅助工具、向导等，如图 9-5 所示。

9. 报表菜单

报表菜单包括与各种报表相关的选项，如材料清单、元件详细报告、网络表报告等，如图 9-6 所示。

10. 选项菜单

选项菜单包括全部参数设置、工作台界面设置、用户界面设置选项，可对程序的运行和界面进行设置，如图 9-7 所示。

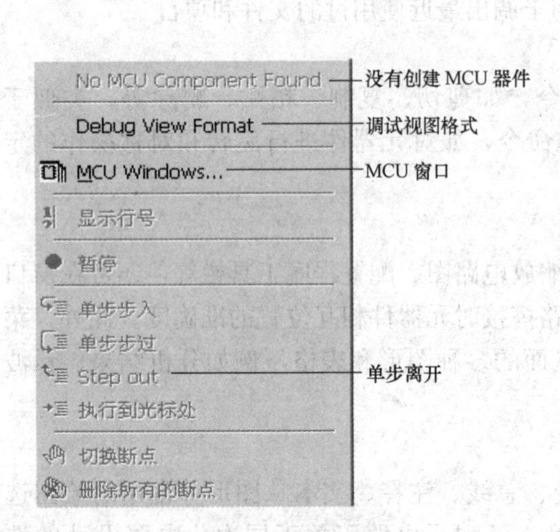

图 9-2 MCU 菜单

图 9-3 仿真菜单

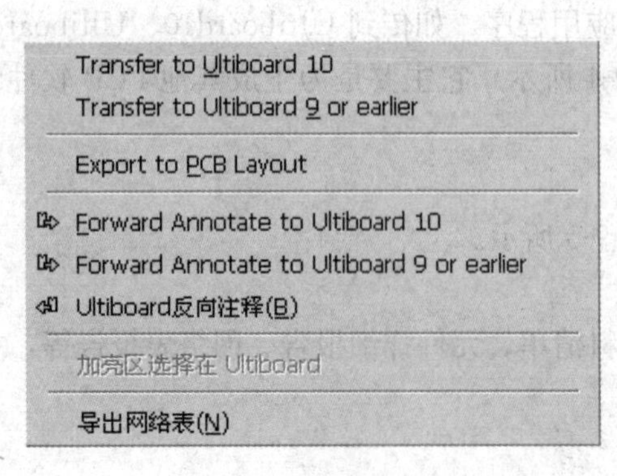

图 9-4 转换菜单

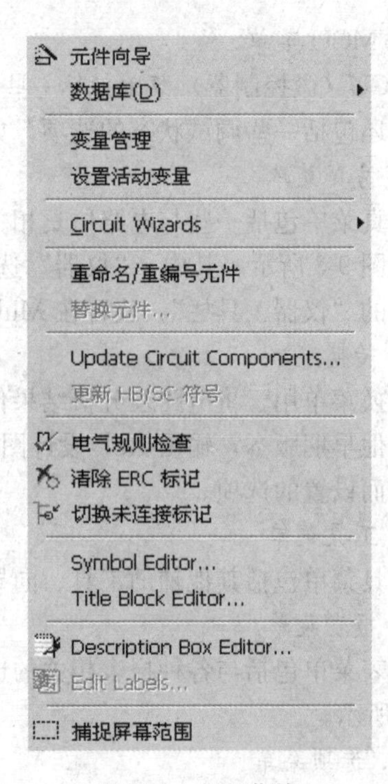

图 9-5 工具菜单

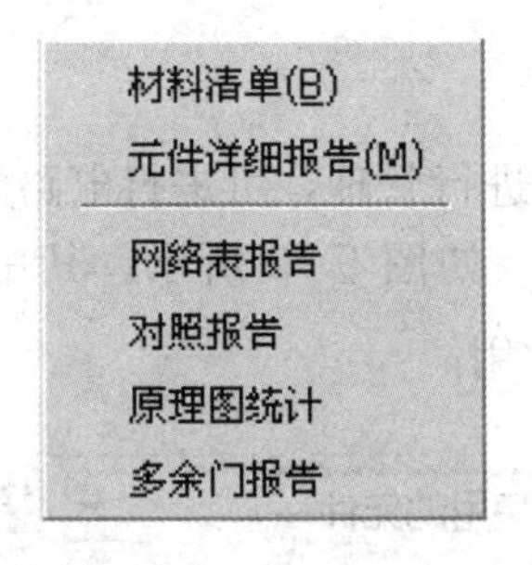

图 9-6　报表菜单

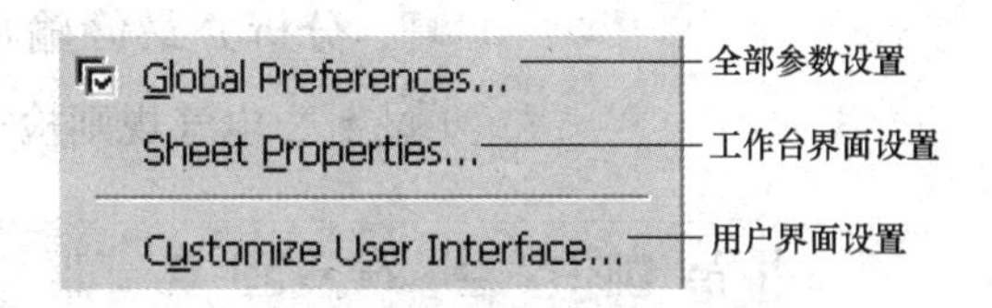

图 9-7　选项菜单

11. 窗口菜单

窗口菜单包括新建窗口、关闭、排列、窗口切换等选项，如图 9-8 所示。

12. 帮助菜单

帮助菜单为用户提供在线技术帮助和使用指导，按下键盘上的＜F1＞键也可获得 Multisim 帮助，如图 9-9 所示。

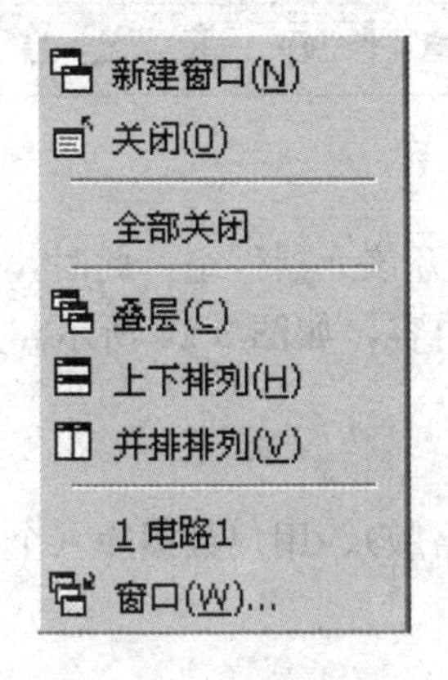

图 9-8　窗口菜单

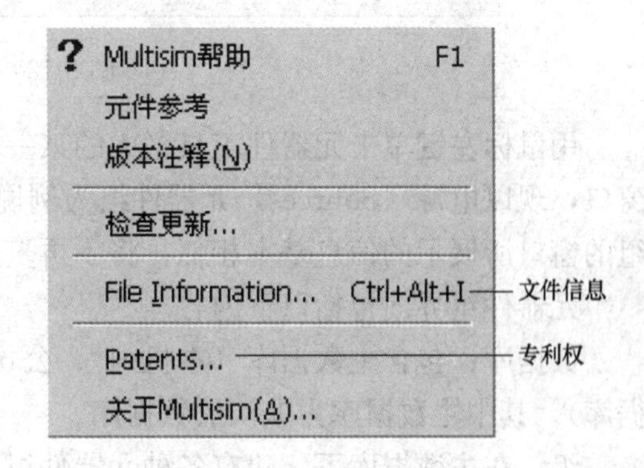

图 9-9　帮助菜单

9.2　工具栏和元器件库栏

常用工具栏包括标准工具栏、视图工具栏、主要工具栏、元器件工具栏、仪器工具栏、仿真工具栏、虚拟（元器件）工具栏等主菜单里最常用的工具选项外部快捷方式按钮，也可通过菜单“视图”→“工具栏”选项自定义工具栏，配置自己常用的外部工具按钮，如编辑工具栏、仿真开关等。

1. 标准工具栏

标准工具栏包括新建文件、打开文件、打开设计范例、保存文件、打印电路、打印预览、剪切、粘贴、撤销、重做等常见的功能按钮，如图 9-10 所示。类似于 Windows 的常规操作，在此不再赘述。

图 9-10　标准工具栏

2. 视图工具栏

视图工具栏包括切换全屏幕、增加缩放、减少缩放、缩放到已选择范围、缩放到页等功

能按钮，如图 9-11 所示。

图 9-11　视图工具栏

3. 主要工具栏

主要工具栏对工程、图纸等进行管理，可进行电路的建立、仿真、分析并最终输出设计数据，如图 9-12 所示。其中的记录仪、电气规则检查最为常用。

图 9-12　主要工具栏

4. 元器件工具栏

元器件工具栏实际上是用户在电路仿真中可以使用的所有元器件符号库，它与 Multisim11 的元器件模型库对应，每个库中放置着同一类型的元器件。在取用其中的某一个元器件符号时，实质上是调用了该元器件的数学模型，如图 9-13 所示。

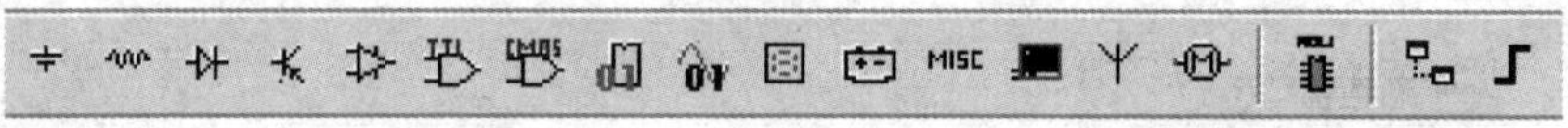

图 9-13　元器件工具栏

用鼠标左键单击元器件工具栏中的某一个图标即可打开该元器件组。此时，会弹出一个窗口，现以电源（Sources）元器件组为例说明该窗口的内容，如图 9-14 所示。其他元器件组的窗口所展示的信息基本相似，将不再赘述。

元器件组界面包括以下内容。

数据库：包含主数据库（本机内）、公司数据库（网络版）、用户数据库（个人建立的数据库）。其中主数据库为默认的数据库。

组：在主数据库下，建有各种元器件组（库）。

系列：按组分类的器件系列。每个组包含的系列。

元件：每个系列包含的元件。

符号：元器件符号。

功能：元器件功能描述。

选择和放置元器件时，只需从相应对话框中选择一个元器件，单击对话框中的“确定”按钮即可，此时元器件组界面关闭，鼠标移到电路编辑窗口后将变成需要放置的元器件的图标，这表示元器件已准备被放置，单击鼠标左键放置。如果要取消放置元器件，则单击“关闭”按钮。也可以单击图 9-14 所示元器件组界面右上中部的“搜索”按钮，弹出如图 9-15 所示对话框，在元件条内输入元器件名称，如“VCC”，单击“搜索”按钮，即可找到要搜寻的元器件。

现将各组件详解如下：

（1）电源库（Sources）。其对应电源系列如图 9-16 所示。

（2）基本元器件库（Basic）。其对应元器件系列如图 9-17 所示。其中带绿色衬底的按钮为虚拟元器件箱。在选择元器件时还是应该尽量到实际元器件箱中去选取，这不仅是因

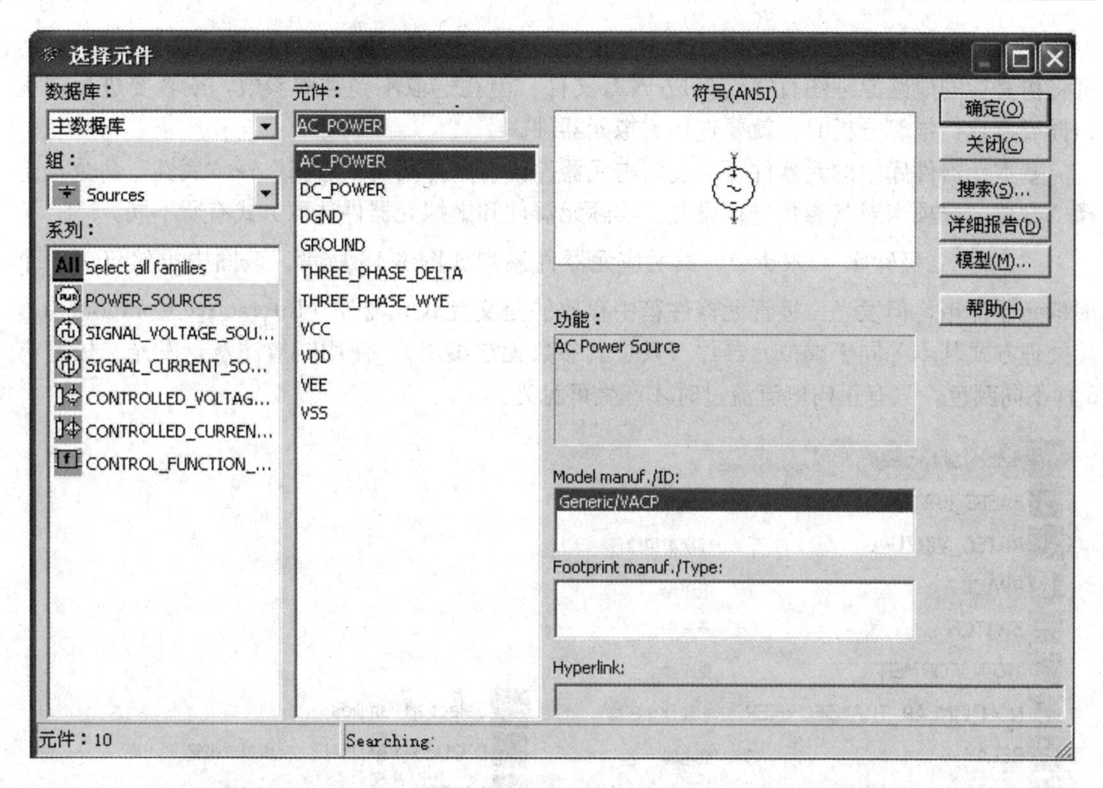

图 9-14　元器件组界面

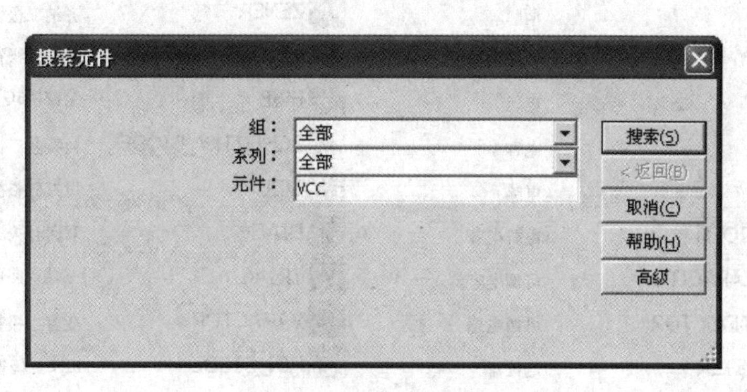

图 9-15　搜索元件界面

All Select all families	
POWER_SOURCES	电源
SIGNAL_VOLTAGE_SOURCES	电压信号源
SIGNAL_CURRENT_SOURCES	电流信号源
CONTROLLED_VOLTAGE_SOURCES	受控电压源
CONTROLLED_CURRENT_SOURCES	受控电流源
CONTROL_FUNCTION_BLOCKS	控制功能模块

图 9-16　电源系列图

为选用实际元器件能使仿真更接近于实际情况，还因为实际的元器件都有元器件封装标准，可将仿真后的电路原理图直接转换成 PCB 文件。但在选取不到某些参数，或者要进行温度扫描或参数扫描等分析时，就要选用虚拟元器件。

基本元器件库中的元器件可通过双击元器件或者选择菜单“编辑”→“属性”命令，选择“参数”选项卡对其参数进行设置。实际元器件和虚拟元器件选取方式有所不同。

（3）二极管库（Diodes）。其对应元器件系列如图 9-18 所示。该图中虽然仅有一个虚拟元器件箱，但发光二极管元器件箱中存放的是交互式元器件（Interactive Component），其处理方式基本等同于虚拟元器件（只是其参数无法编辑）。使用时应注意，发光二极管有 6 种不同颜色，只有正向电流流过时才产生可见光。

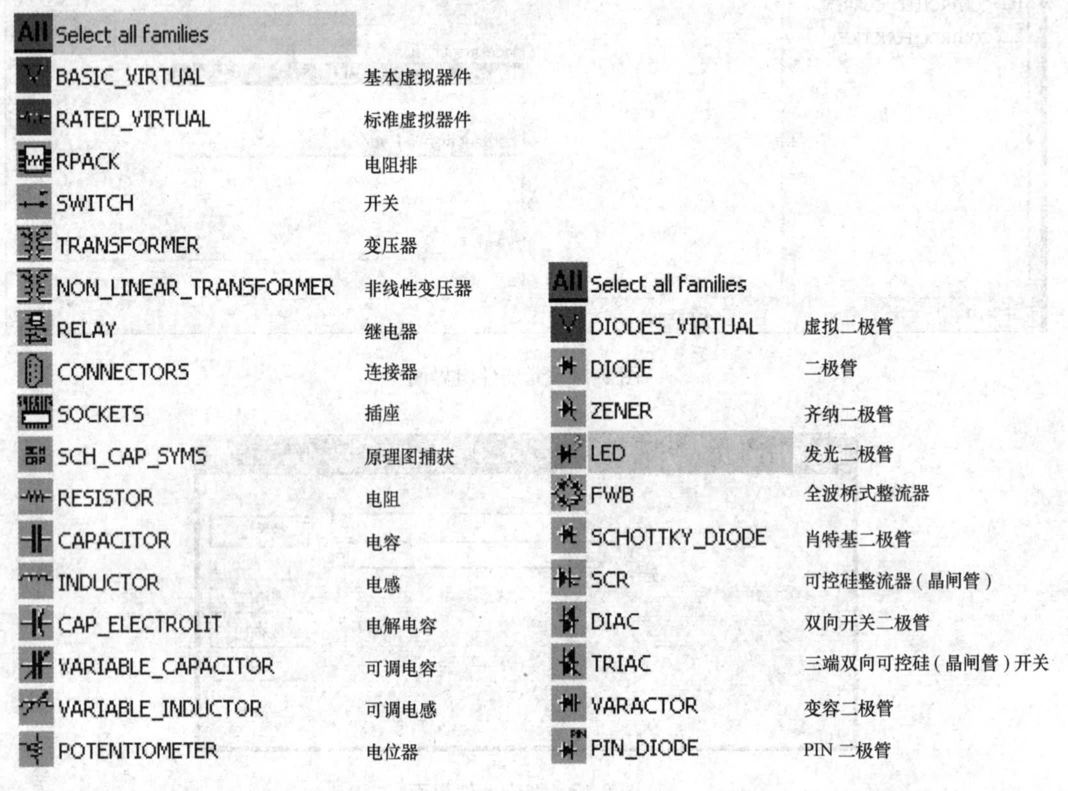

图 9-17 元器件系列图　　　图 9-18 二极管库对应元器件系列图

（4）晶体管库（Transistors）。其对应元器件系列如图 9-19 所示。

（5）模拟元件库（Analog）。其对应元器件系列如图 9-20 所示。

（6）TTL 元件库（TTL）。其对应元器件系列如图 9-21 所示。有些 TTL 元器件是复合型结构，即在同一个封装里有多个相互独立的对象，如 74LS00D，有 A、B、C、D 这 4 个功能完全相同的二输入与非门，可选用器件时在弹出的下拉列表框中任意选取，如图 9-22 所示。

（7）COMS 元件库（COMS）。其对应元器件系列如图 9-23 所示。

（8）杂项数字元件库（Misc Digital）。其对应元器件系列如图 9-24 所示。

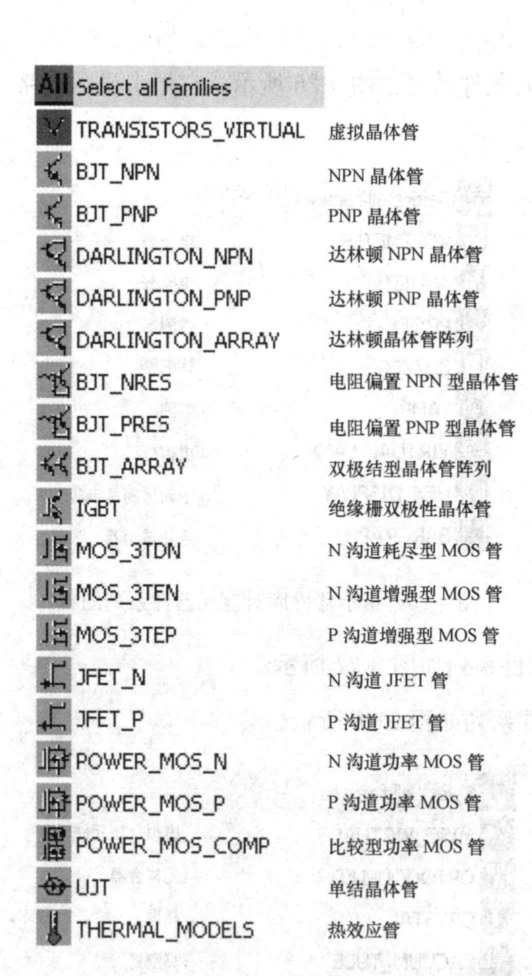

图 9-19　晶体管库对应元器件系列图

All Select all families
CMOS_5V
CMOS_5V_IC
CMOS_10V
CMOS_10V_IC
CMOS_15V
74HC_2V
74HC_4V
74HC_4V_IC
74HC_6V
TinyLogic_2V
TinyLogic_3V
TinyLogic_4V
TinyLogic_5V
TinyLogic_6V

图 9-23　COMS 元件库对应元器件系列图

All Select all families	
ANALOG_VIRTUAL	虚拟模拟器件
OPAMP	运算放大器
OPAMP_NORTON	诺顿运算放大器
COMPARATOR	比较器
WIDEBAND_AMPS	宽带放大器
SPECIAL_FUNCTION	特殊功能

图 9-20　模拟元件库对应元器件系列图

All Select all families
74STD
74STD_IC
74S
74S_IC
74LS
74LS_IC
74F
74ALS
74AS

图 9-21　TTL 元件库对应元器件系列图

新建	A	B	C	D
U1	A	B	C	D
取消				

图 9-22　下拉列表框

All Select all families	
TIL	TTL 系列集成电路
DSP	数字信号处理器
FPGA	现场可编程门阵列
PLD	可编程逻辑器件
CPLD	复杂可编程逻辑器件
MICROCONTROLLERS	微控制器
MICROPROCESSORS	微处理器
VHDL	硬件描述语言
MEMORY	存储器
LINE_DRIVER	线性驱动器
LINE_RECEIVER	线性接收器
LINE_TRANSCEIVER	线性发送器

图 9-24　杂项数字元件库对应元器件系列图

(9) 杂项元件库(Mixed)。其对应元器件系列如图 9-25 所示。其中 ADC _ DAC 虽无绿色衬底,但也属于虚拟元器件。

(10) 指示器件库(Indicators)。其对应元器件系列如图 9-26 所示。它用来显示电路仿真结果的显示器件。

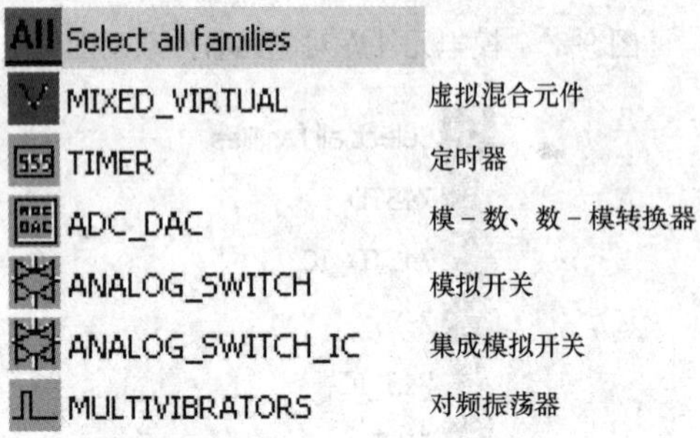

All Select all families	
MIXED_VIRTUAL	虚拟混合元件
TIMER	定时器
ADC_DAC	模-数、数-模转换器
ANALOG_SWITCH	模拟开关
ANALOG_SWITCH_IC	集成模拟开关
MULTIVIBRATORS	对频振荡器

图 9-25 杂项元件库对应元器件系列图

All Select all families	
VOLTMETER	电压表
AMMETER	电流表
PROBE	探测器
BUZZER	蜂鸣器
LAMP	灯泡
VIRTUAL_LAMP	虚拟灯泡
HEX_DISPLAY	十六进制显示器
BARGRAPH	条柱显示器

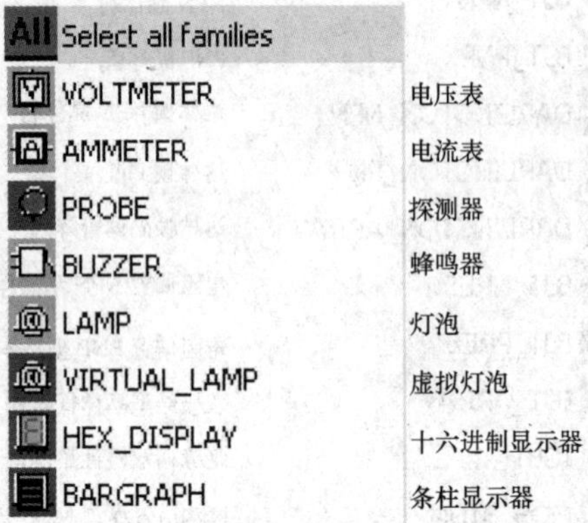

图 9-26 指示器件库对应元器件系列图

(11) 电源元件库(Power)。其对应元器件系列如图 9-27 所示。

(12) 杂项元件库(Misc)。其对应元器件系列如图 9-28 所示。

All Select all families	
FUSE	熔丝
SMPS_Average_Virtual	开关电源平均虚拟
SMPS_Transient_Virtual	开关电源瞬态虚拟
VOLTAGE_REGULATOR	电压调节器
VOLTAGE_REFERENCE	电压参考
VOLTAGE_SUPPRESSOR	电压抑制器
POWER_SUPPLY_CONT...	电源控制器
MISCPOWER	杂项电源
PWM_CONTROLLER	脉宽调制控制器

图 9-27 电源元件库对应元器件系列图

All Select all families	
MISC_VIRTUAL	虚拟杂项元件
OPTOCOUPLER	光耦合器
CRYSTAL	晶振
VACUUM_TUBE	真空管
BUCK_CONVERTER	降压转换器
BOOST_CONVERTER	升压转换器
BUCK_BOOST_CONVERTER	升降压转换器
LOSSY_TRANSMISSION_LINE	有损耗传输线
LOSSLESS_LINE_TYPE1	无损耗电路 1
LOSSLESS_LINE_TYPE2	无损耗电路 2
FILTERS	滤波器
MOSFET_DRIVER	MOSFET 驱动器
MISC	其他器件
NET	网络

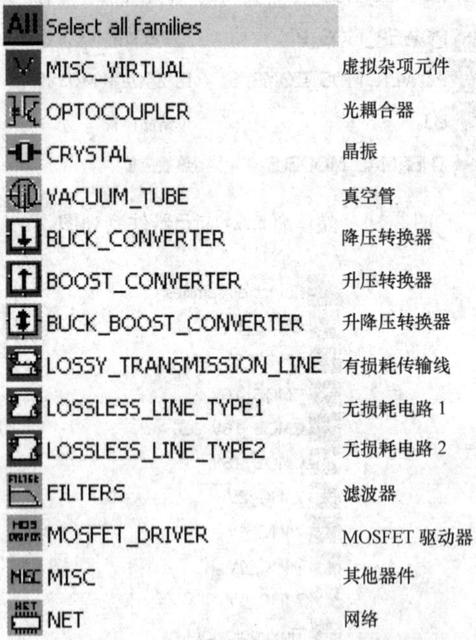

图 9-28 杂项元件库对应元器件系列图

(13) 高级外设元件库(Advanced _ Peripherals)。其对应元器件系列如图 9-29 所示。

（14）射频元件库（RF）。其对应元器件系列如图 9-30 所示。它提供一些适合高频电路的元器件，这是目前众多电路仿真软件所不具备的。

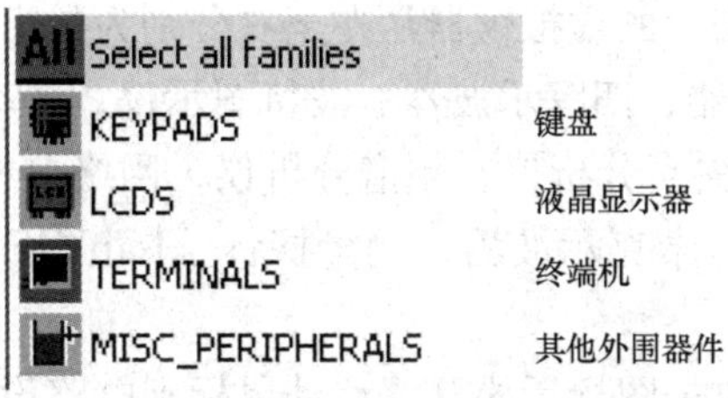

All Select all families	
KEYPADS	键盘
LCDS	液晶显示器
TERMINALS	终端机
MISC_PERIPHERALS	其他外围器件

图 9-29 高级外设元件库对应元器件系列图

All Select all families	
RF_CAPACITOR	射频电容
RF_INDUCTOR	射频电感
RF_BJT_NPN	射频 NPN 晶体管
RF_BJT_PNP	射频 PNP 晶体管
RF_MOS_3TDN	射频 N 沟道耗尽型 MOSFET
TUNNEL_DIODE	隧道二极管
STRIP_LINE	带状线
FERRITE_BEADS	铁氧体磁环

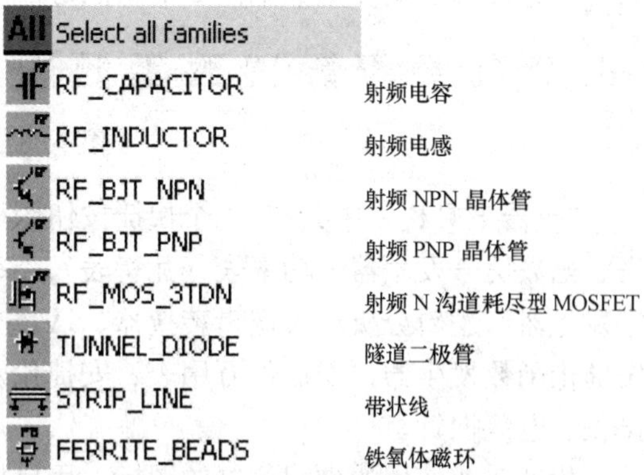

图 9-30 射频元件库对应元器件系列图

（15）机电类元件库（Electro _ Mechanical）。其对应元器件系列如图 9-31 所示。

（16）微控制器库（MCU Module）。其对应元器件系列如图 9-32 所示。

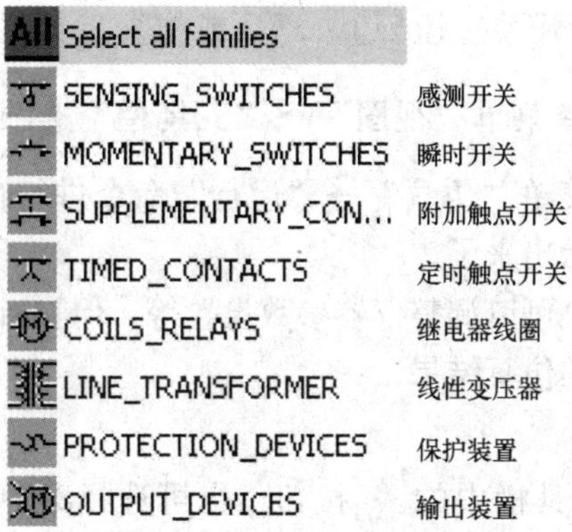

All Select all families	
SENSING_SWITCHES	感测开关
MOMENTARY_SWITCHES	瞬时开关
SUPPLEMENTARY_CON...	附加触点开关
TIMED_CONTACTS	定时触点开关
COILS_RELAYS	继电器线圈
LINE_TRANSFORMER	线性变压器
PROTECTION_DEVICES	保护装置
OUTPUT_DEVICES	输出装置

图 9-31 机电类元件库对应元器件系列图

All Select all families	
805x	805x 系列单片机
PIC	PIC 系列单片机
RAM	随机存取存储器
ROM	只读存储器

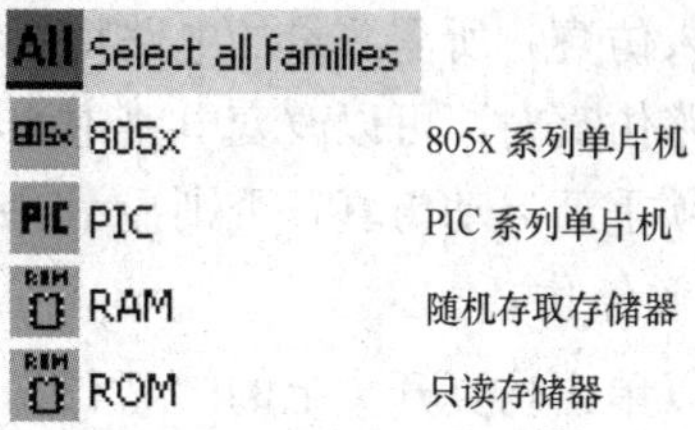

图 9-32 微控制器库对应元器件系列图

（17）和分别为放置层次按钮和放置总线按钮。

9.3 仪 器 库

为了对电路的工作状态进行测试和仿真，Multisim11 软件中提供了许多虚拟仪器。这些虚拟仪器的外观和使用方法与实验室使用的真实仪器基本一样，完全可以满足测试和仿真的需要。使用虚拟仪器不仅能测试电路参数和性能，而且可以对测试的数据进行分析、打印和保存等。

9.3.1 调用和放置虚拟仪器

可以通过选择菜单“仿真”→“仪器”选项寻找到电路测试、仿真所需的虚拟仪器，也可以直接在 Multisim11 工作界面的右侧的“仪器工具栏”中直接调用。虚拟仪器在“仪器工具栏”中被设置成快捷按钮方式，使用起来十分方便。若在Multisim11工作界面中找不到“仪器工具栏”，也可通过选择菜单“视图”→“工具栏”→“仪器”命令配置“仪器工具栏”为外部工具按钮，如图9-33所示。

图9-33 仪器工具栏

“仪器工具栏”中共有21个快捷按钮图标，所表示的虚拟仪器从左至右分别为数字万用表、函数信号发生器、功率表（瓦特表）、双踪示波器、四踪示波器、波特图示仪、频率计、字发生器、逻辑分析仪、逻辑转换器、IV分析仪、失真分析仪、频谱分析仪、网络分析仪、安捷伦函数发生器、安捷伦万用表、安捷伦示波器、泰克示波器、测量探针、LabVIEW测试仪、电流探针。

找到需要使用的虚拟仪器的图标，用鼠标左键单击图标后松开，移动鼠标到电路设计窗口中，在所需放置仪器的位置再次单击鼠标，仪器即放置在电路中了。

9.3.2 虚拟仪器仿真

电路连接正确后即可对其进行仿真测试。

1. 运行仿真

用鼠标左键单击Multisim11工作界面上的仿真开关按钮或仿真工具栏中的按钮，如果在工作界面上找不到，可通过选择菜单“视图”→“工具栏”选项中的“仿真开关”命令和“仿真”命令配置，也可选择菜单“仿真”→“运行”命令进行仿真。电路进入仿真，所需测量的电路特性和参数就被显示出来了。

电路仿真时，可以改变电路中元器件的标值，也可以调整仪器参数设置等，但在有些情况下必须重新启动仿真，否则显示的一直是改变前的仿真结果。

2. 暂停仿真

可以单击仿真开关上的“暂停”按钮或仿真工具栏中的按钮，也可选择菜单“仿真”→“暂停”命令。

3. 结束仿真

可以单击仿真开关上的“停止”按钮或仿真工具栏中的按钮，也可选择菜单“仿真”→“停止”命令。

9.3.3 常用虚拟仪器的使用

1. 数字万用表

数字万用表主要用于测量电路两点之间的交直流电压、交直流电流、电阻和分贝，其接线符号、面板如图9-34所示。数字万用表有正极和负极两个引线端，测量时自动调整量程。测量灵敏度根据需要，可以通过修改内部电阻来进行调整。

2. 函数信号发生器

函数信号发生器是一个可以提供正弦波、三角波和方波三种信号的电压信号源，其接线符号、面板如图9-35所示。它可以为电路提供方便、真实的激励信号，而且波形、频率、

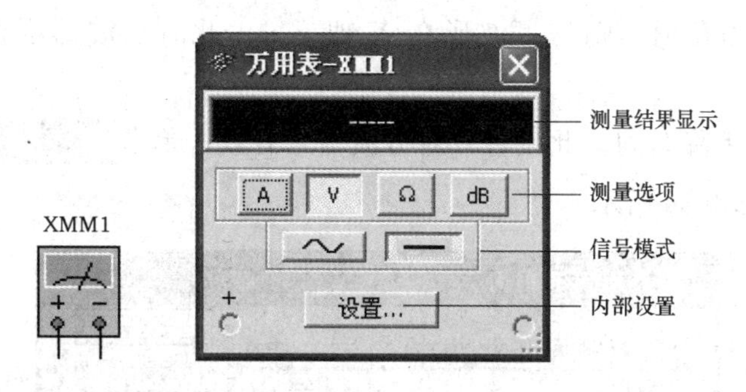

图 9-34　数字万用表的接线符号、面板

占空比、幅值、直流偏置电压可以随时更改。

（1）接线端。函数信号发生器有 3 个输出端，即“正接线端”“公共端”和“负接线端”，其中“公共端”接线柱是信号的参考点。

接线端与电路的连接有以下两种方式：

1）单极性连接方式。将“公共端”与“地端”连接，“正接线端”或“负接线端”与电路的输入相连。“正接线端”产生一个正向的输出信号，“负接线端”产生一个负向的输出信号，这种方式适用于普通的电路。

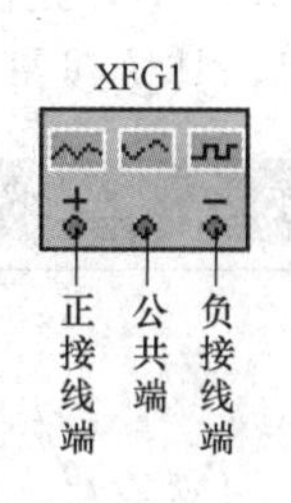

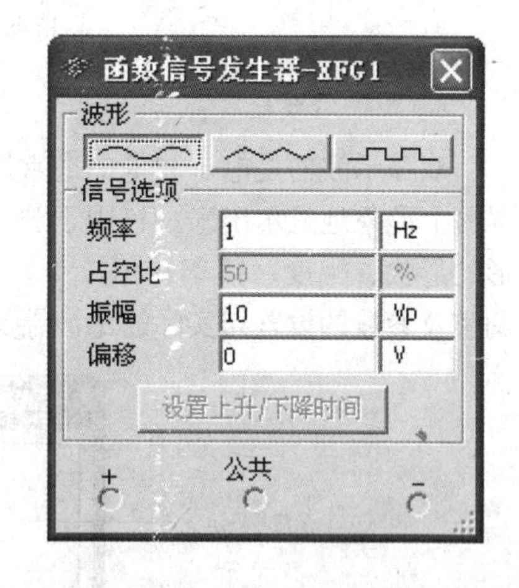

图 9-35　函数信号发生器的接线符号、面板

2）双极性连接方式。将“正接线端”与电路输入中的“+”端相连，将“负接线端”与电路输入的“−”端相连，这种方式一般用于信号源与差分输入的电路，如差分放大器、运算放大器等。

（2）波形选择。用鼠标左键单击按钮可选择正弦波、三角波、方波 3 种波形。

（3）信号选项。

1）频率。用于设置函数信号发生器输出信号的频率。

2）占空比。占空比为正脉冲持续时间与脉冲周期之比的百分数，设置范围为 1%～99%。它只对三角波和方波起作用。

3）振幅。用于设置函数信号发生器输出信号幅值的大小，设置范围为 1FV_P～1000TV_P。需要注意的是，若接线端以单极性连接方式连接在电路中，则波形输出的幅值就是设置值，峰—峰值是设置值的 2 倍；若接线端以双极性连接方式连接在电路中，则电压幅值是设置值的 2 倍，峰—峰值是设置值的 4 倍。

4）偏移。用于设置函数信号发生器输出信号直流成分的大小，设置范围为−1000TV～1000TV。当直流偏移量设置为 0 时，信号波形在示波器上显示的是以 X 轴为中心的一条曲线（即 Y 轴上直流电压为 0）。当直流偏移量设置为非 0 时，若设置为正值，则信号波形在

X 轴上方；若设置为负值，则信号波形在 X 轴下方。此时示波器耦合方式必须设置为“DC”。

(4) 设置上升/下降时间。此设置只对方波信号有效。单击 设置上升/下降时间 按钮即弹出设置窗口，如图 9-36 所示。

图 9-36　设置上升/下降时间窗口

3. 双踪示波器

双踪示波器是电子测量中最常用的一种仪器，它可以把电信号的时变规律以可见波形在屏幕上形象地显示出来。它用于观察两路电信号随时间变化的关系，可以用来测量电信号波形的形状、幅度、频率、相位等。Multisim11 提供的双踪示波器的面板、各按键的作用、调整及参数的设置与实际的示波器类似，其接线符号、面板如图 9-37 所示。

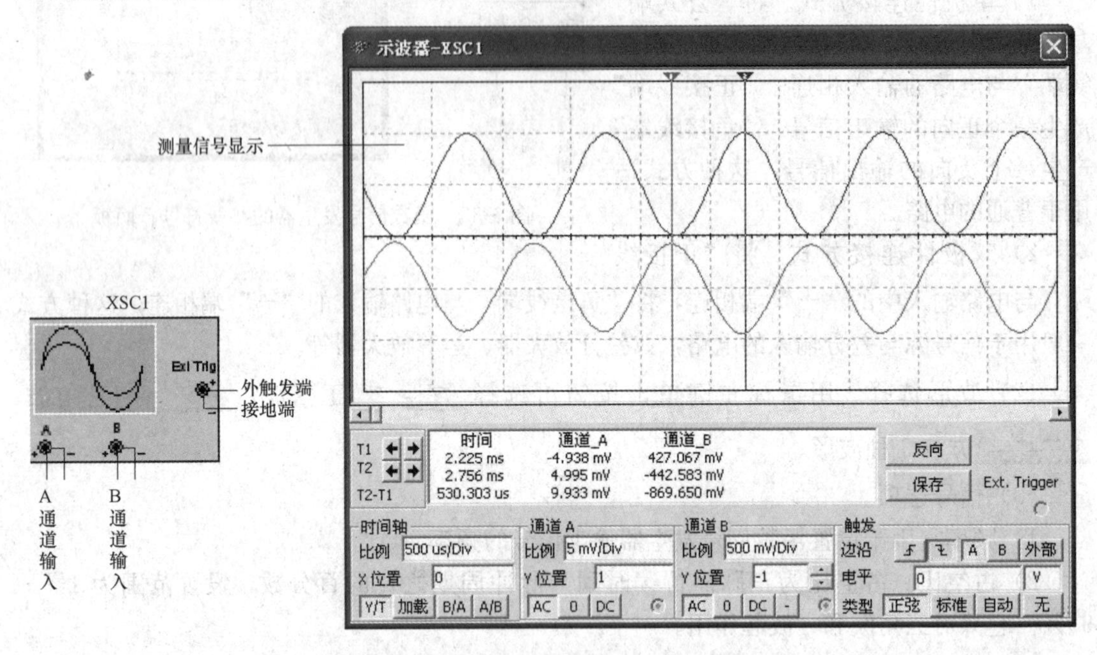

图 9-37　双踪示波器的接线符号、面板

(1) 接线端。示波器接线符号有 4 个连接端：A 通道输入、B 通道输入、外触发端和接地端。其中，A 通道输入、B 通道输入的“+”端分别连接待测量信号，两通道既可同时使用，也可单独使用；A 通道输入、B 通道输入的“−”端在电路有“接地端”时可不接。外触发端在接外触发信号时使用，一般测量时基本不用。若电路中已有接地端，示波器接地端可不接地。

(2) 测量信号显示。用于显示测量的信号，可同时显示两路信号。信号的颜色可随相应输入通道连接线的颜色变化。

标有箭头的两条竖线称为垂直游标，在此简称游标。游标 1 对应通道 A，游标 2 对应通道 B，通过拖动游标可以详细读取波形上任意一点的读数及两个游标间读数的差，这为信号的周期与幅值等测试提供了方便。显示屏下方的方框内会显示游标与信号波形相交点的时间值和电压值，如图 9-38 所示。图中 T1 表示游标 1，T2 表示游标 2，也可通过→←按钮来调节相应游标的位置。

	时间	通道_A	通道_B
T1 ← →	29.441 s	4.996 mV	-434.950 mV
T2 ← →	29.441 s	-4.984 mV	421.749 mV
T2-T1	492.424 us	-9.980 mV	856.699 mV

图 9-38　游标与信号波形相交点的时间值和电压值

(3) 时基（时间轴）。此对话框用于设置扫描时间及信号显示方式，如图 9-39 所示。

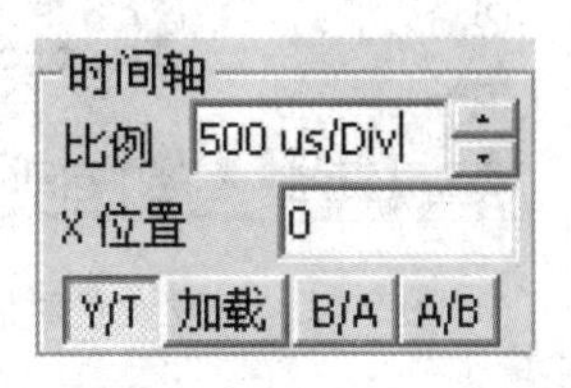

图 9-39　时基对话框

1) 比例。用于设置扫描时间。可通过上下箭头调整扫描时间的长短，控制波形在示波器 X 轴向显示清晰。信号频率越高，扫描时间应调得越短。比如，想看一个频率是 2kHz 的信号，扫描时间调到 500μs/Div 为最佳。以上设置，信号显示方式必须处在(Y/T)状态。

2) X 位置。用于设置波形信号在 X 轴上的起始点，调节范围为−5～+5。当 X 轴的位置调到 0 时，波形以显示器的左边沿为起始点。若设一个正值，波形起始点右移；若设一个负值，波形起始点左移。

3) Y/T、加载、B/A 和 A/B 信号显示方式。

a. 按下 Y/T，示波器显示信号波形是关于时间轴 X 的函数。X 轴显示时间，Y 轴显示电压值。

b. 按下 加载，X 轴显示时间，Y 通道显示 A 通道、B 通道的输入电压之和。

c. 按下 B/A，X 轴与 Y 轴都显示电压值。此时是把 A 通道作为 X 轴扫描信号，将 B 通道信号加载在 Y 轴上。

d. 按下 A/B，X 轴与 Y 轴都显示电压值。此时是把 B 通道作为 X 轴扫描信号，将 A 通道信号加载在 Y 轴上。

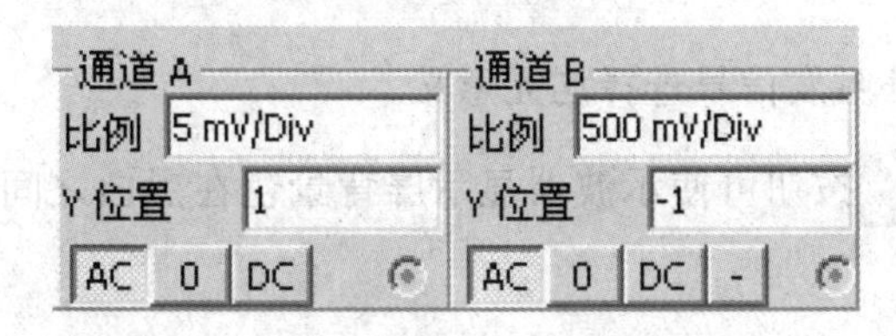

图 9-40　通道 A、通道 B 设置对话框

(4) 通道设置。可通过此对话框对通道 A、通道 B 进行设置，如图 9-40 所示。

1) 比例。用于设置信号在 Y 轴的灵敏度，即 Y 轴刻度的电压值。可以根据输入信号的大小来调整 Y 轴刻度值的大小，使信号波形在显示屏上显示合适的高度。若示波器处于 A/B 或 B/A 模式时，它也控制 X 轴向的灵敏度。

2) Y 位置。用于设置波形信号在 Y 轴上的起始点，调节范围为−3～+3。当 Y 位置调到 0 时，Y 轴的起始点与 X 轴重合，即信号波形以 X 轴为对称轴。若设一个正值，信号波形就移到 X 轴上方，以此时的 Y 位置为对称轴；若设一个负值，信号波形就移到 X 轴下方，以此时的 Y 位置为对称轴。通常情况下，通道 A、通道 B 的波形总是重叠的，改变通道 A、通道 B 的 Y 位置使两波形分离，便于进行信号波形的分析与研究。

3）AC、0、DC 输入耦合方式。

a. 按下 AC，示波器显示信号的交流分量。

b. 按下 0，在 Y 轴设置的原点位置显示一条水平的直线，通常称之为“地线”。

c. 按下 DC，示波器显示信号的交流分量与直流分量之和。此时 Y 位置应设置为 0，以便测量信号波形中的直流成分。

(5) 触发。可通过此对话框对触发进行设置，如图 9-41 所示。触发设置决定信号波形在示波器上的显示条件。

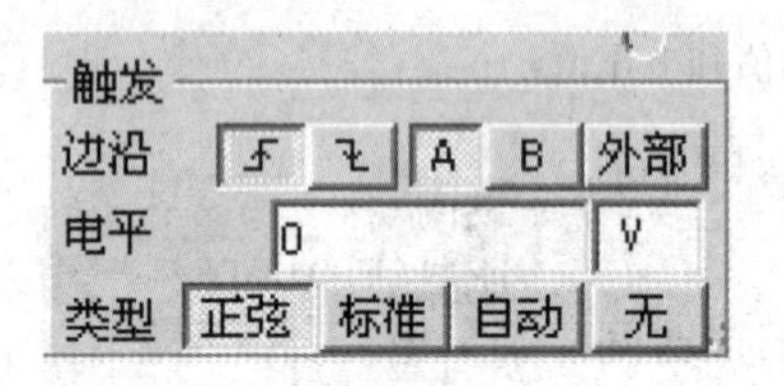

图 9-41 触发设置对话框

1）边沿。

a. 上升沿触发，即在波形的上升沿到来时触发显示。

b. 下降沿触发，即在波形的下升沿到来时触发显示。

c. A 用 A 通道信号作为触发信号。

d. B 用 B 通道信号作为触发信号。

e. 外部 用外触发输入端信号作为触发信号。此时外部的触发信号接地端必须与示波器接地端相连。

2）电平。用来选择触发电平范围，即给输入信号设置门槛，信号幅度达到触发电平时，示波器才开始扫描。

3）类型。

a. 正弦 为单脉冲触发，即触发信号电平达到触发电平门槛时，示波器只扫描一次。

b. 标准 为一般脉冲触发，即触发信号电平只要达到触发电平门槛时，示波器就扫描一次。

c. 自动 若信号波形幅度很小或者希望尽可能快的显示，则要把触发电平类型设置为“自动”。

d. 无 按下此按钮时示波器通道选择、内外触发信号选择均无意义。

(6) 显示屏设置。用鼠标左键单击 反向 按钮可使示波器显示屏背景色在黑白之间切换，切换条件为系统必须处在仿真状态。

(7) 存盘。用鼠标左键单击 保存 按钮可把仿真数据保存起来。保存方式：以扩展名为 *.SCP 的文件形式保存，或以扩展名为 *.Ivm 的文件形式保存，或以扩展名为 *.tdm 的文件形式保存。

9.4　Multisim11 应用举例

下面把具有射极偏置电路的单管共射放大电路用 Multisim11 进行仿真。

9.4.1　建立新文件

启动 MultiSim11 程序，出现如图 9-42 所示的主界面。

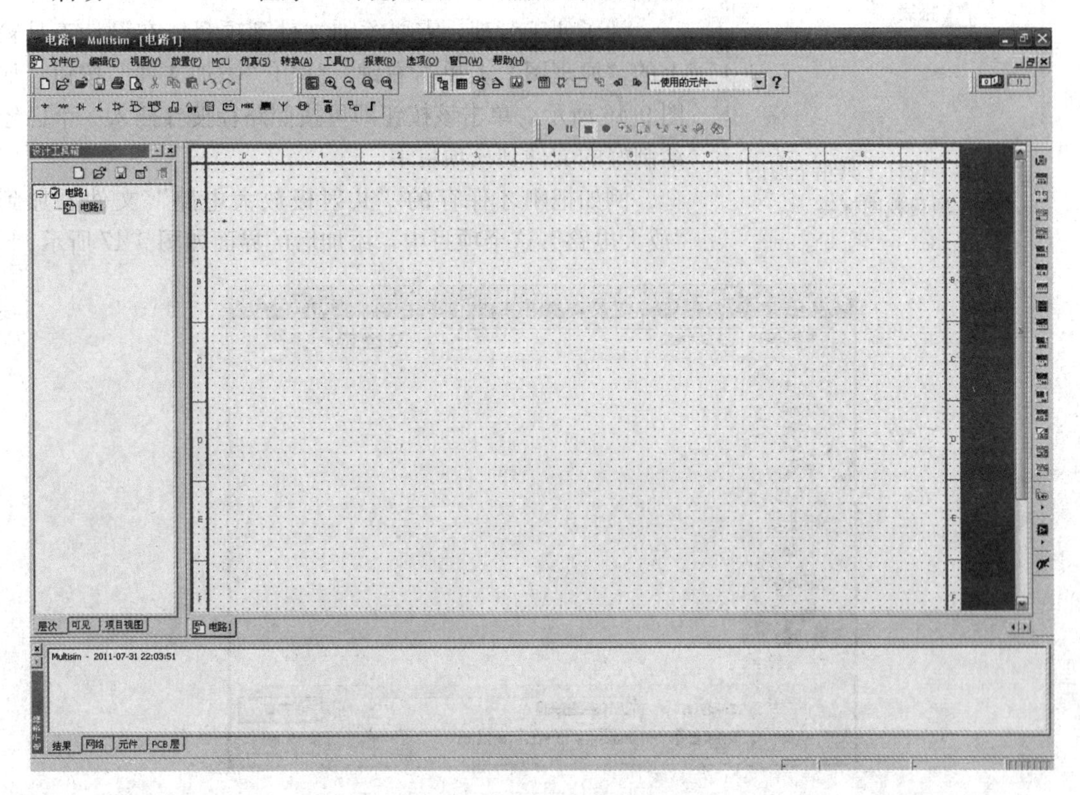

图 9-42　MultiSim11 主界面

打开“文件”菜单下的“新建项目”，出现如图 9-43 所示的对话框。把这个项目命名为放大电路。

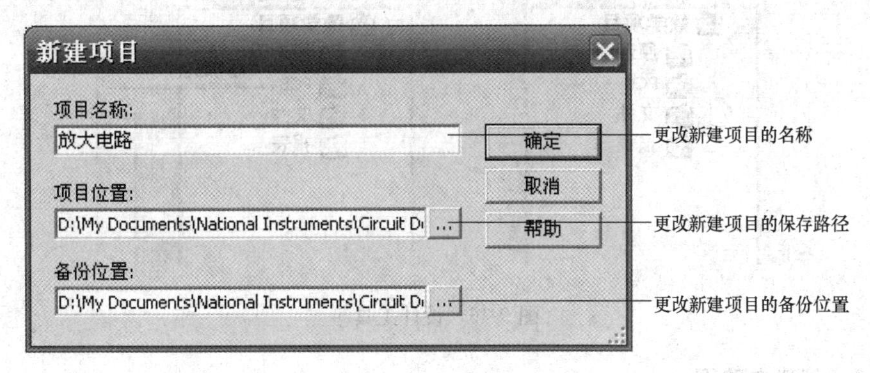

图 9-43　项目建立对话框

图 9-44　设计工具箱下面的项目视图标签

设置完毕后单击确定，单击设计工具箱下面的项目视图标签可以看到新建立的项目，如图 9-44 所示。

此时，可以把新建原理图文件保存到新建项目中，此处把文件命名为“共射极放大电路”，单击“文件”→“另存为”，在文件名里输入“共射极放大电路”即可，界面如图 9-45 所示。

为了便于管理，需要添加文件到项目，在设计工具箱上的“原理图”上单击右键，弹出“添加文件”按钮，如图 9-46 所示，单击该按钮即可按照路径搜寻插入一个已经绘制好的文件到该项目中。

例如把刚才保存的“共射极放大电路”文件添加到“放大电路”这个项目中，添加后的界面如图 9-47 所示。

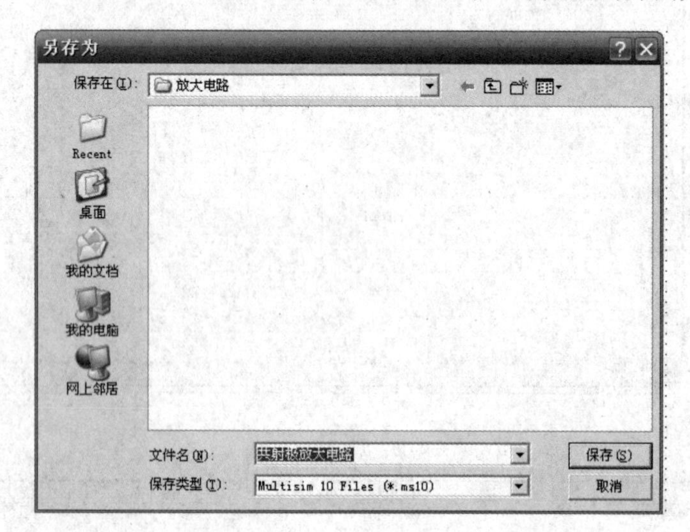

图 9-45　保存界面

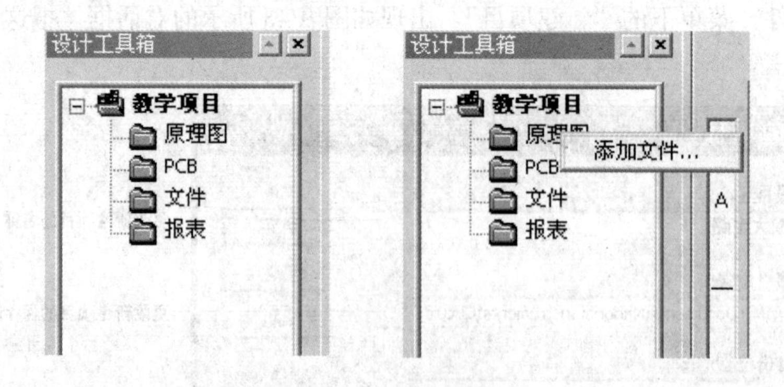

图 9-46　设计工具箱

9.4.2　创建电路图

按照上述设计的单管共射极放大电路，把电路图画好。

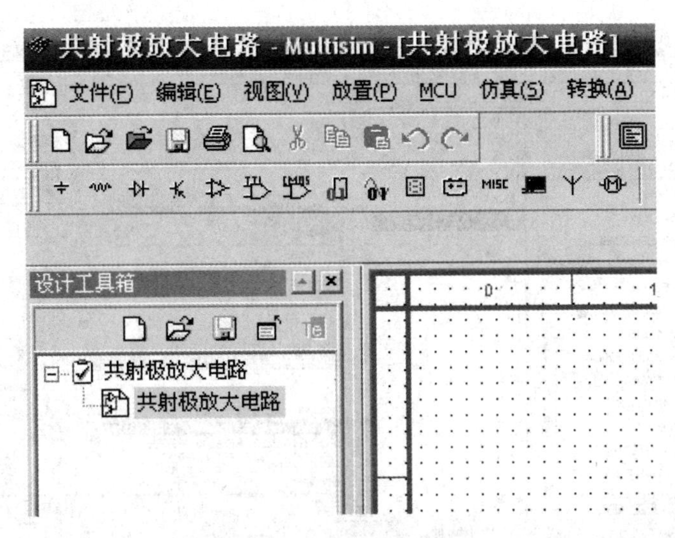

图 9-47　把保存的文件添加到项目中

1. 选择元器件

单击“放置”菜单，选择“元件项”，弹出器件选择对话框，如图 9-48 所示；也可单击鼠标右键，选择“元件项”；还可以在主窗口下用直接单击基本元件工具栏的任意一项来完成。

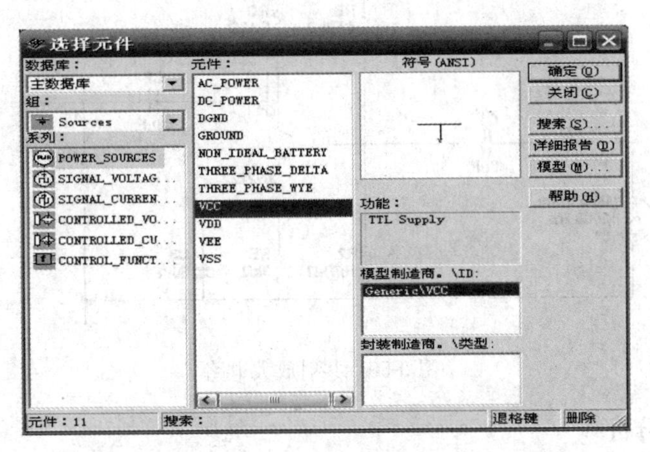

图 9-48　器件选择对话框

2. 放置元件

比如要放置电阻 R_B，则选择元器件组里面的“Basic（基本库）”选项，再选器件系列里面的“RESISTER”，找到元件里面的“18.7k”，单击“OK”按钮或双击所选器件，界面如图 9-49 所示。此时鼠标指针下悬停着选中的器件，在绘图区合适的位置单击左键即可放置该器件到指定位置上。

放置的元件可以对其进行更改元器件属性、更改标识名称、更改元器件方向等操作。

3. 连接电路

将鼠标指针移动到所要连接元件的引脚上，鼠标指针就会变成中间有黑点的十字。单击鼠标左键，拖动指针至另一元件的引脚，单击鼠标，就会将两个元件的引脚连接起来。

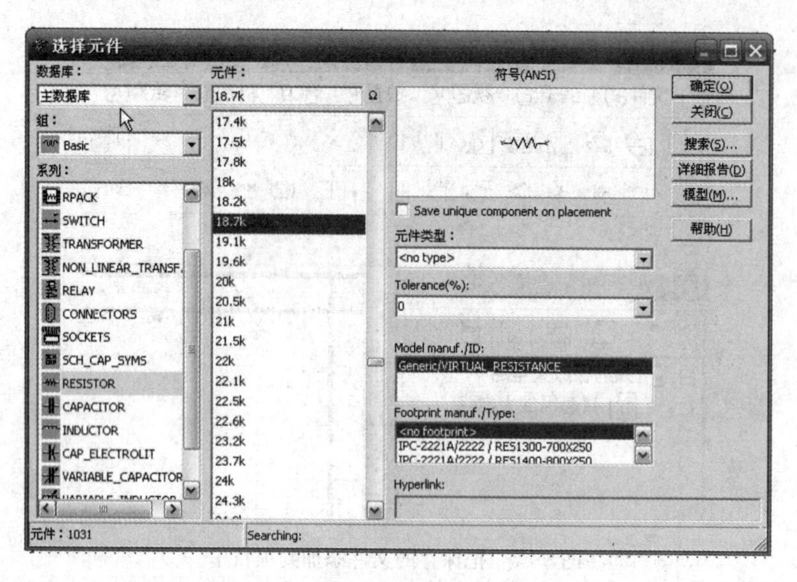

图 9-49　选择元器件界面

连接好的共射放大电路如图 9-50 所示。

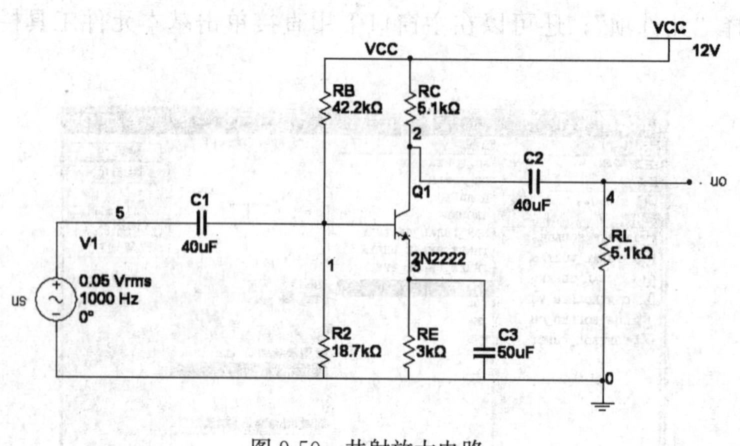

图 9-50　共射放大电路

9.4.3　性能分析

按照设计要求，需要对电路进行静态分析和动态分析。

1. 静态分析

静态分析是指对电路的静态值（直流量）进行测量，例如要测量基极电位，双击虚拟仪器工具栏上的万用表图标，放置到画图区域，用连线把万用表的正极接到电路的基极上，把万用表的负极接到地上，如图 9-51 所示。

单击仿真按钮，双击万用表图标，即可得到基极电位的测量值，如图 9-52 所示。

2. 动态分析

通常用示波器来分析和观察电压的波形，计算放大倍数等性能指标。单击示波器图标，放置到画图区域，把输入信号接到示波器的 A 通道上，把输出信号接到示波器的 B 通道上，

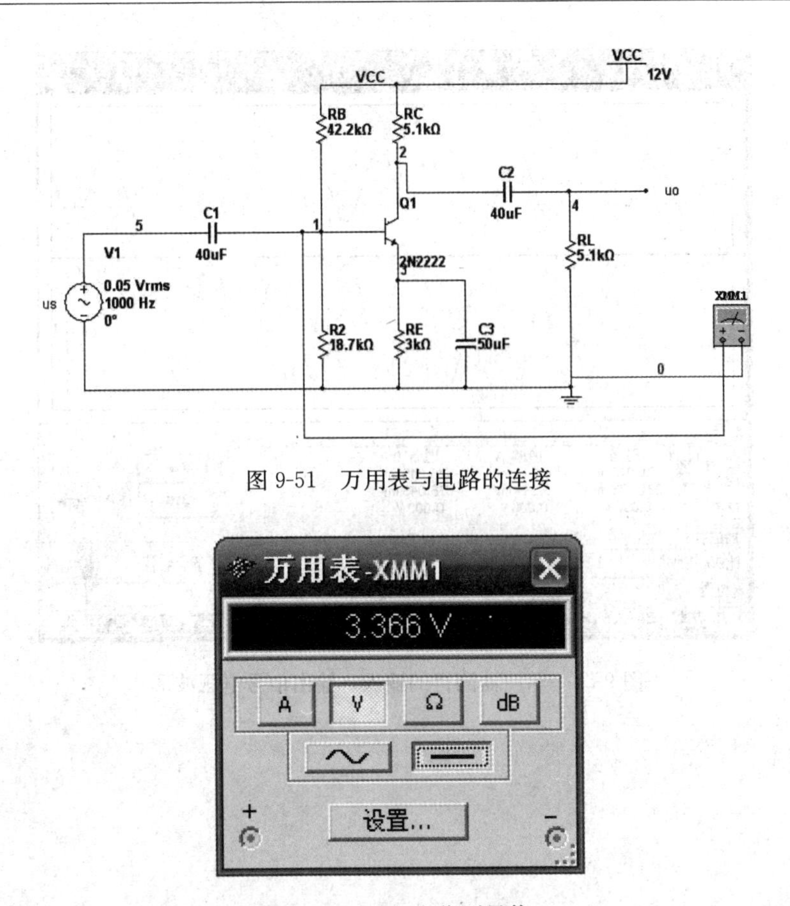

图 9-51　万用表与电路的连接

图 9-52　基极电位测量值

如图 9-53 所示。

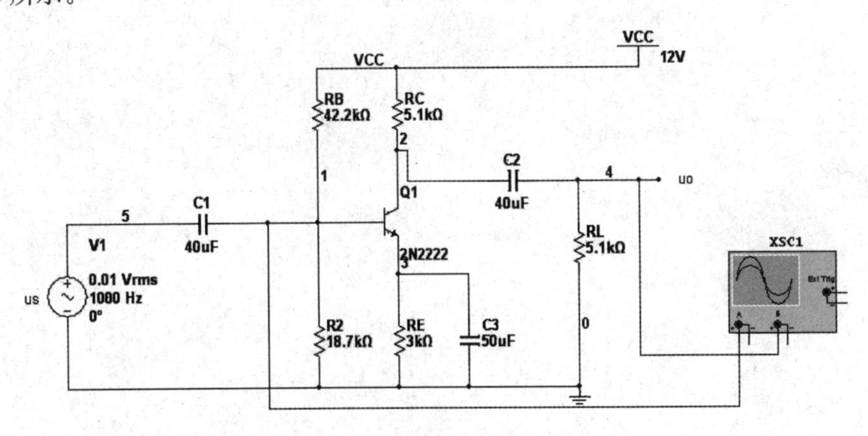

图 9-53　示波器与电路的连接

单击仿真按钮 ▷ ，双击示波器图标，即可得到输入、输出信号的电压波形，如图 9-54 所示。

从示波器的仿真波形可以看出，输入为正弦波，峰—峰值约为 28mV；输出为放大的正弦波，峰—峰值为 2.3V。输出与输入之间呈倒向，放大倍数约为 80。

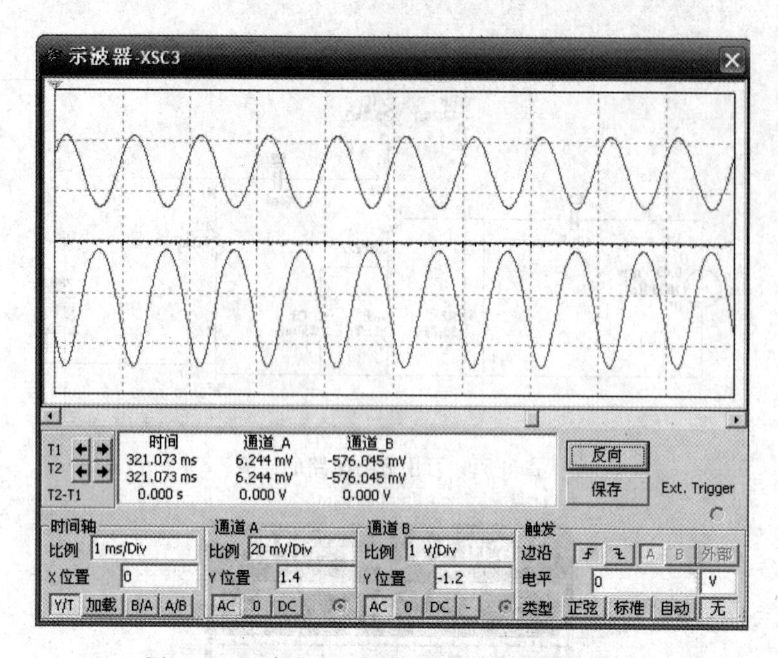

图 9-54 示波器测得的输入、输出信号电压波形

习　题　答　案

第1章

1-1　略。

1-2　(a) $U_{O1}\approx2.3V$；(b) $U_{O2}=0$；(c) $U_{O3}\approx-2.3V$；(d) $U_{O4}\approx3V$；(e) $U_{O5}\approx2.3V$；(f) $U_{O6}\approx-3V$。

1-3　(a) 截止；(b) 截止；(c) 导通。

1-4　(1) 输出电压都是6V。

(2) $I_Z>I_{Zmax}$，稳压管会烧坏。

1-5　(1) 两只稳压管串联时如图 (a)、(b)、(c)、(d) 所示，分别得出稳压值为1.4、5.7、7.7、12V。

(2) 两只稳压管并联时如图 (e)、(f)、(g)、(h) 所示，分别得出稳压值为0.7、0.7、0.7、5V。

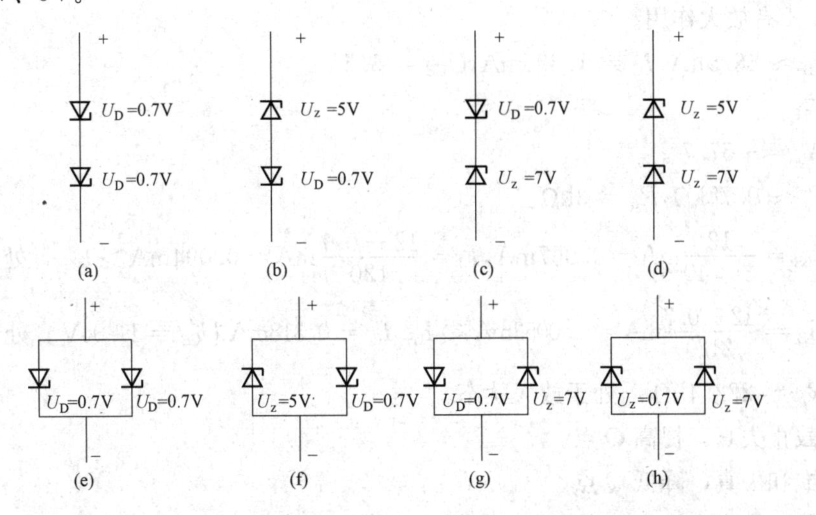

1-6

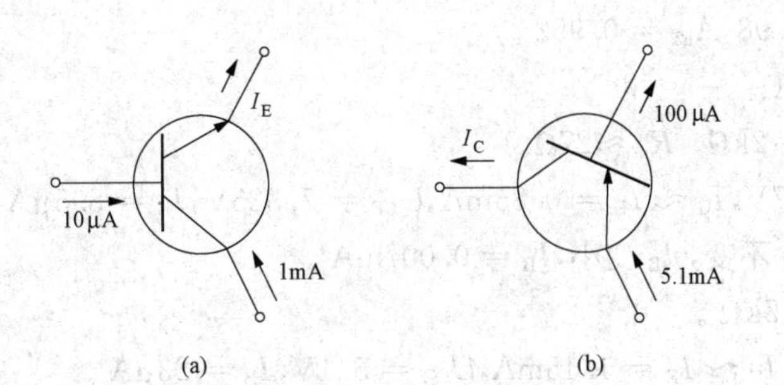

(a) I_E=1.01mA，β=100；(b) I_C=5mA，β=50。

1-7 晶体管1为NPN硅管，1脚为发射极，2脚为集电极，3脚为基极；晶体管2为PNP锗管，1脚为发射极，2脚为集电极，3脚为基极。

1-8 (1) 放大。

(2) 临界饱和。

(3) 饱和。

1-9 (1) S闭合。

(2) R的范围为300～1000Ω。

1-10 R_1用来限制晶体管基极电流，保护晶体管；R_2用来限制发光二极管正向导通电流。

1-11 略。

第2章

2-1 (1) PNP锗管，A：集电极；B：发射极；C：基极。

(2) NPN硅管，A：集电极；B：基极；C：发射极。

2-2 $I_B \approx 40\mu A, I_C = 1.2mA, U_{CE} = 5.88V$。

2-3 a、e、f有放大作用。

2-4 (1) $I_B \approx 46.5\mu A, I_C = 1.395mA, U_{CE} = 5.5V$。

(2) 略。

(3) $A_u = -57.7$。

(4) $R_i \approx 0.78k\Omega, R_o = 3k\Omega$。

2-5 (1) $I_{BS} = \frac{12}{3 \times 40} mA = 0.067mA, I_B = \frac{12 - 0.7}{120} mA = 0.094mA > I_{BS}$，处于饱和状态。

(2) $I_B = \frac{12 - 0.7}{2120} mA = 0.0053mA < I_{BS}, I_C = 0.318mA, U_{CE} = 11.04V$，处于截止状态。

(3) $R_P = 222.4k\Omega$，处于放大状态。

2-6 (1) 截止失真，提高Q点。

(2) 饱和失真，降低Q点。

(3) 截止失真和饱和失真都有，降低输入信号幅度。

2-7 (1) $U_B \approx 4.3V, I_C \approx I_E = 1.8mA, U_{CE} = 2.8V, I_B = 15\mu A$。

(2) $A_{u1} \approx -0.98, A_{u2} = 0.992$。

(3) $R_i \approx 8.3k\Omega$。

(4) $R_{o1} \approx R_C = 2k\Omega$，$R_{o2} \approx 27\Omega$。

2-8 (1) $U_B \approx 1.97V, I_C \approx I_E = 0.85mA, U_{CE} = 7.325V, I_B = 8.5\mu A$。

(2) I_C、I_E、U_{CE}不变，I_B变小，$I_B = 0.007mA$。

(3) $R_{B1} = 44.5k\Omega$。

2-9 (1) $U_B \approx 3V, I_C \approx I_E = 1.15mA, U_{CE} = 5.1V, I_B = 23\mu A$。

(2)

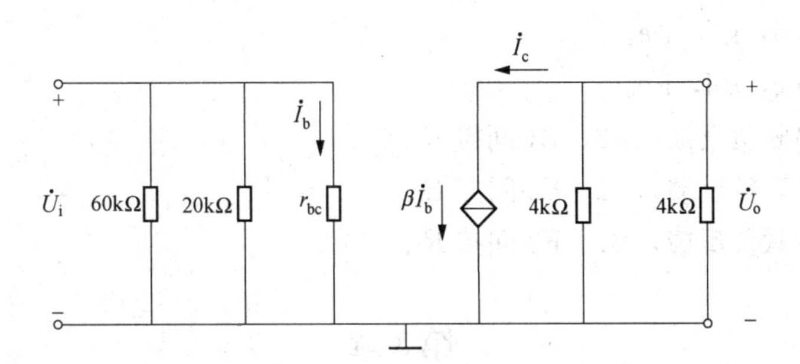

$A_u = -73.9$。

(3) $R_i \approx 1.24\text{k}\Omega, R_o = 4\text{k}\Omega$。

2-10　(1) $I_B = 0.028\text{mA}, I_C \approx I_E = 2.8\text{mA}, U_{CE} = 6.6\text{V}$。

(2) $R_L = \infty$ 时，$A_u \approx 0.996, R_i \approx 121\text{k}\Omega$；$R_L = 6\text{k}\Omega$ 时，$A_u \approx 0.994, R_i \approx 101\text{k}\Omega$。

(3) $R_o \approx 31\Omega$。

2-11　(1) $R_i \approx 1.6\text{k}\Omega, R_o = 5.1\text{k}\Omega$。

(2) $A_u = 740$。

2-12　(1) 直流通路

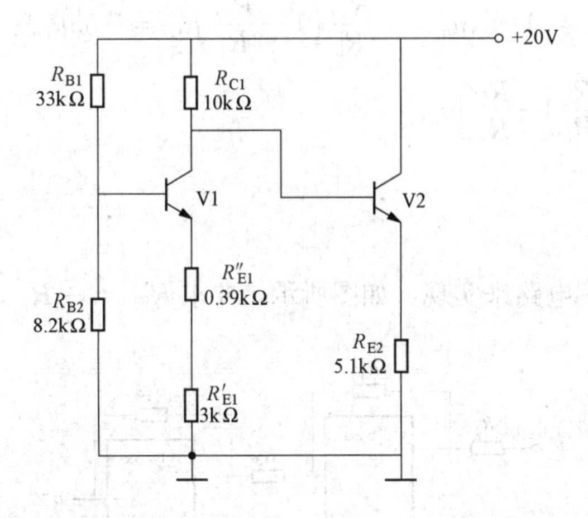

$I_{C1} \approx I_{E1} \approx 1\text{mA}$，$I_{B1} \approx 25\mu\text{A}$，$U_{CE1} = 6.6\text{V}$；$I_{C2} \approx 1.8\text{mA}$，$I_{B2} \approx 45\mu\text{A}$，$U_{CE2} = 10.8\text{V}$。

(2) $R_i \approx 4.77\text{k}\Omega, R_o \approx 272\Omega$。

(3) $A_{u1} = -21, A_{u2} = 0.99, A_u = -20.8$。

2-13　(1) $I_{C1} = I_{C2} \approx I_{E1} = I_{E2} = 0.5\text{mA}, I_{B1} = I_{B2} = 2.5\mu\text{A}, U_{CE1} = U_{CE2} = 5.7\text{V}$。

(2) $A_{ud} = -187, A_{ud1} = -93.5, A_{uc1} = -0.199$。

(3) $R_{id} = 21.4\text{k}\Omega, R_{od} = 20\text{k}\Omega$。

2-14　略。

2-15　(a) 电压串联负反馈；(b) 电流并联负反馈；(c) 电流并联负反馈；(d) R_{f1}电压串联负反馈。

2-16　(1) a-c，b-d，h-I，j-f。

(2) a-d，b-c，h-i，j-f。

(3) a-c，b-d，g-i，j-e。

(4) a-d，b-c，g-i，j-e。

2-17 (1) 电压串联负反馈，C3、E1 间接 R_f。

(2) 电压并联负反馈，B1、E2 间接 R_f。

(3) 电流并联负反馈，B1、E3 间接 R_f。

第3章

3-1 5V。

3-2 (a) 6V；(b) 6V；(c) 2V；(d) 2V。

3-3 略。

3-4 (a) $u_o=4V$，$i_1=i_2=0.33mA$，$i_3=i_4=-0.2mA$；$i_L=0.8mA$；

(b) $u_o=-150\sin\omega t$ (mV)，$i_1=i_2=10\sin\omega t$ (μA)，$i_L=-30\sin\omega t$ (μA)；

(c) $u_{o1}=-1.2V$，$u_o=1.8V$。

3-5 −6V；−10V；−12V。

3-6 $u_{o1}=\left(1+\frac{R_{F1}}{R_1}\right)u_i=11u_i, u_o=-\frac{R_{F2}}{R_3}\left(1+\frac{R_{F1}}{R_1}\right)u_i=-55u_i$。

3-7 $u_o=\left[-\frac{R_F}{R_1}\left(1+\frac{R_2}{R_3}\right)-\frac{R_2}{R_1}\right]u_i$。

3-8 $u_o=5V$。

3-9 $R_5=50k\Omega$。

3-10 采用两级反相比例电路来实现，如图所示，要求 $R_{F1}=\frac{1}{2}R_1$，$R_{F2}=R_3$。

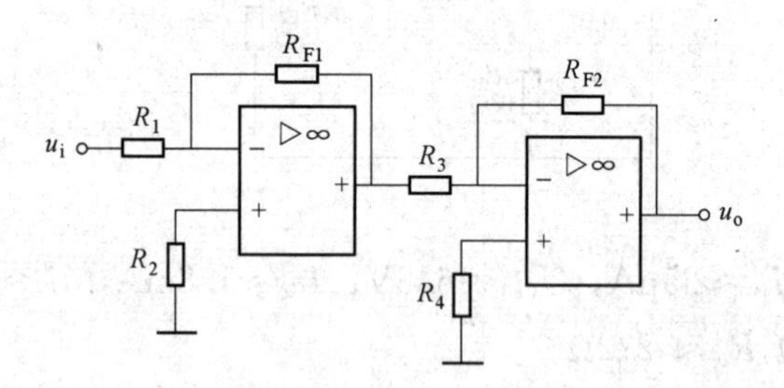

3-11 $R_1=2.5k\Omega, R_2=5k\Omega$。

3-12 $u_o=\frac{R_F^{\ 2}}{R_1R_3}u_{i1}-\frac{R_F}{R_4}u_{i2}$

3-13 $u_{o1}=-3V, u_{o2}=4V, u_o=7V$

第4章

4-1 (1) 13.5V，0.135A。

（2）46.7V。

4-2 （1）27V，0.27A。

（2）46.7V。

4-3 （1）U_{O1}、U_{O2}的极性均为上“＋”、下“－”。

（2）

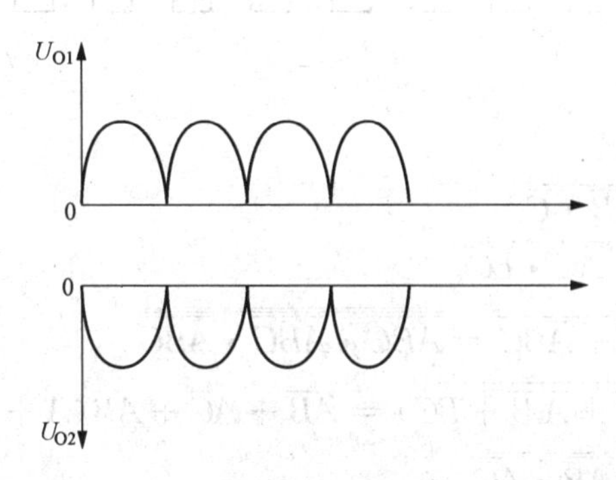

$U_{O1}=-U_{O2}=9V$。

4-4 （1）$U_{O1}=45V$，$U_{O2}=9V$。

（2）$I_{D1}=4.5mA$，$I_{D2}=I_{D3}=45mA$，$U_{DRM1}=141V$，$U_{DRM2}=U_{DRM3}=28.3V$。

4-5 122V，2.22A。

4-6 （1）$I_D=200mA$，$U_{DRM}=31.4V$。

（2）$C=1000\mu F$，耐压要大于 31.4V，可选用 1000μF /50V 的点解电容。

4-7 略。

4-8 （1）$U_I=18V$，$I_Z=7mA$。

（2）$U_I=24V$，$I_Z=12mA$。

4-9 $U_O=6.96\sim17.73V$。

4-10 $U_O=5.625\sim22.5V$。

第5章

5-1 略。

5-2 略。

5-3 （a）输入端加 0V 和悬空时，晶体管均截止，$u_o=10V$，加 5V 时饱和，$u_o=0.3V$；

（b）输入端加 0V 时，晶体管均截止，$u_o=5V$，输入为 5V 和悬空时，晶体管饱和，$u_o=0.3V$。

5-4 略。

5-5 $C=1$ 时，$Y=A$；$C=0$ 时，$Y=AB$。

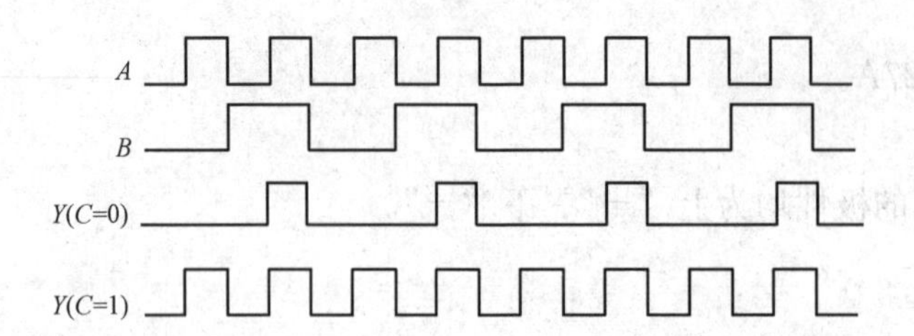

5-6 略。

5-7 (2)、(3)、(5)、(6)。

5-8 (1) $Y=AB+C=\overline{\overline{AB}\cdot\overline{C}}$。

(2) $Y=(A+B)C=\overline{\overline{AC}\cdot\overline{BC}}$。

(3) $Y=\overline{AB\overline{C}+A\overline{B}C+\overline{A}BC}=\overline{\overline{AB\overline{C}}\cdot\overline{A\overline{B}C}\cdot\overline{\overline{A}BC}}$。

(4) $Y=A\overline{BC}+(\overline{A\overline{B}+\overline{A}\,\overline{B}+BC})=A\overline{B}+A\overline{C}+A\overline{B}(A+B)(\overline{B}+\overline{C})$

$=A\overline{B}+A\overline{C}=\overline{\overline{A\overline{B}}\cdot\overline{A\overline{C}}}$。

图略。

5-9 (1) $Y=A+B+\overline{A}B=A+B$。

(2) $Y=\overline{A}+\overline{B}C+B+\overline{C}=\overline{A}+B+C+\overline{C}=1$。

(3) $Y=A+\overline{\overline{B}C}+\overline{A}+B=1$。

(4) $Y=A\overline{B}(\overline{A}CD+\overline{AD+\overline{B}\,\overline{C}})(\overline{A\overline{B}})=0$。

(5) $Y=A+\overline{B}C(A+C)=A+\overline{B}C$。

(6) $Y=B\overline{C}+\overline{B}(A\overline{D}+\overline{A}D)+B(A\overline{D}+\overline{A}D)=B\overline{C}+A\overline{D}+\overline{A}D$。

5-10 略。

5-11 (1) $\overline{Y}=(\overline{A}+\overline{B})\overline{C}=\overline{A}\,\overline{C}+\overline{B}\,\overline{C}$。

(2) $\overline{Y}=\overline{A}(\overline{B}+\overline{C})+C+\overline{D}=\overline{A}+C+\overline{D}$。

(3) 通过观察发现，原函数为 E、F、G 所有最小项之和，所以 $Y=1$，$\overline{Y}=0$。

5-12 (1) $\overline{Y}=(\overline{A}+\overline{B})(\overline{A}+B+\overline{C})\overline{A}$；$Y'=(A+B)(A+\overline{B}+C)A$。

(2) $\overline{Y}=(\overline{A}+\overline{C})\,\overline{A+\overline{B}(A+\overline{C})}$；$Y'=(A+C)\,\overline{\overline{A}+B(\overline{A}+C)}$。

(3) $\overline{Y}=\overline{(\overline{A}+\overline{B})(\overline{C}+\overline{D})}\cdot\overline{\overline{\overline{C}\cdot\overline{D}}(\overline{A}+\overline{B}+\overline{C})}$；$Y'=\overline{(A+B)(C+D)}\cdot\overline{\overline{CD}(A+B+C)}$。

5-13 略。

5-14 该电路为1位全加器，A、B、C 为加数、被加数和低位的进位，Y_1 为“和”，Y_2 为“进位”。

5-15 对应奇数输入端为低电平时，发光二极管导通发光；对应偶数输入端为低电平时，发光二极管截止，不发光。

5-16 扩展为10线—4线优先编码器，输入低电平有效，输出高电平有效。

5-17 (a) $Y=\overline{A}\,\overline{B}\,\overline{C}+ABC$，三变量一致电路；

(b) $Y_1=A\overline{B}C+ABC$，$Y_2=\overline{A}\,\overline{B}C+\overline{A}BC+A\overline{B}\,\overline{C}+ABC$，$Y_3=\overline{A}\,\overline{B}\,\overline{C}+A\overline{B}\,\overline{C}+AB\overline{C}$。

5-18 1011。

5-19

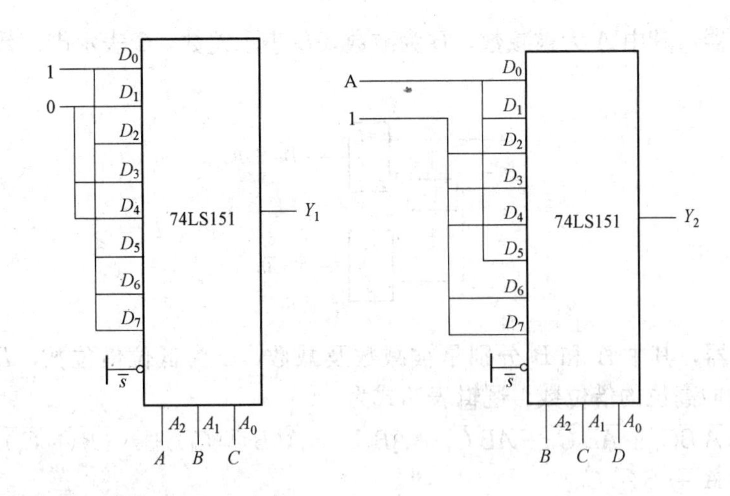

5-20　略。

5-21　A、B、C 有发车请求时其值为 1，无发车请求时其值为 0。Y_A、Y_B、Y_C是 1 时表示允许发车，是 0 时表示不允许。逻辑函数表达式为

$$Y_A = A\bar{B}\,\bar{C} + A\bar{B}C + AB\bar{C} + ABC = A;Y_B = \bar{A}B\bar{C} + \bar{A}BC = \bar{A}B;Y_C = \bar{A}\,\bar{B}C$$

逻辑图为

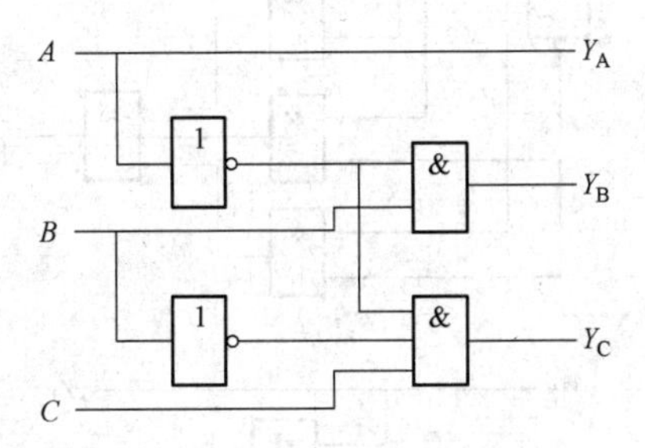

5-22　设 A、B、C、D 为 4 门课程，为 1 时，表示得到该课程相应学分；为 0 时，表示没得到。用 Y 表示学生是否能够毕业，为 1 时，表示能毕业；为 0 时，表示不能毕业。根据题意可列出真值表

A	B	C	D	Y
0	0	0	0	0
0	0	0	1	0
0	0	1	0	0
0	0	1	1	0
0	1	0	0	0
0	1	0	1	0
0	1	1	0	0
0	1	1	1	1
1	0	0	0	0
1	0	0	1	0
1	0	1	0	0
1	0	1	1	1
1	1	0	0	1
1	1	0	1	1
1	1	1	0	1
1	1	1	1	1

逻辑图为

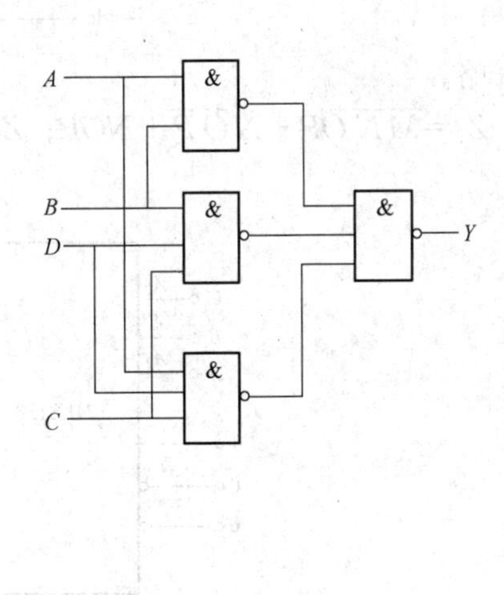

5-23　略。

5-24　(1) 半减器，其中 A 为被减数，B 为减数，D 表示差数，C 表示借位数。
电路图为

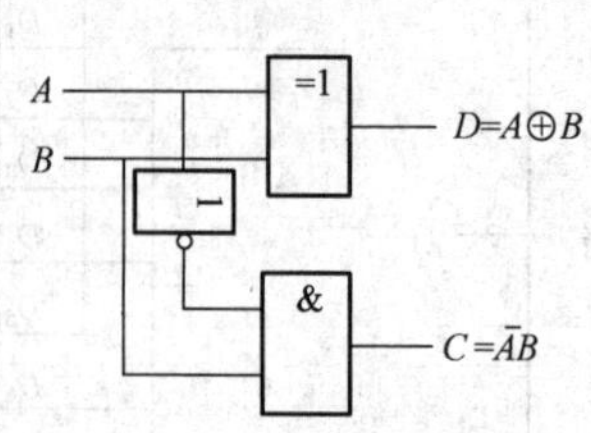

(2) 全减器，其中 A 和 B 分别是被减数及减数，C_i 为低位借位数，D 为本位差数，C_O 为向高位的借位数。逻辑表达式为

$$D=\overline{A}\,\overline{B}C_i+\overline{A}B\,\overline{C_i}+A\overline{B}\,\overline{C_i}+ABC_i=\overline{A}(B\oplus C_i)+A\,\overline{(B\oplus C_i)}$$
$$=A\oplus B\oplus C_i$$
$$C_O=\overline{A}\,\overline{B}C_i+\overline{A}B\,\overline{C_i}+\overline{A}BC_i+ABC_i=\overline{A}B+\overline{A}C_i+BC_i$$

逻辑图为

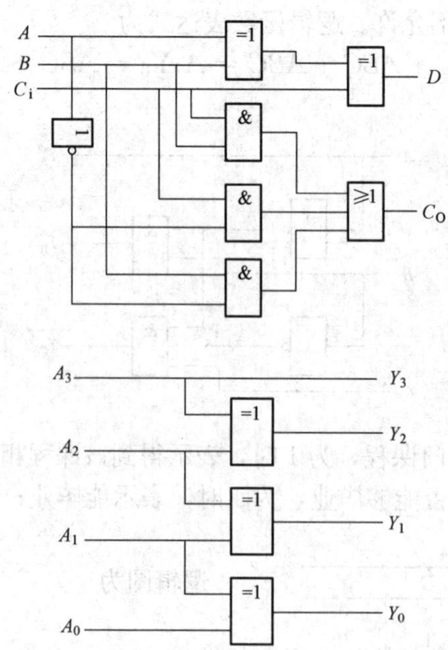

5-25　略。

5-26　$Z_1=\overline{M}\,\overline{N}\,\overline{O}P+N\overline{O}\,\overline{P}+NOP$；$Z_2=\overline{N}O\overline{P}+N\overline{O}P+M\overline{P}$；$Z_3=\overline{N}OP+NO\overline{P}+MP$。

5-27

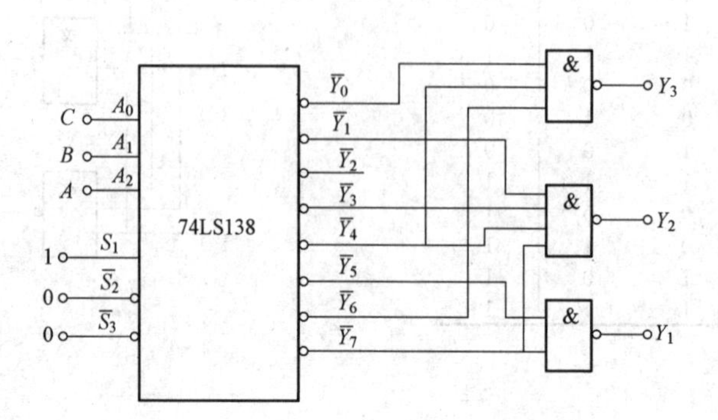

5-28

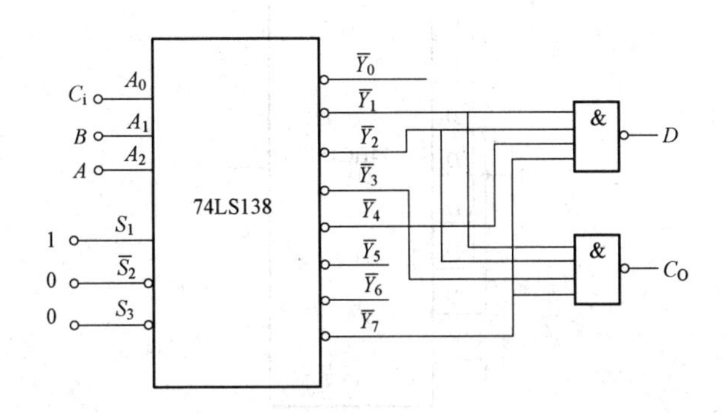

5-29 当 $u>0$ 时，比较器输出为 1，a、b、d、e、g 字段点亮，显示数字**2**，持续时间为 0.5s；当 $u<0$ 时，比较器输出为 0，a、c、d、f、g 字段点亮，显示数字**5**，持续时间为 0.5s。

5-30

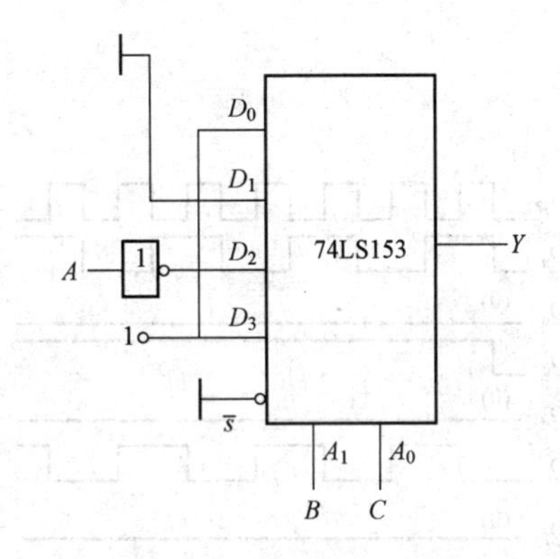

5-31 以 A、B、C 表示三个双位开关，并用 0 和 1 分别表示开关的两个状态。以 Y 表示灯的状态，用 1 表示亮，用 0 表示灭。设 $ABC=000$ 时，$Y=0$，从这个状态开始，单独改变任何一个开关的状态，Y 的状态要变化。据此列出 Y 与 A、B、C 之间逻辑关系的真值表

A	B	C	Y	A	B	C	Y
0	0	0	0	1	0	0	1
0	0	1	1	1	0	1	0
0	1	0	1	1	1	0	0
0	1	1	0	1	1	1	1

从真值表写出逻辑式

$Y=\overline{A}\,\overline{B}C+\overline{A}B\,\overline{C}+A\,\overline{B}\,\overline{C}+ABC$

电路如图所示。

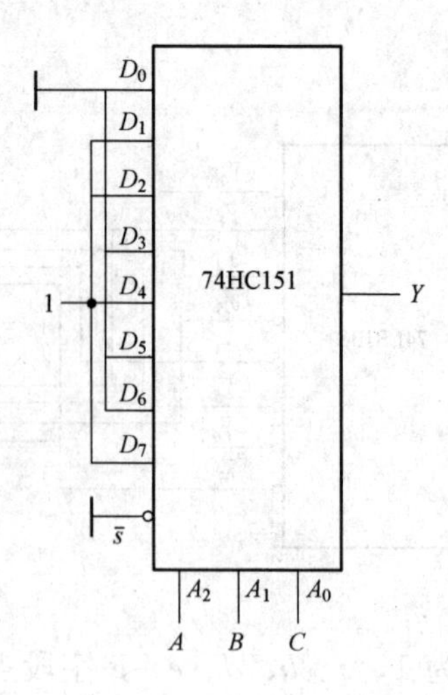

第6章

6-1 略。

6-2 略。

6-3

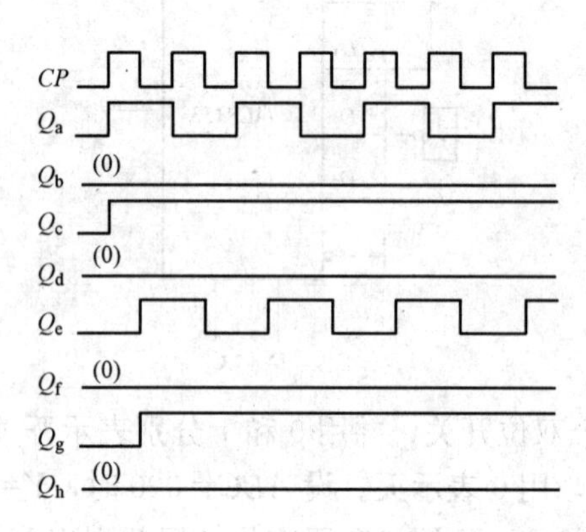

6-4

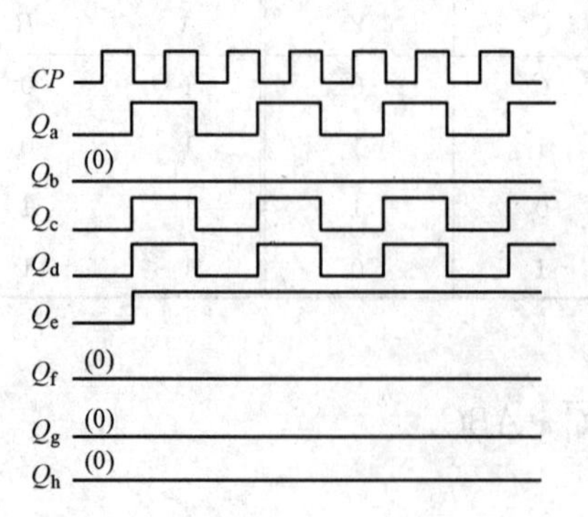

6-5

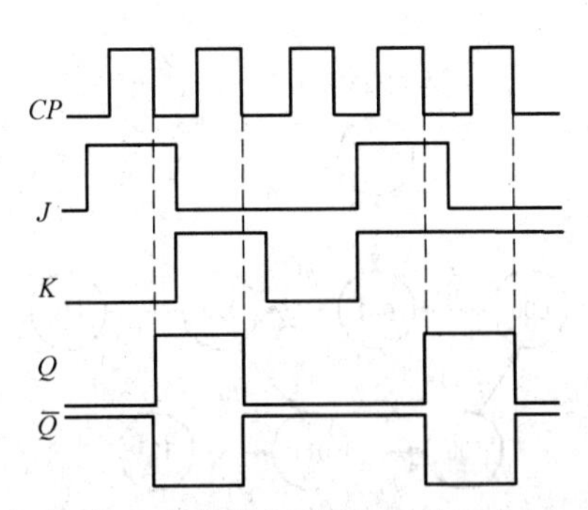

6-6　该电路为同步单脉冲产生电路，当按钮开关 S1 按下时，A 点由低电平跃到高电平，触发器 FF0 由 0 状态翻到 1 状态，FF1 的 $D_1=Q_0=1$；在随后的时钟脉冲 CP 上升沿作用下，FF1 由 0 状态翻到 1 状态，Q_1 由低电平跃到高电平，使 FF0 置 0，这时 $D_1=Q_0=0$；在下一个时钟脉冲 CP 上升沿作用下，FF1 由 1 状态翻到 0 状态，Q_1 由高电平负跃到低电平。可见每按一次按钮开关，FF1 的 Q_1 端便输出一个正脉冲。

波形图为

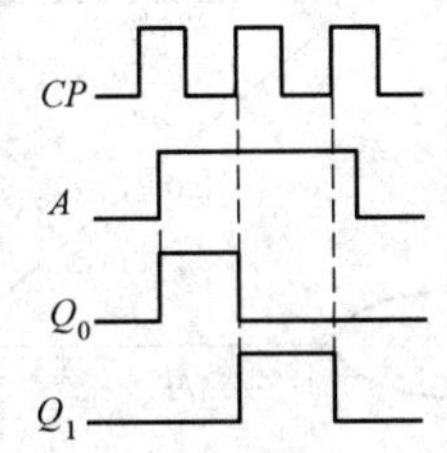

6-7　该电路是同步五进制计数器，具有自启动能力。状态转换图为

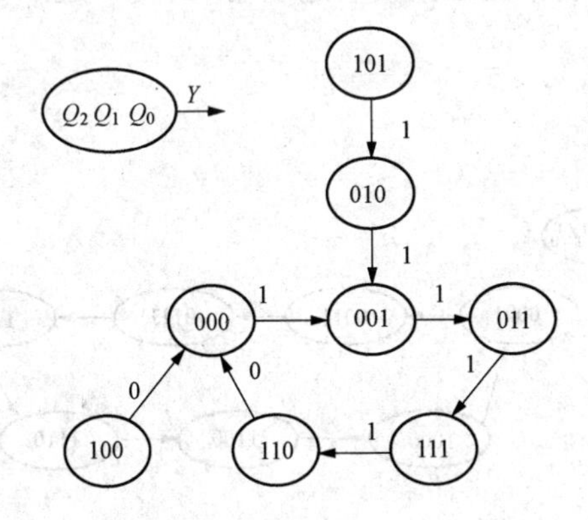

6-8　电压波形图为

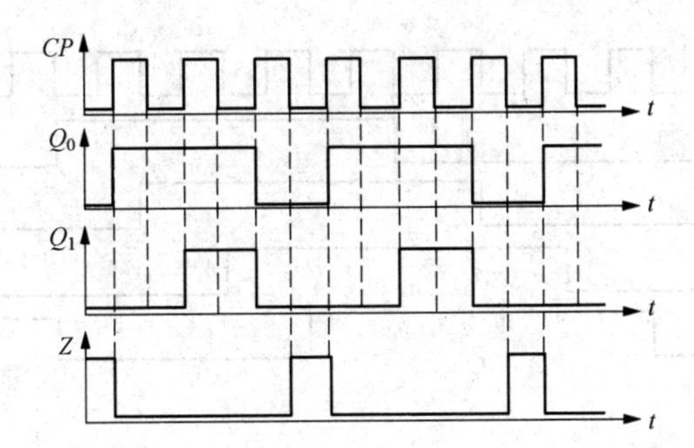

6-9　状态转换图为

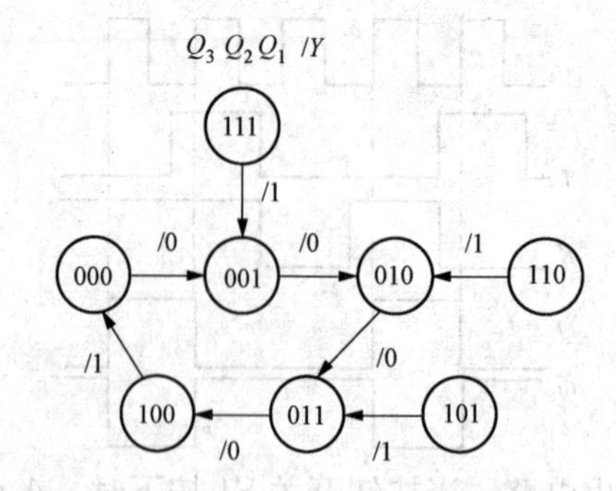

电路的逻辑功能：是一个五进制计数器，电路可以自启动。

6-10　状态转换图为

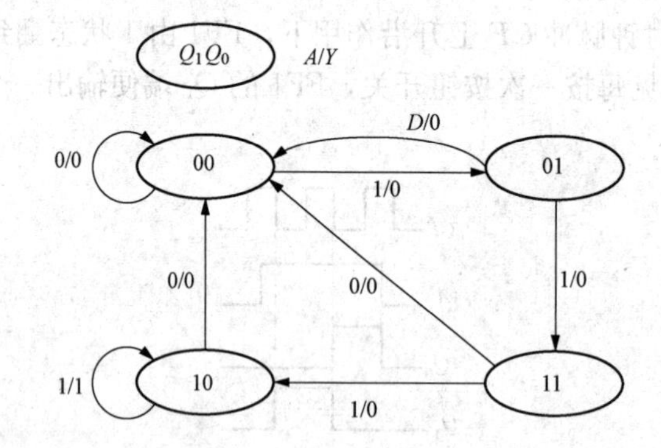

电路的逻辑功能是：串行数据检测器，连续输入 3 个以上 1 时，输出为 1，其余情况都为 0。

6-11　见图 6-23。

6-12　状态图为

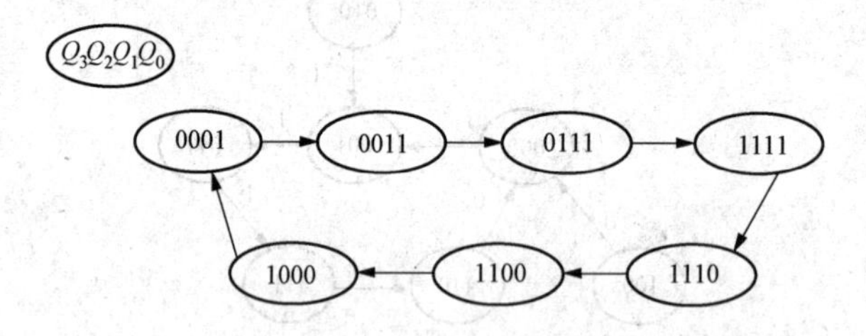

波形图为

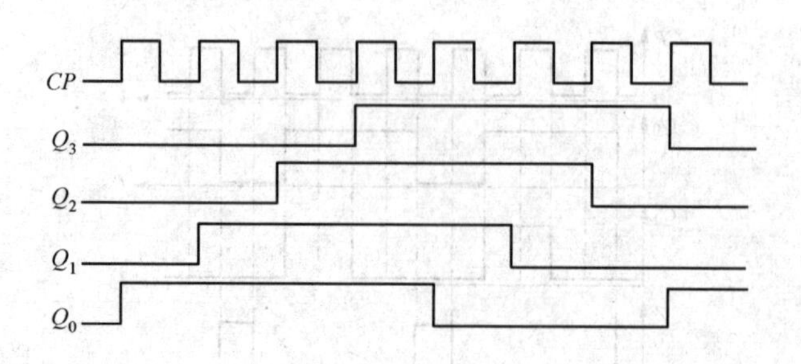

6-13

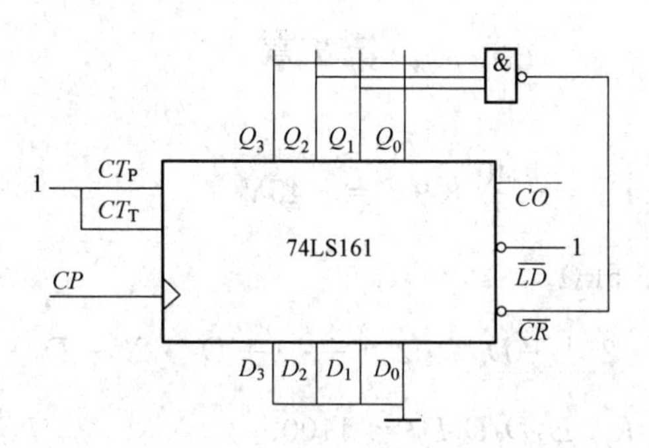

6-14

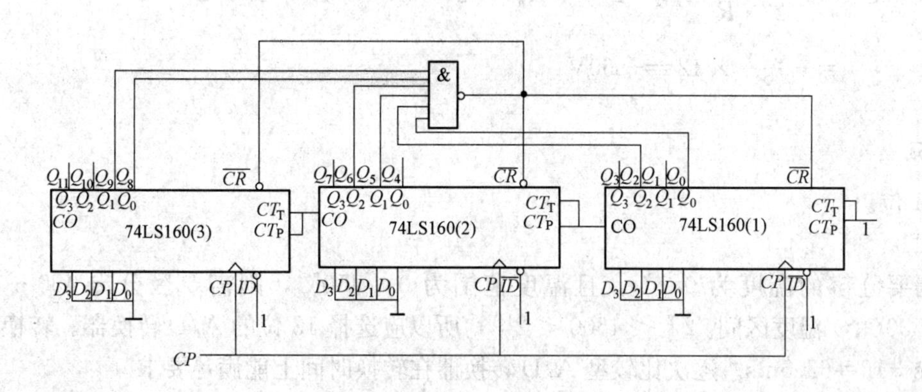

6-15

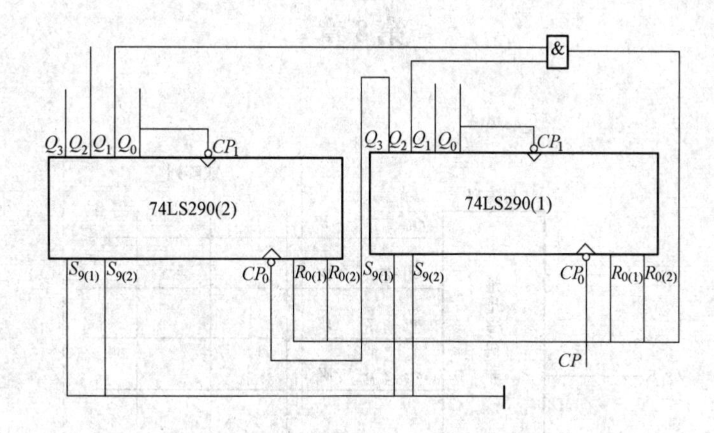

6-16 （1）$U_{T+} = \frac{2}{3}U_{CC} = 9.33\text{V}$，$U_{T+} = \frac{1}{3}U_{CC} = 4.67\text{V}$，$\Delta U_T = U_{T+} - U_{T-} = \frac{1}{3}U_{CC} = 4.67\text{V}$。

（2）$U_{T+} = U_{CO} = 6\text{V}, U_{T-} = \frac{1}{2}U_{CO} = 3\text{V}, \Delta U_T = \frac{1}{2}U_{CO} = 3\text{V}$。

6-17 （1）、（2）、（3）。

6-18 高音频率为 877Hz，持续时间为 1.04s；低音频率为 613Hz，持续时间为 1.1s。

第7章

7-1 $U_o=-R_F\dfrac{U_R}{2^3R}\sum_{i=0}^{3}2^iD_i=-\dfrac{40}{2^3}\times 9V=-45V$

7-2 其他分别为20、10、5kΩ。

7-3 $U_o=-\dfrac{R_FU_R}{2^n\cdot R}(D_{n-1}\cdot 2^{n-1}+D_{n-2}\cdot 2^{n-2}+\cdots+D_1\cdot 2^1+D_0\cdot 2^0)$

若 $U_R=80V, R_F=R$, $D_3D_2D_1D_0=1100$

则 $U_o=-\dfrac{R_FU_R}{2^n\cdot R}(D_{n-1}\cdot 2^{n-1}+D_{n-2}\cdot 2^{n-2}+\cdots+D_1\cdot 2^1+D_0\cdot 2^0)$

$=-\dfrac{80V}{2^4}\times 12=-60V$

7-4 $\dfrac{1}{2^8}$。

7-5 11位。

7-6 011。

7-7 需要分辨的温度为0.1℃，且温度范围为0～450℃，则需要区分出 $450\div 0.1=4500$(个)温度区间。$2^{12}<4500<2^{13}$，所以应选择13位的A/D转换器。转换时间为1s÷16=62.5ms。逐次比较型A/D转换器在转换时间上能满足要求。

7-8 $D_3D_2D_1D_0=1111$。

第8章

8-1

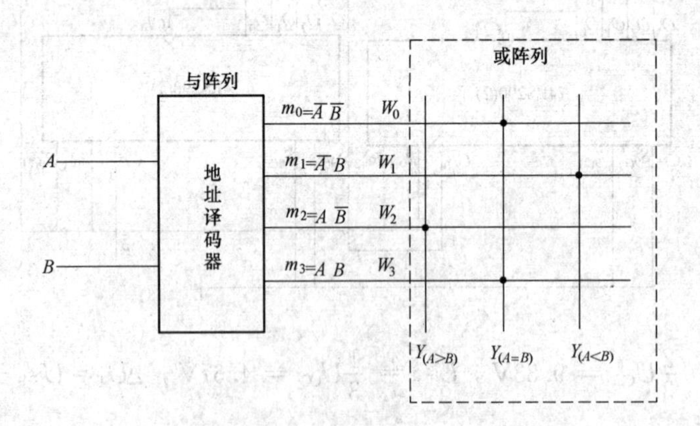

8-2 (1) 15。

(2) 32k。

(3) 8。

(4) 256k。

(5) 8。

8-3 16。

8-4

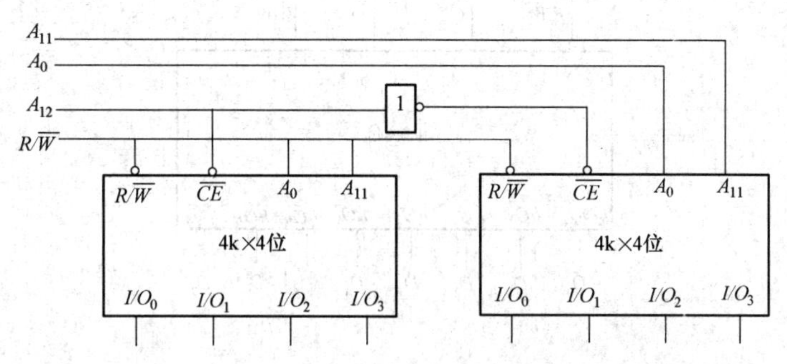

8-5　存储内容为

地址代码		字线译码结果				存储内容			
A_1	A_0	W_3	W_2	W_1	W_0	D_3	D_2	D_1	D_0
0	0	0	0	0	1	0	1	1	0
0	1	0	0	1	0	1	0	0	1
1	0	0	1	0	0	0	1	1	0
1	1	1	0	0	0	1	1	0	1

$D_3 = W_1 + W_3 = \overline{A}_1 A_0 + A_1 A_0$

$D_2 = W_0 + W_2 + W_3 = \overline{A}_1 \overline{A}_0 + A_1 \overline{A}_0 + A_1 A_0$

$D_1 = W_0 + W_2 = \overline{A}_1 \overline{A}_0 + A_1 \overline{A}_0$

$D_0 = W_1 + W_3 = \overline{A}_1 A_0 + A_1 A_0$

8-6　8k×8位的RAM有13个地址，要扩展成16k×8位的RAM，需要14个地址，因此扩出一个地址，用A_{13}表示，接法如下图所示。当A_{13}为0时，芯片（0）工作，为8k×8位的RAM，当A_{13}为1时，芯片（1）工作，为8k×8位的RAM，一共扩展成为16k×8位的RAM。

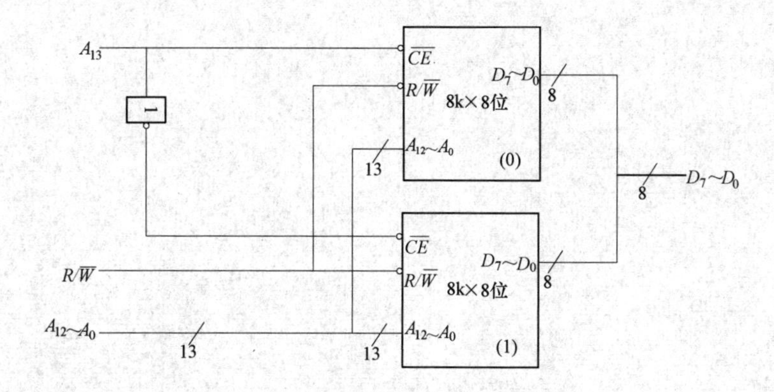

8-7　（1）各片RAM有12位地址，有$2^{12}=4$k字，每字4位。

（2）扩展后的RAM有12位地址，有$2^{12}=4$k字，每字8位。等效的RAM电路图为

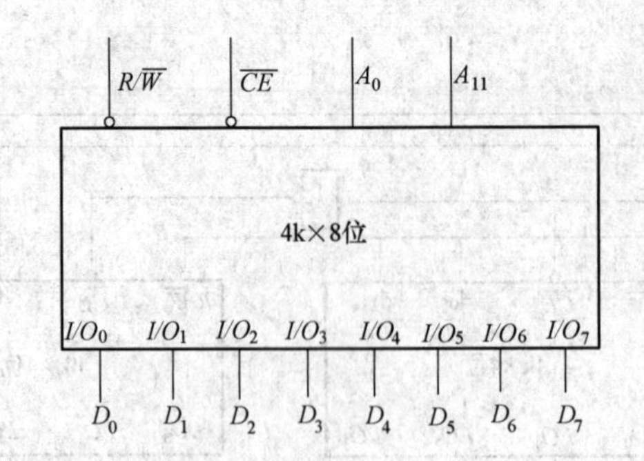
R/W
CE
A0
A11
4k×8位
I/O0
I/O1
I/O2
I/O3
I/O4
I/O5
I/O6
I/O7
D0
D1
D2
D3
D4
D5
D6
D7

附录 A 常用电子元器件型号命名法

A. 1 电阻器和电位器型号命名法如表 A-1 所示。

表 A-1 电阻器和电位器型号命名法

第一部分		第二部分		第三部分		第四部分
用字母表示主称		用字母表示材料		用数字或字母表示特征		用数字表示序号
符号	意 义	符号	意 义	符号	意 义	
R	电阻器	T	碳膜	1，2	普通	包括额定功率、阻值、允许误差、精度等级
W	电位器	P	硼碳膜	3	超高频	
		U	硅碳膜	4	高阻	
		C	沉积膜	5	高温	
		H	合成膜	7	精密	
		I	玻璃釉膜	8	电阻器—高压	
		J	金属膜（箔）		电位器—特殊	
		Y	氧化膜		函数	
		S	有机实芯	9	特殊	
		N	无机实芯	G	高功率	
		X	绕线	T	可调	
		R	热敏	X	小型	
		G	光敏	L	测量用	
		M	压敏	W	微调	
				D	多圈	

示例：RJ 71-0. 125-5. 1kI 型电阻器

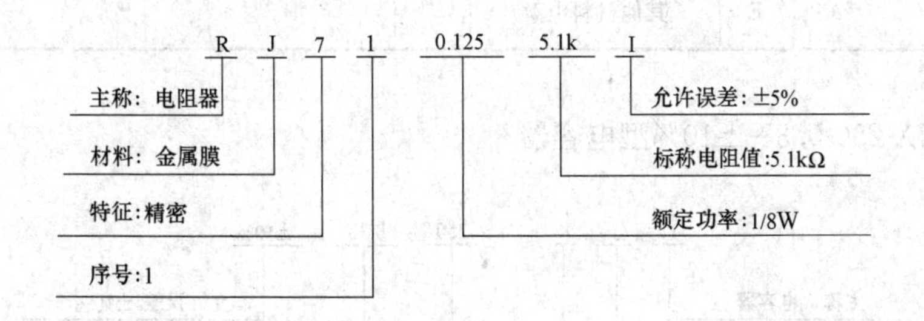

由此可见，这是精密金属膜电阻器，其额定功率为 1/8W，标称电阻值为 5. 1kΩ，允许误差为±5%。

A-2 电容型号命名法如表 A-2 所示。

表 A-2 **电容型号命名法**

第一部分		第二部分		第三部分		第四部分
用字母表示主称		用字母表示材料		用字母表示特征		用字母或数字表示序号
符号	意 义	符号	意 义	符号	意 义	
C	电容器	C	瓷 介	T	铁 电	包括品种、尺寸代号、温度特性、直流工作电压、标称值、允许误差、标准代号
		I	玻璃釉	W	微 调	
		O	玻璃膜	J	金属化	
		Y	云 母	X	小 型	
		V	云母纸	S	独 石	
		Z	纸 介	D	低 压	
		J	金属化纸	M	密 封	
		B	聚苯乙烯	Y	高 压	
		F	聚四氟乙烯	C	穿心式	
		L	涤纶（聚酯）			
		S	聚碳酸酯			
		Q	漆 膜			
		H	纸膜复合			
		D	铝电解			
		A	钽电解			
		G	金属电解			
		N	铌电解			
		T	钛电解			
		M	压 敏			
		E	其他材料电解			

示例：CJX-250-0.33-±10%型电容器

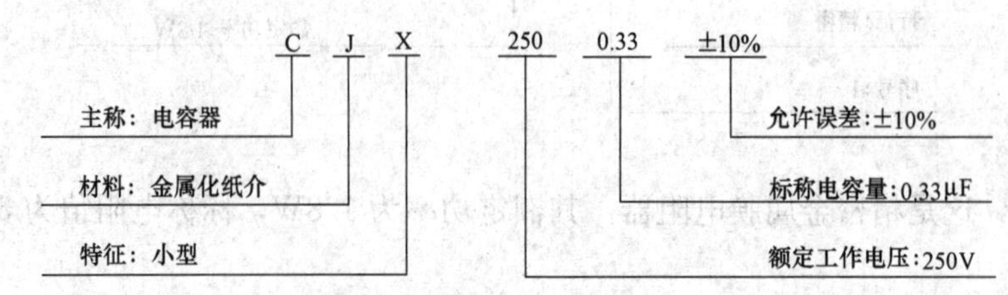

A.3 半导体器件型号命名法如表 A-3 所示。

表 A-3　　半导体器件型号命名法

第一部分		第二部分		第三部分				第四部分	第五部分
用数字表示器件的电极数目		用汉语拼音字母表示器件的材料和极性		用汉语拼音字母表示器件的类型				用数字表示器件的序号	用汉语拼音字母表示规格号
符号	意义	符号	意义	符号	意义	符号	意义	意义	意义
2	二极管	A	N型锗材料	P	普通管		低频大功率管（f_a<3 MHz，P_C≥1W）	反映了极性参数、直流参数和交流参数的差别	反映了承受反向击穿电压的程度
		B	P型锗材料	V	微波管	A	高频大功率管（f_a≥3 MHz，P_C>1W）		
		C	N型硅材料	W	稳压管	Y	半导体闸流管		
		D	P型硅材料	C	参量管	T	体效应管		
3	三极管	A	PNP型锗材料	Z	整流管	B	雪崩管		
		B	NPN型锗材料	L	整流堆	J	阶跃恢复管		
		C	PNP型硅材料	S	隧道管	CS	场效应器件		
		D	NPN型硅材料	N	阻尼管	BT	半导体特殊器件		
		E	化合物材料	U	光电器件	FH	复合管		
				X	低频小功率管（f_a<3MHz，P_C<1W）	P	PIN型管		
				G	高频小功率管（f_a≥3MHz，P_C<1W）	JG	激光器件		

示例：3DG130D型三极管

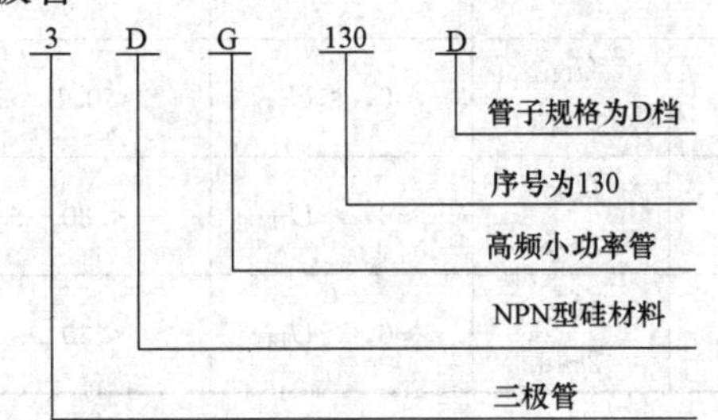

该管为NPN型高频小功率硅管。

附录 B　TTL 和 CMOS 集成电路主要性能参数

TTL 和 CMOS 集成电路主要性能参数如表 B-1 所示。

表 B-1　　TTL 和 CMOS 集成电路主要性能参数

系列类型	子　系　列	电源（V）	输出电平（V）V_{OL} V_{OFF}	工作频率（MHz）	速度・功耗积（$S \cdot P$）	扇出系数
TTL	标准 TTL 74××	5±5%	＜0.4，＞3.4	＜30		10
	低功耗肖特基型 74 LS××	5±5%	＜0.4，＞3.4	＜30	＜7PJ	20
	肖特基型 74 S××	5±5%	＜0.4，＞3.4	＜80	＜70PJ	0
	先进高速肖特基型 74 AS××	5±5%	＜0.4，＞3.4	＜100	30PJ	40
	高速肖特基型 74 F××	5±5%	＜0.4，＞3.4	＜80	10PJ	30
	高速低功耗肖特基型 74 A LS××	5±10%	＜0.4，＞3.4	＜50	＜7PJ	80
CMOS	4000B、4500B	U_{DD} 3～18	≈0，≈U_{DD}	＜0.1	10PJ	＞1000
	40H	U_{DD} 2～8	≈0，≈U_{DD}	＜30	10PJ	＞1000
	74HC	U_{DD} 2～6	≈0，≈U_{DD}	＜30	10PJ	＞1000

附录 C　常用逻辑符号对照表

常用逻辑符号对照表如表 C-1 所示。

表 C-1　常用逻辑符号对照表

名　称	本书所用符号	曾用符号	国外所用符号
与门	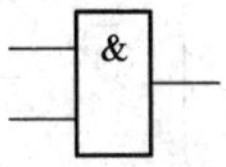 &	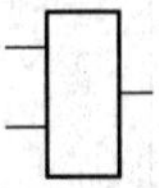	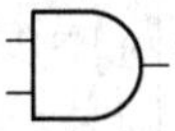
或门	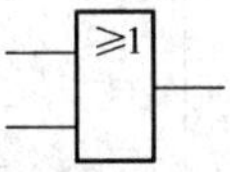 ≥1	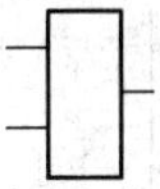	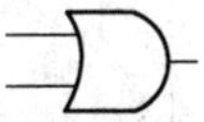
非门	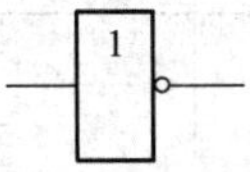 1	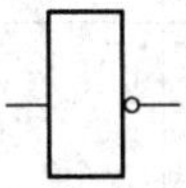	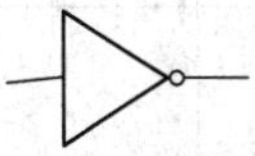
与非门	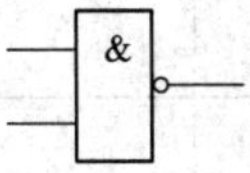 &	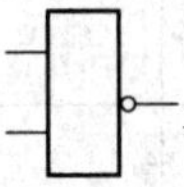	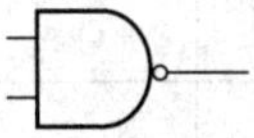
或非门	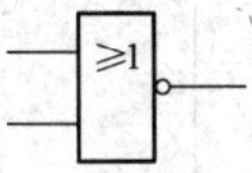 ≥1	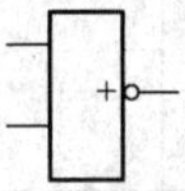 +	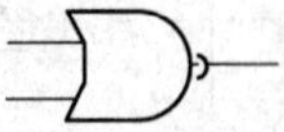
与或非门	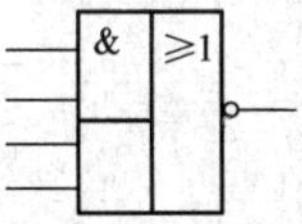 & ≥1	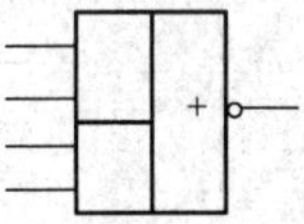 +	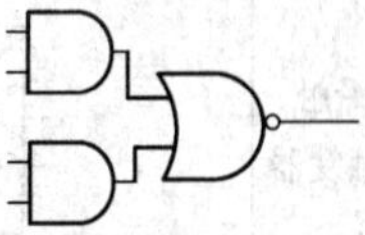
异或门	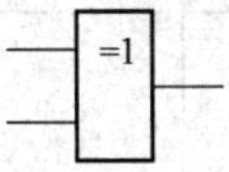 =1	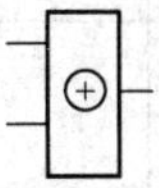 ⊕	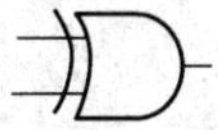
同或门	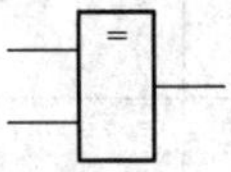 =	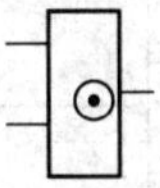 ⊙	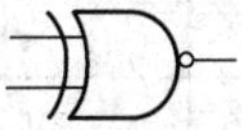
集电极开路门	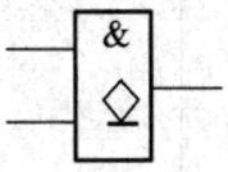 &	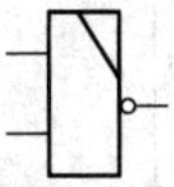	
三态输出与非门	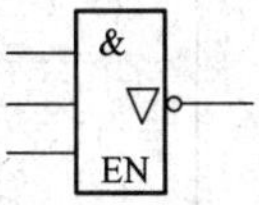 & ▽ EN	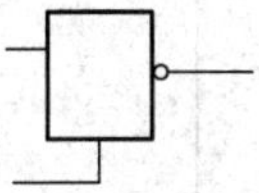	

续表

名 称	本书所用符号	曾用符号	国外所用符号
传输门	TG	TG	
半加器	Σ CO	HA	HA
全加器	Σ CI CO	FA	FA
基本 RS 触发器	S R	S Q R $\overline{Q}$	S Q R $\overline{Q}$
同步 RS 触发器	1S C1 1R	S Q CP R $\overline{Q}$	S Q CK R $\overline{Q}$
上升沿触发 D 触发器	S 1D C1 R	1D Q CP $\overline{Q}$	1D Q CP $\overline{Q}$
下降沿触发 JK 触发器	S 1J C1 1K R	J Q CP K $\overline{Q}$	J Q CP K $\overline{Q}$
脉冲触发 JK 触发器	S 1J C1 1K R	J Q CP K $\overline{Q}$	J S_D Q CP K R_D $\overline{Q}$
带施密特触发特性的与门	&		

附录D　国产半导体集成电路型号命名法

国产半导体集成电路型号命名法如表 D-1 所示。

表 D-1　国产半导体集成电路型号命名法

第零部分		第一部分		第二部分	第三部分		第四部分	
用字母表示器件符合国家标准		用字母表示器件的类型		用阿拉伯数字和字母表示器件的系列和器种代号	用字母表示器件的工作温度范围		用字母表示器件的封装形式	
符号	意义	符号	意义		符号	意义	符号	意义
C	中国制造	T	TTL		C	0～70℃	W	陶瓷扁平
		H	HTL		E	－40～85℃	B	塑料扁平
		E	ECL		R	－55～85℃	F	全密封扁平
		C	CMOS		M	－55～125℃	D	陶瓷直播
		F	线性放大		⋮	⋮	P	塑料直播
		D	音响、电视电路				J	黑陶瓷扁平
		W	稳压器				K	金属菱形
		J	接口电路				T	金属圆形
		B	非线性电路				⋮	⋮
		M	存储器					
		μ	微型机电路					
		⋮	⋮					

示例 1：肖特基 TTL 双 4 输入与非门

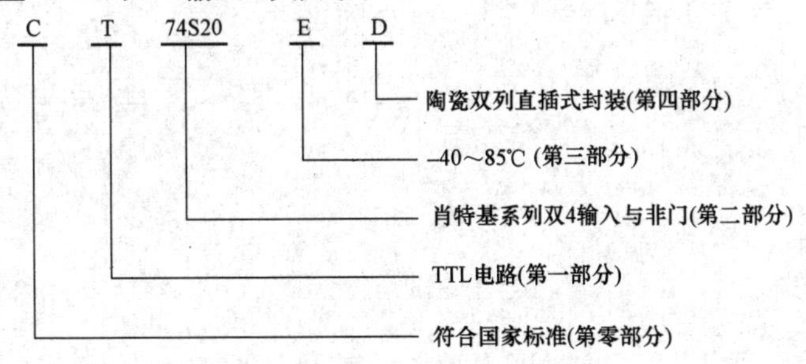

示例 2：CMOS 8 选 1 数据选择器（三态输出）

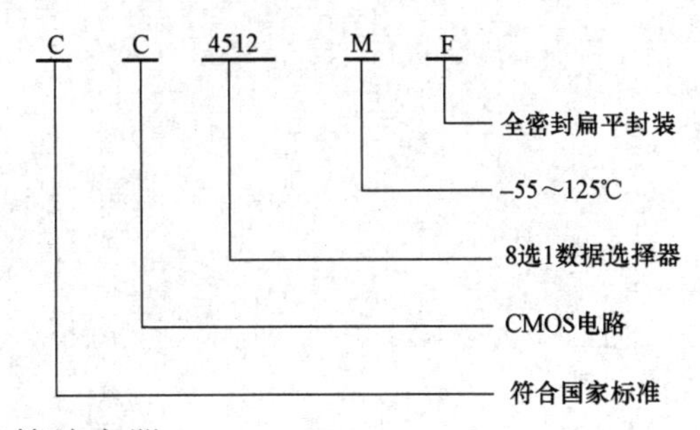

示例 3：通用集成运算放大器

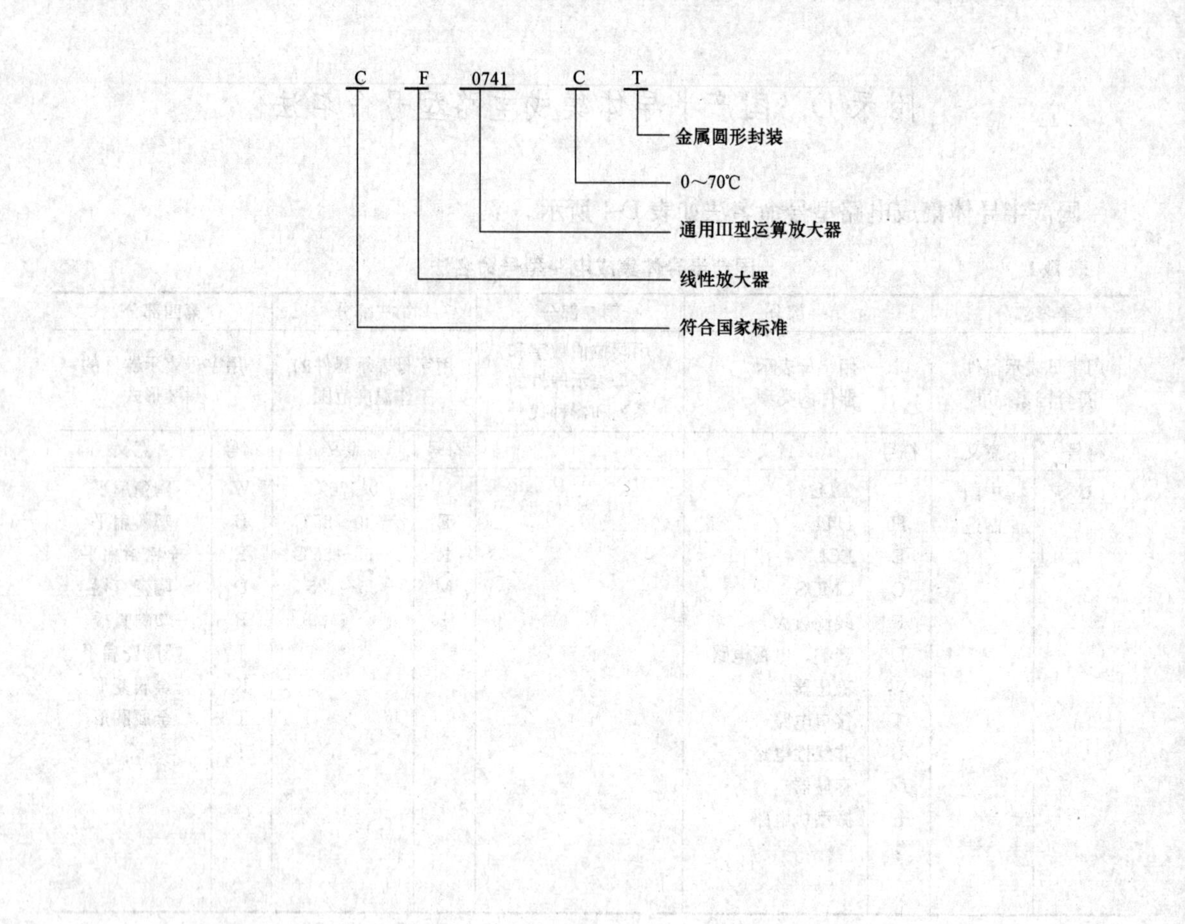

C F 0741 C T
金属圆形封装
0～70℃
通用Ⅲ型运算放大器
线性放大器
符合国家标准

参 考 文 献

[1] 秦曾煌．电工学（下册）[M]．7 版．北京：高等教育出版社，2011.
[2] 康华光．电子技术基础 [M]．5 版．北京：高等教育出版社，2006.
[3] 童诗白．模拟电子技术基础 [M]．4 版．北京：高等教育出版社，2006.
[4] 阎石．数字电子技术基础 [M]．5 版．北京：高等教育出版社，2009.
[5] 杨志忠．数字电子技术基础 [M]．2 版．北京：高等教育出版社，2010.
[6] 余孟尝．数字电子技术基础简明教程 [M]．3 版．北京：高等教育出版社，2011.
[7] 秦长海，张天鹏．数字电子技术 [M]．北京：北京大学出版社，2013.
[8] 宁帆．模拟与数字电路 [M]．北京：人民邮电出版社，2009.
[9] 周良权．数字电子技术基础 [M]．2 版．北京：高等教育出版社，2006.
[10] 陈大钦．电子技术基础—模拟部分习题全解 [M]．5 版．北京：高等教育出版社，2006.
[11] 姚娅川．模拟电子技术学习指导及习题精选 [M]．北京：北京大学出版社，2013.
[12] 陈利永．电路与电子学基础 [M]．北京：机械工业出版社 ，2012.
[13] 常文秀．电工学Ⅱ（电子技术）[M]．北京：机械工业出版社，2004.
[14] 杨世彦．电工学（下册）[M]．北京：机械工业出版社，2003.
[15] 陈大钦．模拟电子技术基础 [M]．北京：机械工业出版社，2013.